高职高专“十二五”规划教材

技能型人才培训教材

维修电工技能训练

王锁庭　范　伟　主编

化学工业出版社

·北京·

本书依据维修电工国家职业技能鉴定标准中对中、高级维修电工的知识和技能的要求，满足高职高专院校工科学生掌握维修电工岗位操作技能和获取岗位资格证书的需要。

本书内容包括五个技能训练项目：维修电工基本技能训练；常用电工电子技术操作技能训练；电动机与变压器维护与检修技能训练；三相异步电动机基本控制线路安装与检修技能训练；典型生产机械电气控制线路的识读与检修技能训练，涵盖了维修电工主要的岗位能力要求。

本书适合作为高职院校相关专业教材，也可供电工初学者自学，还可作为培训教材。

图书在版编目（CIP）数据

维修电工技能训练/王锁庭，范伟主编．—北京：化学工业出版社，2013.7

高职高专“十二五”规划教材

技能型人才培训教材

ISBN 978-7-122-17636-3

Ⅰ.①维… Ⅱ.①王…②范… Ⅲ.①电工-维修-高等职业教育-教材 Ⅳ.①TM07

中国版本图书馆CIP数据核字（2013）第129094号

责任编辑：廉　静　　文字编辑：徐卿华

责任校对：宋　玮　　装帧设计：王晓宇

出版发行：化学工业出版社（北京市东城区青年湖南街13号　邮政编码100011）

印　　装：三河市延风印装厂

787mm×1092mm　1/16　印张17　字数447千字　2013年8月北京第1版第1次印刷

购书咨询：010-64518888（传真：010-64519686）　售后服务：010-64518899

网　　址：http://www.cip.com.cn

凡购买本书，如有缺损质量问题，本社销售中心负责调换。

定　　价：36.00元

前言

为适应我国高等职业教育的发展，满足高等职业技术教育的需要，依据维修电工国家职业技能鉴定标准中对中、高级维修电工的知识和技能的要求，结合高职高专院校工科学生掌握维修电工岗位操作技能和获取岗位资格证书的需求，并与华北油田公司水电厂、中国石油华北石化公司等单位合作，根据多年的教学经验，并查阅和参考了许多相关的书籍和资料，在化学工业出版社的统一组织下，基于校企合作、工学结合的模式，以任务驱动的工程实训项目为线索，结合工业企业生产实际以及对维修电工的实际人才需求共同编写了本书。

本书可作为高职高专院校、成人高校、民办高校及本科院校举办的二级职业技术学院的相关专业的教学用书，也可作为电工初学者自学用书。

本书内容包括五个技能训练项目：维修电工基本技能训练；常用电工电子技术操作技能训练；电动机与变压器维护与检修技能训练；三相异步电动机基本控制线路安装与检修技能训练；典型生产机械电气控制线路的识读与检修技能训练。涵盖了维修电工主要的岗位能力要求。每个实训项目包含任务描述、技能要点、任务实施、任务评价与考核、相关知识以及能力拓展六方面的内容，且每个实训项目都包括一个或几项工作任务，每项工作任务包含一项或几项分任务，有明确的工作目标，并有具体的操作方法和较为详细的考核目标。

本书具有以下的特色。

① 采取校企合作方式组建编写团队，基于校企合作、工学结合的模式，以任务驱动的工程实训项目为线索，结合工业企业生产实际以及对维修电工的实际人才需求进行编写。

② 本书最大的特点就是维修电工的知识和技能紧密结合，学生通过技能训练掌握维修电工的实际操作技能，同时又通过相关的知识点掌握相应的理论知识，既能达到维修电工岗位技术能力培养的要求，也适合于职业技能岗位证书的考核能力的培养，对创新和能力拓展也有积极的引导作用。

③ 保证基础，加强应用，突出能力，突出实际、实用、实践的原则，贯彻重概念、重结论的指导思想，注重内容的典型性、针对性，加强理论联系实际。

④ 从应用的角度，介绍维修电工实用技术，使教材具有实用性，符合高职高专学生毕业后的工作需求。

⑤ 讲述深入浅出，将知识点与能力点紧密结合，注重培养学生的工程应用能力和解决

现场实际问题的能力。

本教材按 100～120 课时编写，各学校可根据不同的教学课时可以选择重点的章节进行讲解。

本书由天津石油职业技术学院副教授王锁庭、华北油田公司水电厂高级工程师、中国石油技能专家范伟担任主编并统稿。参加编写的有：王锁庭（项目一、附录）、范伟（项目三、四），中国石油华北石化公司高级工程师张启林（项目五），天津石油职业技术学院讲师王文胜（项目二）。天津大学博士生导师刘鲁源教授在百忙中仔细、认真地审阅了全书，提出了许多宝贵意见。在编写过程中，编者参阅了许多同行、专家们的论著和文献，特别是得到了华北油田公司水电厂、中国石油华北石化公司、天津石油职业技术学院教务处、科研处以及电子信息系的大力支持和帮助，在此一并真诚致谢。

限于编者的学术水平和实践经验，书中的疏漏及不足之处，恳切希望有关专家和广大读者批评指正。

编者

2013 年 1 月

目录

项目一

维修电工基本技能训练

任务一　电工安全用电与触电急救技能训练

【任务描述】

① 通过更换室内荧光照明灯管的技能训练，让学生掌握基本的安全用电技能。

② 通过电气设备的送电、停电、验电以及装设接地线的操作，让学生掌握电工基本安全操作规程。

③ 通过模拟触电事故中的脱电演练，让学生具备初步判断触电情况，并能选择正确脱离电源方式的技巧。

④ 通过对模拟触电脱离电源后的触电者进行触电急救演练，让学生具备初步判断触电者的触电情况，并能选择正确急救方法的技能。

【技能要点】

① 了解维修电工应具备的基本条件、主要任务以及人身安全常识。

② 了解中高级维修电工应具备的理论知识和技能技巧。

③ 掌握安全用电知识、安全生产操作规程。

④ 掌握触电急救知识与基本急救要领与方法。

【任务实施】

一、更换室内荧光照明灯管

训练内容说明：在断电的情况下，更换室内荧光照明灯管。

1. 编制技能训练器材明细表

本技能训练任务所需器材见表 1-1。

表 1-1　技能训练器材明细表

器件序号	器件名称	性能规格	所需数量	用途备注
01	荧光灯管	40W 或 25W	1 套	
02	椅子或梯子		1 把或 1 架	
03	绝缘胶鞋		1 双	
04	验电笔	500V	1 支	
05	万用电表	MF-47,南京电表厂	1 块	

2. 技能训练前的检查与准备

① 确认荧光照明灯管安装环境符合维修电工操作的要求。

② 穿上绝缘胶鞋，确认绝缘胶鞋符合安全要求。

③ 确认验电笔验电性能良好。

④ 确认万用电表性能良好。

3. 技能训练实施步骤

① 确认荧光灯开关已经断开。

② 将梯子或椅子放到灯的下方，确保梯子或椅子牢固稳定，爬上梯子或站上椅子。

③ 将已坏荧光灯管从灯座中轻轻取出，使用验电笔检验荧光灯座是否无电，确认无电。

④ 再将新的荧光灯管两端轻轻插入荧光灯座中的对应位置，用手轻轻转动几下灯管，使其接触良好。

⑤ 通电观察。闭合荧光灯开关，检验荧光灯的安装情况是否良好。若荧光灯没亮，则应仔细检查荧光灯与灯座的接触情况、启动器与启动器座的接触情况，适当调整至荧光灯管成功点亮。

⑥ 若通过以上的调整，荧光灯还没亮，则断开荧光灯开关，使用万用电表逐个检查荧光灯电路的组成器件，查找问题的原因，排除故障。

4. 清理现场和整理器材

训练完成后，清理现场，整理好所用器材、工具，按照要求放置到规定位置。

二、电气安全作业技术操作训练

训练内容说明：在具有漏电断路器和闸刀开关对电动机进行供电的电源电路中，进行电气设备进行送电、停电、验电操作，学习装设接地线。

1. 编制技能训练器材明细表

本技能训练任务所需器材见表 1-2。

表 1-2 技能训练器材明细表

器件序号	器件名称	性能规格	所需数量	用途备注
01	漏电断路器	500V,10A	1个	
02	闸刀开关	500V,10A	1个	
03	三相异步电动机	380V,1A	1台	
04	接地线		1组3根	
05	标示牌	红色字样,白色字样	各1块	
06	验电笔	500V	1支	
07	万用电表	MF-47,南京电表厂	1块	
08	绝缘手套		1副	

2. 技能训练前的检查与准备

① 确认电气设备的电源电路安装环境符合维修电工操作的要求。

② 戴上绝缘手套，确认绝缘手套符合安全要求。

③ 确认验电笔验电性能良好。

④ 确认万用电表性能良好。

⑤ 确认电气设备的电源电路工作正常。

3. 技能训练实施步骤

(1) 送电操作训练

① 确认电气设备的电源电路已经断开。

② 确认总的交流电源工作正常。

③ 先闭合交流电源侧的闸刀开关，再闭合电动机侧的漏电断路器。

④ 观察电动机的运行情况。确认电动机处于正常运行状态。

(2) 通电验电操作

① 在总的交流电源箱相应的电源插座中，确认低压验电笔和万用电表性能良好。

② 使用验电笔在漏电断路器和闸刀开关的进线桩和出线桩上进行逐相验电，确认漏电断路器和闸刀开关的各相通电工作正常。

③ 使用万用电表在漏电断路器和闸刀开关的进线桩和出线桩上进行相间电压测试，确认漏电断路器和闸刀开关的各相通电工作正常。

(3) 停电操作训练

① 确认电气设备的电源电路已经通电。

② 确认电动机处于正常运行状态。

③ 先断开电动机侧的漏电断路器，再断开交流电源侧的闸刀开关。

④ 观察电动机的运行情况。确认电动机处于停止状态。

(4) 停电验电操作

① 在总的交流电源箱相应的电源插座中，确认低压验电笔和万用电表性能良好。

② 使用验电笔在漏电断路器和闸刀开关的进线桩和出线桩上进行逐相验电，确认漏电断路器和闸刀开关的各相均未带电。

③ 使用万用电表在漏电断路器和闸刀开关的电源进线桩和出线桩上进行相间电压测试，确认漏电断路器和闸刀开关的各相均未带电。

(5) 装设接地线操作训练

① 确认电气设备的电源电路已经断电。

② 确认漏电断路器和闸刀开关已经断开。

③ 戴上绝缘手套进行操作，确认绝缘手套符合安全要求。

④ 根据安全操作的要求，确定装设接地线的位置。若要检修漏电断路器，需在漏电断路器的电源进线桩一侧装设一组接地线，以确保检修安全。

⑤ 装设接地线，必须由两个人进行，一人监护，一人操作。装设时先接接地端，后接导体端，而且必须接触良好和可靠。

⑥ 拆除接地线，次序与装设时正好相反，先拆除导体端，后拆除接地端。注意装拆接地线时均应使用绝缘棒或戴绝缘手套进行操作，人体不准碰触接地线。

4. 清理现场和整理器材

训练完成后，清理现场，整理好所用器材、工具，按照要求放置到规定位置。

三、脱离电源技能训练

训练任务内容：模拟触电事故中的脱离电源训练。

1. 编制技能训练器材明细表

本技能训练任务所需器材见表 1-3。

2. 技能训练前的检查与准备

① 检查和确认技能训练器材符合维修电工安全规程和性能的要求。

② 准备好模拟触电假人和没有通电的电动机。

③ 准备好其他的训练器具。

④ 准备好模拟的高低压供电线路。

3. 技能训练实施步骤

(1) 低压触电脱电技能训练

① 模拟触电　用模拟触电假人模拟触电者在使用低压电器过程中突然触电，触电后倒

在电动机附近。

表 1-3 技能训练器材明细表

器件序号	器件名称	性能规格	所需数量	用途备注
01	电动机控制电路		1套	
02	模拟触电假人		1个	
03	电工克丝钳		1把	带绝缘手柄
04	斧头		1把	带绝缘木柄
05	木棒		1根	干燥的
06	梯子		1架	
07	电线		若干	
08	木板		若干	
09	裸金属导线		若干	
10	绝缘手套		1副	
11	绝缘胶鞋		1双	

② 判断触电情况，并选择脱电方式　不同的触电情况应采取不同的脱电方式，如表 1-4 所示。

表 1-4 不同的触电情况所对应的脱电方式

序号	触电情况描述	选择的脱电方式
01	触电地点附近有电源开关	拉:可立即断开开关,切断电源
02	触电地点附近没有电源开关	切:用有绝缘柄的电工钳或有干燥木柄的斧头砍断电线,断开电源
03	电线搭落在触电者身上或被压在身下	挑:用干燥的衣服、手套、绳索、木板、木棒等绝缘物作为工具,拉开触电者或挑开电线,使触电者脱离电源
04	触电者的衣服是干燥的,又没有紧缠在身上	拽:可以用一只手抓住他的衣服,拉离电源。但因触电者的身体是带电的,其鞋的绝缘也可能遭到破坏,救护人不得接触触电者的皮肤,也不能抓他的鞋子
05	干燥木板等绝缘物能迅速插入到触电者身下	垫:用干木板等绝缘物插入触电者身下,以隔断电源

③ 根据选择的脱电方式，将模拟触电者立即实施脱电演练

(2) 高压触电脱电技能训练

① 模拟触电　模拟触电者爬上梯子，模拟实施高压电送电操作，在操作过程中发生触电现象，倒在梯子上，身体上覆盖着高压电线。

② 触电脱电过程

a. 立即通知电力有关部门进行断电操作。

b. 迅速戴上绝缘手套，穿上绝缘胶鞋，用相应电压等级的绝缘工具拉开电源开关。

c. 用单手抛掷裸金属线使线路短路接地，迫使线路的继电保护装置动作，自动断开电源。特别注意：在抛掷裸金属线前，先将裸金属线的一端可靠接地，然后抛掷另一端。在抛掷时不要触及触电者和现场的其他人员。

d. 在成功使触电者脱离电源后，迅速保护好触电者，将触电者移到地面，防止触电者从高处摔下受伤，为下一步的急救工作做好准备。

4. 清理现场和整理器材

训练完成后，清理现场，整理好所用器材、工具，按照要求放置到规定位置。

四、触电急救技能训练

训练任务内容：对触电脱电后的触电者进行触电急救训练。

1. 编制器材明细表

仿真人一个。

2. 技能训练前的检查与准备

① 检查和确认仿真人符合训练要求。

② 准备好触电急救训练的场地。

3. 技能训练实施步骤

（1）判断触电者的触电情况，选择急救方法

不同的触电者情况所对应的急救方法如表 1-5 所示。

表 1-5　不同的触电者情况所对应的急救方法

序号	触电者情况	选择的急救方法
01	呼吸停止	通畅气道，口对口（鼻）人工呼吸
02	呼吸和心跳均停止	心肺复苏法：通畅气道，口对口（鼻）人工呼吸，胸外按压（人工循环）

（2）对触电者进行心肺复苏操作演练

① 抢救过程中判定急救方法练习 2 次。

② 通畅气道练习 2 次。

③ 人工呼吸练习（口对口）5 次。

④ 人工呼吸练习（口对鼻）5 次。

⑤ 胸外按压练习 5 次。

4. 清理现场和整理器材

训练完成后，清理现场，整理好所用器材、工具，按照要求放置到规定位置。

【任务评价与考核】

一、更换室内荧光照明灯管

考核要点

① 检查是否按照要求正确更换荧光灯管，按照要求将灯管放置到规定位置；

② 是否时刻注意遵守安全操作规定，操作是否规范；

③ 荧光灯管是否正常点亮，若不亮，会采取正确的方法进行检修。

二、电气安全作业技术操作训练

考核要点：

① 检查是否做好准备工作；

② 检查是否遵守安全操作规定，操作要领是否正确和规范；

③ 检查选用使用训练器件是否准确，使用和操作是否熟练。

三、脱离电源训练

考核要点：

① 检查是否做好准备工作；

② 检查是否遵守安全操作规定，操作要领是否正确和规范；

③ 检查选用脱电方式是否准确。

四、触电急救训练

考核要点：

① 检查是否做好准备工作；

② 检查是否遵守安全操作规定，操作要领是否正确和规范；

③ 检查选用急救方法是否准确，急救中再判断是否合理。

五、成绩评定考核

根据以上考核要点对学生进行逐项成绩评定，参见表1-6，给出该项任务的综合实训成绩。

表1-6 实训成绩评定表

子任务内容	分值/分	考核要点及评分标准	扣分/分	得分/分
更换室内荧光照明灯管	20	未按照要求正确更换荧光灯管，每处扣5分		
		荧光灯不能正确点亮，扣10分		
		不能采取正确的方法进行检修，扣5分		
电气安全作业技术操作训练	20	未按正确操作顺序进行操作，扣10分		
		不能正确选用操作器件，每项扣2分		
		准备工作准备有缺陷，每项扣2分		
脱离电源训练	20	未按正确的操作要领操作，每处扣5分		
		脱电方式选择错误，每错一次扣5分		
		准备工作准备有缺陷，每项扣2分		
触电急救训练	20	触电急救姿势不对，每处扣5分		
		触电急救方法不对，每处扣5分		
		触电急救再判定不对，每次扣5分		
安全、规范操作	10	每违规一次扣2分		
整理器材、工具	10	未将器材、工具等放到规定位置，扣5分		
合计				

【相关知识】

一、维修电工应具备的基本条件

① 必须身体健康，经医生鉴定无妨碍工作的疾病。凡患有较严重高血压、心脏病、气管喘息等疾病，患神经系统疾病，色盲、听力和嗅觉障碍，以及四肢功能有严重障碍者不能从事维修电工工作。

② 必须懂得触电急救方法、人工呼吸法和电气防火及救火等安全知识。

③ 必须通过相关的职能部门组织的知识、技能考试，合格后获得"维修电工操作证"。

二、维修电工的主要任务

① 照明线路和照明装置的安装，动力线路和各类电动机的安装，各种生产机构电气控制线路的安装。

② 各种电气线路、电气设备、各类电动机的日常保养、检查与维修。

③ 根据电气设备的管理要求，针对设备的重复故障部位，进行必要的改进。

④ 安装、调试和维修与生产过程自动化控制有关的电子电气设备。

三、维修电工人身安全常识

① 在进行电气设备安装和维修操作时，现场至少应有两名经过电气安全培训并考试合格的维修电工人员，必须严格遵守各种安全操作规程和规定，不得玩忽职守。

② 操作时要严格遵守停电操作的规定，要切实做好防止突然送电的各项安全措施。如

挂上“有人工作，不许合闸!”的警示牌，锁上配电箱或取下总电源熔断器等。

③ 在邻近带电部分操作时，要保证有可靠的安全距离。

④ 操作前应仔细检查操作工具的绝缘性能，如绝缘胶鞋、绝缘手套等安全用具的绝缘性能是否良好，有问题的应立即更换，并要定期进行检查。

⑤ 登高工具必须安全可靠，未经登高训练的，不准进行登高作业。

⑥ 如发现有人触电，要立即采取正确的脱电措施。

四、设备运行安全常识

① 设备运行应以安全为主，全面执行“安全、可靠、经济、合理”的八字方针。

② 进行各项电气工作时，要认真严格执行“装得安全、拆得彻底、检查经常、修得及时”的规定。对于已出现故障的电气设备、装置及线路，不得继续使用，以免事故扩大，必须及时进行检修。

③ 必须严格按照设备操作规程进行操作。如接通电源时，必须先闭合隔离开关，再闭合负荷开关；断开电源时，应先切断负荷开关，再切断隔离开关。

④ 当需要切断故障区域电源时，要尽量缩小停电范围。有分路开关的，要尽量切断故障区域的分路开关，避免越级切断电源。

⑤ 电气设备要有防止雨雪、水汽侵袭的措施。电气设备在运行时会发热。因此，必须有良好的通风条件，有的还要有防火措施。有裸露带电的设备，特别是高压电气设备，要有防止小动物进入造成短路事故的措施。

⑥ 所有电气设备的金属外壳，都应有可靠的保护接地措施。凡有可能被雷击的电气设备，都要安装防雷设施。

五、安全用电和消防常识

安全用电是指在使用电气设备的过程中如何防止电气事故及保证人身和设备的安全。电气事故按形成的原因可分为人为事故和自然事故。所谓人为事故，是指因违反安全操作规则而引起的人身伤亡或设备损坏；自然事故是指非人为原因而引起的事故，比如设备绝缘老化引起漏电，甚至导致火灾，静电火花引起爆炸，以及雷击产生的破坏等。

1. 安全用电常识

① 严禁用一线一地安装用电器具。

② 在一个电源插座上不允许接过多或功率过大的用电器具和电气设备。

③ 未掌握有关电气设备和电气线路知识的人员，不可安装和拆卸电气设备及电气线路。

④ 严禁用金属丝去绑扎电源线。

⑤ 不可用潮湿的手和湿布接触带电的开关、插座及具有金属外壳的电气设备。

⑥ 堆放物资、安装其他设备或搬移各种物体时，必须与带电设备或带电导体相隔安全距离。

⑦ 严禁在电动机和各种电气设备上放置衣物，不可在电动机上坐立，不可将雨具等物品挂在电动机或电气设备的上方。

⑧ 在搬移电焊机、鼓风机、电风扇、洗衣机、电视机、电炉和电钻等可移动电器时，要先切断电源，不可拖拉电源线来移动电器。

⑨ 在潮湿的环境中使用可移动电器时，必须采用额定电压 36V 及以下的低压电器。若采用额定电压为 220V 的电气设备时，必须使用隔离变压器。在金属容器及管道内使用移动电器时，应使用 12V 的低压电器，并要加接临时开关，还要有专人在该容器外监视。低电压的移动电器应装特殊型号的插头，以防误插入 220V 或 380V 的插座内。

⑩ 在雷雨天气，不可走近高压电杆、铁塔和避雷针的接地导线周围，以防雷电伤人。

切勿走近断落在地面上的高压电线，万一进入跨步电压危险区时，要立即单脚或双脚并拢迅速跳到离开接地点10m以外的区域，切不可奔跑，以防跨步电压伤人。

2. 消防知识

① 电气设备发生火灾时，着火的电器、线路可能带电，为防止火情蔓延和灭火时发生触电事故，应立即切断电源。

② 因生产不能停电或因其他需要不允许断电，必须带电灭火时，必须选择不导电的灭火剂，如二氧化碳灭火器、1211灭火器、二氟二溴甲烷灭火器等进行灭火。灭火时，救火人员必须穿绝缘胶鞋，戴绝缘手套。若变压器、油开关等电器着火后，会有喷油和爆炸的可能，必须在切断电源后灭火。

③ 用不导电灭火剂灭火时要求：10kV电压，喷嘴至带电体的最短距离不应小于0.4m；35kV电压，喷嘴至带电体的最短距离不应小于0.6m。

六、电气安全技术操作规程

1. 电气安全的组织措施

保证安全的组织措施具体是指工作票制度、工作许可制度、工作监护制度及工作间断、转移和终结制度，其作用、主要内容及要求见下面说明。

(1) 工作票制度

工作票的作用是准许在电气设备上工作的书面命令，也是明确安全职责，向工作人员安全交底的依据。工作票分为第一种工作票和第二种工作票，视作业范围不同选用。工作票签发人应由熟悉现场电气系统设备情况、熟悉安全规程并具备相应技术水平的人员担任。工作签发人必须对工作人员的安全负责，应在工作票中填明应拉开开关、应装设临时接地线及其他所有应采取的安全措施等。

(2) 工作许可制度

工作许可制度是确保电气检修作业安全所采取的一种重要措施。工作许可人在接到检修工作负责人交来的工作票后，应审查工作票所列安全措施是否正确完善，然后应按工作票上所列要求，采取施工现场的安全技术措施，并会同工作负责人再次检查必要的接地、短路和标示牌是否装设齐备，最后才许可工作小组开始工作。

(3) 工作监护制度

执行工作监护制度的目的是防止工作人员违反安全规程，及时纠正不安全动作和其他错误做法，使工作人员在整个工作过程中得到监护人的指导和监督。在部分停电时，监护所有工作人员的活动范围，使其与带电部分保持规定的安全距离。在带电作业时，监护所有工作人员的活动范围，使其与不同相的带电设备保持安全距离。监护所有工作人员工具使用是否正确，工作位置是否安全，操作方法是否恰当，是否正确穿戴个人防护用品。监护所有工作人员为保证电气安全正常运行，所采取的技术措施是否符合规范要求。监护工作人员在作业中为保证安全而设置的安全设施是否有效可靠。

(4) 工作间断、转移和终结制度

坚持工作间断、转移和终结制度，可以有效地提高工作效率，减少施工隐患，更好地明确工作职责，保证安全生产。工作间断时，所有的安全措施应保持原状。当天的工作间断后又继续工作时，无需再经许可。在同一电气连接部分用同一张工作票依次在几个工作地点转移工作时，全部安全措施由值班员在开工前一次做完，不需再办理转移手续。全部工作完毕后，工作人员应清理现场，并向值班人员讲清所修项目、发现问题、试验结果和存在问题等，然后在工作票上填上工作终结时间，经双方签名后，工作票方告终结。

2. 保证安全的技术措施

现行安全技术规程规定在全部停电或部分停电的电气设备上工作时，必须完成停电、验电、装设接地线以及悬挂标示牌和装设遮栏等技术措施。

3. 技能要求

进一步熟悉确保电气安全作业的技术措施的具体内容，牢固掌握各项技术措施的操作要领。

4. 操作要领

(1) 送电操作

在同一条供电线路上进行送电操作，先闭合刀开关，后闭合漏电断路器。

(2) 停电操作

先断开漏电断路器，如图 1-1(a) 所示。再断开刀开关，如图 1-1(b) 所示。

(a) 断开漏电断路器

(b) 断开刀开关

图 1-1　停电操作

停电操作的安全技术要求如下。

① 停电的各方面至少有一个明显的断开点（由隔离刀开关断开），禁止在只经断路器断开电源的设备或线路上进行工作。与停电设备有关的变压器和电压互感器等必须把一次侧和二次侧都断开，防止向停电检修设备反送电。

② 停电操作应先停负荷侧，后停电源侧；先拉开断路器，后拉开隔离刀开关。严禁带负荷拉隔离刀开关。

③ 为防止因误操作，或后备电源自投以及因校验工作引起的保护装置误动作造成断路器突然误合闸而发生意外。因此，必须断开断路器的操作电源。对一经合闸就可能送电的刀开关必须将操作把手锁住。

(3) 验电操作

将低压验电器在带电设备上进行试验，确认验电器完好，如图 1-2(a) 所示。将低压验电器在已经停电的漏电断路器的进、出线桩进行逐相验电，确定漏电断路器未带电，如图 1-2(b) 所示。

(a) 验电器的试验

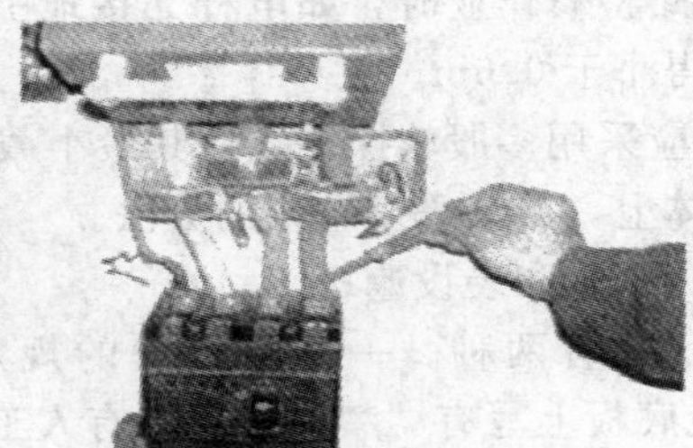

(b) 漏电断路器的验电

图 1-2　验电操作

验电操作的安全技术要求如下。

① 检修的电气设备和线路停电后，悬挂接地线之前，必须用验电器检验确无电压。

② 验电时，使用电压等级适应、经试验合格、并在有效期试验期限内的验电器。验电前、后，均应将验电器在带电设备上进行试验，确认验电器良好。

③ 对停电检修的设备，应在进出线两侧逐相验电。同杆架设的多层电力线路验电时，“先验低压，后验高压，先验下层，后验上层”。

④ 表示设备断开和允许进入间隔的信号、电压表指示以及信号灯指示等不能作为设备无电压的依据，只能作为参考。

⑤ 对停电的电缆线路进行验电时，由于电缆的电容量大，剩余电荷较多而一时又泄放不完，因此刚停电后即进行验电，有时验电器仍会发亮（有时为闪烁发亮）。这种情况必须过几分钟再进行验电，直到验电器指示无电，才能确认为无电压。切记绝不能凭经验判断，当验电器指示有电时，就认为是剩余电荷作用所致，盲目进行接地操作。

（4）装设接地线

将短路接地线［如图 1-3(a) 所示］连接在漏电断路器出线桩线路的另一侧，以防止负载侧线路的反送电。装好的接地线如图 1-3(b) 所示。

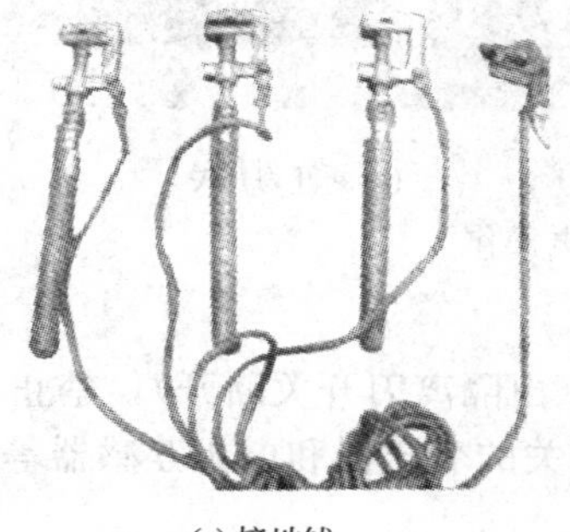

(a) 接地线

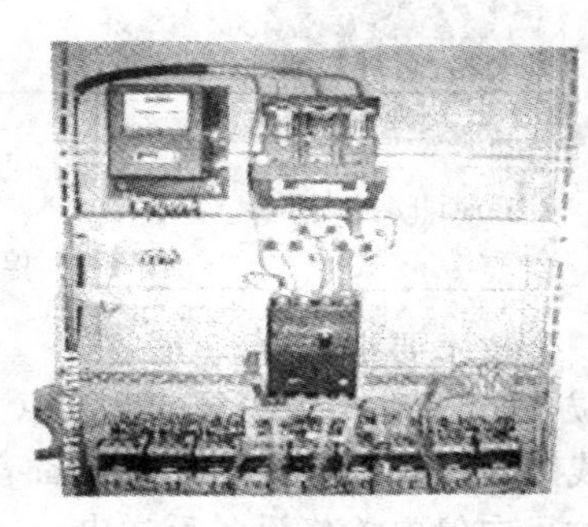

(b) 装设接地线

图 1-3　装设接地线

装设接地线的安全技术要求如下。

① 装设接地线时，应先将接地端可靠接地，当用验电器验明设备或线路确无电压后，立即将接地线的另一端挂接在设备或线路的导体上。

② 对于可能送电至停电设备或线路的各个电源侧，都要装设接地线，接地线与检修部分之间不得连有断路器或熔断装置。

③ 检修母线时，应根据母线的长短和有无感应电压等实际情况确定接地线的数量。一般检修 10m 及以下长度的母线可以只装设一组接地线。

④ 架空线路检修作业时，如电杆无接地引下线时，可采用临时接地棒，接地棒在地中插入的深度不得小于 0.6m。

⑤ 接地线应采用多股软裸铜线，其最小截面积不小于 $25mm^2$。接地线必须使用专用的线夹固定在导体上，严禁采用缠结的方法。

（5）悬挂标示牌和装设遮栏

常用的标示牌有两种。一种标示牌的规定式样是：200mm×100mm（或者 80mm×50mm）的白色底板上写有“禁止合闸，有人工作”红色字样，如图 1-4(a) 所示。

另一种标示牌的规定式样是：200mm×100mm（或者 80mm×50mm）的红色底板上写有“禁止合闸，线路有人工作”白色字样，如图 1-4(b) 所示。

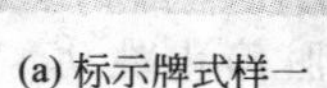

(a) 标示牌式样一

(b) 标示牌式样二

图 1-4　标示牌的悬挂

悬挂标示牌和装设遮栏安全技术要求如下。

① 对运行操作的开关和刀开关，标示牌应悬挂在控制盘的操作把手上，对同时能进行运行和就地操作的刀开关，则还应在刀开关操作把手上悬挂标示牌。

② 部分停电的工作中，在作业范围内对于安全距离小于规定值的未停电设备，应装设临时遮栏，并在临时遮栏上悬挂“止步，高压危险”的标示牌。

③ 在室内高压设备上工作，应在工作地点两旁间隔和对面间隔的遮栏上及禁止通行的过道上悬挂“止步，高压危险！”的标示牌。在室外地面高压设备上工作，应在工作地点四周用绳子做好围栏，围栏上悬挂适当数量的“止步，高压危险！”标示牌。标示牌应朝向围栏里面。“在此工作”的标示牌应向围栏外面悬挂。

④ 在工作地点，工作人员上下攀登的铁架或梯子上应悬挂“从此上下”的标示牌。在邻近其他可能误登的架构上悬挂“禁止攀登，高压危险！”标示牌。

⑤ 在停电检修装设接地线的设备框门上及相应的电源刀开关把手上应悬挂“已接地！”标示牌。

⑥ 严禁工作人员在检修工作未告终时，移动或拆除遮栏、接地线和标示牌。

(6) 对线路进行检修

线路检修完毕后，清理现场，检查无误方可恢复对设备送电。

七、触电急救知识

1. 电流对人体的伤害

电流对人体伤害的程度与电流通过人体的大小、持续的时间、流经的途径以及电流的种类等多种因素有关。

(1) 伤害程度与电流大小的关系

通过人体的电流愈大，人体的生理反应愈明显，伤害愈严重。对于工频交流电，按通过人体电流强度的不同以及人体呈现的反应不同，将作用于人体的电流划分为以下三级。

① 感知电流和感知阈值　感知电流是指电流流过人体时可引起感觉的最小电流，感知电流的最小值称为感知阈值。对于不同的人，感知电流及感知阈值是不同的。成年男性平均感知电流约为 1.1mA（有效值，下同）；成年女性约为 0.7mA。对于正常人体，感知阈值平均为 0.5mA，它与时间因素无关。感知电流一般不会对人体造成伤害，但可能因不自主反应而导致由高处跌落等二次事故。

② 摆脱电流和摆脱阈值　摆脱电流是指人在触电后能够自行摆脱带电体的最大电流，摆脱电流的最小值称为摆脱阈值。通常认为摆脱电流为安全电流。成年男性平均摆脱电流约为 16mA，成年女性约为 10.5mA；成年男性摆脱阈值约为 9mA，成年女性约为 6mA；儿童的摆脱电流较成人要小。对于正常人体，摆脱阈值平均为 10mA，与持续时间无关。

③ 室颤电流和室颤阈值　室颤电流是指引起心室颤动的最小电流，其最小电流即室颤阈值。由于心室颤动极有可能导致死亡，因此，可以认为，室颤电流即致命电流。室颤电流与电流持续时间关系密切，当电流持续时间超过心脏周期时，室颤电流仅为50mA左右；当电流持续时间短于心脏周期时，室颤电流为数百毫安。

（2）伤害程度与电流持续时间的关系

通过人体电流的持续时间愈长，愈容易引起心室颤动，危险性就愈大。

（3）伤害程度与电流途径的关系

电流通过心脏会引起心室颤动，电流较大时会使心脏停止跳动，从而导致血液循环中断而死亡；电流通过中枢神经或有关部位，会引起中枢神经严重失调而导致死亡；电流通过头部会使人昏迷，或对脑组织产生严重损坏而导致死亡；电流通过脊髓，会使人瘫痪等。上述伤害中，以心脏伤害的危险性为最大。

（4）伤害程度与电流种类的关系

工频50Hz电流对人体的伤害程度最大，100Hz以上交流电流、直流电流、特殊波形电流也都对人体具有伤害作用。

2. 触电事故的类型

（1）电击

电击是电流对人体内部组织造成的伤害，是最危险的一种伤害。按照人体触及带电体的方式和电流通过人体的途径，电击触电可分为三种情况。

① 单相触电　指人体接触到地面或其他接地导体的同时，人体另一部位触及某一相带电体所引起的电击。发生电击时，若所触及的带电体为正常运行的带电体，则这种电击称为直接接触电击；当电气设备发生事故时，例如在绝缘损坏、造成设备外壳意外带电的情况下，人体触及意外带电体所发生的电击称为间接接触电击。对于高电压，人体虽然没有触及，但因超过了安全距离，高电压对人体产生电弧放电，也属于单相触电。单相触电示意图如图1-5所示。

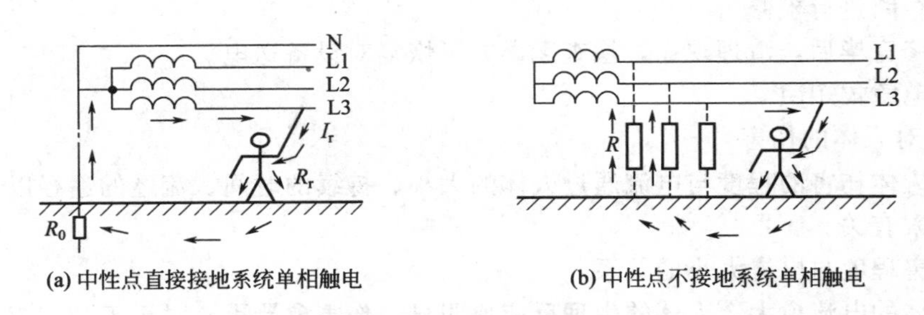

(a) 中性点直接接地系统单相触电　　(b) 中性点不接地系统单相触电

图1-5　单相触电示意图

② 两相触电　指人体的两个部位同时触及两相带电体所引起的电击。此时，人体所承受的电压为三相系统中的线电压。因电压相对较大，其危险性也较大。两相触电示意图如图1-6所示。

③ 跨步电压触电　当电网或电气设备发生接地故障时，流入大地中的电流在土壤中形成电位，地表面也形成以接地点为圆心的径向电位差分布。如果人行走时前后两脚间（一般按0.8m计算）电位差达到危险电压而造成的触电，称为跨步电压触电。跨步电压触电示意图如图1-7所示。

（2）电伤

电伤是电流转变成其他形式的能量造成的人体伤害，包括电能转化成热能造成的电弧烧伤、电烧伤，电能转化成化学能或机械能造成的电标志、皮肤金属化及机械损伤、电光眼等。

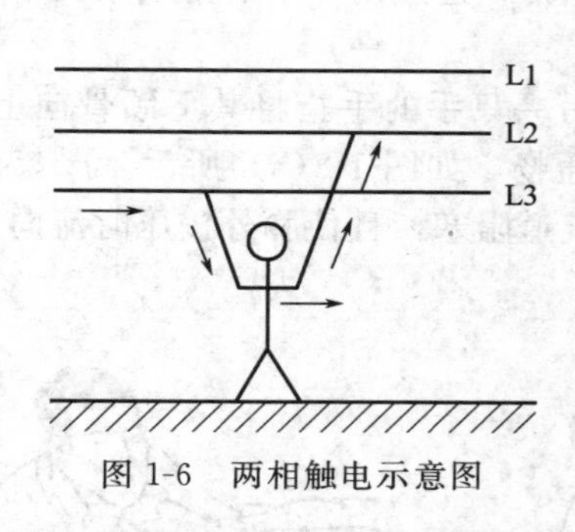

图 1-6　两相触电示意图

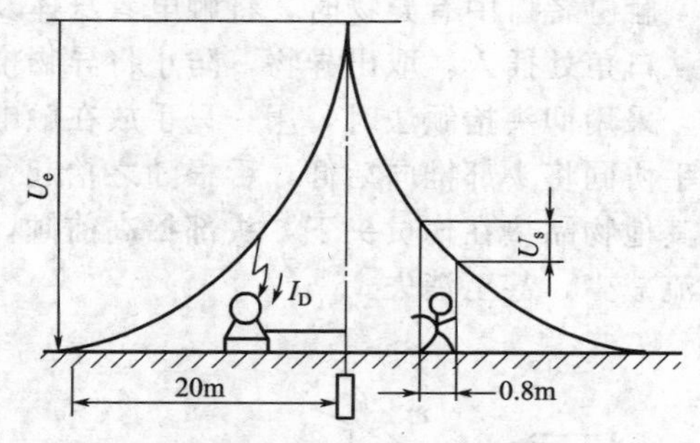

图 1-7　跨步电压触电示意图

① 电弧烧伤　电弧烧伤是当电气设备的电压较高时产生的强烈电弧或电火花，会烧伤人体，甚至击穿人体的某一部位，而使电弧电流直接通过内部组织或器官，造成深部组织烧死，一些部位或四肢烧焦。电弧烧伤一般不会引起心脏纤维性颤动，而更为常见的是人体由于呼吸麻痹或人体表面的大范围烧伤而死亡。

② 电烧伤　电烧伤又叫电流灼伤，是人体与带电体直接接触，电流通过人体时产生的热效应的结果。在人体与带电体的接触处，接触面积一般较小，电流密度可达很大数值，又因皮肤电阻较体内组织电阻大许多倍，故在接触处产生很大的热量，致使皮肤灼伤。只有在大电流通过人体时才可能使内部组织受到损伤，但高频电流造成的接触灼烧可使内部组织严重损伤，而皮肤仅有轻度损伤。

③ 电标志　电标志也称电流痕记或电印记。它是由于电流流过人体时，在皮肤上留下的青色或浅黄色斑痕，常以搔伤、小伤口、疣、皮下出血、茧和点刺花纹等形式出现，其形状多为圆形或椭圆形，有时与所触及的带电体形状相似。受雷电击伤的电标志图形颇似闪电状。

④ 皮肤金属化　皮肤金属化常发生在带负荷拉断路开关或刀开关所形成的弧光短路的情况下。此时，被熔化了的金属微粒四处飞溅，如果撞击到人体裸露部分，则渗入皮肤上层，形成表面粗糙的灼伤。经过一段时间后，损伤的皮肤完全脱落。若在形成皮肤金属化的同时伴有电弧烧伤，情况就会严重些。

⑤ 机械损伤　机械损伤是指电流通过人体时产生的机械 - 电动力效应，使肌肉发生不由自主地剧烈抽搐性收缩，致使肌腱、皮肤、血管及神经组织断裂，甚至使关节脱位或骨折。

（3）电光眼

电光眼是指眼球外膜（角膜或结膜）因受紫外线或红外线照射发炎。一般 4～8h 后发作，眼睑皮肤红肿，结膜发炎，严重时角膜透明度受到破坏，瞳孔收缩。

3. 触电事故的规律

触电事故往往发生得很突然，而且会在极短的时间内造成极为严重的后果，但不应认为触电事故是不能防止的。为了防止触电事故，应当研究触电事故的规律，以便制定有效的安全措施。根据对触电事故的分析，从触电事故发生率上看可以找到如下规律：六至九月触电事故多；低压设备触电事故多；携带式设备和移动式设备触电事故多；电气连接部位触电事故多；农村触电事故多；冶金、矿业、建筑、机械行业触电事故多；违反操作规程或误操作触电事故多；伪劣电器触电事故多。

4. 急救方法

（1） 畅通气道

触电者口中有异物时，将触电者身体及头部同时侧转，迅速用一个手指或用两个手指交叉从口角处插入，取出异物，防止将异物推向深处。

采用仰头抬颔法时，用一只手放在触电者前额，另一只手的手指将其下颌骨向上抬起，两手协同将头部推向后仰，舌根随之抬起，气道即可通畅，如图 1-8(a) 所示。严禁用枕头或其他物品垫在伤员头下，头部抬高前倾，会更加重气道阻塞，且使胸外按压时流向脑部的血流减少，甚至消失。

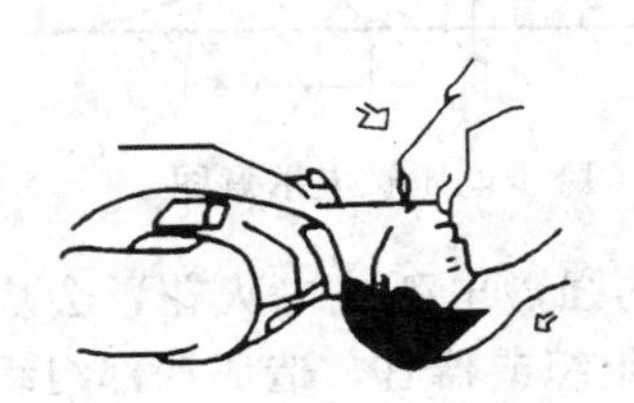
(a) 仰头抬颔畅通气道

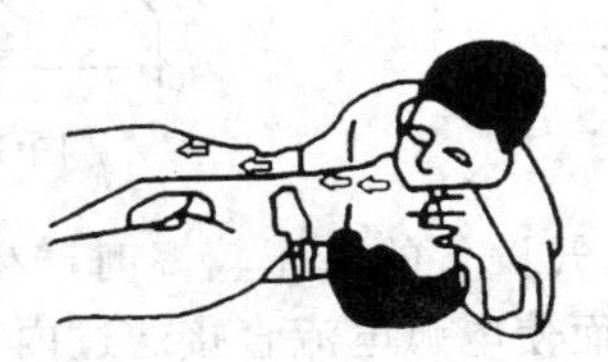
(b) 口对口吹气

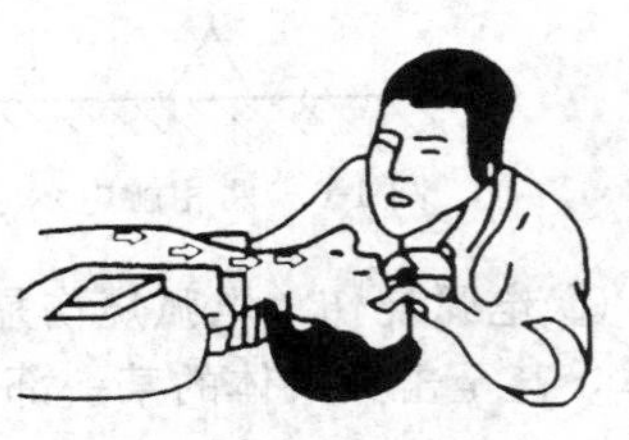
(c) 自动呼气

图 1-8　口对口人工呼吸法示意图

（2） 人工呼吸

在保证伤员气道通畅的同时，救护人员用放在伤员前额上的手指捏住伤员鼻翼，救护人员深吸气后，与伤员口对口紧合，在不漏气的情况下，先连续大口吹气两次，每次 1～1.5s。如图 1-8(b)、(c) 所示。如果两次吹气后试测颈动脉仍无搏动，可判定心跳已经停止，要立即同时进行胸外按压。

除开始时大口吹气两次外，正常口对口（鼻）呼吸的吹气量不需过大，以免引起胃膨胀，吹气和放松时要注意伤员胸部应有起伏的呼吸动作。吹气时如有较大阻力，可能是头部后仰不够，应及时纠正。触电伤员如牙关紧闭，可进行口对鼻人工呼吸。口对鼻人工呼吸吹气时，要使伤员嘴唇紧闭，防止漏气。

（3） 胸外心脏按压

首先确定正确按压位置［见图 1-9(a) 所示］。将右手食指和中指沿伤员的右侧肋弓下缘，找到肋骨和胸骨结合处的中点，用两手指并齐，中指放在剑突处，食指放在胸骨下部，另一只手用掌根紧挨食指上部，放于胸骨上，如图 1-9(b) 所示。

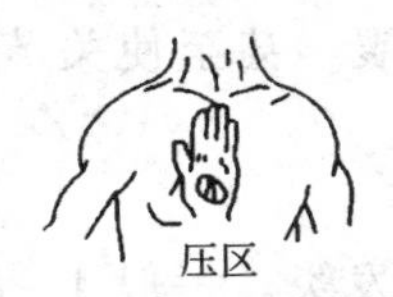

(a) 找到正确位置

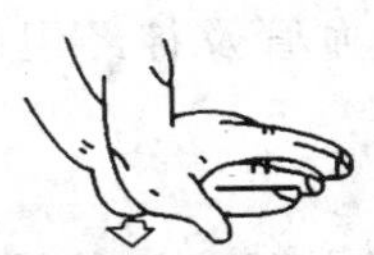
(b) 双手的正确姿势

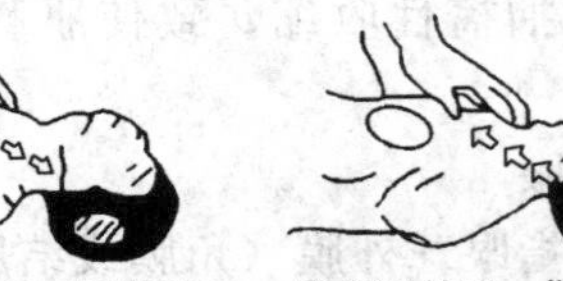
(c) 用力按下，伤者呼气　(d) 双手放开，伤者吸气

图 1-9　胸外心脏挤压法示意图

按压时注意，伤者应仰面躺在平硬的地方，救援人员或立或跪在伤员的一侧肩旁，在伤员的胸骨正上方，救援人员双臂伸直，双手掌根相叠，手指翘起，以髋关节为支点用上身的重量垂直将胸骨压陷 3～5cm 后立即全部放松。然后采用正确的按压姿势对伤者进行按压。

操作频率：胸外按压要以均匀速度进行，每分钟 80 次左右，每次按压［如图 1-9(c) 所示］和放松［如图 1-9(d) 所示］的时间相等。胸外按压与口对口（鼻）人工呼吸同时进行，其节奏为：单人抢救时，每按压 15 次后吹气 2 次，反复进行；双人抢救时，每按压 5

次后由另一人吹气1次，反复进行。

(4) 抢救过程中的再判定

按压吹气1min后，应用看、听、试等方法在5～7s内完成对伤员呼吸和心跳是否恢复的再判定。若判定颈动脉已有搏动但无呼吸，则暂停胸外按压，再进行2次口对口人工呼吸，接着每5s吹气一次；如脉搏和呼吸均未恢复，则继续坚持心肺复苏法抢救。在抢救过程中，要每隔数分钟再判定一次，每次判定时间均不得超过5～7s。在医务人员来接替抢救前，现场抢救人员不得放弃抢救。

【能力拓展】

1. 能力拓展项目

① 结合维修电工国家职业标准，组织学生学习和讨论中高级维修电工应具备的知识和技能。

② 组织学生学习和讨论预防触电的各种措施以及安全技术规程。

③ 组织学生讨论所居住场所如何安全用电、触电急救方法与消防安全。

2. 拓展训练目标

通过能力拓展项目的训练，使学生能够进一步理解居住场所安全用电注意事项和消防安全注意事项，掌握触电急救方法等。

任务二　维修电工工具的使用技能训练

【任务描述】

① 通过维修电工常用工具的使用练习，掌握维修电工常用工具的操作要领。

② 通过维修电工专用工具的使用练习，掌握维修电工专用工具的操作要领。

【技能要点】

① 了解维修电工常用工具的结构与用途，掌握维修电工常用工具的使用方法以及注意事项。

② 了解维修电工专用工具的结构与用途，掌握维修电工专用工具的使用方法以及注意事项。

【任务实施】

一、维修电工常用工具的操作训练

训练任务内容：使用维修电工常用工具，完成试验变压器的拆装。

1. 编制技能训练器材明细表

本技能训练任务所需器材见表1-7。

2. 技能训练前的检查与准备

① 确认试验变压器安装环境符合维修电工操作的要求。

② 准备好技能训练任务所需器材。

③ 确认技能训练任务所需器材性能良好。

④ 熟悉训练内容，熟悉操作工艺流程。

3. 技能训练实施步骤

① 了解试验变压器装配工艺和装配方法，制定装配工艺流程。

② 将试验变压器及其配件放在操作台上，将装配工具摆放在合适位置。

③ 按照装配工艺流程，使用常用工具对试验变压器进行拆装训练。

表 1-7　技能训练器材明细表

器件序号	器件名称	性能规格	所需数量	用途备注
01	电工钳		1把	
02	尖嘴钳		1把	
03	斜口钳		1把	
04	剥线钳		1把	
05	螺钉旋具	一字和十字	1套	
06	电工刀		1把	
07	活扳手		1套	
08	验电笔		1支	
09	锤子		1把	
10	钢锯		1把	
11	万用电表	MF-47	1块	
12	兆欧表	500V	1块	
13	实验变压器及配件		1套	
14	导线	硬铜线和软导线	若干	

④ 对装配好的试验变压器进行测试，测量绕组电阻和绝缘电阻。

⑤ 反复练习，技能总结，理解和熟悉维修电工常用工具的操作要领。

4. 清理现场和整理器材

训练完成后，清理现场，整理好所用器材、工具，按照要求放置到规定位置。

二、维修电工专用工具的操作训练

训练任务内容：使用维修电工专用工具，完成室内穿管照明电路和电源插座的安装。

1. 编制技能训练器材明细表

本技能训练任务所需器材见表 1-8。

表 1-8　技能训练器材明细表

器件序号	器件名称	性能规格	所需数量	用途备注
01	电工常用工具		1套	
02	冲击电钻		1个	
03	电锤		1把	
04	喷灯		1个	
05	紧线器		1个	
06	弯管器		1个	
07	顶拔器		1个	
08	绝缘手套		1副	
09	绝缘胶鞋		1双	
10	绝缘垫		1块	
11	万用电表	MF-47	1块	
12	兆欧表	500V	1块	
13	照明电路及配件		1套	
14	导线	硬铜线和软导线	若干	

2. 技能训练前的检查与准备

① 确认照明电路安装环境符合维修电工操作的要求。

② 准备好技能训练任务所需器材。

③ 确认技能训练任务所需器材性能良好。

④ 熟悉训练内容，熟悉操作工艺流程。

3. 技能训练实施步骤

① 绘制室内穿管照明电路和电源插座的电器原理图。

② 根据照明电路和电源插座的装配位置，绘制装配工程布局布线图。

③ 了解照明电路装配工艺和装配方法，制定装配工艺流程。

④ 确定水泥墙的穿线位置，使用冲击钻钻出规定尺寸的圆孔。

⑤ 确定穿墙钢管的尺寸，将一定规格的钢管弯成一定的形状。

⑥ 安装穿墙钢管，在墙上一定的位置上布线。

⑦ 使用常用工具和专用工具安装照明电路和电源插座。

⑧ 对装配好的照明电路和电源插座进行检查，先进行直观检查，再用万用表进行线路检查。

⑨ 检查无误后，通电检查。若出现故障，分析原因，故障检查，排除故障。

⑩ 反复练习，技能总结，理解和熟悉维修电工专用工具的操作要领。

4. 清理现场和整理器材

训练完成后，清理现场，整理好所用器材、工具，按照要求放置到规定位置。

【任务评价与考核】

一、维修电工常用工具的操作训练

考核要点：

① 检查是否按照要求正确使用各种电工常用工具；

② 是否时刻注意遵守安全操作规定，操作是否规范；

③ 能否正确拆装试验变压器，测量方法是否正确。

二、维修电工专用工具的操作训练

考核要点：

① 检查是否按照要求正确使用各种电工专用工具；

② 检查是否遵守安全操作规定，操作要领是否正确和规范；

③ 检查能否正确安装照明电路和电源插座，白炽灯能否点亮，插座能否通电。

三、成绩评定考核

根据以上考核要点对学生进行逐项成绩评定，参见表1-9，给出该项任务的综合实训成绩。

表1-9　实训成绩评定表

子任务内容	分值/分	考核要点及评分标准	扣分/分	得分/分
维修电工常用工具的操作训练	30	未按正确的操作要领操作，每处扣5分		
		拆装流程顺序有错误，每错一次扣10分		
		测量过程出现错误，每错一次扣5分		
维修电工专用工具的操作训练	50	不能正确绘制电气原理图，每错一处扣5分		
		不能正确绘制电气布线图，每错一处扣5分		
		照明电路和插座安装方法不对，每次扣5分		
		未按正确的操作要领操作，每处扣5分		
		白炽灯不能点亮，插座不通电，扣15分		
安全、规范操作	10	每违规一次扣2分		
整理器材、工具	10	未将器材、工具等放到规定位置，扣5分		
合计				

【相关知识】

一、维修电工常用工具的使用

1. 维修电工常用工具的类别

维修电工常用工具是指电工随身携带的常规工具，主要有电工钳、尖嘴钳、斜口钳、剥线钳、螺钉旋具、电工刀、活络扳手、验电笔、钢锯以及锤子等，是从事维修电工岗位必备的常用工具。

2. 维修电工常用工具的用途

电工钳俗称钢丝钳，用于弯绞、剪切导线、拉剥电线绝缘层、紧固及拧松螺钉等。常用的电工钳有 175 mm 和 200mm 两种。

尖嘴钳是由尖头、刃口和钳柄组成。它头部尖细，适用于狭小空间操作，主要用于切断较小的导线、金属丝，夹持小螺钉、垫圈，并可将导线端头弯曲成型。

斜口钳钳头为圆弧形，剪切口与钳柄成一角度。它用于剪切金属薄片及较粗的金属丝、线材及电线电缆。

剥线钳用于剥削直径在 6mm 以下的塑料、橡胶电线线头的绝缘层。主要部分是钳头和手柄，它的钳口工作部分有从 0.5～3mm 的多个不同孔径的切口，以便剥削不同规格的芯线绝缘层。

螺钉旋具又称改锥、旋凿或起子，是用来紧固和拆卸各种螺钉，安装或拆卸元件的。按照其功能和头部形状不同可分为“一”字形和“十”字形，若按握柄材料的不同，又可分木柄和塑料柄两类。现在流行一种组合工具，由不同规格的螺钉旋具、锥、钻、凿、锯、锉、锤等组成，柄部和刀体可以拆卸使用。

电工刀在电气设备安装操作中主要用于剖削导线绝缘层，削制木榫，切割木台缺口等。由于它的刀柄没有绝缘，不能直接在带电体上进行操作。

钢锯在电气设备安装与维修操作中常用于锯割槽板、木楔、木榫、角钢及管子等。

活扳手是用来紧固或旋松螺母的一种专用工具，其钳口可在规格所定范围内任意调整大小。

验电笔是检验低压市电线路和设备带电部分是否带电的工具，通常制成钢笔式和螺钉旋具式两种。

锤子是一种常用的锤击工具，如拆装电机、锤打铁钉、木榫等。

3. 维修电工常用工具的操作要领

基本要求是进一步熟悉常用工具，了解其用途，熟练掌握其正确的使用方法和注意事项。

(1) 电工钳的使用

电工钳的正确使用如图 1-10 所示，读者可按下面的操作要领反复练习。

① 电工钳的钳口用于导线的弯制、整形和螺钉线扣的制作等，如图 1-10(a) 所示。

② 电工钳的齿口用于旋动螺栓螺母，如图 1-10(b) 所示。此法对于拆卸机电设备上已完全锈蚀或螺钉旋具口在螺钉内打滑的螺钉松动有非常好的效果，但必须注意：在螺钉松开后，设备再次组装时必须更换该螺钉。

③ 电工钳的刀口用于切断电线，起拔铁钉，剥削导线绝缘层等，如图 1-10(c) 所示。

④ 铡口用于铡断硬度较大的钢丝，铁丝等，如图 1-10(d) 所示。

在使用时注意，电工钳的柄部加有耐压 500V 以上的塑料绝缘套。使用前应检查绝缘套是否完好，绝缘套破损的电工钳不能使用。在切断导线时，不得将相线和中性线同时切断，以免发生短路。尤其是扩套线线路带电作业情况下，初学者容易犯此类错误。

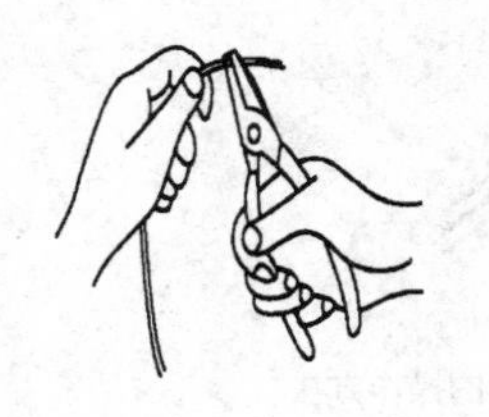

(a) 导线的弯制

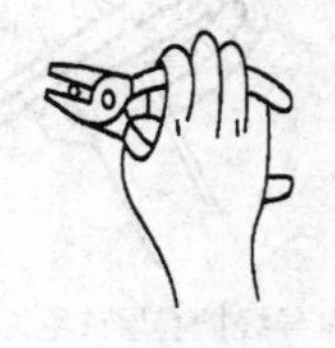

(b) 扳旋螺母

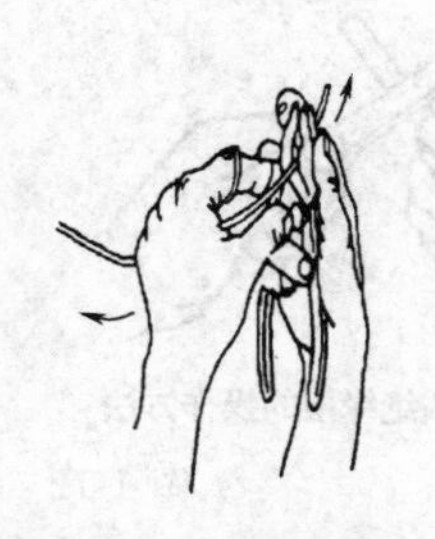

(c) 剥削导线绝缘层

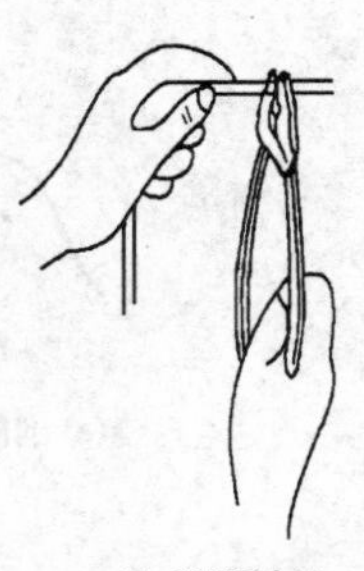

(d) 铡断铁丝

图 1-10　电工钳的使用示意图

(2) 尖嘴钳的使用

尖嘴钳的使用与电工钳基本相同。尖嘴钳的柄部加有耐压 500V 以上的塑料绝缘套，绝缘套破损的尖嘴钳不能使用。

(3) 斜口钳的使用

电工用斜口钳使用时，应检查其柄部耐压 500 V 以上的塑料绝缘套是否完好。130mm 规格的斜口钳还可用于剪切电路板上的焊接线头。

(4) 剥线钳的使用

① 将要剥除的绝缘导线的绝缘外皮长度确定好（一般为 0.5～2cm)。

② 将导线放入合适的刀口中。

③ 用手将钳柄一握，导线的绝缘层即被割破自动弹出。

在使用时注意，选择剥切的刀口应比导线直径略大，防止切伤导线线芯。导线剥切时应将剥线钳的刀口朝外，使剥离的绝缘线头向外弹出。

(5) 螺钉旋具的使用

螺钉旋具使用时，应按螺钉的规格选用适合的刀口，以小代大或以大代小均会损坏螺钉或电气元件。螺钉旋具的使用方法如图 1-11 所示。较大螺钉旋具的操作可按图 1-11(a) 所示方法练习；较小螺钉旋具的操作可按图 1-11(b) 所示方法练习。

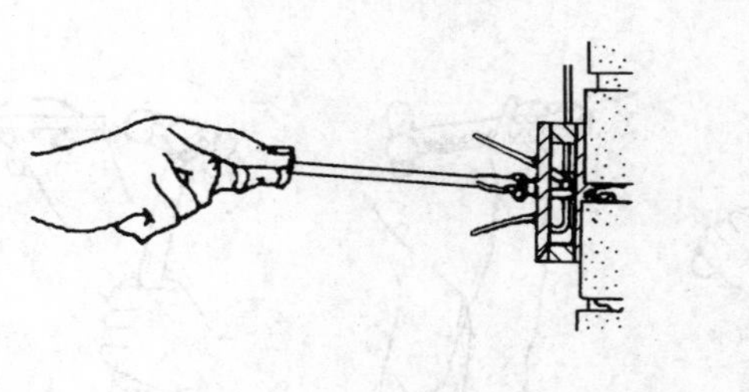

(a) 较大螺钉旋具的操作方法

(b) 较小螺钉旋具的操作方法

图 1-11　螺钉旋具的使用

(6) 电工刀的使用

打开电工刀时，应该左手捏紧刀背，右手捏紧刀把，刀口向外，用力分开。

如图 1-12(a) 所示，用电工刀剖削导线绝缘层时，刀面与导线成 45°角倾斜，以免削伤导线的线芯。

如图 1-12(b) 所示，电工刀割削导线护套层或绝缘层时刀口应朝外，以免伤手。

在使用时注意，由于电工刀的刀柄没有绝缘，不能直接在带电体上进行操作。另外使用

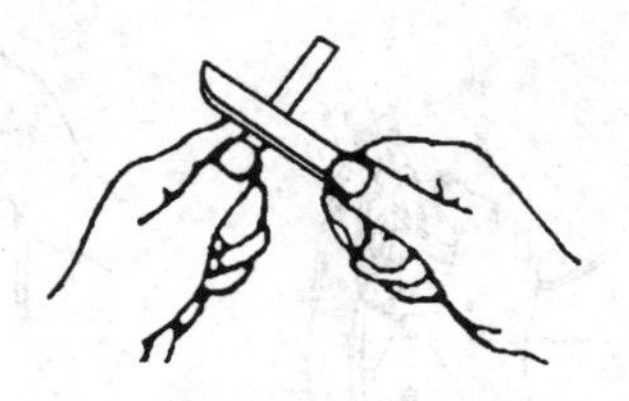

(a) 剖削导线绝缘层的操作方法

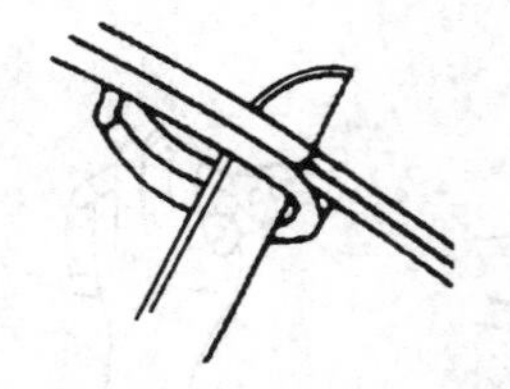

(b) 剖削导线护套层或绝缘层的操作方法

图 1-12　电工刀的使用

电工刀切割导线绝缘层时不宜用力过猛，以防伤及周围的人员。

(7) 活扳手的使用

① 扳动较大螺杆螺母时，所用力矩较大，手应握在活扳手手柄的尾部，如图 1-13(a) 所示。

② 扳动小型螺杆螺母时，为了防止钳口处打滑，手可握在接近活扳手头部的位置，并用拇指调节和稳定蜗轮，如图 1-13(b) 所示。

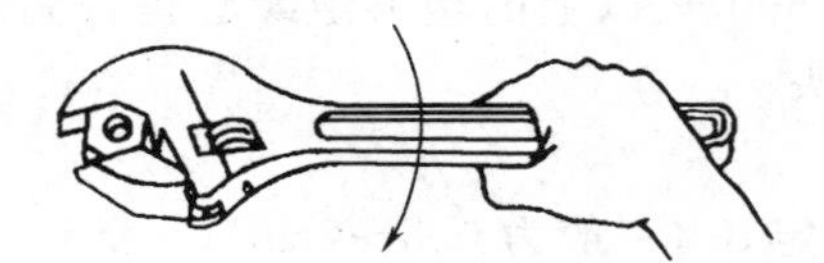

(a) 扳动较大螺杆螺母的操作方法

(b) 扳动小型螺杆螺母的操作方法

图 1-13　活扳手的使用

在使用时要注意，使用活扳手时不能反方向用力，否则容易扳裂活络扳唇，也不准用钢管套在手柄上作加力杆使用，更不准用作撬棒撬击重物或当作锤子使用。另外在旋动螺杆或螺母时，必须把工件的两侧平面夹牢，以免损坏螺杆或螺母的棱角。

(8) 锤子的使用

① 选择合适的操作姿态。挥动锤子的方法有三种：手挥、肘挥和臂挥，如图 1-14 所示。手挥法打击力最小，肘挥法打击力较大，臂挥法打击力最大。

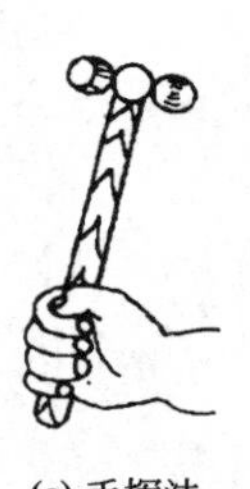

(a) 手挥法

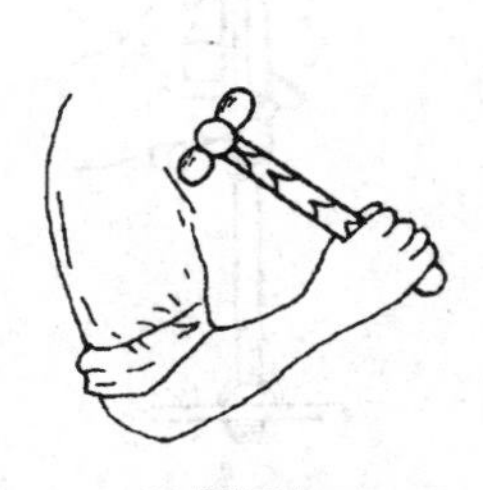

(b) 肘挥法

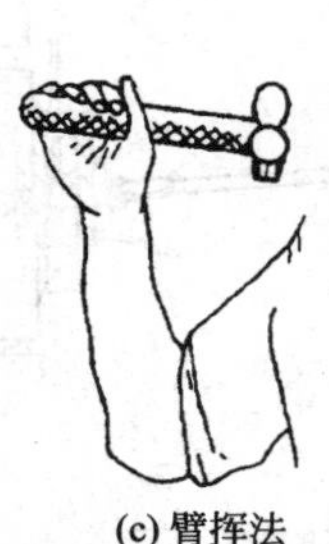

(c) 臂挥法

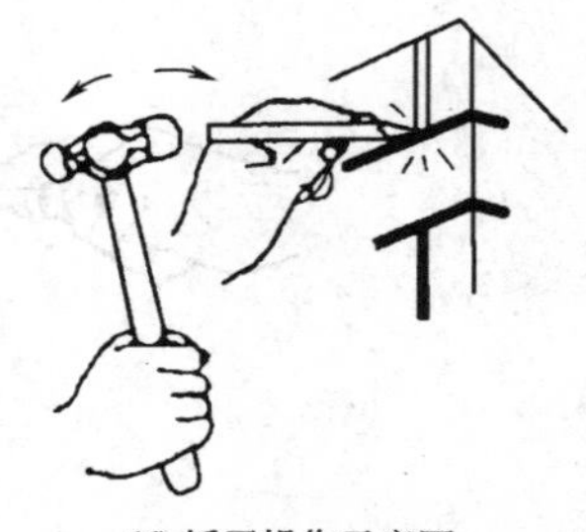

(d) 锤子操作示意图

图 1-14　锤子的使用

② 挥锤时要左手执凿，目视凿尖，右手挥锤，手腕后弓，锤面后仰。整个打击过程要求挥锤频率稳定、命中凿顶、打击有力，如图 1-14(d) 所示。

在使用时要注意，使用锤子时应经常检查锤头，防止松动。协助者或其他人不能站在挥锤者的正前方或正后方，可以站在侧面。使用锤子进行高空作业时，下方协助者应戴好安全帽。

(9) 验电笔的使用

① 使用前，先在确认有电的带电体上试验，检查其是否能正常验电，以免因氖管损坏，在检验中造成误判，危及人身或设备安全。

② 如图 1-15 所示，使用时，手指必须接触金属笔挂（钢笔式）或测电笔顶部的金属螺钉（螺钉旋具式），使带电体经过测电笔和人体与大地形成电位差，产生电场，在电场作用下电笔中的氖管发光指示。

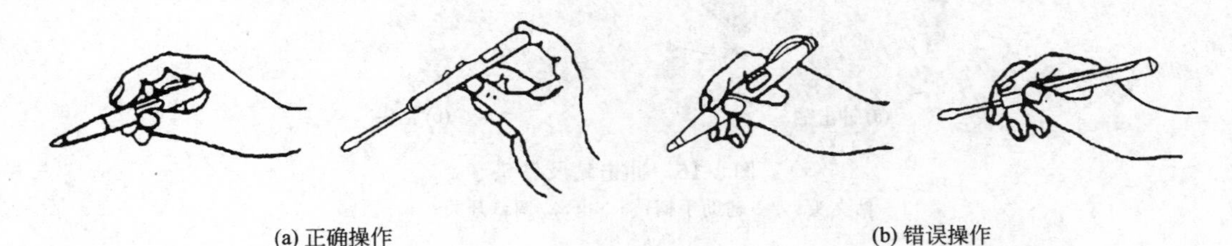

(a) 正确操作　　(b) 错误操作

图 1-15　验电笔的使用

在使用时要注意，如图 1-15(b) 所示，像握钢笔一样将电笔靠在虎口上或用手指直接接触笔尖的操作方法都是错误的。只要被测带电体与大地之间的电压超过 60V 时，电笔中的氖管就会发光指示。另外在观察时，应将电笔中的氖管窗口背光朝向操作者。

（10）钢锯的使用

① 安装锯条时，锯齿尖端应朝向前方，拧紧张紧螺母可以调整锯条的松紧度，以免锯割时锯条左右晃动。

② 在锯割时，右手满握锯柄，左手轻扶锯弓的前头。

③ 起锯时，压力要小，行程要短，速度放慢。工件将要锯断时，用左手扶住将被锯下的那一段，以防止工件下落造成损坏或者危及操作人员。

二、维修电工专用工具的使用

1. 维修电工专用工具的类别

维修电工专用工具主要有冲击钻、电锤、喷灯、紧线器、弯管器、顶拔器以及劳保用品等，是从事维修电工岗位必备的专用工具。

2. 维修电工专用工具的用途

（1）冲击钻

冲击钻常用于在配电板（盘）、建筑物或其他金属材料、非金属材料上钻孔。把冲击钻的调节开关置于“旋转”的位置，钻头只旋转而没有前后的冲击动作，可作为普通钻使用；调到“冲击”的位置，通电后边旋转、边前后冲击，便于钻削混凝土或砖结构建筑物上的孔。

冲击钻主要由电机、减速装置、冲击装置、开关、钻夹头等组成。

冲击钻的主要参数有：额定电压（一般为交流 220 V）、额定功率、空载转速、最大钻孔直径（通常为 16mm）。

冲击钻及钻头外形如图 1-16 所示。

（2）电锤

电锤适用于混凝土、砖石等硬质建筑材料的钻孔，代替手工凿孔操作，可大大减轻劳动强度。

电锤主要由电机、传动装置、减速箱、离合装置、锤头等组成。

电锤的主要参数有：额定电压（一般为交流 220V）、额定功率、空载转速、额定冲击次数（可达 2800r/min）、最大钻孔直径（通常为 26mm）。

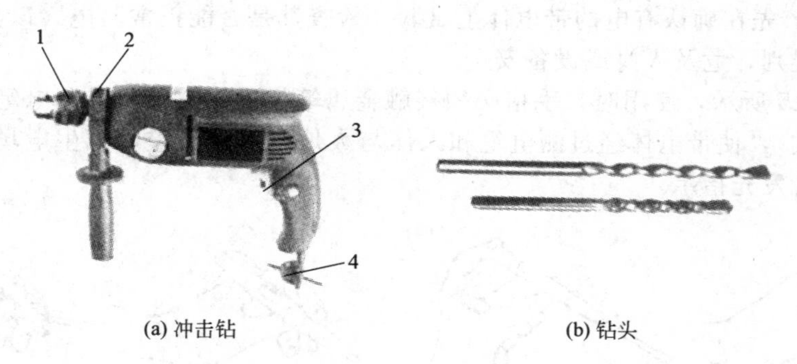

(a) 冲击钻　　(b) 钻头

图 1-16　冲击钻及钻头

1—钻夹头；2—辅助手柄；3—电源/调节开关；4—钥匙

电锤及钻头外形如图 1-17 所示。

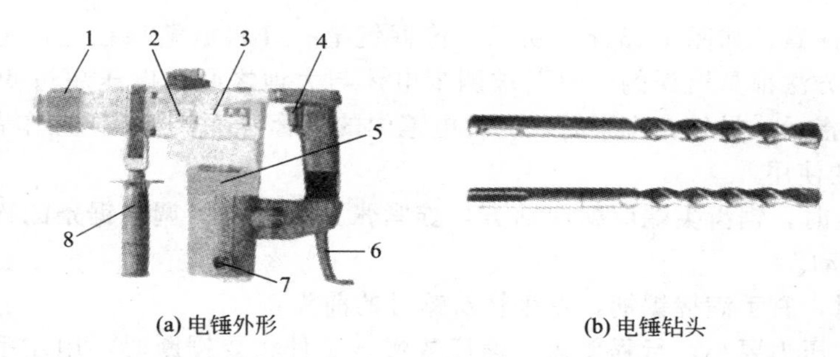

(a) 电锤外形　　(b) 电锤钻头

图 1-17　电锤及钻头

1—锤头；2—内部离合装置；3—内部减速箱；4—电源开关；5—内部传动装置；6—电源线；7—内部电机及电刷；8—辅助手柄

(3) 喷灯

喷灯是一种利用喷射火焰对工件进行加热的工具，常用来焊接铅包电缆的铅包层、大截面铜连接处的搪锡以及其他电连接表面的防氧化镀锡等。

喷灯按照使用燃料划分，分为煤油喷灯和汽油喷灯两种，其外形如图 1-18 所示。

(4) 紧线器

紧线器又名收线器或收线钳，在室内外架空线路的安装中用以收紧将要固定在绝缘子上的导线，以便调整弧垂。

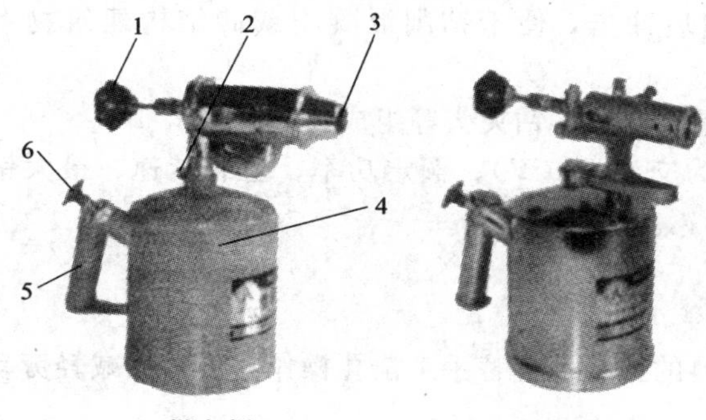

(a) 煤油喷灯　　(b) 汽油喷灯

图 1-18　喷灯

1—放油调节阀；2—加油阀；3—火焰喷头；4—筒体；5—手柄；6—打气筒

紧线器的种类很多，传统的紧线器有平口式和虎口式两种，其外形如图 1-19 所示。平口式由上钳、拉环、棘爪、棘轮扳手等组成。虎口式的前部带有利用螺栓夹紧线材的钳口，后部有棘轮装置，用来绞紧架空线，并有两用扳手一只，其一端制有一个可以旋转钳口螺母的孔，另一端制有可以绞紧棘轮的孔。此外常用的紧线器还有链条式紧线器、多功能紧线器等，其外形如图 1-19 所示。

(5) 弯管器

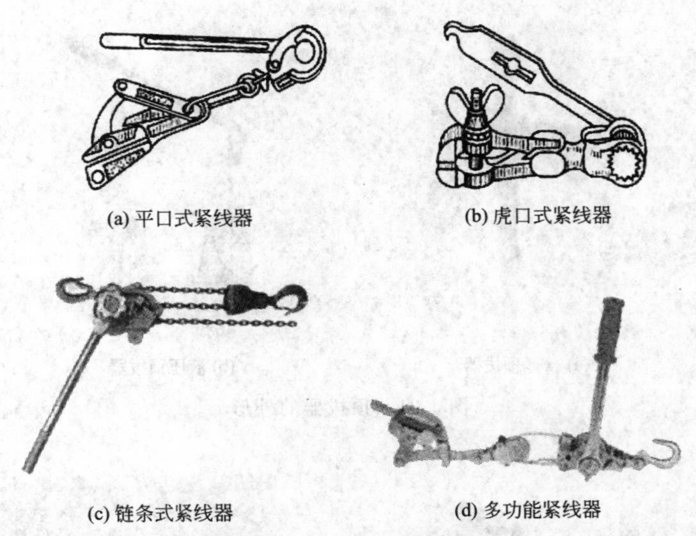

(a) 平口式紧线器　(b) 虎口式紧线器

(c) 链条式紧线器　(d) 多功能紧线器

图 1-19　紧线器的外形

弯管器是用于管道配线中将管道弯曲成型的工具。电工常用的有管弯管器和滑轮弯管器两种。其外形如图 1-20 所示。

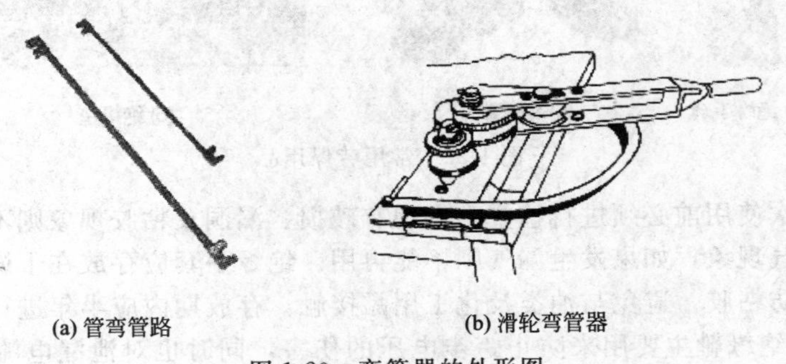

(a) 管弯管路　(b) 滑轮弯管器

图 1-20　弯管器的外形图

管弯管器由钢管手柄和铸铁弯头组成，其结构简单，操作方便，适用于手工弯曲直径在 50mm 及以下的线管。

滑轮弯管器适用于钢管加工要求较高的场合，特别是批量弯曲曲率半径相同的、直径在 50～100mm 的金属管道时的场合。

(6) 顶拔器

维修电工常用顶拔器工具拆卸配合较紧的电机带轮、轴承等装置。常用的顶拔器有普通型和液压型两种，如图 1-21 所示。

普通型顶拔器结构简单，价格低廉，但操作稳定性不够好。

液压型顶拔器结构紧凑、操作省力，防滑脱，且不受场地、方向、位置（2 爪、3 爪）的限制，广泛应用于拆卸各种圆盘、法兰、齿轮、轴承、带轮等，是替代普通顶拔器的理想工具。

(7) 劳保用品

常用的劳保用品主要有绝缘手套、绝缘靴和绝缘垫等，如图 1-22 所示，这些均用绝缘性能良好的特种橡胶制成。

① 绝缘手套　绝缘手套一般作为使用高压绝缘棒的辅助用具，使用时应内衬一副线手

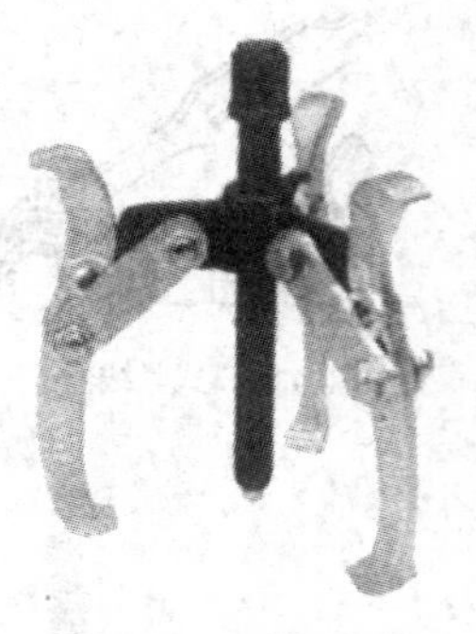
(a) 普通顶拔器

(b) 液压顶拔器

图 1-21 顶拔器的外形

(a) 绝缘手套

(b) 绝缘靴

(c) 绝缘垫

图 1-22 常用劳保用品

套。绝缘手套每次使用前必须进行检查，发现有破损、漏洞及粘胶现象则不能使用。常用压气法检查有无漏气现象，如果发生漏气则不能再用。绝缘手套应存放在干燥阴凉的地方，内放少许滑石粉以防粘胶，避免与油类及化工用品接触，存放期内应半年进行一次认真检查。

② 绝缘靴　绝缘靴主要用来防止跨步电压的伤害，同时也对泄漏电流和接触电压也有一定的防护作用。在下雨天操作室外高压设备时，除了佩戴绝缘手套外，还必须穿上绝缘靴。当低压配电装置出现接地故障时，穿绝缘靴可以直接进入故障区。若配电装置接地网的接地电阻不符合要求，需要检修时也要穿绝缘靴。绝缘靴平时应放在干燥阴凉处的装用木架上，不能与耐酸、耐碱、耐油鞋混合放置。

③ 绝缘垫　绝缘垫的作用与绝缘靴相似，在控制屏、保护屏等处安置绝缘垫，可起到良好的保护作用。绝缘垫还能用来作为高压电气设备试验的辅助安全用具。绝缘垫不能与酸碱和油类、化工药品接触。

3. 维修电工常用工具的操作要领

基本要求是进一步熟悉电工专用工具，了解其用途，熟练掌握其正确的使用方法和注意事项。

(1) 冲击钻的使用

① 冲击电钻使用前，必须保证软电线的完好，不可任意接长和拆换不同类型的软电线。

② 使用时应保持钻头锋利，待冲击钻正常运转后，才能钻或冲。在钻或冲的过程中，不能用力过猛，不能单人操作。遇到转速变慢或突然刹住时，应立即减小用力，并及时退出或切断电源，防止过载。

③ 在使用时应使风路畅通，并防止铁屑等其他杂物进入而损坏电钻。

④ 冲击钻不适宜在含有易燃、易爆或腐蚀性气体及潮湿等特殊环境中使用。

在使用时要注意，为了保证冲击电钻的正常工作，应保持换向器的清洁。当碳刷的有效长度小于 3mm 时，应及时更换。另外冲击钻内所有滚珠轴承和减速齿轮的润滑脂要经常保持清洁，并注意添换。注意长期搁置不用的冲击电钻，必须进行干燥处理和维护，经检查合格后方可使用。

(2) 电锤的使用

① 在使用前先空转 1min，检查电锤各部分的状态，待转动灵活无障碍后，装上钻头开始工作。

② 装上钻头后，最好先将钻头顶在工作面上再开钻，避免空打而使锤头受冲击影响。装钻头时，只要将钻杆插进锤头孔，锤头槽内圆柱自动挂住钻杆便可工作。若要更换钻头，将弹簧套轻轻往后一拉，钻头即可拔出。

③ 在操作过程中，如有不正常的声音和现象，应立即停机，切断电源检查。若连续使用时间太长，电锤过热，也应停机，让其在空气中自行冷却后再使用，切不可用水喷浇冷却。

在使用时要注意，电锤需定期检查，使换向器部件光洁完好，通风道清洁畅通，清洗机械部分的每个零件。重新装配时，活塞转套等配合面都要加润滑油，并注意不要将冲击活塞揿到压气活塞的底部，否则排除了气垫，电锤将不冲击。应将所有的零件按原来位置装好。还要注意电锤应存放在干燥、没有腐蚀性气体的环境中，切勿与汽油及其他溶剂相接触。

(3) 喷灯的使用

① 加油。旋下加油阀上的螺栓，倒入适量的油，一般以不超过筒体的 3/4 为宜，保留一部分空间储存压缩空气，以维持必要的空气压力。加完油后，应旋紧加油口的螺栓，关闭放油阀的阀杆，擦净洒在外部的汽油，并检查喷灯各处是否有渗漏现象。

② 预热。在预热燃烧盘（杯）中倒入汽油，用火柴点燃，预热火焰喷头。

③ 喷火。待火焰喷头烧热后，盘中汽油燃烧完之前，打气 3～5 次，将放油调节阀旋松，使阀杆开启，喷出油雾，喷灯即点燃喷火。而后继续打气，至火力正常时为止。

④ 熄火。如需熄灭喷灯，应先关闭放油调节阀，直到火焰熄灭，再慢慢旋松加油口的螺栓，放出筒体内的压缩空气。

在使用时要注意，不得在煤油喷灯的筒体加入汽油。汽油喷灯在加汽油时，应先熄火，再将加油阀上螺栓旋松，听见放气声后不要再旋出，以免汽油喷出。待气放尽后，方可开盖加油。在使用过程中，应经常检查油路密封圈零件配件配合处是否有渗漏跑气现象。

(4) 紧线器的使用

以平口式紧线器为例介绍其使用方法，说明具体操作步骤。

① 上线。一手握住拉环，另一手握住下钳口，往后推移，将需要拉紧的导线放入钳口槽中，放开手中的下钳口，利用弹簧夹住导线。

② 收紧。把一段钢绳穿入紧线盘的孔中，将棘爪扣住棘轮，然后利用棘轮扳手前后往返运动，使导线逐渐拉紧。

③ 放松。将导线拉紧到一定程度并扎牢后，将棘轮扳手推前一些，使棘轮产生间隙，此时用手将棘爪向上扳开，被收紧的导线就会自动放松。

④ 卸线。仍用一手握住拉环，另一手握住下钳往后推。

(5) 弯管器的使用

① 将管子要弯曲部分的前缘送入弯管器工作部分（如果是焊管，应将焊缝置于弯曲方向的侧面，否则弯曲时容易造成从焊缝处裂口）。

② 用脚踏住管子，手适当用力扳动弯管器手柄，使管子稍有弯曲，再逐点依次移动弯头，每移动一个位置，扳弯一个弧度，直至将管子弯成所需要的形状。

(6) 顶拔器的使用

以液压三爪顶拔器为例，说明其操作要领。

① 应根据被拉物体的外径、拉距及负载大小，选择相当吨位的液压顶拔器，切忌超载使用。

② 使用时先把手柄的开槽端套入回油阀杆，并将回油阀杆按顺时针方向旋紧。

③ 把钩爪座调整到爪钩抓住所拉物体。

④ 手柄插入掀手孔内来回掀动活塞启动杆向前平稳前进，爪钩相应后退，把被拉物体拉出。

⑤ 液压顶拔器的活塞启动杆有效距通常只有50mm，故使用时伸距不得大于50mm。当没有拉出时，应暂停操作手柄，松开回油阀门，让活塞启动杆缩回去，调好后再重复前面的步骤，直到拉出为止。

在使用时要注意，为防止超载引起机具损坏，液压装置内设有超载自动卸荷阀。被拉物体超过额定负载时，超荷阀会自动卸荷，而改选用更大吨位的液压顶拔器。新购或久置的液压顶拔器，因油缸内存有较多空气，开始使用时，活塞杆可能出现微小的突跳现象，可将液压顶拔器空载往复运动几次，排除腔内的空气。对于长期闲置的顶拔器，由于密封件长期不工作而造成密封件的硬化，所以顶拔器在不用时，每月要将顶拔器空载往复运动几次。

【能力拓展】

一、能力拓展项目

① 家用电器的拆装。

② 家庭配电电路的安装。

③ 实训室废旧设备的拆装。

二、拓展训练目标

通过能力拓展项目的训练，使学生能够进一步熟练掌握维修电工工具的使用方法和技巧，思考和确定各种电器的拆装流程，确定配电工程的布局设计和各种元器件和材料的品种和规格，进一步理解安全用电注意事项和消防安全注意事项等。

任务三　登高爬杆技能训练

【任务描述】

① 通过选择不带电的电杆进行登杆技能训练，让学生掌握基本的登高爬杆技能。

② 通过在电杆上进行安装横担及绝缘子的操作训练，让学生掌握安装横担及绝缘子的操作规程。

③ 通过在绝缘子上安装铝绞线，让学生掌握放线、挂线、紧线、绑线的技巧。

④ 通过对低压架空线路进行检查与维护演练，让学生具备线路检查与维护的方法和技能。

【技能要点】

① 掌握维修电工应具备的登高爬杆技能，理解其安全操作规程。

② 掌握横担及绝缘子的安装方法和技能技巧。

③ 掌握架空线路的架设工艺流程、方法和技能技巧。

④ 掌握检查与维护低压架空线路的方法和技能技巧。

【任务实施】

一、在不带电的电杆上进行登杆技能训练

训练内容说明：在规定的不带电的电杆上，进行登杆技能训练，让学生掌握基本的登高爬杆技能。

1. 编制技能训练器材明细表

本技能训练任务所需器材见表 1-10。

表 1-10　技能训练器材明细表

器件序号	器件名称	性能规格	所需数量	用途备注
01	脚扣登杆工具		1 套	
02	电杆		4 根	
03	安全带		1 副	
04	电工工具		1 套	
05	安全帽		1 顶	

2. 技能训练前的检查与准备

① 确认技能训练环境符合维修电工操作的要求。

② 穿上绝缘胶鞋，确认绝缘胶鞋符合安全要求。

③ 确认技能训练器件性能良好。

④ 确认电杆性能良好，确认训练电杆填埋深度是否合理。

⑤ 做好登杆前的各项安全工作。

3. 技能训练实施步骤

① 登杆者穿好绝缘胶鞋，系好安全带，戴上安全帽，登上脚扣，并调节脚扣的系带松紧合适。

② 指导教师给登杆者系好保险绳，并连在杆顶的滑轮上，由规定的学生拉拽着，确保登杆者的登杆安全，做好登杆者的安全防护工作。

③ 由指导教师进行登杆和下杆的示范操作。

④ 登杆者按照规定的登杆和下杆要领，登杆和下杆各三次。

⑤ 由登杆者总结登杆和下杆的体会和收获。

4. 清理现场和整理器材

训练完成后，清理现场，整理好所用器材、工具，按照要求放置到规定位置。

二、在电杆上安装横担及绝缘子的操作训练

训练内容说明：在电杆上进行安装横担及绝缘子的操作训练，让学生掌握安装横担及绝缘子的操作规程。

1. 编制技能训练器材明细表

本技能训练任务所需器材见表 1-11。

2. 技能训练前的检查与准备

① 确认技能训练环境符合维修电工操作的要求。

② 穿上绝缘胶鞋，确认绝缘胶鞋符合安全要求。

③ 确认技能训练器件性能良好。

④ 确认电杆性能良好，确认训练电杆填埋深度合理。

⑤ 做好登杆前的各项安全工作。

表 1-11　技能训练器材明细表

器件序号	器件名称	性能规格	所需数量	用途备注
01	脚扣登杆工具		1 套	
02	电杆		4 根	
03	安全带		1 副	
04	电工工具		1 套	
05	安全帽		1 顶	
06	铁横担、抱箍		3 套	
07	针式绝缘子		4 套	
08	吊篮		1 个	

3. 技能训练实施步骤

① 登杆者穿好绝缘胶鞋，系好安全带，戴上安全帽，登上脚扣，并调节脚扣的系带松紧合适。

② 指导教师给登杆者系好保险绳，并连在杆顶的滑轮上，由规定的学生拉拽着，确保登杆者的登杆安全，做好登杆者的安全防护工作。

③ 由指导教师进行登杆、安装横担及绝缘子和下杆的示范操作。

④ 登杆者按照规定的登杆、安装横担及绝缘子和下杆要领，进行登杆、安装横担及绝缘子和下杆的操作。

⑤ 由登杆者总结操作的体会和收获。

4. 清理现场和整理器材

训练完成后，清理现场，整理好所用器材、工具，按照要求放置到规定位置。

三、安装铝绞线，进行放线、挂线、紧线、绑线的基本操作

训练内容说明：通过在绝缘子上安装铝绞线，让学生掌握放线、挂线、紧线、绑线的技巧。

1. 编制技能训练器材明细表

本技能训练任务所需器材见表 1-12。

表 1-12　技能训练器材明细表

器件序号	器件名称	性能规格	所需数量	用途备注
01	脚扣登杆工具		1 套	
02	电杆		4 根	
03	安全带		1 副	
04	电工工具		1 套	
05	安全帽		1 顶	
06	铁横担、抱箍		3 套	
07	针式绝缘子		4 套	
08	吊篮		1 个	
09	铝绞线		若干	
10	铝绑线		若干	

2. 技能训练前的检查与准备

① 确认技能训练环境符合维修电工操作的要求。

② 穿上绝缘胶鞋，确认绝缘胶鞋符合安全要求。

③ 确认技能训练器件性能良好。

④ 确认电杆性能良好，确认安装的横担和绝缘子合理和牢固。

⑤ 做好导线安装前的各项安全工作。

3. 技能训练实施步骤

① 登杆者穿好绝缘胶鞋，系好安全带，戴上安全帽，登上脚扣，并调节脚扣的系带松紧合适。

② 指导教师给登杆者系好保险绳，并连在杆顶的滑轮上，由规定的学生拉拽着，确保登杆者的登杆安全，做好登杆者的安全防护工作。

③ 由指导教师和学生配合，进行放线、挂线、紧线和绑线的示范操作。

④ 学生按照操作要领，进行放线、挂线、紧线和绑线的操作。

⑤ 由操作者总结操作的体会和收获。

4. 清理现场和整理器材

训练完成后，清理现场，整理好所用器材、工具，按照要求放置到规定位置。

四、对低压架空线路进行检查与维护

训练内容说明：对低压架空线路进行检查与维护演练，让学生具备线路检查与维护的方法和技能。

1. 编制技能训练器材明细表

本技能训练任务所需器材见表 1-13。

表 1-13　技能训练器材明细表

器件序号	器件名称	性能规格	所需数量	用途备注
01	脚扣登杆工具		1套	
02	电杆		4根	
03	安全带		1副	
04	电工工具		1套	
05	安全帽		1顶	
06	铁横担、抱箍		3套	
07	针式绝缘子		4套	
08	吊篮		1个	
09	铝绞线		若干	
10	铝绑线		若干	
11	绝缘棒		2根	

2. 技能训练前的检查与准备

① 确认技能训练环境符合维修电工操作的要求。

② 穿上绝缘胶鞋，确认绝缘胶鞋符合安全要求。

③ 确认技能训练器件性能良好。

④ 确认电杆性能良好，确认安装的横担、绝缘子和导线合理和牢固。

⑤ 做好导线安装前的各项安全工作。

3. 技能训练实施步骤

① 登杆者穿好绝缘胶鞋，系好安全带，戴上安全帽，登上脚扣，并调节脚扣的系带松紧合适。

② 指导教师给登杆者系好保险绳，并连在杆顶的滑轮上，由规定的学生拉拽着，确保登杆者的登杆安全，做好登杆者的安全防护工作。

③ 由指导教师和学生配合示范操作，进行线路的检查、维护，更换横担、绝缘子和部分导线。

④ 学生按照操作要领，进行线路的检查、维护，更换横担、绝缘子和部分导线的操作。

⑤ 由操作者总结操作的体会和收获。

4. 清理现场和整理器材

训练完成后，清理现场，整理好所用器材、工具，按照要求放置到规定位置。

【任务评价与考核】

一、在不带电的电杆上进行登杆技能训练

考核要点：

① 检查是否按照要求正确使用各种电工常用工具，穿戴和防护是否符合要求；

② 是否时刻注意遵守安全操作规定，操作是否规范；

③ 能否正确掌握登杆和下杆的基本要领，方法是否正确。

二、在电杆上安装横担及绝缘子的操作训练

考核要点：

① 检查是否按照要求正确使用各种电工专用工具；

② 检查是否遵守安全操作规定，操作要领是否正确和规范；

③ 检查能否正确安装横担及绝缘子，基本要领和方法是否正确。

三、安装铝绞线

考核要点：

① 检查是否按照要求正确使用各种电工常用工具；

② 是否时刻注意遵守安全操作规定，操作是否规范；

③ 能否正确安装铝绞线，放线、挂线、紧线、绑线等操作工艺、方法是否正确。

四、对低压架空线路进行检查与维护

考核要点：

① 检查是否按照要求正确使用各种电工常用工具；

② 是否时刻注意遵守安全操作规定，操作是否规范；

③ 能否正确进行线路的检查、维护和更换横担、绝缘子和部分导线，操作方法是否正确。

五、成绩评定考核

根据以上考核要点对学生进行逐项成绩评定，参见表 1-14，给出该项任务的综合实训成绩。

表 1-14　实训成绩评定表

子任务内容	分值/分	考核要点及评分标准	扣分/分	得分/分
登杆与下杆	20	未按正确的操作要领操作，每处扣 5 分		
		操作流程顺序有错误，每错一次扣 5 分		
		操作过程出现错误，每错一次扣 5 分		

续表

子任务内容	分值/分	考核要点及评分标准	扣分/分	得分/分
安装横担及绝缘子	20	未按正确的操作要领操作，每处扣5分		
		操作流程顺序有错误，每错一次扣5分		
		操作过程出现错误，每错一次扣5分		
安装铝绞线	20	未按正确的操作要领操作，每处扣5分		
		操作流程顺序有错误，每错一次扣5分		
		操作过程出现错误，每错一次扣5分		
线路的检查与维护	20	未按正确的操作要领操作，每处扣5分		
		操作流程顺序有错误，每错一次扣5分		
		操作过程出现错误，每错一次扣5分		
安全、规范操作	10	每违规一次扣2分		
整理器材、工具	10	未将器材、工具等放到规定位置，扣5分		
合计				

【相关知识】

一、脚扣登杆与下杆

脚扣登杆速度较快，容易掌握登杆方法，但在杆上作业时不够舒适，容易疲劳，一般适用于杆上短时间作业。

1. 脚扣登杆

使用脚扣登杆前必须仔细检查脚扣各部分有无断裂、腐朽现象，脚扣皮带是否牢固可靠。脚扣皮带若有损坏，不得用绳子或电线代替。脚扣大小要配合电杆的规格选择，水泥杆脚扣可以用于木杆，但是，木杆脚扣不能用于水泥杆。

脚扣登杆步骤如下。

① 为了安全，应在登杆前对脚扣进行人体载荷冲击试验。试验时必须单脚进行，当一只脚扣试验完毕后，再试第二只。试验方法简便，操作者只要按图1-23中①所示，登一步电杆，然后使整个人的重力以冲击的速度加在一只脚扣上。试验合格后，才能正式进行登杆。

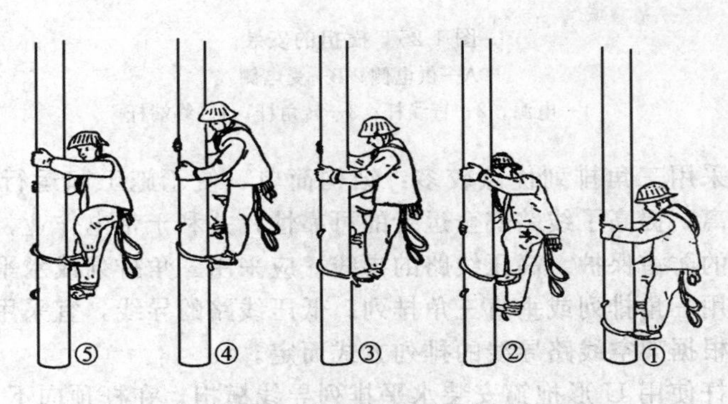

图1-23　脚扣登杆和下杆方法

② 当左脚向上跨扣时，左手应同时向上扶住电杆，如图1-23中②所示。

③ 接着右脚向上跨扣，右手应同时向上扶住电杆，如图1-23中③所示。以后步骤重

复，直到所需的高度。

2. 脚扣下杆

脚扣下杆方法与上杆相同，可以上述步骤练习，如图 1-23 中④和⑤所示。

注意：上、下杆的每一步，必须先使脚扣环完全套入，并可靠地扣住电杆，才能移动身体，以免造成人身事故。操作时，只需注意两手和两脚的协调配合。

二、横担和绝缘子的安装

1. 横担的种类

横担按材料划分有铁横担、瓷横担、木横担三种，目前主要使用铁横担和瓷横担，木横担已很少使用。横担的外形如图 1-24 所示。

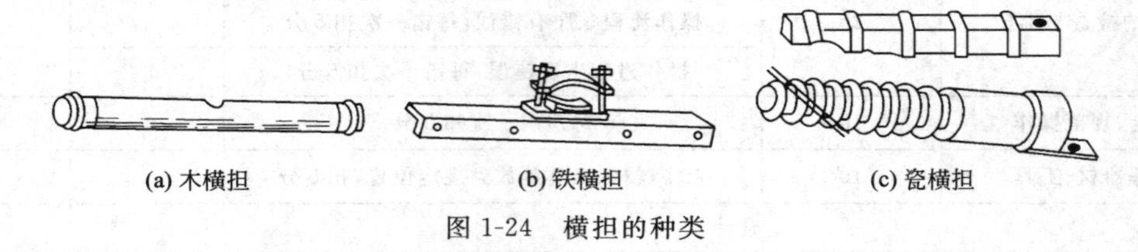
(a) 木横担 (b) 铁横担 (c) 瓷横担

图 1-24 横担的种类

2. 横担的安装

架空电力配电线路 15°以下的转角杆和直线杆，宜采用单横担；15°～45°的转角杆，宜采用双横担；45°以上的转角杆，宜采用十字横担。

线路横担安装，直线杆应装在负荷侧；终端杆、转角杆、分支杆以及导线张力不平衡处的横担，应装在张力的反向侧；直角杆多层横担，应装设在同一侧，横担的安装如图 1-25 所示。

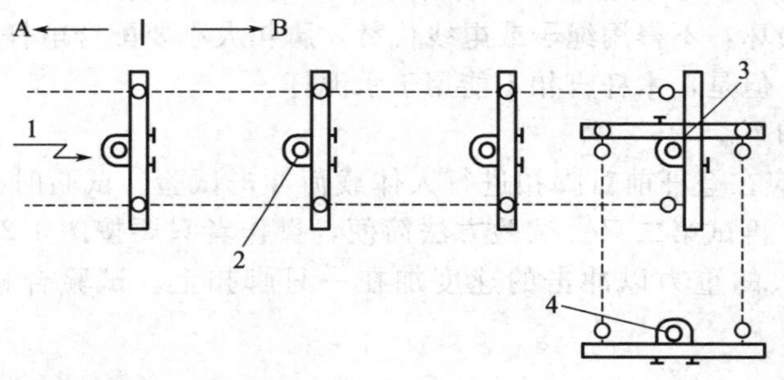

图 1-25 横担的安装

A—供电侧；B—受电侧

1—电源；2—直线杆；3—转角杆；4—终端杆

架空线路导线采用三角排列优点较多：结构简单、便于施工和运行维护，电杆受力均匀，增大了线间距离，提高了线路安全运行的可靠性，并利于带电作业，还可利用顶线配合其他措施利于线路的防雷保护。高压线路的导线，应采用三角排列或水平排列，双回路线路同杆架设时，宜采用三角排列或垂直三角排列；低压线路的导线，宜采用水平排列。

横担的安装应根据架空线路导线的排列方式而定。

钢筋混凝土电杆使用 U 形抱箍安装水平排列导线横担，在杆顶向下量 200mm，安装 U 形抱箍，用 U 形抱箍从电杆背部抱过杆身，抱箍螺扣部分应置于受电侧，在抱箍上安装好 M 形抱铁，在 M 形抱铁上再安装横担，在抱箍两端各加一个垫圈用螺母固定，先不要拧紧螺母，留有调节的余地，待全部横担装上后再逐个拧紧螺母。

电杆导线进行三角排列时，杆顶支持绝缘子应使用杆顶支座抱箍。由杆顶向下量取150mm，使用A形支座抱箍时，应将角钢置于受电侧，将抱箍用M16×70方头螺栓，穿过抱箍安装孔，用螺母拧紧固定。安装好杆顶抱箍后，再安装横担。横担的位置由导线的排列方式来决定，导线采用正三角排列时，横担距离杆顶抱箍为0.8 m；导线采用扁三角排列时，横担距离杆顶抱箍为0.5m。

横担和杆顶支座的组装，如图1-26所示。

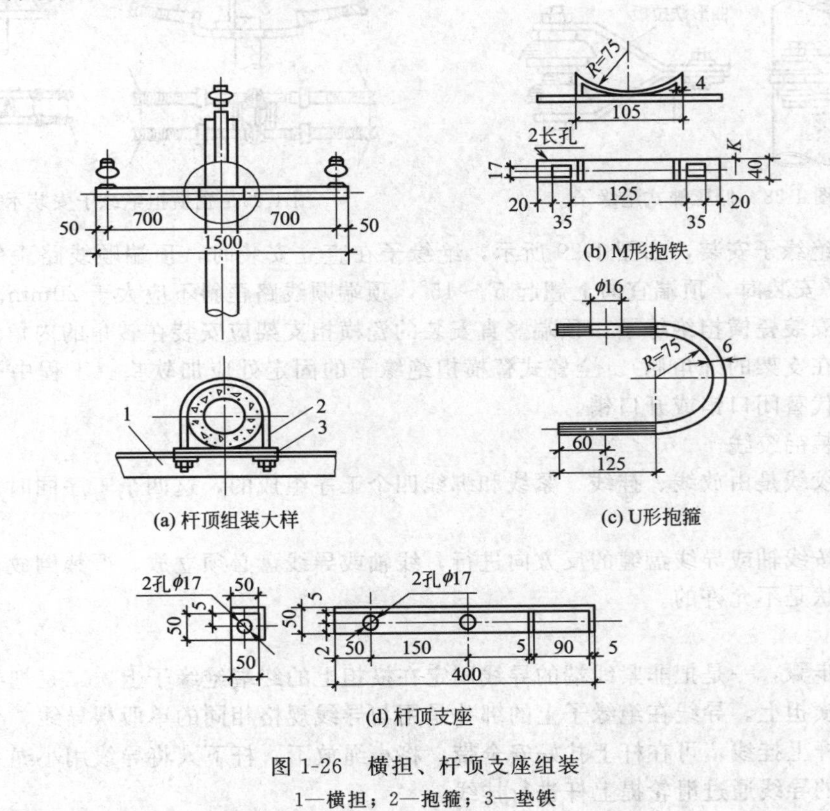

图1-26　横担、杆顶支座组装

1—横担；2—抱箍；3—垫铁

3. 绝缘子安装

绝缘子在安装时，应清除表面灰土、附着物及不应有的涂料，还应根据要求进行外观检查和测量绝缘电阻。

用于架空线路中间直线杆上的针式绝缘子安装比较简单，拧下固定于铁脚上的螺母，将铁脚插入横担的安装孔内，加弹簧垫圈，用螺母拧紧即可，绝缘子顶部导线应顺线路放置，如图1-27所示。

低压架空线路耐张杆、分支杆及终端杆应采用低压蝶式绝缘子，蝶式绝缘子使用曲形铁拉板与横担固定，如图1-28所示。

绝缘子的组装方式应防止瓷裙积水，耐张串上的弹簧销子、螺栓及穿钉应由上向下穿。当有特殊困难时，可由内向外或由左向右穿入；悬垂串上的弹簧销子、螺栓及穿钉应向受电侧穿入。

安装绝缘子采用的闭口销或开口销不应有断、裂缝等现

图1-27　安装绝缘子

象。工程中，使用闭口销比开口销具有更多的优点。当装入闭口销时，能自动弹开，不需将销尾弯成45°，当拔出销子时，也比较容易。它具有销住可靠、带电装卸灵活的特点。当采用开口销时，应对称开口，开口角度应为30°～60°。

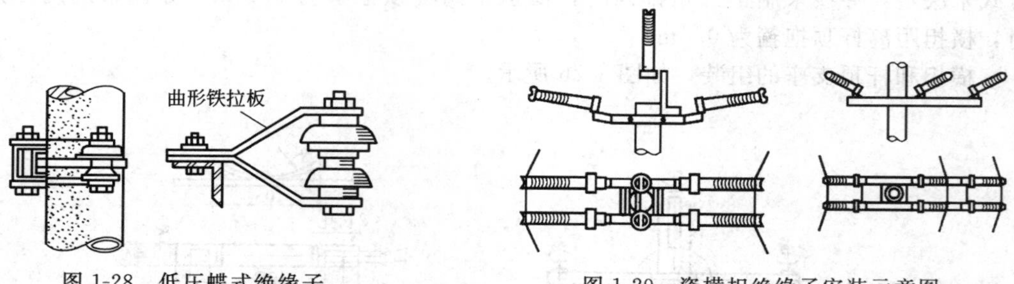

图 1-28　低压蝶式绝缘子

图 1-29　瓷横担绝缘子安装示意图

瓷横担绝缘子安装，如图1-29所示，绝缘子在直立安装时，顶端顺线路歪斜不应大于10mm；水平安装时，顶端宜向上翘起5°～15°，顶端顺线路歪斜不应大于20mm。

转角杆安装瓷横担绝缘子，顶端竖直安装的瓷横担支架应安装在转角的内角侧（瓷横担绝缘子应装在支架的外角侧）。全瓷式瓷横担绝缘子的固定处应加软垫。工程中严禁用线材或其他材料代替闭口销或开口销。

三、安装铝绞线

安装铝绞线是由放线、挂线、紧线和绑线四个工序组成的，这四个工序同时进行。

1. 放线

放线需按线轴或导线盘缠的反方向进行，线轴或导线盘必须立放，严禁倒放，导线打扭或拧成麻花状是不允许的。

2. 挂线

挂线的步骤，一是把非紧线端的导线固定在横担上的终端绝缘子上，二是把导线挂在其他直线杆的横担上。导线在绝缘子上的绑扎是用与导线规格相同的单股裸导线。

在直线杆上挂线，可在杆上扎好安全带，将小绳放下，杆下人将导线用小绳系好，杆上人将小绳上的导线通过滑轮提上杆进行挂线。

3. 紧线

(1) 准备工作

① 检查导线有无损伤、交叉混淆、障碍。

② 检查紧线工具是否备齐，是否有卡住等情况。

③ 检查耐张段内拉线是否齐全牢固，地锚底把有无松动。

④ 逐级检查导线是否悬挂在轮槽内。

⑤ 观察导线弧垂的人员是否到指定地点并做好准备。

(2) 紧线操作

① 操作人员登杆塔后，将导线末端穿入紧线杆塔上的滑轮后，即将导线端头顺延在地上，然后用牵引绳将其拴好，如图1-30所示。

② 紧线前将与导线规格对应的紧线器预先挂在与导线对应的横担上，同时将耐张线夹及其附件、绑线、铝包带、工具等用工具袋带到杆上挂好。

③ 准备就绪后便启动牵引装置慢慢紧线。

④ 弧垂的观察，由人肉眼观察，先选择1～3个标准档距，在该档两端的杆塔上，从挂线处量出规定的弧垂值，在其值处各绑一块木板，当紧线达到两块木板的连线时，弧垂达到

图 1-30　穿线操作

规定值，牵引停止。

4. 导线在绝缘子上的固定

架空配电线路的导线在针式及蝶式绝缘子上的固定，通常采用绑线缠绕法。绑线材料规格与导线相同，铜绑线的直径应为 2.0～2.6mm，铝镁合金导线应使用 2.6～3mm 的铝绑线。

绑线缠绕方式通常有顶扎法和颈扎法两种。直线杆常采用顶扎法，如图 1-31 所示。在绑扎处的导线上缠绕铝包带（铜线不用缠铝包带），把绑线绕成一个圆盘，留出一个短头，长度约 250mm。

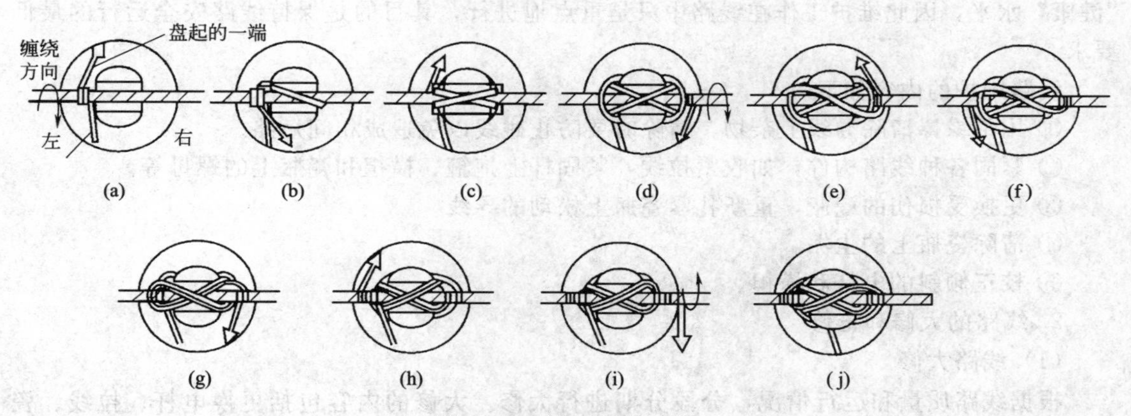

图 1-31　顶扎法操作步骤

第一步，把短头在导线上顺时针绕三圈，如图 1-31(a) 所示（顺时针是指从右向左看，如缠绕箭头方向）；第二步，用盘起的一端，沿绝缘子颈内侧向右绕到导线下面，再沿导线表面从右向左绕到导线的左边［图 1-31(b)］；第三步，从绝缘子颈内（下面）向右绕到导线右边的上端，再沿导线表面从右向左绕到导线的左边［图 1-31(c)］，这时在导线表面形成十字交叉；第四步，用盘起的一端绑扎线绕绝缘子颈内（上端）从左向右绕到导线右边，这时要按顺时针方向绕导线三圈［图 1-31(d)］。以后重复上述方法再绑一个十字或几个十字(由实际需要而定)，一直到图 1-31(j) 所示那样短头和盘起的一端相遇，在绝缘子外侧中间拧一小辫，将多余绑线长度剪去，将小辫压平即可。

颈扎法常在转角杆上应用，首先在绑扎处的导线上绑缠铝包带（如果是铜导线就不用了），然后把绑线盘成一个圆盘，在绑线的一端留出一个短头，长度约 250 mm。其操作方法同顶扎法。

四、低压架空线路进行检查与维修

1. 线路的检查和维护

线路在运行过程中要承受机械和电气负荷以及风吹雨淋，线路设备元件会逐渐老化变形，降低电气和机械强度，最终将威胁线路的安全运行。因此，运行中的线路应做到经常检查、及时发现缺陷与故障并迅速处理，以保证供电安全。

(1) 线路检查

架空线路的检查又称为巡线，分定期和突击两种。定期检查是根据线路质量、运行情况及气候和环境等条件，进行周期性的检查。突击检查是在恶劣气候来临之前，对线路薄弱环节或全线进行检查，并随之采取相应的加固安全措施。同时，当线路出现异常现象，如运行区域遭受雷击时，应进行突击检查。

线路检查的内容如下。

① 电杆和横担有无歪斜，杆基有无松动，木杆根部有无严重腐烂。

② 导线有无脱离瓷瓶，瓷瓶是否完整、有无爬电现象（晚间能见火花）。

③ 拉线有无松动。

④ 杆上有无鸟窝。应认真记录各种异常情况和发生部位（如杆号），及时排除故障苗头。

(2) 线路维护

定期维护是处理和解决某些直接影响安全的线路设备缺陷，不包括改进和提高线路的“健康”水平，因此维护工作在线路中只是重点地进行，其目的是保持线路安全运行的最低要求。

线路维护的内容如下。

① 用绝缘棒清除导线上杂物，清除时要防止碰线以免造成相间短路。

② 紧固各种线路构件，如收紧拉线，紧固杆上抱箍、横担和瓷瓶上的螺母等。

③ 更换受损伤的瓷瓶，重新扎紧瓷瓶上松动的导线。

④ 清除瓷瓶上的尘垢。

⑤ 校正倾斜的电杆和横担。

2. 线路的大修和抢修

(1) 线路大修

根据线路质量和运行情况，分段分期进行大修。大修的内容包括更换电杆、拉线、瓷瓶、横担和导线等。大修一般在节日或假日期间进行，在农村则应在农闲期间进行。

(2) 线路抢修

为了及时排除故障，防止事故扩大，必须进行抢修。常见的抢修故障有：导线断裂、木横担和瓷横担断裂、角钢横担离杆或离位（下滑）、电杆倒塌或木杆折断等。这些故障主要由外界因素造成，如城市的交通事故和风、洪水等，也有因维护不善所造成的损坏，如木杆根部腐烂过甚而折断，拉线长期松散而倒杆，以及导线因横担多档脱落而断裂等。

【能力拓展】

1. 能力拓展项目

① 木杆的登杆。

② 地线的制作与安装。

③ 架空线路平面图的绘制。

2. 拓展训练目标

通过能力拓展项目的训练，使学生能够进一步熟练掌握登高爬杆维修电工工具的使用方法和技巧，思考和确定各项操作流程，确定配电工程的布局设计和各种元器件和材料的品种和规格，进一步理解安全用电注意事项和消防安全注意事项等。

任务四　电烙铁手工焊接技能训练

【任务描述】

① 通过对电烙铁的拆装与维护实训，了解电烙铁的组成结构，具备检测电烙铁好坏并对其进行维护的技能。

② 通过对调光电路的焊接与调试，具备对元器件进行熟练焊接的技能，具备电子电路整体调试的技能。

【技能要点】

① 掌握锡焊原理及电烙铁的结构，理解其安全操作规程，掌握电烙铁的使用方法和技能技巧。

② 掌握电子电路的焊接技术。

【任务实施】

一、电烙铁的检测与拆装

训练内容说明：检测一只 20W 的内热式电烙铁的好坏，并进行拆装与维护。

1. 编制技能训练器材明细表

本技能训练任务所需器材见表 1-15。

表 1-15　技能训练器材明细表

器件序号	器件名称	性能规格	所需数量	用途备注
01	万用表	MF-47	1 块	
02	内热式电烙铁	20W	1 只	
03	常用电工维修工具		1 套	

2. 技能训练前的检查与准备

① 确认技能训练环境符合维修电工操作的要求。

② 确认技能训练器件与测试仪表性能良好。

③ 编制技能训练操作流程。

④ 做好操作前的各项安全工作。

3. 技能训练实施步骤

(1) 电烙铁的检测与拆装

① 用万用表欧姆挡“×100”挡测量电烙铁的电源插头两端，此时测得的电阻为 20W 内热式电烙铁烙铁芯的电阻。若测得的电阻为 2～3kΩ，则电烙铁正常，是可以使用的；若电阻为无穷大或为零，则此时烙铁芯被烧坏或烙铁芯被短路，电烙铁不能正常使用。

② 若测出的电烙铁不能正常使用时，旋开木质手柄，可以看到导线连接在两接线柱上，而接线柱下端连接的就是烙铁芯，更换新的烙铁芯或者将短路或断路故障修正即可。

③ 重新旋上手柄，再次用万用表检测电烙铁的电源插头，再次检测判断电烙铁是否正常。

(2) 电烙铁的维护

① 新的电烙铁在使用前，用锉刀锉一下电烙铁的尖头，接通电源后等一会儿烙铁头的颜色会变，证明电烙铁发热了，然后用焊锡丝放在电烙铁尖头上镀上锡，使电烙铁不易被氧化。

② 在使用中，应使烙铁头保持清洁，并保证电烙铁的尖头上始终有焊锡。若发现烙铁头无法蘸锡，则要及时用锉刀锉烙铁头，再用焊锡丝镀锡在烙铁头上面，从而保证电烙铁的正常使用。

4．清理现场和整理器材

训练完成后，清理现场，整理好所用器材、工具，按照要求放置到规定位置。

二、元器件的焊接和拆焊

训练内容说明：在废旧电路板、万能电路板或PCB板上进行元器件的焊接与拆焊训练。

1．编制器材明细表

该实训任务所需器材见表1-16。

2．技能训练前的检查与准备

① 确认技能训练环境符合维修电工操作的要求。

② 确认技能训练器件与测试仪表性能良好。

③ 编制技能训练操作流程。

④ 做好操作前的各项安全工作。

表1-16　技能训练器材明细表

器件序号	器件名称	性能规格	所需数量	用途备注
01	万用表	MF-47	1块	
02	内热式电烙铁	20W	1只	
03	常用电工维修工具		1套	
04	电路板		2块	
05	阻容及半导体元件		若干	
06	吸锡器		1只	

3．技能训练实施步骤

（1）焊接操作

在万能板或PCB板上进行元器件焊接练习，要求能熟练运用五步操作法焊接电阻、电容、晶体管等基本元件，达到焊接要求（牢固、规范、整洁、美观）。

（2）拆焊操作

用电烙铁加热焊点，使焊点焊锡熔化后用镊子将焊件引脚拔出，再用漆包线或针头对准焊点孔心，在焊点熔化时使其穿过焊孔；或者用吸锡器在焊点焊锡熔化时将多余的焊锡吸走，将焊件取下，从而露出干净的焊孔。

4．清理现场和整理器材

训练完成后，清理现场，整理好所用器材、工具，按照要求放置到规定位置。

三、调光电路的焊接与调试

训练内容说明：阅读电路原理图，编制器材明细表，测试电路元器件，完成调光灯电路的制作。

1．编制器材明细表

该实训任务所需器材见表1-17。

2．技能训练前的检查与准备

① 确认技能训练环境符合维修电工操作的要求。

② 确认技能训练器件与测试仪表性能良好。

③ 编制技能训练操作流程。

④ 做好操作前的各项安全工作。

表 1-17　技能训练器材明细表

器件序号	器件名称	性能规格	所需数量	用途备注
01	万用表	MF-47	1块	
02	内热式电烙铁	20W	1只	
03	常用电工维修工具		1套	
04	电路板		1块	
05	吸锡器		1只	
06	白炽灯 EL	220V、40W	1只	
07	双向晶闸管 VTH	700V、1A	1只	
08	电阻 R	15kΩ	1只	
09	可变电阻器 RP	100kΩ	1只	
10	电容器 C_1、C_2	400V、0.01μF	2只	
11	二极管 VD_1、VD_2	700V、2A	2只	
12	电源插头		1只	

3. 技能训练实施步骤

(1) 阅读电路原理图

调光灯电路原理图如图 1-32 所示。当交流电的正半周或负半周到来时，加到晶闸管阳极和阴极上的电源或是正向的，或是反向的，该电压通过电位器给电容充电，当电容 C_1 上的电压达到一定数值后，就会触发晶闸管导通。调节电位器的旋钮，可以改变充电的时间，从而控制晶闸管的导通角。

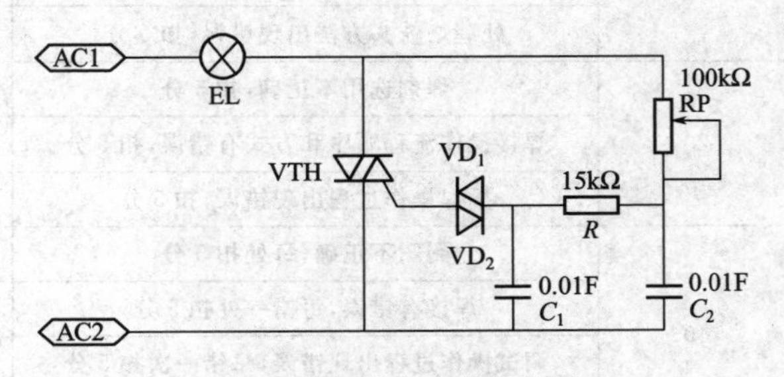

图 1-32　调光灯电路原理图

(2) 检查器材质量

检查各个元器件质量，并清点元器件数量。

(3) 电路的安装与焊接

用电烙铁将各元器件焊接到相应位置，焊接要细心，确保焊接质量。

(4) 检查与调试

检查焊接元件是否到位，焊点有无漏焊、虚焊等现象，电路检查无误后，通电调试，观察调光灯电路能否实现正常调光。

4. 清理现场和整理器材

训练完成后，清理现场，整理好所用器材、工具，按照要求放置到规定位置。

【任务评价与考核】

一、电烙铁的检测与拆装

考核要点：

① 检查是否按照要求正确使用各种常用维修电工工具；

② 是否时刻注意遵守安全操作规定，操作是否规范；

③ 能否正确掌握电烙铁的检测与拆装的基本要领，方法是否正确。

二、元器件的焊接和拆焊

考核要点：

① 检查是否按照要求正确使用各种维修电工工具；

② 检查是否遵守安全操作规定，操作要领是否正确和规范；

③ 能否正确掌握元器件的焊接和拆焊的基本要领，方法是否正确。

三、调光电路的焊接与调试

考核要点：

① 检查是否按照要求正确使用各种常用维修电工工具；

② 是否时刻注意遵守安全操作规定，操作是否规范；

③ 能否正确进行调光电路的焊接与调试，能否实现调光，操作工艺、方法是否正确。

四、成绩评定考核

根据以上考核要点对学生进行逐项成绩评定，参见表1-18，给出该项任务的综合实训成绩。

表1-18 实训成绩评定表

子任务内容	分值/分	考核要点及评分标准	扣分/分	得分/分
电烙铁的检测与拆装	20	万用表的操作错误，扣10分		
		电烙铁拆装方法有错误，扣5分		
		处理烙铁头方法出现错误，扣5分		
元器件的焊接和拆焊	20	焊剂选用不正确，扣5分		
		焊接操作流程顺序和方式有错误，扣5分		
		拆焊操作过程出现错误，扣5分		
调光电路的焊接与调试	40	阅图不正确，每处扣5分		
		焊接有错误，每错一处扣5分		
		调试操作过程出现错误，每错一次扣5分		
		电路不能正常调光，扣10分		
安全、规范操作	10	每违规一次扣2分		
整理器材、工具	10	未将器材、工具等放到规定位置，扣5分		
合计				

【相关知识】

一、电烙铁的结构与原理

锡焊技术采用以锡为主的锡合金材料作焊料，在一定温度下焊锡熔化，金属焊件与锡原子之间相互吸引、扩散、结合，形成浸润的结合层。外表看来，印制电路板铜箔及元器件引线都是很光滑的，实际上它们的表面都有很多微小的凹凸间隙，熔流态的锡焊料借助于毛细管吸力沿焊件表面扩散，形成焊料与焊件的浸润，把元器件与印制电路板牢固地黏合在一起，而且具有良好的导电性能。

电烙铁是手工焊接的基本工具，其作用是加热焊接部分，熔化焊料，使焊料和被焊金属连接起来。电烙铁一般分为外热式电烙铁、内热式电烙铁及恒温式电烙铁几类。

1. 外热式电烙铁

外热式电烙铁的外形如图 1-33 所示，它由烙铁头、烙铁芯、外壳、手柄、电源线和插头等部分组成。

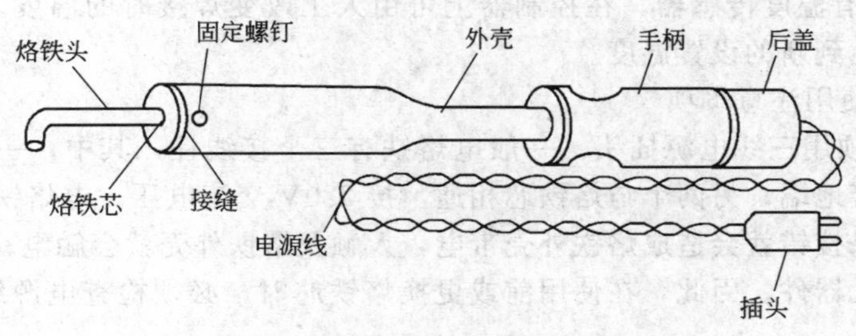

图 1-33　外热式电烙铁的外形

电阻丝绕在薄云母片绝缘的圆筒上，组成烙铁芯，烙铁头安装在烙铁芯里面，电阻丝通电后产生的热量传送到烙铁头上，使烙铁头温度升高，故称为外热式电烙铁。烙铁头插入烙铁芯的深度直接影响烙铁头的表面温度，一般焊接体积较大的物体时，烙铁头插得深些，焊接小而薄的物体时可浅些。

电烙铁的规格是用功率来表示的，常用的有 25W、75W 和 100W 等几种。功率越大，电烙铁的热量越大，烙铁头的温度越高。在焊接印制电路板组件时，通常使用功率为 25W 的电烙铁。

2. 内热式电烙铁

内热式电烙铁如图 1-34 所示。由于发热的烙铁芯装在烙铁头里面，故称为内热式电烙铁。烙铁芯是采用极细的镍铬电阻丝绕在瓷管上制成的，在外面套上耐高温的绝缘管。烙铁头的一端是空心的，它套在烙铁芯外面，用弹簧来紧固。

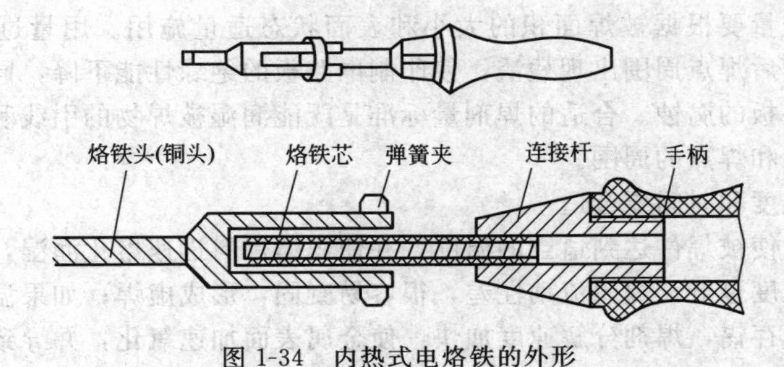

图 1-34　内热式电烙铁的外形

由于烙铁芯装在烙铁头内部，热量能完全传到烙铁头上，发热快，热量利用率高达 85%～90%，烙铁头部温度达 350℃左右。20W 内热式电烙铁的实用功率相当于 25～40W 的外热式电烙铁。内热式电烙铁具有体积小、重量轻、发热快和耗电低等优点，因而得到广泛应用。内热式电烙铁的使用注意事项与外热式电烙铁基本相同。由于其连接杆的管壁厚度只有 0.2mm，而且发热元件放在瓷管中，所以更应注意不要敲击，不要用钳子夹持连接杆。

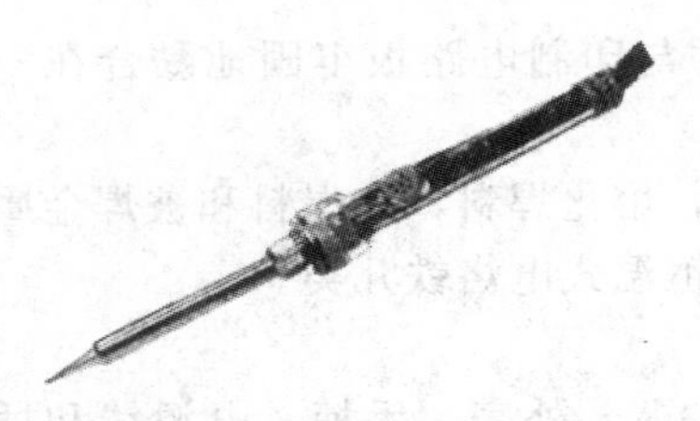
图 1-35　恒温式电烙铁的外形

3. 恒温式电烙铁

恒温式电烙铁的种类较多，烙铁芯一般采用 PTC 元件或电子控制电热元件，图 1-35 所示为其中一种恒温式电烙铁。此类型的烙铁头不仅能恒温，而且可以防静电、感应电，能直接焊 CMOS 器件。

高档的恒温式电烙铁，其附加的控制装置上带有烙铁头温度的数字显示（简称数显装置），显示温度最高可达 400℃。烙铁头带有温度传感器，在控制器上可由人工改变焊接时的温度。若改变恒温点，烙铁头很快就可达到新的设置温度。

4. 电烙铁的使用注意事项

① 装配时必须用三线电源插头。一般电烙铁有三个接线柱，其中，一个较粗接线柱与烙铁壳相通，是接地端；另两个与烙铁芯相通，接 220V 交流电压。电烙铁的外壳与烙铁芯是不接通的，如果接错就会造成烙铁外壳带电，人触及烙铁外壳就会触电；若用于焊接，还会损坏电路上的元器件。因此，在使用前或更换烙铁芯时，必须检查电源线与地线的接头，防止接错。

② 使用过程中不能任意敲击，应轻拿轻放，以免损坏电烙铁内部发热器件而影响其使用寿命。

③ 使用时，应始终保持烙铁头头部挂锡。

④ 焊接过程一般以 2～3s 为宜。焊接集成电路时，要严格控制焊料和助焊剂的用量。为了避免因电烙铁绝缘不良或内部发热器对外壳感应电压而损坏集成电路，实际操作应用中常采用拔下电烙铁的电源插头趁热焊接的方法。

二、手工焊接技术

1. 焊接要领

（1）焊接前的准备

焊接前要将元器件引线刮净，最好是先挂锡再焊接。对被焊件表面的氧化物、锈斑、油污、灰尘、杂质等要清理干净。

（2）焊剂要适量

使用焊剂的数量要根据被焊面积的大小和表面状态适量施用。用量过少会影响焊接质量，过多会造成焊后焊点周围出现残渣，使印制电路板的绝缘性能下降，同时还可能造成对元器件和印制电路板的腐蚀。合适的焊剂量标准是既能润湿被焊物的引线和焊盘，又不让焊剂流到引线插孔中和焊点的周围。

（3）焊接的温度和时间要合适

在焊接时，为使被焊件达到适当的温度，并使固体焊料迅速熔化润湿，就要有足够的热量和温度。如果温度过低，焊锡流动性差，很容易凝固，形成虚焊；如果温度过高，将使焊锡流淌，焊点不易存锡，焊剂分解速度加快，使金属表面加速氧化，并导致印制电路板上的焊盘脱落。

（4）焊料的施加方法

焊料的施加方法可根据焊点的大小及被焊件的多少而定，如果焊点较小，最好使用焊锡丝，应先将烙铁头放在焊盘与元器件引脚的交界面上，同时对二者加热。当达到一定温度时，将焊锡丝点到焊盘与引脚上，使焊锡熔化并润湿焊盘与引脚。当刚好润湿整个焊点时，及时撤离焊锡丝和电烙铁，焊出光洁的焊点。

（5）焊接时被焊件要扶稳

在焊接过程中，特别是在焊锡凝固过程中不能晃动被焊元器件引线，否则将造成虚焊。

(6) 撤离电烙铁的方法

掌握好电烙铁的撤离方向，可带走多余的焊料，从而能控制焊点的形成。电烙铁移开的方向以45°角为适宜。

(7) 焊点的重焊

当焊点一次焊接不成功或上锡量不够时，要重新焊接。重新焊接时，必须等上次的焊锡一同熔化并熔为一体时，才能把电烙铁移开。

(8) 焊接后的处理

在焊接结束后，应将焊点周围的焊剂清洗干净，并检查电路有无漏焊、错焊、假焊、虚焊等现象。用镊子将每个元器件拉一拉，看有无松动现象。

2. 焊接步骤

对于一个初学者来说，开始就掌握正确的手工焊接方法并养成良好的操作习惯是非常重要的，而五步操作法则是一种既简单又正确的焊接方法。手工焊接的五步操作法如图1-36所示。

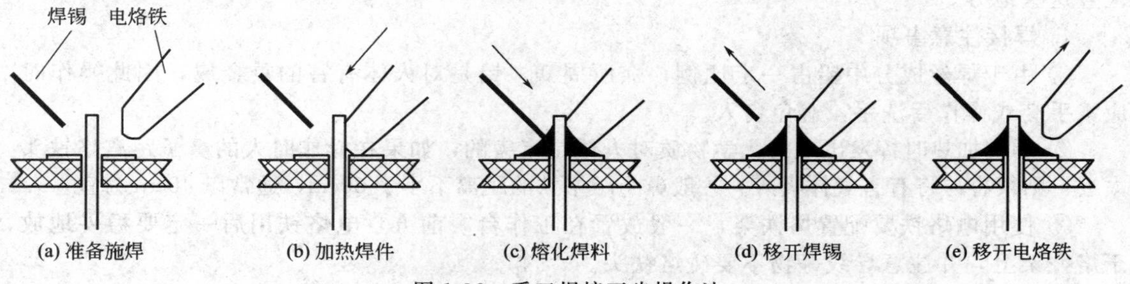

图1-36　手工焊接五步操作法

(1) 准备施焊

将焊接所需材料、工具准备好，如焊锡丝、松香焊剂、电烙铁及其支架等。焊前对烙铁头要进行检查，查看其是否能正常“吃锡”。如果吃锡不好，就要将其锉干净，再通电加热并用松香和焊锡将其镀锡，即预上锡，如图1-36(a) 所示。

(2) 加热焊件

加热焊件就是将预上锡的电烙铁放在被焊点上，如图1-36(b) 所示，使被焊件的温度上升。烙铁头放在焊点上时应注意，其位置应能同时加热被焊件与铜箔，并要尽可能加大与被焊件的接触面，以缩短加热时间，保护铜箔不被烫坏。

(3) 熔化焊料

待被焊件加热到一定温度后，将焊锡丝放到被焊件和铜箔的交界面上（注意不要放到烙铁头上），使焊锡丝熔化并浸湿焊点，如图1-36(c) 所示。

(4) 移开焊锡

当焊点上的焊锡已将焊点浸湿时，要及时撤离焊锡丝，以保证焊锡不致过多，焊点不出现堆锡现象，从而获得较好的焊点，如图1-36(d) 所示。

(5) 移开电烙铁

移开焊锡后，待焊锡全部润湿焊点，并且松香焊剂还未完全挥发时，就要及时、迅速地移开电烙铁，电烙铁移开的方向以45°角最为适宜，如图1-36(e) 所示。如果移开的时机、方向、速度掌握不好，则会影响焊点的质量和外观。

完成这五步后，焊料尚未完全凝固以前，不能移动被焊件的位置，因为焊料未凝固时，如果相对位置被改变，就会产生虚焊现象。

3. 焊接要求

（1）焊点要保证良好的导电性能

虚焊是指焊料与被焊件表面没有形成合金结构，只是简单地依附在被焊金属的表面上。虚焊用仪表测量很难发现，但却会使产品质量大打折扣，以致出现产品质量问题，因此在焊接时应杜绝产生虚焊。

（2）焊点要有足够的机械强度

焊点要有足够的机械强度，以保证被焊件在受到振动或冲击时不至于脱落、松动。因此一般采用把被焊件的引线端子打弯后再焊接的方法。

（3）焊点表面要光滑、清洁

为使焊点表面光滑、清洁、整齐，不但要有熟练的焊接技能，而且还要选择合适的焊料和焊剂。焊点不光洁表现为焊点出现粗糙、拉尖、棱角等现象。

（4）焊点不能出现搭接、短路现象

如果两个焊点很近，很容易造成搭接、短路的现象，因此在焊接和检查时，应特别注意检查这些地方。

4. 焊接注意事项

① 由于焊丝成分中铅占一定比例，众所周知，铅是对人体有害的重金属，因此操作时应戴手套或操作后洗手，避免食入。

② 焊剂加热时挥发出来的化学物质对人体是有害的，如果在操作时人的鼻子距离烙铁头太近，则很容易将有害气体吸入。一般鼻子距烙铁的距离不小于 30cm，通常以 40cm 为宜。

③ 使用电烙铁要配置烙铁架，一般放置在工作台右前方，电烙铁用后一定要稳妥地放于烙铁架上，并注意导线等物不要碰烙铁头。

④ 一般应选内热式 20～35W 或恒温式电烙铁，电烙铁的温度以不超过 300℃为宜。烙铁头形状应根据印制电路板焊盘大小采用凿形或锥形。

⑤ 加热时应尽量使烙铁头同时接触印制电路板上的铜箔和元器件引线。对较大的焊盘（直径大于 5mm），焊接时可移动电烙铁，即电烙铁绕焊盘转动，以免长时间停留于一点，导致局部过热。

⑥ 两层以上印制电路板的孔都要进行金属化处理。焊接时不仅要让焊料润湿焊盘，而且孔内也要润湿填充，因此，金属化孔的加热时间长于单层面板。

⑦ 焊接时不要用烙铁头摩擦焊盘的方法增强焊料润湿性能，而要靠表面清理和预焊。

【能力拓展】

1. 能力拓展项目

① 电子门铃电路的装调。

② 稳压电源电路的装调。

③ 电子镇流器电路的装调。

2. 拓展训练目标

通过能力拓展项目的训练，使学生能够进一步熟练掌握焊接工具的使用方法和技巧，思考和确定电路装调各项操作流程，掌握检测焊接质量的基本方法，进一步理解安全用电注意事项等。

任务五　常用电工测量仪器仪表的使用技能训练

【任务描述】

① 通过模拟万用表和数字万用表使用的实训，掌握测量实际电路的电压、电流及电阻

值的技能，并具备利用万用表判断电路故障的技能。

② 通过钳形电流表、兆欧表的使用与操作，掌握测量电动机的工作电流和绝缘电阻的基本方法和技能。

③ 通过示波器及信号发生器的使用与操作，掌握使用信号发生器输出规定的信号以及利用示波器观察信号波形及测量参数的基本方法和技能。

④ 通过直流单臂电桥及功率表的使用与操作，掌握使用直流单臂电桥测量电阻和使用功率表测量电功率的基本方法和技能。

【技能要点】

① 掌握电工测量基础知识。

② 掌握常用电工测量仪器仪表的使用方法。

【任务实施】

一、万用表的使用与操作

训练内容说明：使用万用表，测量实际电路的电压、电流及电阻值。

1. 编制技能训练器材明细表

本技能训练任务所需实训设备、仪器仪表与器材见表 1-19。

表 1-19 技能训练器材明细表

器件序号	器件名称	性能规格	所需数量	用途备注
01	指针式万用表	MF-47	1块	
02	数字式万用表	DT-830	1块	
03	常用电工维修工具		1套	
04	直流稳压电源	0～12V	1台	
05	交流可调电源	0～250V	1台	
06	可变电阻器	500Ω	1只	
07	电阻	47Ω、100Ω、220Ω、470Ω、1kΩ、1.5kΩ、10kΩ、22kΩ、47kΩ、51kΩ、100kΩ、500kΩ	若干	

2. 技能训练前的检查与准备

① 确认技能训练环境符合维修电工操作的要求。

② 确认技能训练器件与测试仪表性能良好。

③ 编制技能训练操作流程。

④ 做好操作前的各项安全工作。

3. 技能训练实施步骤

(1) 测量电阻

分别用指针式万用表、数字式万用表测量不同电阻的阻值，注意选择测量的倍率（电阻挡位），将测量的结果填入自己设计的表格中，并与电阻的标称值进行比较。

(2) 测量电压

① 测量直流电压　连接直流电路如图 1-37 所示，将可变电阻器调至最大值。将直流稳压电源的输出电压分别调至 1V、3V、5V、7V、9V、10V、12V（由直流稳压电源的输出直流电压表显示），分别用指针式万用表、数字式万用表测量可变电阻器两端的电压值，将测量的结果填入自己设计的表格中，并与计算值进行比较。

② 测量交流电压　连接交流电路如图 1-38 所示，将可变电阻器调至最大值。将交流可

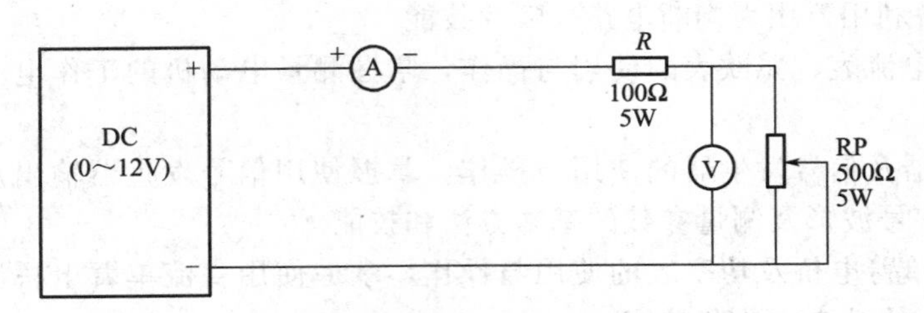

图 1-37　测量直流电压的直流电路图

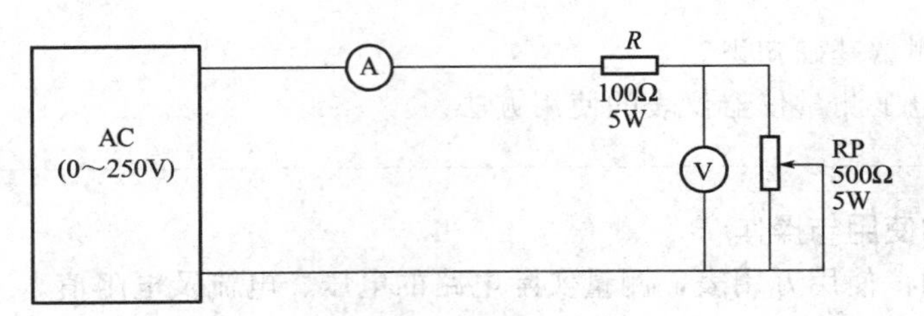

图 1-38　测量交流电压的交流电路图

调电源的输出电压分别调至 5V、10V、15V、20V、25V、30V、35V、40V、45V、50V（由交流可调电源的输出交流电压表显示），分别用指针式万用表、数字式万用表测量可变电阻器两端的电压值，将测量的结果填入自己设计的表格中，并与计算值进行比较。

（3）测量电流

① 测量直流电流　连接直流电路如图 1-37 所示，将直流稳压电源的输出电压调至 10V（由直流稳压电源的输出直流电压表显示），将可变电阻器调至最大值、375Ω、250Ω、125Ω、50Ω，分别用指针式万用表、数字式万用表测量电路的电流值（将万用表置于直流电流挡，串联接于图中电流表的位置），将测量的结果填入自己设计的表格中，并与计算值进行比较。

② 测量交流电流　连接交流电路如图 1-38 所示，将交流可调电源的输出电压调至 10V（由交流可调电源的输出交流电压表显示），将可变电阻器调至最大值、375Ω、250Ω、125Ω、50Ω，分别用指针式万用表、数字式万用表测量电路的电流值（将万用表置于交流电流挡，串联接于图中电流表的位置），将测量的结果填入自己设计的表格中，并与计算值进行比较。

4. 清理现场和整理器材

训练完成后，清理现场，整理好所用器材、工具，按照要求放置到规定位置。

二、钳形电流表、兆欧表的使用与操作

训练内容说明：使用钳形电流表、兆欧表，测量三相异步电动机的工作电流和绕组对地的绝缘电阻值。

1. 编制技能训练器材明细表

本技能训练任务所需实训设备、仪器仪表与器材见表 1-20。

表 1-20　技能训练器材明细表

器件序号	器件名称	性能规格	所需数量	用途备注
01	指针式万用表	MF-47	1 块	
02	钳形电流表		1 块	
03	兆欧表		1 块	
04	常用电工维修工具		1 套	
05	三相异步电动机		1 台	

2. 技能训练前的检查与准备

① 确认技能训练环境符合维修电工操作的要求。

② 确认技能训练器件与测试仪表性能良好。

③ 编制技能训练操作流程。

④ 做好操作前的各项安全工作。

3. 技能训练实施步骤

(1) 测量绝缘电阻

① 确认被测电动机已经停电，并将被测电动机线圈对地放电，断开三相线圈之间的连线，并用万用表判别和区分各相线圈。

② 检查兆欧表，确认其工作正常；正确接线（L 为线路端，E 为接地端），接线端钮要拧紧，L 线与 E 线应绝缘良好，它们不应绞在一起。

③ 检查和测量电动机的绝缘电阻，首先检查接线 E 接地良好，以 120r/min 转速将表摇起，分别测量电动机各相线圈之间以及各相线圈对地的绝缘电阻，观察兆欧表的指示，将测量的结果填入自己设计的表格中，判断电动机绝缘是否正常。

④ 将测试表棒移开被测线圈导体后，兆欧表才能停止。

⑤ 测绝缘后应将被测线圈对地放电。

(2) 用钳形电流表测量电动机的工作电流

① 将三相异步电动机正确连接后通电运转。

② 把钳形电流表置于交流电流最大量程，卡住三相电线中一相，看有没有电流显示，若没有就把量程一步一步降挡，直至有读数显示。

③ 依次测量每相电流，将测量的结果填入自己设计的表格中。

④ 电动机断电，带电器件注意安全放电。

4. 清理现场和整理器材

训练完成后，清理现场，整理好所用器材、工具，按照要求放置到规定位置。

三、示波器及信号发生器的使用

训练内容说明：会使用信号发生器发出各种信号，并用示波器观察其波形参数。

1. 编制技能训练器材明细表

本技能训练任务所需实训设备、仪器仪表与器材见表 1-21。

表 1-21 技能训练器材明细表

器件序号	器件名称	性能规格	所需数量	用途备注
01	指针式万用表	MF-47	1 块	
02	信号发生器		1 台	
03	双踪示波器		1 台	
04	电子毫伏表		1 块	
05	常用电工维修工具		1 套	
06	专用连接线		1 套	

2. 技能训练前的检查与准备

① 确认技能训练环境符合维修电工操作的要求。

② 确认技能训练器件与测试仪表性能良好。

③ 编制技能训练操作流程。

④ 做好操作前的各项安全工作。

3. 技能训练实施步骤

（1）信号发生器的使用与操作

① 将信号发生器和电子毫伏表接通电源，进行预热，待正常使用。

② 将信号发生器的输出信号类别调整为正弦波，调其信号频率为100Hz、500Hz、1000Hz、1500Hz、2000Hz、5000Hz，调其信号具有一定的幅度。

③ 将电子毫伏表选择合适的量程，连接信号输入接线，并进行调零，然后分别测量信号发生器的输出信号不同频率时的幅度。

④ 将测量的结果填入自己设计的表格中。

⑤ 将信号发生器的输出信号类别调整为三角波、矩形脉冲等，同上所述，调其信号频率和幅度，用电子毫伏表进行测量，将测量的结果填入自己设计的表格中。

⑥ 将信号发生器、电子毫伏表断电。

（2）双踪示波器的使用与操作

① 将信号发生器、电子毫伏表和双踪示波器接通电源，进行预热，待正常使用。

② 将信号发生器的输出信号类别调整为正弦波，调其信号频率为100Hz、500Hz、1000Hz、1500Hz、2000Hz、5000Hz，调其信号具有一定的幅度。

③ 将电子毫伏表选择合适的量程，连接信号输入接线，并进行调零，然后分别测量信号发生器的输出信号不同频率时的幅度，再将双踪示波器调整好，将其信号探头连接信号发生器的输出信号，观察信号的形状、频率、周期与幅度大小。

④ 将测量的结果填入自己设计的表格中。

⑤ 将信号发生器的输出信号类别调整为三角波、矩形脉冲等，同上所述，调其信号频率和幅度，用电子毫伏表和双踪示波器进行测量，将测量的结果填入自己设计的表格中。

⑥ 将信号发生器、电子毫伏表与双踪示波器断电。

4. 清理现场和整理器材

训练完成后，清理现场，整理好所用器材、工具，按照要求放置到规定位置。

四、直流单臂电桥、功率表与电度表的使用与操作

训练内容说明：会使用直流单臂电桥测量电阻，会使用有功功率表和电度表测量电路的有功功率和有功电能。

1. 编制技能训练器材明细表

本技能训练任务所需实训设备、仪器仪表与器材见表1-22。

表1-22 技能训练器材明细表

器件序号	器件名称	性能规格	所需数量	用途备注
01	指针式万用表	MF-47	1块	
02	直流单臂电桥		1台	
03	有功功率表	单相	3块	
04	有功电度表	单相、三相	2块	
05	常用电工维修工具		1套	
06	灯泡电阻负载箱	单相、三相	2个	
07	电阻	47Ω、100Ω、220Ω、470Ω、1kΩ、1.5kΩ、4.7kΩ、7.5kΩ	若干	

2. 技能训练前的检查与准备

① 确认技能训练环境符合维修电工操作的要求。

② 确认技能训练器件与测试仪表性能良好。

③ 编制技能训练操作流程。

④ 做好操作前的各项安全工作。

3. 技能训练实施步骤

(1) 直流单臂电桥的使用与操作

① 将直流单臂电桥接通电源。

② 将被测电阻 47Ω 接至单臂电桥的被测旋钮上，经历调整检流计零位、估算被测电阻值、选择合适的比例臂和电阻测试等步骤，测出电阻值。

③ 用同样的方法测出其他的电阻值。

④ 将测量的结果填入自己设计的表格中，并和标称值进行比较。

⑤ 将直流单臂电桥断电。

(2) 功率表与电度表的使用与操作

① 将功率表与电度表接入灯泡电阻负载箱电路中，接通交流电源。

② 调整灯泡电阻负载箱中的开关，使工作灯的数量分别为 3 个、6 个及 9 个，成为三相对称负载，测试工作时间为 15min，观测功率表与电度表的读数，读出灯泡电阻负载的有功功率和有功电能。

③ 将测量的结果填入自己设计的表格中，并与计算值进行比较。

④ 将测试电路断电。

4. 清理现场和整理器材

训练完成后，清理现场，整理好所用器材、工具，按照要求放置到规定位置。

【任务评价与考核】

一、万用表的使用与操作

考核要点：

① 检查是否按照要求正确使用各种常用维修电工工具；

② 是否时刻注意遵守安全操作规定，操作是否规范；

③ 能否正确掌握万用表的使用与操作的基本要领，方法是否正确。

二、钳形电流表、兆欧表的使用与操作

考核要点：

① 检查是否按照要求正确使用各种维修电工工具；

② 检查是否遵守安全操作规定，操作要领是否正确和规范；

③ 能否正确掌握钳形电流表、兆欧表的使用与操作的基本要领，方法是否正确。

三、示波器及信号发生器的使用与操作

考核要点：

① 检查是否按照要求正确使用各种常用维修电工工具；

② 是否时刻注意遵守安全操作规定，操作是否规范；

③ 能否正确掌握示波器及信号发生器的使用与操作的基本要领，方法是否正确。

四、直流单臂电桥、功率表与电度表的使用与操作

考核要点：

① 检查是否按照要求正确使用各种常用维修电工工具；

② 是否时刻注意遵守安全操作规定，操作是否规范；

③ 能否正确掌握直流单臂电桥、功率表与电度表的使用与操作的基本要领，方法是否

正确。

五、成绩评定考核

根据以上考核要点对学生进行逐项成绩评定，参见表1-23，给出该项任务的综合实训成绩。

表1-23 实训成绩评定表

子任务内容	分值/分	考核要点及评分标准	扣分/分	得分/分
万用表的使用与操作	20	万用表的操作错误，扣10分		
		测量结果有错误，扣10分		
		损坏仪表，扣20分		
钳形电流表、兆欧表的使用与操作	20	钳形电流表、兆欧表的操作错误，扣10分		
		测量结果有错误，扣10分		
		损坏仪表，扣20分		
示波器及信号发生器的使用与操作	20	示波器及信号发生器的操作错误，扣10分		
		测量结果有错误，扣10分		
		损坏仪表，扣20分		
直流单臂电桥、功率表与电度表的使用与操作	20	直流单臂电桥、功率表与电度表的接线操作错误，扣10分		
		测量结果有错误，扣10分		
		损坏仪表，扣20分		
安全、规范操作	10	每违规一次扣2分		
整理器材、工具	10	未将器材、工具等放到规定位置，扣5分		
合计				

【相关知识】

一、万用表

万用表是一种多功能、多量程、便携式的仪器，是电子电气领域的一个基本的测量工具。它主要用于测量电阻、电流、电压等，高档万用表还可以测量电感、电容、晶体管参数等。普通的万用表有指针式万用表和数字式万用表两类。

1. 指针式万用表

常用的指针式万用表型号有MF-30、MF-50及MF-47等，其中MF-47型指针式万用表如图1-39所示，在万用表面板上，有一些特定的符号，这些符号标明万用表的一些重要性能和使用要求。在使用万用表时，必须按这些要求进行操作，否则会导致测量不准确、发生事故、万用表损坏，甚至造成人身危险等。指针式万用表面板及表盘字符的含义可参考其说明以及相关的资料。

(1) 指针式万用表的主要性能指标

① 准确度　准确度是指万用表测量结果的准确程度，即测量值与标准值之间的基本误差值。准确度越高，测量误差越小。如万用表的精度等级为2.5，它的基本误差为±2.5%。

② 直流电压灵敏度　直流电压灵敏度是指使用万用表的直流电压挡测量直流电压时，该挡的等效内阻与满量程电压之比，单位是Ω/V或kΩ/V，一般直接标注在万用表的表盘上。例如某万用表在250V电压挡时的内阻为2.5MΩ，其电压的灵敏度就为2.5MΩ/250V，即10kΩ/V。

万用表的电压灵敏度越高，表明万用表的内阻越大，对被测电路的影响就越小，其测量

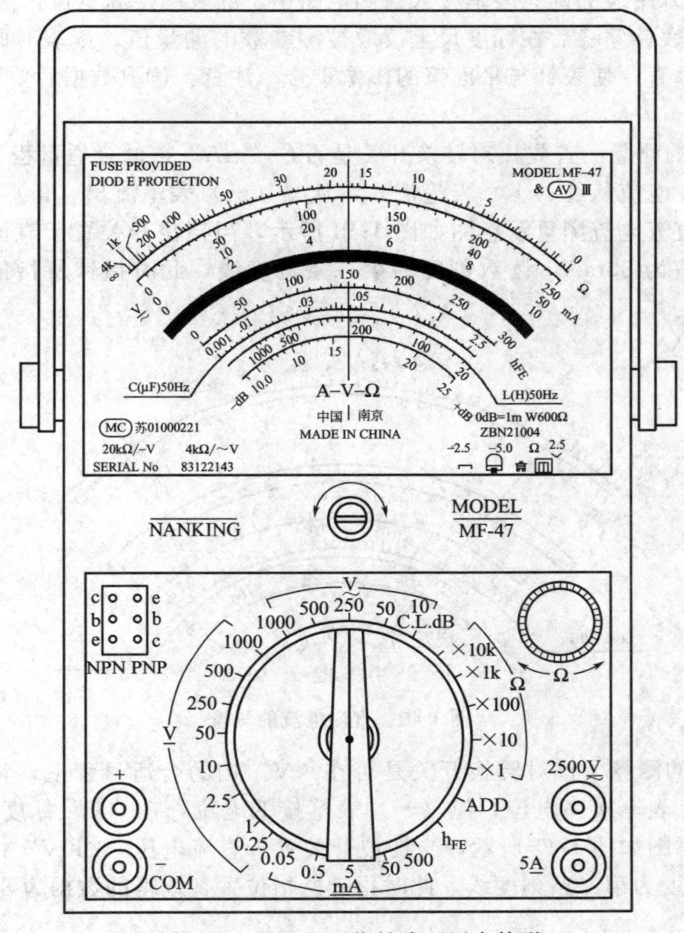

图 1-39 MF-47 型指针式万用表外形

结果就越准确。一般选用万用表的直流电压灵敏度要等于或大于 20kΩ/V。

③ 交流电压灵敏度 交流电压灵敏度与直流电压灵敏度，除所测电压的交、直流有区别外，其他物理含义完全一样。一般选用交流电压灵敏度为 4kΩ/V。

④ 中值电阻 中值电阻是当欧姆挡的指针偏转至标度尺的几何中心位置时，所指示的电阻值正好等于该量程欧姆表的总内阻值。由于欧姆挡标度的不均匀性，使欧姆表有效测量范围仅局限于基本误差较小的标度尺中央部分。

⑤ 频率特性 频率特性是指万用表测量交流电时，有一定的频率范围，如超出规定的频率范围，就不能保证其测量准确度。一般便携式万用表的工作频率范围为 45～200Hz，袖珍式万用表的工作频率为 45～1000Hz。

(2) 指针式万用表的使用方法

使用万用表测量时一般分为四步，即“换挡”、“调零”、“接表”、“读数”。

“换挡”主要是变换转换开关的挡位是否合适，但注意不能带电转换挡位。换挡时，一是要核对测量项目（电压、电流、电阻等参数）是否正确，避免误操作损坏万用表；二是要核对量程是否合适，若量程量限偏大，则读数不准；量程偏小，可能会打弯表针或烧坏万月表。因此，量程选择应使读数时表针应指在中心值或最大刻度值的 1/2～2/3 处。

“调零”是指有些测量项目切换量程后要及时进行调零操作，如测量电阻等。

“接表”是把万用表的两只表笔接入被测电路中。红表笔接高电位，黑表笔接低电位。

“读数”是指表针停稳后在标度尺上读取被测参数的测量值。读表时眼睛的视线要和刻度盘上的平面镜垂直，使表针与平面镜的影像重合。注意：读取数据后要进行倍率换算，计算出实际的数值。

① 直流电流的测量　首先核对转换开关是否在“mA”挡的合适量程上，然后将万用表与被测电路串联，电流从红（＋）表笔流入，从黑（－）表笔流出，最后在“mA”标度尺上读出测量值。直流电流测量示意图如图 1-40 所示，当挡位开关置于直流电流的“50mA”挡位时，满量程应为 50mA，读数刻度为第二条刻度线，此时指针所指位置，读得的数据为 6.8mA。

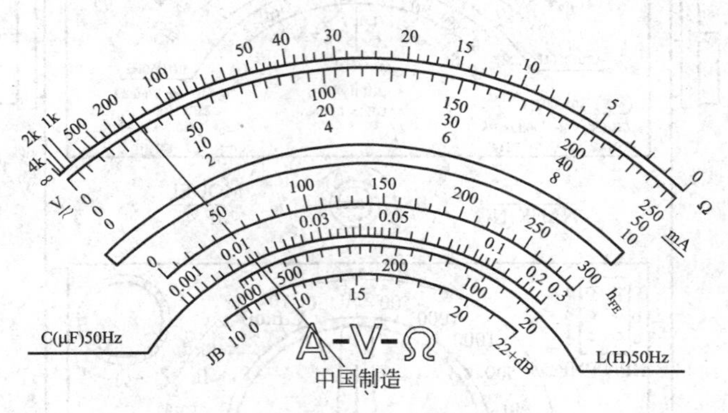

图 1-40　直流电流的测量

② 直流电压的测量　核对转换开关是否在“V”挡的合适量程上，将万用表与被测电路并联，红（＋）表笔接高电位，黑（－）表笔接低电位，在“V”标度尺上读出测量值。直流电压测量示意图如图 1-41 所示，当挡位开关置于直流电压“250V”挡位时，满量程应为 250V，读数刻度为第二条刻度线，此时指针所指位置，读得的数据为 83V。

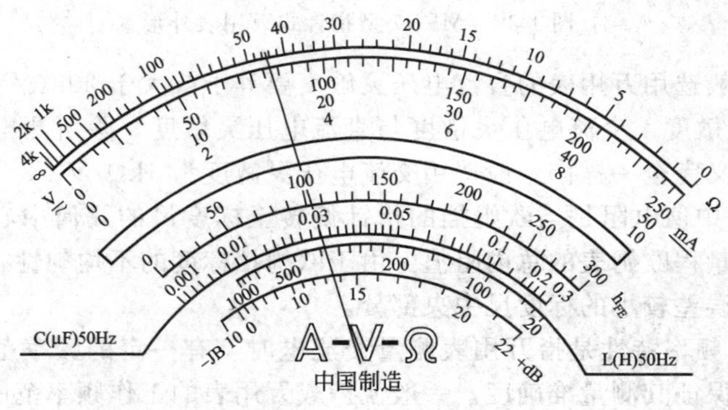

图 1-41　直流电压的测量

③ 交流电压的测量　核对转换开关是否在“V”挡的合适量程上，将万用表与被测电路并联，表笔不分＋、－，在“V”标度尺上读出测量值。交流电压的测量图如图 1-42 所示。当挡位开关置于交流电压的“250V”挡位时，满量程应为 250V，读数刻度为第二条刻度线，此时指针所指位置，读得的数据为 177V。

④ 电阻的测量　测量电阻是用万用表内的干电池作电源，其端电压随使用时间增长而下降，使工作电流减小，致使指针不在零位置上。所以，切换“欧姆”量程（电阻倍率挡）后要及时进行调零操作，即将两表笔短接，旋转“零点调节器”，使指针指零。如果不能使

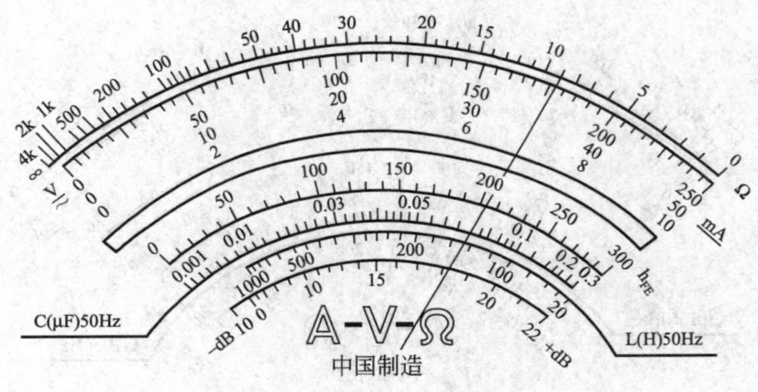

图 1-42　交流电压的测量

指针指零，说明干电池电压不足，应更换新电池。核对转换开关是否在“欧姆”挡的合适量程上，将万用表的表笔（不分+、−极）两端相短接，在“Ω”标度尺上读出测量值。

电阻的测量示意图如图 1-43 所示，当挡位开关置于电阻挡的“$R\times1$k”挡位时，其值为读数刻度乘以 1kΩ，读数刻度为第一条刻度线，此时指针所指位置，读得的数据为 42×1kΩ=42kΩ。

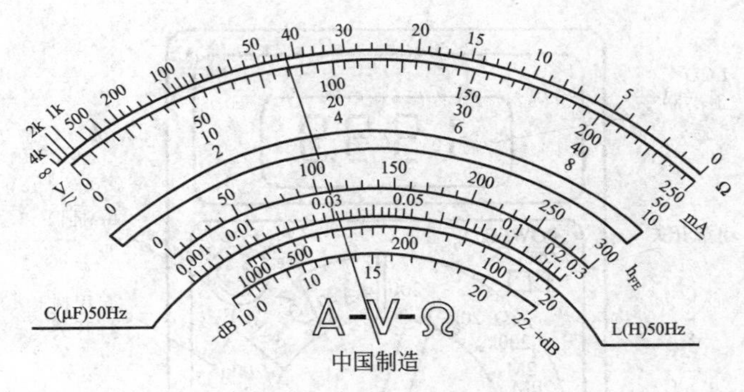

图 1-43　电阻的测量

测量电阻时需注意以下事项：测量电阻时严禁在被测电路带电的情况下进行测量，不得与其他导体并联；用手持电阻测量时，两只手不得同时触及两个表笔的探针；在测量电阻的间断时间内，两支表笔不能长时间处于相碰状态，以免消耗电池的电能；读数时应使指针指在“Ω”标度尺中心附近。

⑤ 晶体管直流放大系数的测量　核对转换开关是否在“ADJ”挡位上，和“Ω”挡“调零”相似，使指针指在 h_{FE}标尺右端的 300 标度上。再将转换开关切换至 h_{FE}挡位，“插管”时按晶体管管型（NPN 或 PNP 型），把引线端插入对应的引线端插孔 e、b、c 中，然后，可从“h_{FE}”标度尺上读取放大系数。

晶体管直流放大系数的测量如图 1-44 所示，当挡位开关置于“h_{FE}”挡位时，读数刻度为 h_{FE}刻度线，此时指针所指位置，读得的数据为 124，即为晶体管直流放大系数。

使用万用表最为重要的是，一定要随时注意转换开关的位置和量程，严禁用电流挡或电阻挡去测量电压，稍有疏忽，就可能烧坏万用表。万用表使用完毕后，应将转换开关转拨至交流电压最大挡位，以免他人误用而损坏电表。

2. DT-830 型数字万用表

DT-830 型数字万用表是以数字的方式直接显示被测量值的大小，十分便于读数。它是一种三位半的袖珍式仪表，与一般指针式万用表相比，该表具有测量精度高、显示直观、可

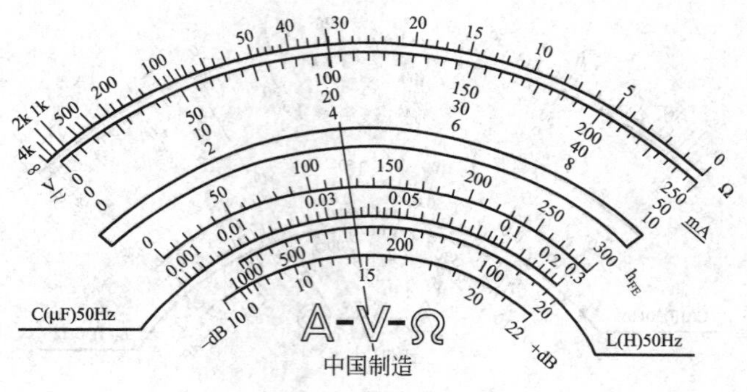

图 1-44　晶体管直流放大系数的测量

靠性好、功能全和体积小等优点。

数字万用表显示的最高位不能显示 0～9 的所有数字，即称作“半位”，例如袖珍式数字万用表共有 4 个显示单元，习惯上叫“三位半数字万用表”。

（1）DT-830 型万用表的面板功能

DT-830 型万用表的面板如图 1-45 所示，其面板中各部分的功能如下。

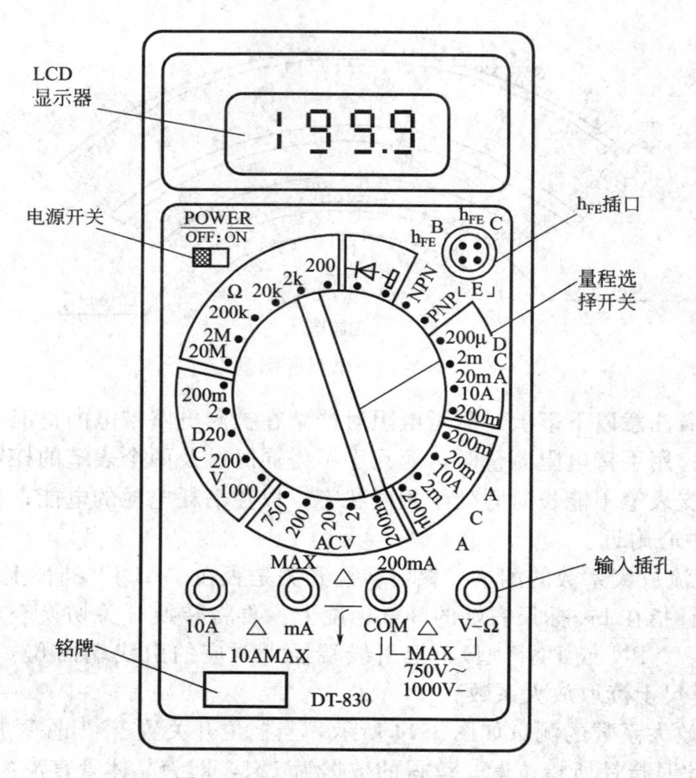

图 1-45　DT-830 型万用表的面板

① 电源开关 POWER，开关置于“ON”时，电源接通；置于“OFF”时，电源断开。

② 功能量程选择开关，完成测量功能和量程的选择。

③ 输入插孔。DT-830 型万用表共有 4 个输入插孔，分别标有“V-Ω”、“COM”、“mA”和“10A”。其中“V-Ω”、“COM”两插孔间标有“MAX 750V～、1000V－”字样，表示从这两插孔输入的交流电压不能超过 750V（有效值），直流电压不能超过 1000V。

④ h_{FE}插座（四芯插座）。标有“E”、“B”、“C”字样，其中E孔有两个，它们在内部是连通的，该插座用于测量晶体管的直流放大系数。

⑤ 液晶显示器。最大显示值为“1999”或“－1999”。

DT-830型万用表可自动调零和自动显示极性。当万用表所使用的9V叠层电池的电压低于7V时，低压指示符号被点亮；极性指示是指被测电压或电流极性为负时，符号“－”点亮，为正时，极性符号不显示。最高位数字兼作超量程指示。

（2）DT-830型万用表的使用与操作

① 电压的测量　将功能量程选择开关拨到“DCV”或“ACV”区域内恰当的量程挡，将电源开关拨至“ON”位置，即可进行直流或交流电压的测量。使用时将万用表与被测电路并联。

由“V-Ω”和“COM”两插孔输入的交直流电压最大值不得超过允许值。另外应注意选择适当的量程，确认所测的交流电压的频率在45～500Hz。

② 电流的测量　将功能量程选择开关拨到“DCA”区域内，选择恰当的量程挡，红表笔接“mA”插孔（被测电流小于200mA）或接“10A”插孔（被测电流大于200mA），黑表笔插入“COM”插孔，接通电源，即可进行直流电流的测量。使用时将万用表与被测电路串联。值得注意，“mA”、“COM”两插孔输入的直流电流不得超过200mA。将功能量程开关拨到“ACA”区域，选择适当量程挡，即可进行交流电流的测量，其他操作与直流电流相同。

③ 电阻的测量　将功能量程选择开关拨到“Ω”区域内，选择恰当的量程挡，红表笔接“V-Ω”插孔，黑表笔接入“COM”插孔，然后将电源开关拨至“ON”位置，即可进行电阻的测量。精确测电阻时应使用低阻挡（如20Ω），可将两表笔短接，测出两表笔的引线电阻，并据此值修正测量结果。

④ 晶体管的直流放大系数测量　将功能量程选择开关拨到“NPN”或“PNP”位置，将晶体管的3个引脚分别插入“h_{FE}”插座对应的插孔内，将电源开关拨至“ON”位置，即可进行晶体管直流放大系数的测量。

⑤ 线路通断的检查　将功能量程选择开关拨到蜂鸣器位置，红表笔接入“V-Ω”插孔，黑表笔接入“COM”插孔，然后将电源开关拨至“ON”位置，即可进行测量线路电阻。若被测线路电阻低于规定值（20Ω±10Ω）时，蜂鸣器发出声音，表明线路是接通的。

二、钳形电流表

1. 钳形电流表的结构与原理

钳形电流表的最大优点是在不断开线路的情况下，能测量交、直流电路的电流。有的钳形电流表还可以测量交流电压。例如，用钳形电流表可以在不切断电路的情况下，测量运行中的交流电动机的工作电流，从而能很方便地了解其工作状况。

钳形电流表按结构原理不同分为互感器式和电磁式两种，前者可测量交流电流，后者既可测量交流电流也可测量直流电流。图1-46(a)为钳形电流表的外形图。

互感器式钳形电流表由电流互感器和整流系电流表组成，如图1-46(b)所示。电流互感器的铁芯呈钳口形，当握紧钳形电流表的手柄时，其铁芯张开，如图1-46(c)虚线所示。把被测导线放入钳口中，松开钳形电流表的手柄，通电导体作为一次侧，二次侧产生感应电流，并送入整流系电流表进行测量，测出被测导体中的电流。

2. 钳形电流表的正确使用方法

① 在进行测量时用手捏紧手柄，铁芯即张开，被测载流导线的位置应放在钳口中间，防止产生测量误差，然后放开手柄，使铁芯闭合，表头就有指示。

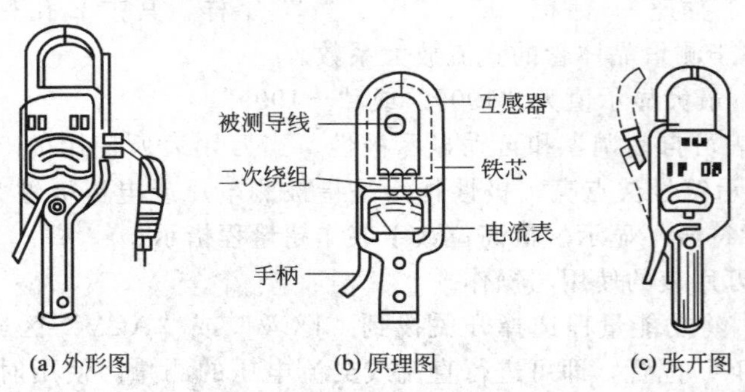

图 1-46　钳形电流表

② 测量时应先估计被测电流或电压的大小，选择合适的量程或先选用较大的量程测量，然后再根据被测电流、电压的大小减小量程，使读数超过满刻度的一半，以便得到较准确的读数。

③ 为使读数准确，钳口的两个表面应保证很好的结合。如有杂音，可将钳口重新开合一次。如果声音依然存在，可检查在结合面上是否存在污垢，若有，可用汽油擦拭干净。

④ 为了测量小于5A以下的电流时能得到较准确的读数，在条件允许时可把被测导线多绕几圈后，再放进钳口进行测量，但实际电流值应为仪表的读数除以放进钳口的导线匝数。

三、兆欧表

兆欧表也称摇表或摇电箱，是一种常用的、简便的、用于测量大电阻的直读式携带型仪表。兆欧表分手摇发电机型、用交流电作电源型以及用晶体管直流电源变换器作电源的晶体管型三种，常用来测量电路、电机绕组、电缆及电气设备等的绝缘电阻。表盘上的标尺刻度以“MΩ”为单位。目前常用的兆欧表多是手摇发电机型，如图 1-47 所示。

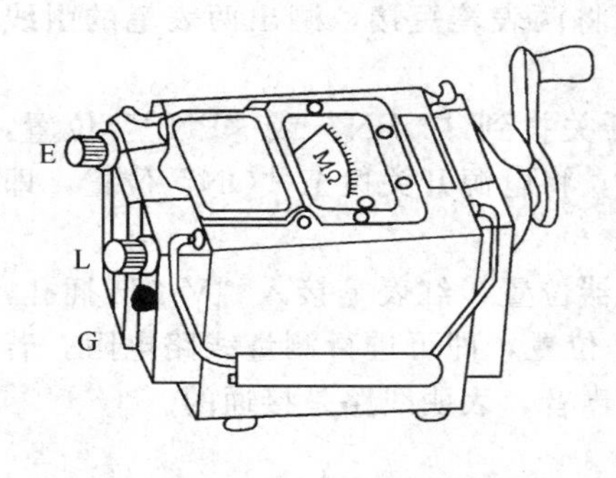

图 1-47　兆欧表的外形

1. 兆欧表的使用与操作

(1) 线路间绝缘电阻的测量

如图 1-48(a) 所示，被测两线路分别接在线路端钮 L 上和地线端钮 E 上，用左手稳住摇表，右手摇动手柄，由慢逐渐加快，并保持在 120r/min 左右，持续 1min，读出示数。

(2) 电动机定子绕组与机壳间绝缘电阻的测量

如图 1-48(b) 所示，将线路端钮 L 接在电动机定子绕组上，机壳与 E 连接，用同样的方法测量。

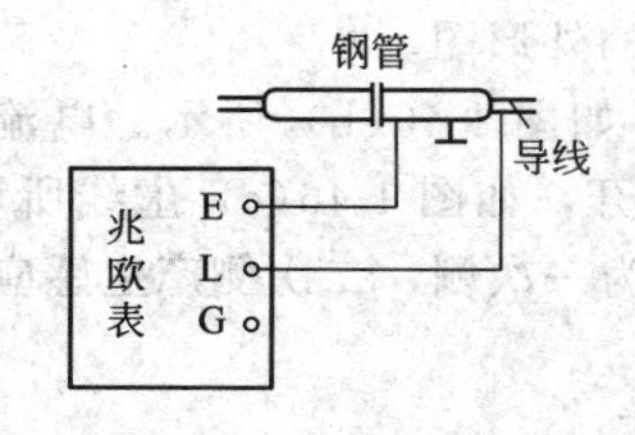

(a) 两相线路间绝缘电阻的测量

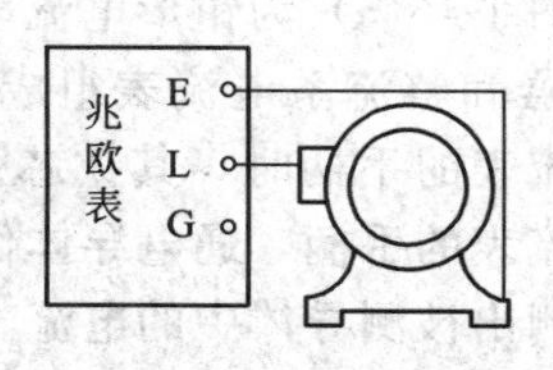

(b) 绕组与机壳间绝缘电阻的测量

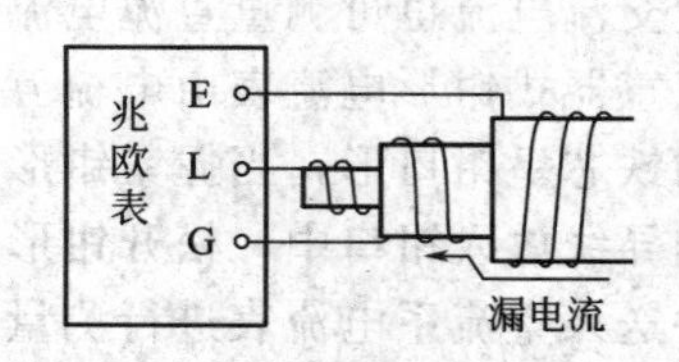

(c) 电缆缆芯与缆壳之间绝缘电阻的测量

图 1-48　用兆欧表测量绝缘电阻的接法

（3）电缆缆芯对缆壳间绝缘电阻的测量

如图 1-48(c) 所示，将线路端钮 L 与缆芯连接，端钮 E 与缆壳连接，将缆芯与缆壳之间的内层绝缘物接于屏蔽端钮 G 上，以消除因表面漏电而引起的测量误差。用同样的方法测量。

2. 使用兆欧表时应注意的事项

① 在进行测量前先切断被测线路或设备电源，并进行充分放电（约需 2～3min），以保障设备及人身安全。

② 兆欧表接线柱与被测设备间连接导线不能用双股绝缘线或绞线，应用单股线分开单独连接，避免因绞线绝缘不良而引起测量误差。

③ 测量前先将兆欧表进行一次开路和短路试验，检查兆欧表是否良好。若将两连接线开路，摇动手柄，指针应指在“∞”处，把两连接线短接，指针应立即指在“0”处，这说明兆欧表是良好的；否则兆欧表是有故障的。

④ 测量时摇动手柄的速度由慢逐渐加快并保持 120r/min 左右的速度，持续 1min 左右，这时的读数才是准确的。如果被测设备短路，指针指零，应立即停止摇动手柄，以防表内线圈发热损坏。

⑤ 测量电容器及较长电缆等设备的绝缘电阻后，应立即将端钮 L 的连线断开，以防被测设备向兆欧表倒充电而损坏仪表。

⑥ 禁止在雷电时或在邻近有带高压电的导线或设备上使用兆欧表。

⑦ 选用兆欧表量程范围时，一般应不要使其测量范围过多超出所需测量的绝缘电阻值，以免产生较大的读数误差。

⑧ 测量完毕后，在手柄未完全停止转动和被测对象没有放电之前，切不可用手触及被测对象的测量部分或拆线操作，以免触电。

四、示波器

示波器是一种用荧光屏显示电信号随时间变化波形图像的电子测量仪器，是典型的时域测量仪器。它可直接测量被测信号的电压、频率、周期、时间、相位、调幅系数等参数，也可间接观测电路的有关参数及元器件的伏安特性。下面以 YB4320 双踪四线示波器为例来介绍示波器的使用方法。

1. YB4320 示波器的面板与各控制件功能

YB4320 示波器的面板结构如图 1-49 所示，各控制件的功能如表 1-24 所示。

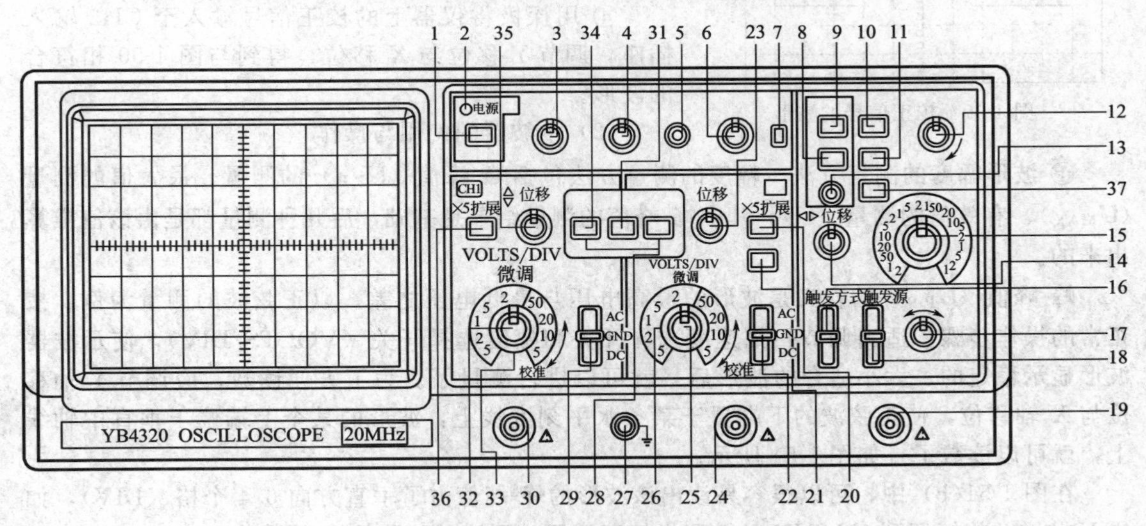

图 1-49　YB4320 示波器的面板结构

表 1-24　YB4320 示波器的面板控制件功能表

序号	功能	序号	功能	序号	功能
1	电源开关	14	水平位移	27	接地柱
2	电源指示灯	15	扫描速度选择开关	28	通道 2 选择
3	亮度旋钮	16	触发方式选择	29	通道 1 耦合选择开关
4	聚焦旋钮	17	触发电平旋钮	30	通道 1 输入端
5	光迹旋转旋钮	18	触发源选择开关	31	叠加
6	刻度照明旋钮	19	外触发输入端	32	通道 1 垂直微调旋钮
7	校准信号	20	通道 2×5 扩展	33	通道 1 幅度转换开关
8	交替扩展	21	通道 2 极性开关	34	通道 1 选择
9	扫描时间扩展控制键	22	通道 2 耦合选择开关	35	通道 1 垂直位移
10	触发极性选择	23	通道 2 垂直位移	36	通道 1×5 扩展
11	X-Y 控制键	24	通道 2 输入端	37	交替触发
12	扫描微调控制键	25	通道 2 垂直微调旋钮		
13	光迹分离控制键	26	通道 2 幅度转换开关		

2. YB4320 示波器的使用方法

(1) 仪器校准

① 亮度、聚焦、移位旋钮居中，扫描速度置于 0.5ms/DIV 且微调为校正位置，垂直灵敏度置于 10mV/DIV 且微调为校正位置。

② 通电预热，调节亮度、聚焦，使光迹清晰并与水平刻度平行或置于中心位置上（不宜太亮，以免示波管老化）。

③ 用探极将仪器上的校正信号输入至 CH1 输入插座，调节 Y 移位与 X 移位，使波形与图 1-50 所示波形相符合。

④ 用探极将仪器上的校正信号输入至 CH2 输入插座，调节 Y 移位与 X 移位，得到与图 1-50 相符合的波形。

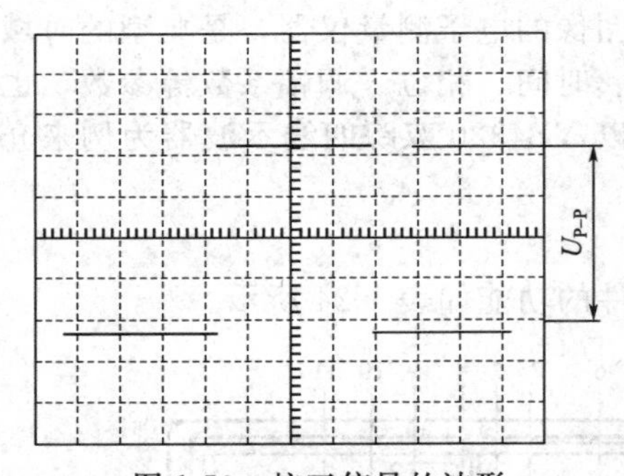

图 1-50　校正信号的波形

(2) 示波器的使用与操作

① 波形幅度的测量方法　幅度的测量方法包括峰-峰值（U_{P-P}）的测量、最大值的测量（U_{MAX}）、有效值的测量（U），其中峰-峰值的测量结果是基础，后几种测量都是由该值推算出来的。

峰-峰值（U_{P-P}）的含义是波形的最高电压与最低电压之差。以正弦波的测量为例，按正常的操作步骤，适当调节扫描速度选择开关和幅度选择开关（VOLTS/DIV），使示波器波形显示稳定的、大小适合的波形后，就可以进行测量了。为了方便读数，应调节 Y 轴移位与 X 轴移位，使正弦波的下端置于某条水平刻度线上，波形的某个上端位于垂直中轴线上，就可以读数了，如图 1-51 所示。

在图 1-51(b) 中，可以很容易读出该波形的峰-峰值占了垂直方向 6.4 个格（DIV），如果 Y 轴增益旋钮调到 2V/DIV 且微调为校正位置，则该正弦波的峰-峰值为

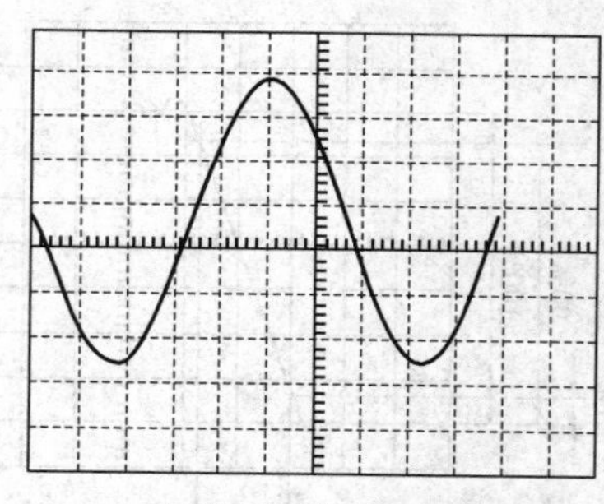

(a) 波形位置不利于读数

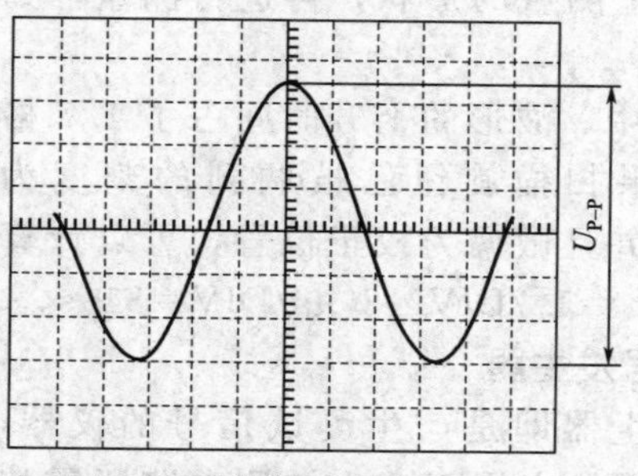

(b) 波形位置有利于读数

图 1-51　示波器上正弦波峰-峰值幅度的读数方法

$$U_{P-P}=6.4\text{DIV}\times 2\text{V/DIV}=12.8\text{V}$$

测出了峰-峰值，就可以用公式计算出最大值和有效值了。对于正弦波而言，这三个值有以下关系：

$$U_{MAX}=\frac{1}{2}U_{P-P}，U=\frac{\sqrt{2}}{2}U_{MAX}$$

由此可计算出，$U_{MAX}=6.4\text{V}$，$U=4.5\text{V}$。

② 周期和频率的测量方法　周期 T 的测量是通过屏幕上 X 轴来进行的。当适当大小的波形出现在屏幕上后，应调整其位置，使其容易对周期 T 进行测量，最好的办法是利用其过零点，将被测波形的一个过零点放在 X 轴标尺线并与某个垂直刻度线相交的位置上，如图 1-52 所示。

图 1-52 中所示，被测正弦波周期占了 6.6 格（DIV），如果扫描旋钮已被调到的刻度为 5ms/DIV，并且微调为校正位置，可以计算出其周期 $T=6.6\text{DIV}\times 5\text{ms/DIV}=33\text{ms}$。同时，可根据频率与周期的关系 $f=\frac{1}{T}$，计算出其频率为 $f=\frac{1}{T}=\frac{1}{33\times 10^{-3}}\text{Hz}=30.3\text{Hz}$。

为了使周期的测量更为准确，可以用如图 1-53 所示的多个周期的波形来进行测量。

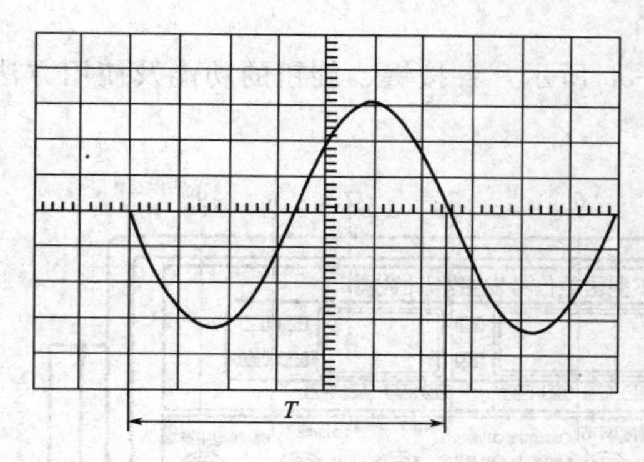

图 1-52　正弦波周期的测量

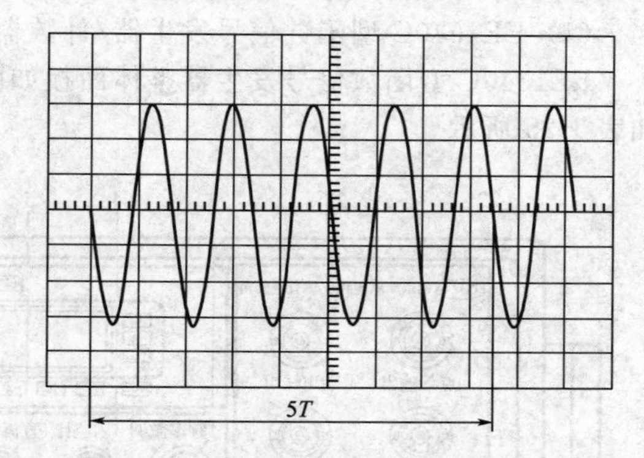

图 1-53　用多个周期的波形来进行测量

③ 上升时间和下降时间的测量方法　在数字电路中，脉冲信号的上升时间 t_r 和下降时间 t_f 十分重要。上升时间和下降时间的定义：以低电平为 0%，高电平为 100%，脉冲信号的上升时间 t_r 是信号电平由 10%上升到 90%所需要的时间，而下降时间 t_f 则是信号电平由 90%下降到 10%所需要的时间。

在测量上升时间和下降时间时，应将信号的波形扩展开，并使它的上升沿呈现出来，达到一个有利于测量的形状，再进行测量，如图 1-54 所示。

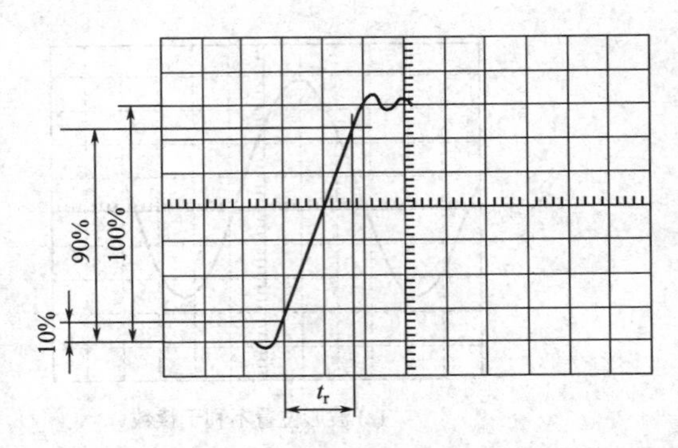

图 1-54　脉冲信号上升时间的测量

图 1-54 中，波形的上升时间占了 1.7 格（DIV），如果扫描旋钮已被调到的刻度为 20μs/DIV，并且微调为校正位置，可以计算出上升时间 $t_r=1.7\text{DIV}\times20\mu\text{s/DIV}=34\mu\text{s}$。

五、信号发生器

信号发生器即是产生测试信号的仪器，也称为信号源，它用于产生被测电路所需特定参数的电测试信号。信号源有很多种分类方法，其中一种方法可分为混合信号源和逻辑信号源两种。混合信号源主要输出模拟波形；逻辑信号源输出数字码形。混合信号源又可分为函数信号发生器和任意波形/函数发生器，其中函数信号发生器输出标准波形，例如正弦波、方波等，任意波形/函数发生器输出用户自定义的任意波形；逻辑信号发生器又可分为脉冲信号发生器和码形发生器，其中脉冲信号发生器驱动较少个数的方波或脉冲波输出，码形发生器可以生成许多通道的数字码形。

1. 信号发生器的分类

(1) 函数信号发生器

函数信号发生器是使用最广的通用信号源，提供正弦波、锯齿波、方波、脉冲波等波形，有的还同时具有调制和扫描功能。

(2) 任意波形发生器

任意波形发生器是一种特殊的信号源，不仅可以生成一般信号源波形，还可以仿真实际电路测试中需要的任意波形。由于各种干扰和响应的存在，实际在电路运行时，往往存在各种缺陷信号和瞬时信号，在设计之初使用任意波形发生器可以进行检验，避免灾难性后果的产生。

2. EE1640C 型函数信号发生器/计数器的使用

(1) EE1640C 型函数信号发生器/计数器简介

EE1640C 型函数信号发生器整体面板如图 1-55 所示，各按键、旋钮的功能及使用方法如表 1-25 所示。

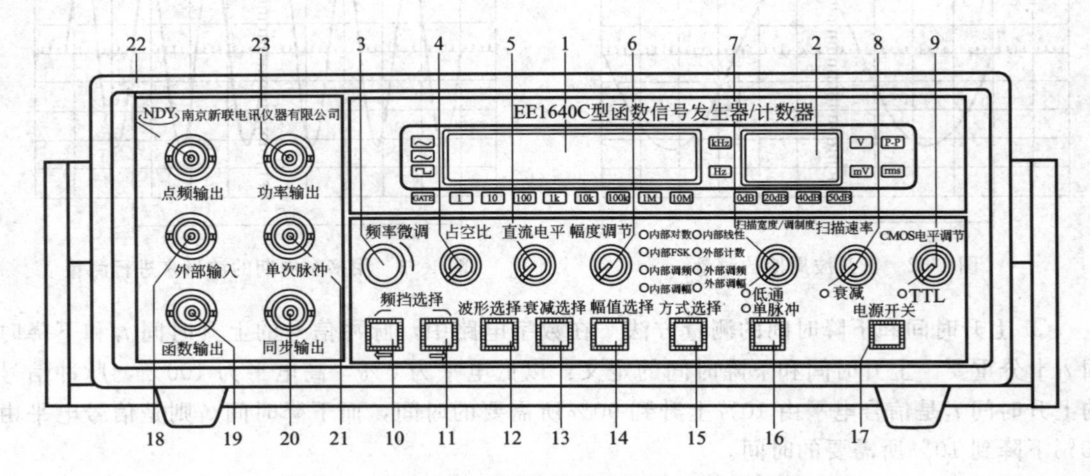

图 1-55　EE1640C 型函数信号发生器/计数器面板图

表 1-25　EE1640C 型函数信号发生器/计数器按键、旋钮的功能及使用方法简介

序号	按键、旋钮名称	功能及使用方法
1	频率显示窗口	显示输出信号的频率或外测频信号的频率
2	幅度显示窗口	显示函数信号发生器输出信号的幅度
3	频率微调电位器	调节此旋钮可改变输出频率的 1 个频程
4	输出波形占空比调节旋钮	调节此旋钮可改变输出信号的对称性。当电位器处在中心位置时，则输出对称信号；当此旋钮关闭时，也输出对称信号
5	函数信号输出信号直流电平调节旋钮	调节范围：－10～＋10V（空载），－5～＋5V（50Ω 负载）。当电位器处在中心位置时，则为 0 电平；当此旋钮关闭时，也为 0 电平
6	函数信号输出幅度调节旋钮	调节范围为 20dB
7	扫描宽度/调制度调节旋钮	调节此电位器可调节扫频输出的频率宽度。在外测频时，逆时针旋到底（绿灯亮），为外输入测量信号经过低通开关进入测量系统。在调频时，调节此电位器可调节频偏范围；调幅时，调节此电位器可调节调幅调制度；FSK 调制时，调节此电位器可调节高低频率差值，逆时针旋到底时为关调制
8	扫描速率调节旋钮	调节此电位器可以改变内扫描的时间长短。在外测频时，逆时针旋到底（绿灯亮）为外输入测量信号经过衰减“20dB”进入测量系统
9	CMOS 电平调节旋钮	调节此电位器可以调节输出的 CMOS 电平。当电位器逆时针旋到底（绿灯亮）时，输出为标准的 TTL 电平
10	左频段选择按钮	每按一次此按钮，输出频率向左调整一个频段
11	右频段选择按钮	每按一次此按钮，输出频率向右调整一个频段
12	波形选择按钮	可选择正弦波、三角波、脉冲波输出
13	衰减选择按钮	可选择信号输出的 0dB、20dB、40dB、60dB 衰减的切换
14	幅值选择按钮	可选择正弦波的幅度显示，使其在峰-峰值与有效值之间切换
15	方式选择按钮	可选择多种扫描方式、多种内外调制方式以及外测频方式
16	单脉冲选择按钮	控制单次脉冲输出，每揿动一次此按键，单次脉冲输出端(21)电平翻转一次
17	整机电源开关	此按键揿下时，机内电源接通，整机工作；此键释放为关掉整机电源
18	外部输入端	当方式选择按钮(15)选择在外部调制方式或外部计数时，外部调制控制信号或外测频信号由此输入
19	函数输出端	输出多种波形受控的函数信号，输出幅度 $U_{P-P}=20V$（空载），输出幅度 $U_{P-P}=10V$（50Ω 负载）
20	同步输出端	当 CMOS 电平调节旋钮(9)逆时针旋到底时，输出标准的 TTL 幅度的脉冲信号，输出阻抗为 600Ω；当 CMOS 电平调节旋钮打开时，则输出 CMOS 电平脉冲信号，高电平在 5～13.5V 可调
21	单次脉冲输出端	单次脉冲输出由此端口输出
22	点频输出端（选件）	提供 50Hz 的正弦波信号
23	功率输出端（选件）	提供≥10W 的功率输出

（2）EE1640C 型函数信号发生器/计数器的应用举例

① 输出标准的 TTL 电平的脉冲信号　选择同步输出端，CMOS 电平调节旋钮逆时针旋到底，输出标准的 TTL 电平的脉冲信号如图 1-56 所示。

示波器显示读数：$U_{P-P}=2V/DIV\times 2DIV=4V$。

② 输出 $f=2kHz$、$U_{P-P}=5V$ 的正弦波形　选择正弦波形，调整频率为 2kHz，幅度 U_{P-P} 为 5V。

选择函数输出端，接入示波器 CH1 通道，耦合方式选择 AC，显示为正弦波形；CH2 耦合方式选择 GND，显示为 0（地线），双踪波形显示如图 1-57 所示。

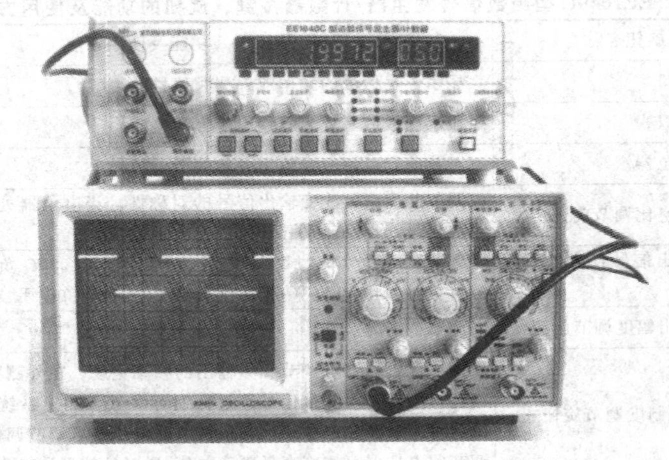

图 1-56　输出标准的 TTL 电平的脉冲信号

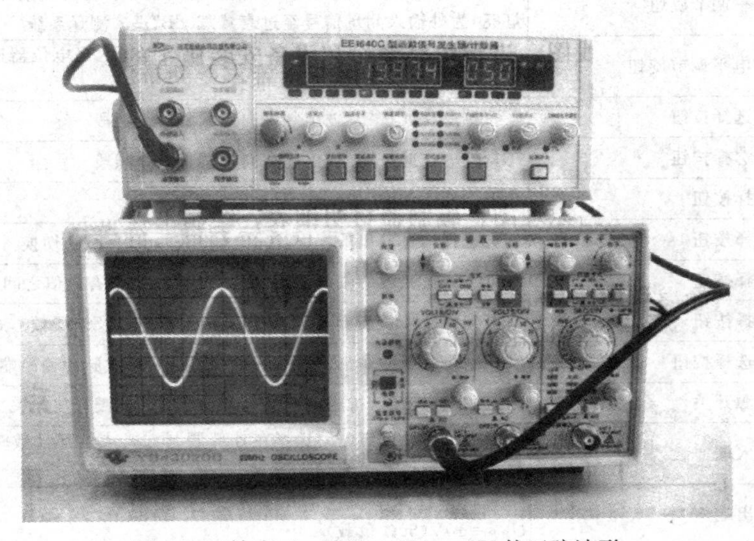

图 1-57　输出 $f=2\text{kHz}$、$U_{\text{P-P}}=5\text{V}$ 的正弦波形

六、直流单臂电桥

1. 直流单臂电桥的结构和原理

直流单臂电桥又称惠斯通电桥，是一种专门用来测量 1Ω 以上直流电阻的较精密的仪器。它的原理图和外形图如图 1-58 所示，R_x、R_2、R_3、R_4 分别组成电桥的四个臂。其中，R_x 称为被测臂，R_2、R_3 构成比例臂，R_4 称为比较臂。

接上电源，连接被测电阻 R_x，当接通按钮开关 SB 后，调节标准电阻 R_2、R_3、R_4，使检流计 P 的指示为零，这种状态称为电桥的平衡状态。电桥的平衡条件为 $R_x \times R_3 = R_2 \times R_4$，它说明，电桥相对臂电阻的乘积相等时，电桥处于平衡状态，流过检流计 P 的电流为零。根据电桥的平衡公式，可以得出被测电阻 R_x 的阻值。

2. QJ23 型直流单臂电桥使用与操作

QJ23 型直流单臂电桥的电路图及面板图如图 1-59 所示。它的比例臂 R_2、R_3 由八个标准电阻组成，共分为七挡，由转换开关 SA 换接。比例臂的读数盘设在面板左上方。比较臂 R_4 由四个可调标准电阻组成，它们分别由面板上的四个读数盘控制，可得到从 0～9999Ω

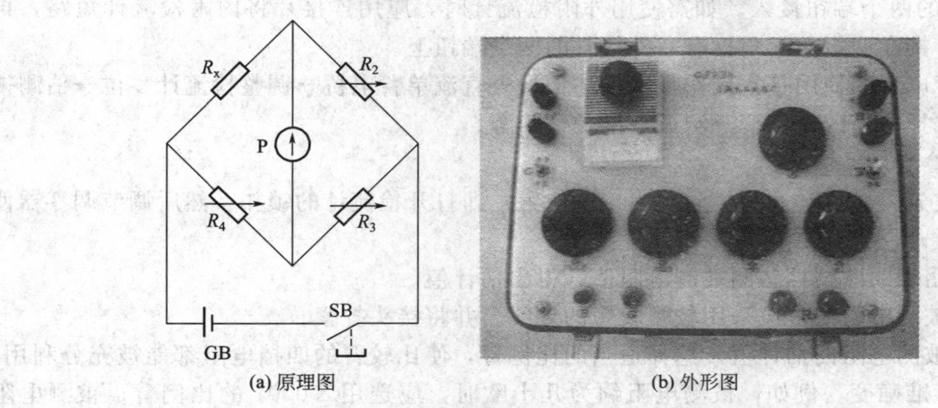

(a) 原理图　　(b) 外形图

图 1-58　直流单臂电桥原理图和外形图

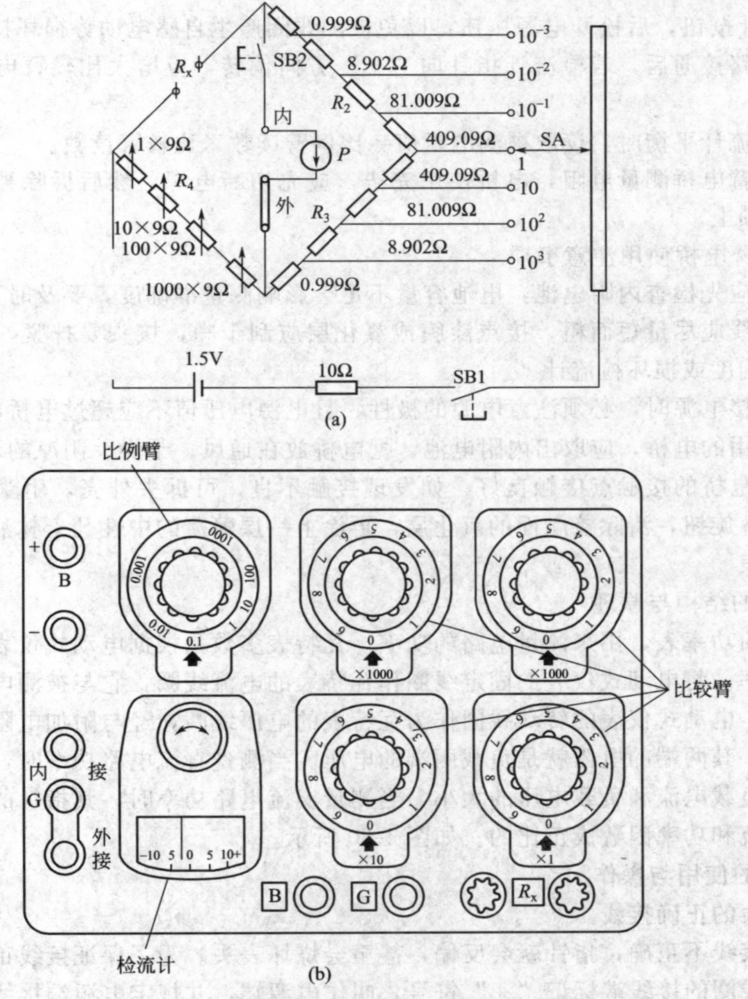

(a)

(b)

图 1-59　QJ23 型直流单臂电桥的电路图及面板图

范围内的任意电阻值，最小步进值为 1Ω。

面板上标有“R_x”的两个端钮用来连接被测电阻。当使用外接电源时，可从面板左上角标有“B”的两个端钮接入。如需使用外附检流计时，应用连接片将内附检流计短路，再将外附检流计接在面板左下角标有“外接”的两个端钮上。

直流单臂电桥的使用基本操作步骤描述：检查直流单臂电桥→调整检流计零位→估测被测电阻值→选择适当的比例臂→测试→维护保养等。

① 调整检流计零位。

测量前应先将检流计开关拨向“内接”位置，即打开检流计的锁扣。然后调节调零器使指针指在零位。

② 用万用表的欧姆挡估测被测电阻值，得出估计值。

③ 接入被测电阻时，应采用较粗较短的导线，并将接头拧紧。

④ 根据被测电阻的估计值，选择适当的比例臂，使比较臂的四挡电阻都能被充分利用，从而提高测量准确度。例如，被测电阻约为几十欧时，应选用×0.01 的比例臂；被测电阻约为几百欧时，应选用×0.1 的比例臂。

⑤ 当测量电感线圈的直流电阻时，应先按下电源按钮，再按下检流计按钮。测量完毕，应先松开检流计按钮，后松开电源按钮，以免被测线圈产生自感电动势损坏检流计。

⑥ 电桥电路接通后，若检流计指针向“＋”方向偏转，应增大比较臂电阻；反之应减小比较臂电阻。

⑦ 电桥检流计平衡时，读取被测电阻值＝比例臂读数×比较臂读数。

⑧ 使用单臂电桥测量电阻，电桥使用完毕，应先切断电源，然后拆除被测电阻，最后将检流计锁扣锁上。

3. 直流单臂电桥使用注意事项

① 使用前应先检查内附电池，电池容量不足会影响测量准确度，要及时更换电池。

② 连接导线应尽量短而粗，接点漆膜或氧化层应刮干净，接头要拧紧，以防止因接触不良，影响准确度或损坏检流计。

③ 采用外接电源时，必须注意电源的极性，且电源电压值不应超过电桥电源的规定值。

④ 长期不用的电桥，应取出内附电池，把电桥放在通风、干燥、阴凉的环境中保存。

⑤ 要保证电桥的接触点接触良好，如发现接触不良，可拆去外壳，用蘸有汽油的纱布清洗，并旋转各旋钮，清除接触面的氧化层，再涂上一层薄薄的中性凡士林油。

七、瓦特表

1. 瓦特表的结构与原理

瓦特表又叫功率表，用来测量电路的功率。瓦特表多数是根据电动式仪表的工作原理来测量电路的功率。将电动式仪表的固定线圈作瓦特表的电流线圈，它与被测电路相串联，让负载电流通过，电动式仪表的转动线圈作为瓦特表的电压线圈，经与附加电阻串联后和被测电路负载并联，其两端的电压就是负载两端的电压。当测量直流电路功率时，瓦特表指针的偏转角取决于负载电流和负载电压的大小，当测量交流电路功率时，其指针的偏转是与负载电压、负载电流和功率因数成正比的。如图 1-60 所示。

2. 瓦特表的使用与操作

（1）瓦特表的正确接线

瓦特表若接线不正确，指针就会反偏，甚至会烧坏表头。为了保证接线正确，通常在电流线圈和电压线圈的接线端标记“*”符号，叫作电源端，并规定电源端接线规则为：瓦特表中电流线圈的电源端必须和电源相接，另一接线端与负载相接，电压线圈的电源端可与电流线圈的任一接线端相接，另一端跨接被测负载的另一端。按照这个规则接线，指针就不会反转。

(a) 瓦特表工作原理示意图　　(b) 瓦特表表示符号

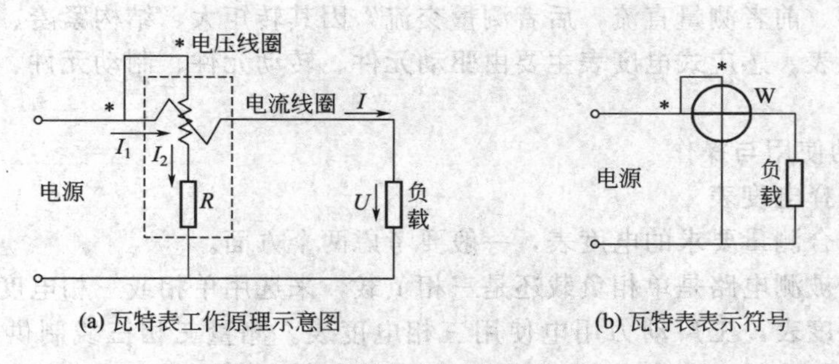

图 1-60　瓦特表工作原理示意图及表示符号

(2) 瓦特表的两种接线方法

① 测小功率负载　因被测负载功率较小，考虑到瓦特表的功率消耗对测量结果的影响，可根据情况选择不同的接线方法。当负载电阻远大于电流线圈电阻时，应采用如图 1-61(a) 所示接线方法，测量结果较为接近实际值；当负载电阻远小于电压线圈电阻时，应采用如图 1-61(b) 所示接线方法，其测量结果较为接近实际值。在实际测量中，如被测负载的功率很大，上述两种接线方法可任选。

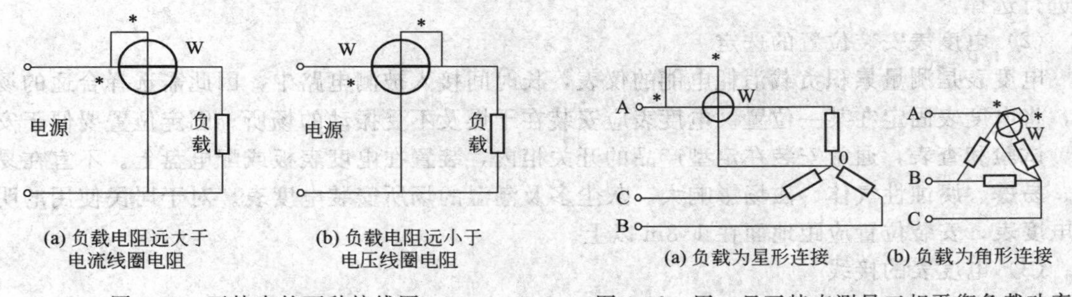

(a) 负载电阻远大于电流线圈电阻　　(b) 负载电阻远小于电压线圈电阻

图 1-61　瓦特表的两种接线图

(a) 负载为星形连接　　(b) 负载为角形连接

图 1-62　用一只瓦特表测量三相平衡负载功率

② 测三相平衡负载电路的总功率　因为是三相平衡负载，每相负载消耗的功率相同，只需用一只瓦特表测量一相负载的功率，然后乘以 3，即是三相负载的总功率，如图 1-62 所示。测量时应注意电流线圈和电压线圈所接应为同一相电流和同一相电压。

③ 测三相四线制电路的总功率　在该种电路中因三相负载不平衡，需三只瓦特表分别测出每一相的功率，然后它们的和就是三相负载的总功率，其测量接线如图 1-63 所示。

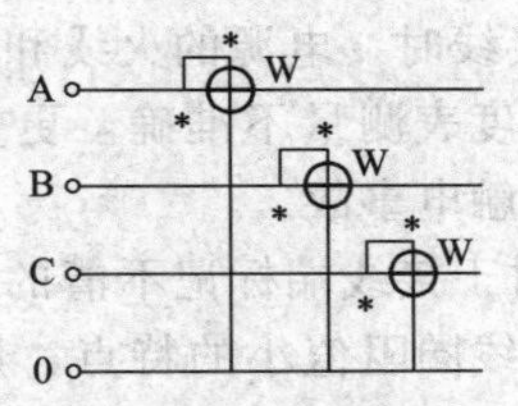

图 1-63　测量三相四线制电路的总功率

八、电度表

1. 电度表的分类

电度表按功能可分为有功电度表、无功电度表及特殊功能用电度表。按结构及工作原理可分为电解式、电子数字式和电气机械式三大类。其中电气机械式应用最广，它又包括电动式和感应式两种。前者测量直流，后者测量交流，因其转矩大、结构紧凑、价格低，是目前应用最多的电度表。感应式电度表主要由驱动元件、转动元件、制动元件、计度器和调整装置等部分组成。

2. 电度表的使用与操作

(1) 正确选择电度表

为了选择符合测量要求的电度表，一般要考虑两个方面。

首先，根据被测电路是单相负载还是三相负载，来选用单相或三相电度表。通常，居民用电使用单相电度表，工厂动力用电使用三相电度表。测量三相三线制供电系统的有功电能，应选用三相两元件有功电度表，测量三相四线制供电系统的有功电能，应选用三相三元件有功电度表。

其次，根据负载的电压和电流数值，来选择相应的额定电压和额定电流电度表。选用的原则是：电度表的额定电压、额定电流要等于或大于负载的电压和电流。单相电度表的额定电压一般为 220V 和 380V，分别适用于单相 220V 和单相 380V 供电系统，三相电度表的额定电压一般有 380V 和 380/220V 和 100V 三种。其中 380V 的适用于三相三线制系统，380/220V 适用于三相四线制系统，100V 则接于电压互感器二次侧使用，用来测量高压输、配电系统的电能。电度表的额定电流有 1A、1.5A、2A、5A、…、100A 等，依据负载电流大小进行选择。

(2) 电度表安装位置的选定

电度表是测量累积负载消耗电能的仪表，长时间接入被测电路中，因此需选择合适的场所，将电度表固定在某一位置。电度表应安装在干燥及不受振动的场所。固定位置要便于安装、试验和查表，通常安装在定型产品的开关柜内，装置在电度表板或配电盘上。不宜在易燃、易爆、腐蚀性气体、磁场影响大、灰尘多及潮湿的场所安装电度表。对于居民使用的明装电度表，安装位置应距地面在 1.8m 以上。

(3) 电度表的接线

电度表与单相功率表接线相类似，具体内容见具体仪表的使用说明和相关的书籍。

(4) 使用电度表的注意事项

① 要注意电度表的倍率。有的电度表计度器的读数需乘以一个系数，才是电路实际消耗的电度数，这个系数称电度表的倍率。如电度表上标有“10×千瓦时”、“100×千瓦时”等字样，应将读数乘以 10 或 100 才是实际电度数。

② 电度表利用电压互感器和电流互感器扩大量程时，应考虑它们的变压比和变流比，电路实际消耗的电能为电度表的读数与变流比、变压比的乘积。

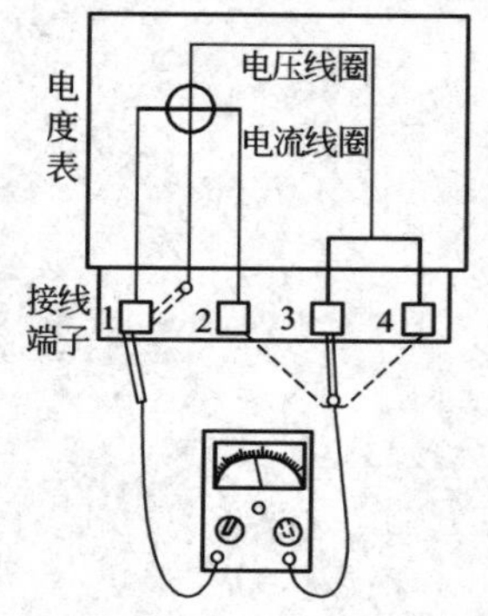

图 1-64 用万用表测量单相电度表接线端

③ 接线时，电源的火线和零线不能颠倒。火线和零线颠倒可能造成电度表测量不准确，更重要的是增加了不安全因素，容易造成人身触电事故。

④ 对于接线端标记不清的单相电度表，可根据电压线圈阻值大、电流线圈阻值小的特点，用万用表来确定它的内部接线，如图 1-64 所示。通常，电压线圈的一端和电流线圈的一端接在一起位于接线端“1”，将万用表置 $R\times1$k 挡，一支表笔与接线端“1”相接，另一支表笔依次接触“2”、“3”、“4”接线端。测量值近似为零的是电流线圈的另一接线端；电阻值在 1kΩ 以上的是电压线圈的另一接线端。

⑤ 被测电路在额定电压下空载时，电度表转盘应静止不动，

否则必须检查线路，找出原因。在负载等于零时，电度表转盘仍稍有转动，属正常现象，称“无载自转”或“潜动”，但转动不应超过一整圈。

【能力拓展】

1. 能力拓展项目

① 使用常用测量仪表进行常用电子器件的测试。

② 半导体收音机电路波形的测试。

③ 电源配电箱的制作与调试。

2. 拓展训练目标

通过能力拓展项目的训练，使学生能够进一步熟练掌握各种电工仪器仪表的使用方法和技巧，思考和确定各项操作流程，掌握维修电工检测的基本技能，进一步理解安全用电、安全操作与注意事项等。

项目二

常用电工电子技术操作技能训练

任务一　日常民用电路安装与检修技能训练

【任务描述】

① 通过一个照明用电电路设计与安装技能训练，让学生具备绘制工程电路原理图，编制所需的器件明细表，画出工程布局接线图的基本技能。

② 通过训练，掌握日常民用电路敷设、安装施工与检修的操作技能。

③ 掌握电工基本安全操作规程，掌握基本的安全用电操作技能。

【技能要点】

① 了解日常民用电路的设计方法。

② 掌握日常民用电路的安装施工与检修技能。

③ 掌握安全用电知识、安全生产操作规程。

【任务实施】

训练内容说明：绘制工程电路原理图，编制所需的器件明细表，画出工程布局布线图，进行照明用电电路的敷设、安装施工与检修。

1. 编制技能训练器材明细表

本技能训练任务所需器材见表 2-1。

表 2-1　技能训练器材明细表

器件序号	器件名称	性能规格	所需数量	用途备注
01(EL-y)	荧光灯	40W	1套	
02(EL-b)	白炽灯	25W	1套	
03(W・h)	单相电度表	220V,5A	1块	
04(QS)	低压断路器	250V,10A	1台	
05(S_1、S_2)	照明开关	2A	2个	
06(X)	单相三眼插座	5A	1个	
07	槽板、圆木		若干	
08	电源线	$2mm^2$ 的铜线	若干	
09	验电笔	500V	1支	
10	万用电表	MF-47,南京电表厂	1块	
11	常用维修电工工具		1套	

2. 技能训练前的检查与准备

① 确认技能训练环境符合维修电工操作的要求。

② 确认技能训练器件与测试仪表性能良好。

③ 编制技能训练操作流程。

④ 做好操作前的各项安全工作。

3. 技能训练实施步骤

(1) 绘制工程电路原理图(见图 2-1)

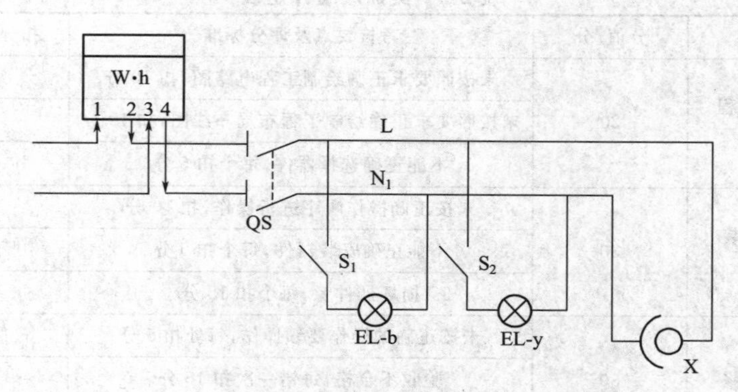

图 2-1 照明用电电路原理图

(2) 绘制工程布局布线图

本实训内容的布局布线图，根据实训场地和设备情况在指导教师指导下绘制。

(3) 器材质量检查与清点

测量检查各器件的质量，并清点数量。

(4) 安装、敷设与施工

① 根据布局布线图的布局要求固定器件。

② 根据布局布线图的布线要求敷设线路。

③ 连接导线。

④ 安装完成后，仔细检查线路。

(5) 通电检查与验收

检查无误后，先闭合低压断路器，进行通电检验。闭合荧光灯开关，检验荧光灯的安装情况是否良好。若荧光灯没亮，则应仔细检查荧光灯与灯座的接触情况、启动器与启动器座的接触情况，适当调整至荧光灯管成功点亮。

再闭合白炽灯开关，检验白炽灯的安装情况是否良好，若灯没亮，则应仔细检查白炽灯与灯座的接触情况，排除故障。

用万用表测量单相三眼插座中的电压是否正常，检查零线与火线接法是否正确，观察单相电度表运转是否正常，若有故障与错误，应排除。

4. 清理现场和整理器材

训练完成后，清理现场，整理好所用器材、工具，按照要求放置到规定位置。

【任务评价与考核】

考核要点：

① 检查是否按照要求，正确绘制工程电路图、器材明细表、工程布局布线图，器件是否使用合理规范、安装是否正确；

② 检查安装敷设施工是否符合要求，是否做到安全、美观、规范，是否时刻注意遵守安全操作规定，操作是否规范；

③ 检查与验收是否合格，通电测试是否达到实训项目目标，会采取正确的方法进行故

障检修；

④ 成绩考核。

根据以上考核要点对学生进行逐项成绩评定，参见表 2-2，给出该项任务的综合实训成绩。

表 2-2　实训成绩评定表

子任务内容	分值/分	考核要点及评分标准	扣分/分	得分/分
绘制工程电路图、工程布局布线图	20	未按照要求正确绘制工程电路图，扣 10 分		
		未按照要求正确绘制工程布局布线图，扣 10 分		
		不能正确选择器件，每个扣 5 分		
照明用电电路的安装敷设施工	30	未按正确操作顺序进行操作，扣 10 分		
		不能正确安装器件，每个扣 5 分		
		损坏器件者，每个扣 15 分		
检查验收与故障检修	30	未按正确的操作要领操作，每处扣 5 分		
		验收不合格，每错一次扣 15 分		
		检修方法不正确，扣 10 分		
安全、规范操作	10	每违规一次扣 2 分		
整理器材、工具	10	未将器材、工具等放到规定位置，扣 5 分		
合计				

【相关知识】

一、电功率

电功率的大小与负载承受的电压和流过负载的电流有关，对于电阻性负载来说，电功率可用公式(2-1) 表示。

$$P=UI \tag{2-1}$$

式中，P 是电功率，W；U 是电压，V；I 是电流，A。

在日常用电电路中，各个用电器具都具有一定的额定功率，在选择电气器件和敷设导线时要根据额定功率选择器件规格和线径。一般是根据额定功率选择插座、开关规格和分线线径，根据总功率选择断路器、电能表、熔断器规格和总线线径。

在一般日常民用电路中，铝导线的载流量计算，当规格数为 2.5mm 以下时，可以用规格数乘以 9 为铝导线的载流量，2.5mm 以上时，规格数每升一级，其载流量为规格数乘以倍数减一估算，铜线载流量则比铝线高一个线截面规格；开关、插座的载流量以最大载流量向上靠标准规格选定；熔断器、断路器选择要在最大负荷电流上增加 30％的量值确定；电能表的选择则应高一个规格，给增加用电留有一定的余地。

二、常用照明器件的安装

1. 木台的安装

木台用于明线安装方式。在明线敷设完毕后，需要安装开关、插座、挂线盒等处先安装木台。在木质墙上可直接用螺钉固定木台，对于混凝土或砖墙应先钻孔，插入木榫或膨胀管，再用较长木螺钉将木台固定牢固。

2. 灯座的安装

(1) 平灯座的安装

平灯座应安装在已固定好的木台上。平灯座上有两个接线桩，一个与电源中性线连接，另一个与来自开关的一根线（开关控制的相线）连接。插口平灯座上的两个接线桩可任意连接上述的两个线头；而螺口平灯座则有严格的规定，即必须把来自开关的线头连接在连通中心弹簧片的接线桩上，电源中性线的线头连接在连通螺纹圈的接线桩上，其安装方法如图2-2所示。

(2) 吊灯座的安装

把挂线盒底座安装在已固定好的木台上，再将塑料软线或花线的一端穿入挂线盒罩盖的孔内，并打个结，使其能承受吊灯的重量（采用软导线吊装的吊灯质量应小于1kg，否则应采用吊链），然后将两个线头的绝缘层剥去，分别穿入挂线盒底座正中凸起的两个侧孔里，再分别接到两个接线桩上，旋上挂线盒盖。接着将软线的另一端穿入吊灯座的两个接线桩上，罩上吊灯盖，其安装方法如图2-3所示。

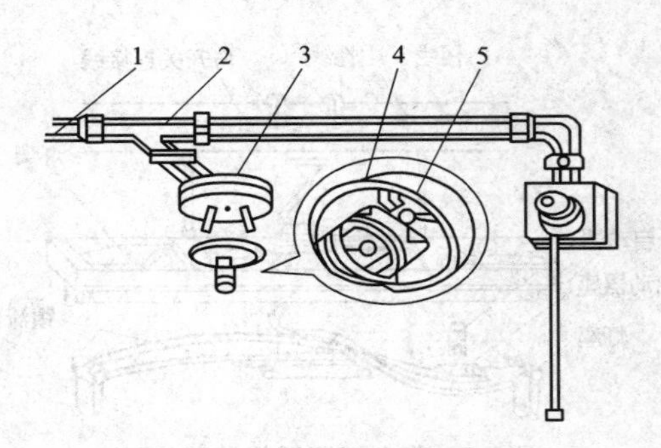

图 2-2 螺口平灯座的安装

1—中性线；2—相线；3—圆木；4—螺口灯座；5—连接开关接线柱

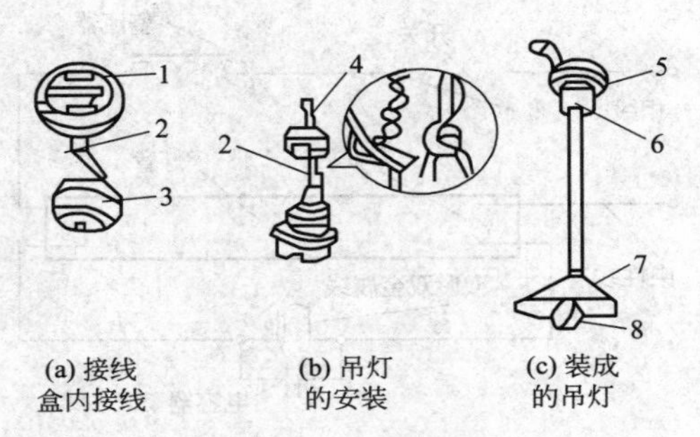

图 2-3 吊灯座的安装

1—接线盒底座；2—导线结扣；3,6—接线盒罩盖；4—吊灯座盖；5—挂线盒；7—灯罩；8—灯泡

3. 开关的安装

开关明装时也要装在已固定好的木台上，将穿出木台的两根导线（一根为电源相线，一根为开关线）穿入开关的两个孔眼，固定开关，然后把剥去绝缘层的两个线头分别接到开关的两个接线桩上，最后装上开关盖，待接好线，经过仔细检查无误才能通电使用。

4. 插座的安装

插座的安装接线图如图2-4所示。

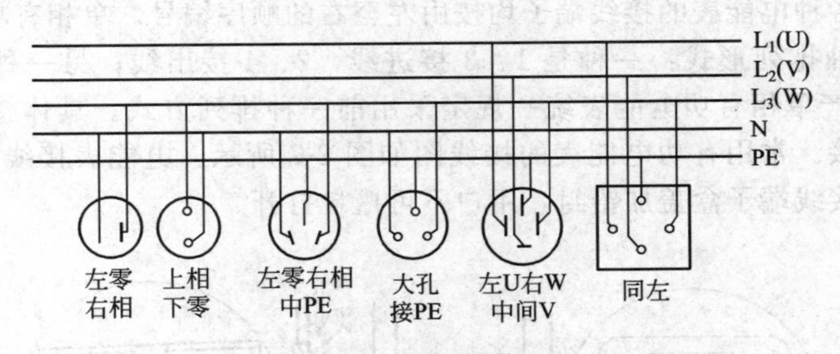

图 2-4 插座安装接线图

三、荧光灯照明线路的安装

荧光灯又叫日光灯，其照明线路具有结构简单、使用方便等特点，而且荧光灯还有发光效率高的优点，因此，荧光灯是应用较普遍的一种照明灯具。

荧光灯照明线路主要由灯管、启动器、镇流器等组成。其灯管由玻璃管、灯丝、灯头、灯脚等组成，玻璃管内抽成真空后充入少量汞（水银）和惰性气体，管壁涂有荧光粉，在灯丝上涂有电子粉。

1. 荧光灯的工作原理

荧光灯的工作原理如图 2-5 所示，闭合开关接通电源后，电源电压经镇流器、灯管两端的灯丝加在启动器的 U 形动触片和静触片之间，引起辉光放电。放电时产生的热量使得用双金属片制成的 U 形动触片膨胀并向外伸展，与静触片接触，使灯丝预热并发射电子。在 U 形动触片与静触片接触时，二者间电压为零而停止辉光放电，U 形动触片冷却收缩并复原而与静触片分离，在动、静触片断开瞬间，在镇流器两端产生一个比电源电压高得多的感应电动势。这个感应电动势与电源电压串联后加在灯管两端，使灯管内惰性气体被电离而引起弧光放电。随着灯管内温度升高，液态汞汽化游离，引起汞蒸气弧光放电而发出肉眼看不见的紫外线。紫外线激发灯管内壁的荧光粉后，发出近似日光的可见光。

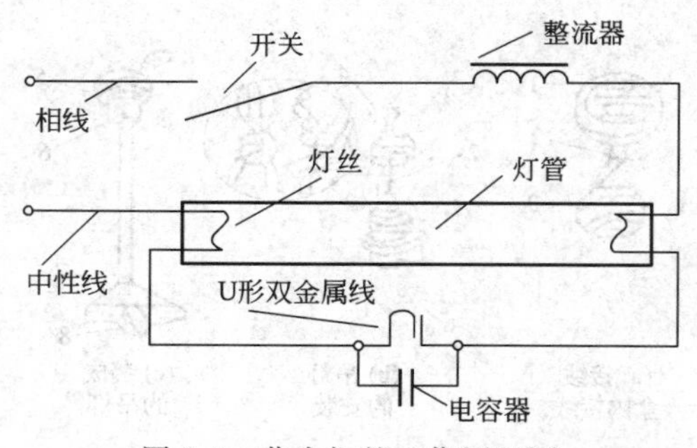

图 2-5　荧光灯的工作原理图

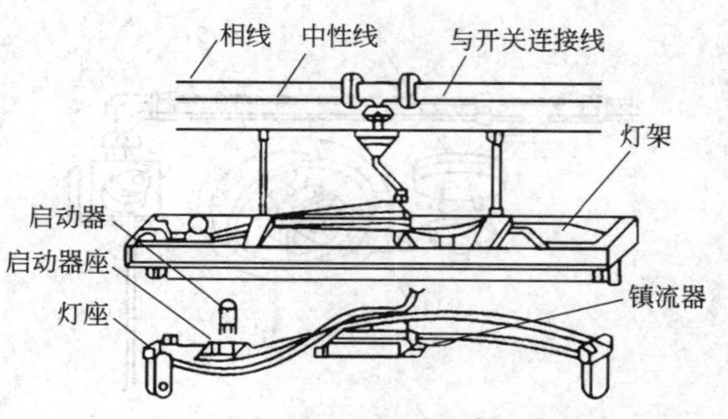

图 2-6　荧光灯照明线路的安装

2. 荧光灯照明线路的安装

荧光灯照明线路中导线的敷设以及木台、接线盒、开关等照明附件的安装方法和要求与白炽灯照明线路基本相同，其接线装配方法如图 2-6 所示。应该注意的是，当整个荧光灯照明器具的质量超过 1kg 时，应采用吊链，载流导线不承受重力。

四、电能表的安装

电能表板要装在气候干燥、无振动和无腐蚀气体的场合，表板的下沿离地面不低于 1.3m，电能表表身应装得平直，不得出现纵向和横向的倾斜。否则会影响计量的准确性。

电能表的安装方法主要是接线方法，关键是：电压线圈是并联在线路上的，电流线圈是串联在电路中。各种电能表的接线端子均按由左至右的顺序编号。单相有功电能表的接线端子的进出线有两种排列形式：一种是 1、3 接进线，2、4 接出线；另一种是 1、2 接进线，3、4 接出线。国产单相有功电能表统一规定采用前一种排列方式。具体接线时，应按电能表接线图进行连接。常用有功电能表的接线图如图 2-7 所示。电能表接线完毕，在通电前，应由供电部门把接线端子盒盖加铅封，用户不可擅自打开。

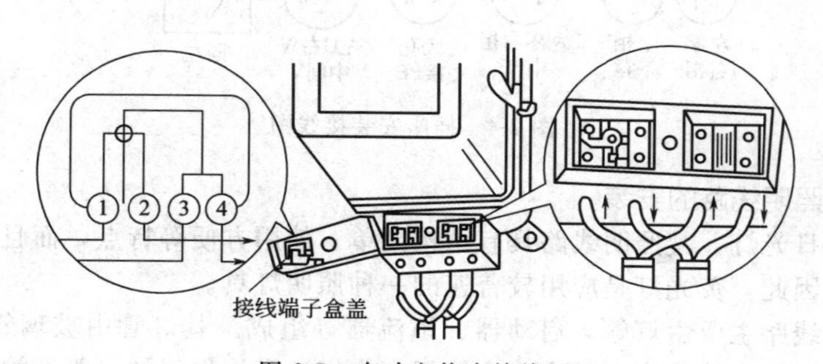

图 2-7　有功电能表接线图

五、低压断路器的安装

低压断路器又名自动开关，主要由触头系统、操作系统、各种脱扣器和灭弧装置等组成。断路器不仅可以人工操作接通和分断正常负载电流，而且具有在过载、过电流、短路、漏电等时自动切断电路的保护作用。断路器要立装在固定架上，入线在上，出线在下，不能倒装和平装。

【能力拓展】

1. 能力拓展项目

① 设计一三口之家的两居室单卫单厨的家装电气工程方案，实现居民生活的用电要求，并编制器材明细表。

② 设计一五口之家的三居室双卫单厨的家装电气工程方案，实现居民生活的用电要求，并编制器材明细表。

③ 组织学生讨论所居住场所安全用电的措施。

2. 拓展训练目标

通过能力拓展项目的训练，使学生能够进一步理解居住场所安全用电注意事项，掌握日常民用电路的安装与调试方法等。

任务二　常用电工低压电器的识别与检修技能训练

【任务描述】

① 通过常用低压电器的拆装与检测技能训练，让学生了解低压电器的特性与作用，掌握低压电器的基本结构和作用原理。

② 通过训练，掌握低压电器拆装方法，重点掌握检测与检修的操作技能。

③ 掌握电工基本安全操作规程，掌握基本的安全用电操作技能。

【技能要点】

① 了解常用低压电器的基本结构和作用原理。

② 掌握低压电器拆卸、检测与检修技能。

③ 掌握安全用电知识、安全用电操作规程。

【任务实施】

一、常用开关电器的拆装与检测

训练内容说明：常用开关电器的识别，进行开关电器的拆装，完成开关电器的检测，编制开关电器的拆装与检测报告。

1. 编制技能训练器材明细表

本技能训练任务所需器材见表 2-3。

表 2-3　技能训练器材明细表

器件序号	器件名称	性能规格	所需数量	用途备注
01	单相调压器	0～250V,1kV·A	1台	
02	低压断路器	DZ15	1台	
03	胶盖刀开关	380V,10A	1个	
04	验电笔	500V	1支	
05	万用电表	MF-47,南京电表厂	1块	
06	常用维修电工工具		1套	

2. 技能训练前的检查与准备

① 确认技能训练环境符合维修电工操作的要求。

② 确认技能训练器件与测试仪表性能良好。

③ 编制技能训练操作流程。

④ 做好操作前的各项安全工作。

3. 技能训练实施步骤

① 识别开关电器，观察其基本结构，了解并记录其主要作用及技术指标。

② 根据开关电器的拆装规程，完成胶盖刀开关、低压断路器的拆装过程，并指出各零部件的名称。重点是按步骤正确拆装，而且要做到部件分类，摆放整齐。

③ 恢复零部件的完整性，完成开关电器的装配，并进行认真的检查。

④ 进行开关电器的检测，手动操作各个开关电器，观察开关电器的动作是否正常，并用万用电表逐个检查开关电器的各个接触点间的通断情况和各接线端子、电磁线圈、导电体等的直流电阻的大小，判断开关电器的性能优劣。

⑤ 编制开关电器的拆装与检测报告，总结开关电器的拆装与检测的操作规程。

4. 清理现场和整理器材

训练完成后，清理现场，整理好所用器材、工具，按照要求放置到规定位置。

二、交流接触器的拆装与检测

训练内容说明：交流接触器的识别，进行拆装，完成交流接触器的检测，编制交流接触器的拆装与检测报告。

1. 编制技能训练器材明细表

本技能训练任务所需器材见表 2-4。

表 2-4 技能训练器材明细表

器件序号	器件名称	性能规格	所需数量	用途备注
01	单相调压器	0～250V,1kV·A	1台	
02	交流接触器	CJ10-20,线圈 220V	1台	
03	验电笔	500V	1支	
04	万用电表	MF-47,南京电表厂	1块	
05	常用维修电工工具		1套	

2. 技能训练前的检查与准备

① 确认技能训练环境符合维修电工操作的要求。

② 确认技能训练器件与测试仪表性能良好。

③ 编制技能训练操作流程。

④ 做好操作前的各项安全工作。

3. 技能训练实施步骤

① 识别交流接触器，观察其基本结构，了解并记录其主要作用及技术指标。

② 根据交流接触器的拆装规程，完成交流接触器的拆装过程，并指出各零部件的名称。重点是按步骤正确拆装，而且要做到部件分类，摆放整齐。

③ 恢复零部件的完整性，完成交流接触器的装配，并进行认真的检查。

④ 进行交流接触器的检测，手动按下交流接触器的衔铁，观察交流接触器的动作是否正常，并用万用电表逐个检查交流接触器的各个接触点间的通断情况和各接线端子、电磁线圈、导电体等的直流电阻的大小，判断交流接触器的性能优劣。

⑤ 交流接触器的释放电压和吸合电压测试。释放电压的测试：将单相调压器的输出电压调至 220V，并接到交流接触器的电磁线圈两端，观察交流接触器的吸合情况，并确认交流接触器已处于吸合状态。缓慢调节单相调压器的手柄，调节输出均匀下降，同时注意接触器状态的变化，直到交流接触器刚处于释放状态并稳定时，测试调压器的输出电压，即为释放电压。吸合电压的测试：将单相调压器的输出电压调至 0V，并接到交流接触器的电磁线圈两端，观察交流接触器的吸合情况，并确认交流接触器已处于释放状态。缓慢调节单相调压器的手柄，调节输出均匀上升，同时注意接触器状态的变化，直到交流接触器刚处于吸合状态并稳定时，测试调压器的输出电压，即为吸合电压。

⑥ 编制交流接触器的拆装与检测报告，总结交流接触器的拆装与检测的操作规程。

4. 清理现场和整理器材

训练完成后，清理现场，整理好所用器材、工具，按照要求放置到规定位置。

三、热继电器和时间继电器的拆装与检测

训练内容说明：热继电器和时间继电器的识别，进行拆装，完成热继电器和时间继电器的检测，编制热继电器和时间继电器的拆装与检测报告。

1. 编制技能训练器材明细表

本技能训练任务所需器材见表 2-5。

表 2-5 技能训练器材明细表

器件序号	器件名称	性能规格	所需数量	用途备注
01	单相调压器	0～250V,1kV·A	1 台	
02	时间继电器	JS7-A,线圈 220V	1 台	
03	热继电器	JR20、JS20,线圈 220V	各 1 台	
04	万用电表	MF-47,南京电表厂	1 块	
05	常用维修电工工具		1 套	

2. 技能训练前的检查与准备

① 确认技能训练环境符合维修电工操作的要求。

② 确认技能训练器件与测试仪表性能良好。

③ 编制技能训练操作流程。

④ 做好操作前的各项安全工作。

3. 技能训练实施步骤

① 识别热继电器和时间继电器，观察其基本结构，了解并记录其主要作用及技术指标。

② 根据热继电器和时间继电器的拆装规程，完成热继电器和时间继电器的拆装过程，并指出各零部件的名称。重点是按步骤正确拆装，而且要做到部件分类，摆放整齐。

③ 恢复零部件的完整性，完成热继电器和时间继电器的装配，并进行认真的检查。

④ 进行热继电器和时间继电器的检测，观察热继电器和时间继电器的动作是否正常，并用万用电表逐个检查热继电器和时间继电器的各个接触点间的通断情况和各接线端子、电磁线圈、导电体等的直流电阻的大小，判断热继电器和时间继电器的性能优劣，并观察如何调节热继电器和时间继电器的整定电流和定时时间。

⑤ 时间继电器的定时时间测试。通电延时的延时时间测试：将单相调压器的输出电压调至 220V，并接到时间继电器的电磁线圈两端的同时开始计时，观察和测试时间继电器的延时时间。断电延时的延时时间测试：将单相调压器的输出电压调至 220V，并接到时间继电器的电磁线圈两端，观察时间继电器的触点动作情况，在断开时间继电器线圈电压的同时

开始计时，观察和测试时间继电器的延时时间。

⑥ 编制热继电器和时间继电器的拆装与检测报告，总结热继电器和时间继电器的拆装与检测的操作规程。

4. 清理现场和整理器材

训练完成后，清理现场，整理好所用器材、工具，按照要求放置到规定位置。

【任务评价与考核】

一、常用开关电器的拆装与检测

考核要点：

① 开关电器的拆装操作方法是否正确，操作是否规范；

② 开关电器的检测操作方法是否正确，操作是否规范；

③ 开关电器的操作是否符合安全操作规程，操作要领是否正确和规范。

二、交流接触器的拆装与检测

考核要点：

① 交流接触器的拆装操作方法是否正确，操作是否规范；

② 交流接触器的检测操作方法是否正确，操作是否规范；

③ 交流接触器的操作是否符合安全操作规程，操作要领是否正确和规范。

三、热继电器和时间继电器的拆装与检测

考核要点：

① 热继电器和时间继电器的拆装操作方法是否正确，操作是否规范；

② 热继电器和时间继电器的检测操作方法是否正确，操作是否规范；

③ 热继电器和时间继电器的操作是否符合安全操作规程，操作要领是否正确和规范。

四、成绩评定考核

根据以上考核要点对学生进行逐项成绩评定，参见表 2-6，给出该项任务的综合实训成绩。

表 2-6 实训成绩评定表

子任务内容	分值/分	考核要点及评分标准	扣分/分	得分/分
常用开关电器的拆装与检测	20	开关电器的拆装操作步骤和方法有误，每处扣 5 分		
		开关电器的检测操作步骤和方法有误，每处扣 5 分		
		开关电器的操作不符合安全操作规程，扣 10 分		
交流接触器的拆装与检测	20	交流接触器的拆装操作步骤和方法有误，每处扣 5 分		
		交流接触器的检测操作步骤和方法有误，每处扣 5 分		
		交流接触器的操作不符合安全操作规程，扣 10 分		
热继电器和时间继电器的拆装与检测	40	热继电器和时间继电器的拆装操作步骤和方法有误，每处扣 5 分		
		热继电器和时间继电器的检测操作步骤和方法有误，每处扣 5 分		
		热继电器和时间继电器的操作不符合安全操作规程，扣 10 分		
安全、规范操作	10	每违规一次扣 2 分		
整理器材、工具	10	未将器材、工具等放到规定位置，扣 5 分		
		合计		

【相关知识】

一、熔断器的原理与使用方法

熔断器是低压电路及电动机控制线路中，用作过载和短路保护的电器。熔断器串联在线路中，当线路或电气设备发生短路或严重过载时，熔断器首先熔断，使线路或电气设备脱离电源，起到保护作用。熔断器是一种保护电器，具有结构简单、价格便宜，使用、维护方便，体积小、重量轻等优点，故得到广泛的应用。

熔断器主要由熔体和安装熔体的绝缘底座（熔座）或绝缘管（熔管）两部分组成。熔体是熔断器的主要部分，熔体呈片状或丝状，用易熔金属材料如锡、铅、锌、铜、银及其他合金等制成。熔体的熔点一般在200～300℃。熔管是装熔体的外壳，由陶瓷、绝缘钢纸或玻璃纤维制成，在熔体熔断时兼有灭弧作用。

每一种规格的熔体都有额定电流和熔断电流两个参数。通过熔体的电流小于其额定电流时，熔体不会熔断，只有在超过其额定电流并达到熔断电流时，熔体才会发热熔断。通过熔体的电流越大，熔体熔断越快，一般规定通过熔体的电流为额定电流的1.3倍时，应在1h以上熔断；通过额定电流的1.6倍时，应在1h内熔断；通过电流达到两倍额定电流时，熔体在30～40s后熔断；当电流达到8～10倍额定电流时，熔体应瞬时熔断。熔断器对于过载时是很不灵敏的，当电气设备轻度过载时，熔断器时间延迟很长，甚至不熔断。因此熔断器在机床电路中不作为过载保护，只作为短路保护，而在照明电路中作短路保护和严重过载保护。

熔断电流一般是熔体额定电流的2倍。

熔断器有3个参数：额定工作电压、额定工作电流和断流能力。

断熔器的工作电压大于额定工作电压，会出现当熔体熔断时有可能发生电弧不能熄灭的危险。熔管内所装熔体的额定电流必须小于或等于熔管的额定电流；熔断能力是表示熔断器断开网络故障所能切断的最大电流。

1. 常用的熔断器

(1) 瓷插式熔断器

瓷插式熔断器是由瓷盖、瓷底、动触头、静触头及熔丝五部分组成，常用RCIA系列瓷插式熔断器的外形及结构如图2-8所示。

瓷盖和瓷底均用电工瓷制成，电源线和负载线可分别接在瓷底两端的静触头上。瓷底座中间有一个空腔，与瓷盖突出的部分构成灭弧室。容量较大的熔断器在灭弧室中还垫有熄弧用的编织石棉。

RCIA系列瓷插式熔断器的额定电压为380V，额定电流有5A、10A、15A、30A、60A、100A及200A等。

RCIA系列瓷插式熔断器价格便宜，更换方便，广泛用作照明和小容量电动机的短路保护。

(2) 螺旋式熔断器

螺旋式熔断器主要由瓷帽、熔断管、瓷套、上接线端、下接线端及座子六部分组成。常用RL1系列螺旋式熔断器的结构如图2-9所示。

RL1系列螺旋式熔断器的熔断管内，除了装熔丝外，在熔丝周围添满石英砂，作为熄灭电弧用。熔断管的上端有一小红点，熔丝熔断后小红点自动脱落，显示熔丝已熔断。使用时将熔断管有红点的一端插入瓷帽，瓷帽上有螺纹，将螺帽和熔管一同拧进磁底座，熔丝便接通电路。

在装接时，用电设备的连接线接到连接金属螺纹壳的上接线端，电源线接到瓷底座上的下接线端，这样在更换熔丝时，旋出瓷帽后，螺纹壳上不会带电，很安全。

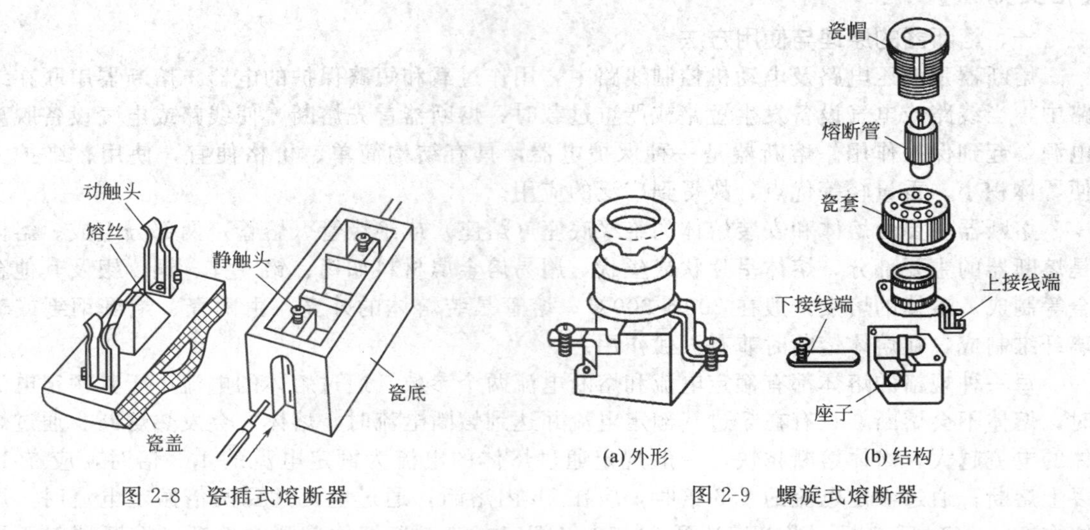

图 2-8　瓷插式熔断器

图 2-9　螺旋式熔断器

RL1 系列螺旋式熔断器的额定电压为 500V，额定电流有 15A、60A、100A 及 200A 等。

RL1 系列螺旋式熔断器的断流能力大，体积小，安装面积小，更换熔丝方便，安全可靠，熔丝熔断后并有显示。在额定电压为 500V，额定电流为 200A 以下的交流电路或电动机控制电路中作为过载或短路保护。

（3）封闭管式熔断器

封闭管式熔断器分为无填料、有填料和快速三种。RM7、RM10 为无填料封闭管式熔断器，用作低压电力网络和成套配电设备中作短路保护和连续过载保护。无填料封闭管式熔断器如图 2-10 所示。R70 系列为有填料封闭管式熔断器，它是一种具有大分断能力的熔断器，广泛应用于供电线路中和要求分断能力高的场合（如变电所主回路、成套配电装置）。有填料封闭管式熔断器如图 2-11 所示。RS0 快速熔断器，它主要用于半导体整流元件或整流装置的短路保护。由于半导体元件的过载能力低，只能在极短时间内承受较大的过载电流，因此要求短路保护具有快速熔断能力。

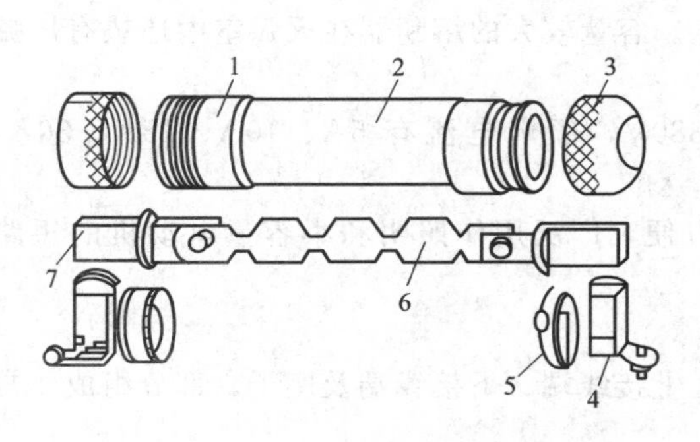

图 2-10　无填料封闭管式熔断器

1—钢圈；2—熔断器；3—管帽；4—插座；
5—特殊垫圈；6—熔体；7—熔片

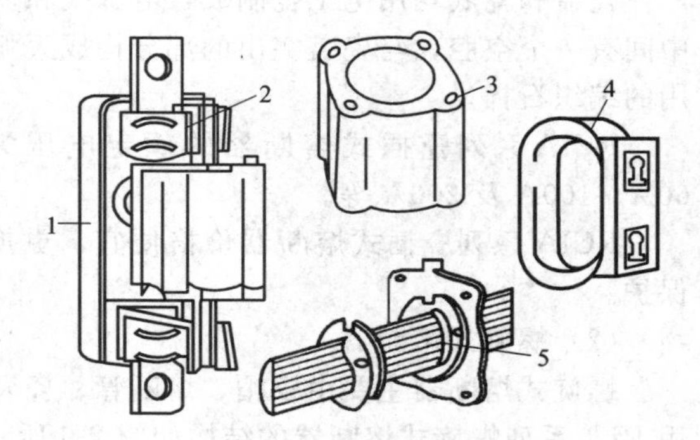

图 2-11　有填料封闭管式熔断器

1—磁底座；2—弹簧片；3—管体；
4—绝缘手柄；5—熔体

（4）自复熔断器

自复熔断器采用金属钠作熔体，在常温下具有高电导率。当电路发生短路故障时，短路电流产生高温使钠迅速汽化，汽态钠呈现高阻态，从而限制了短路电流。当短路电流消失后，温度下降，金属钠恢复原来的良好导电性能。自复熔断器只能限制短路电流，不能真正分断电路。其优点是不必更换熔体，能重复使用。

2. 熔断器的选用

熔断器用于不同性质的负载，其熔体额定电流的选用方法也不同。

① 熔断器类型选择　其类型应根据线路的要求、使用场合和安装条件来选择。

② 熔断器额定电压的选择　其额定电压应大于或等于线路的工作电压。

③ 熔断器额定电流的选择　其额定电流必须大于或等于所装熔体的额定电流。

④ 熔体额定电流的选择

a. 对于电炉、照明等电阻性负载的短路保护，熔体的额定电流必须等于或稍大于电路的工作电流。

b. 在配电系统中，通常有多级熔断器保护，发生短路故障时，远离电源端的前级熔断器应先熔断。所以一般后一级熔体的额定电流比前一级熔体的额定电流至少大一个等级，以防止熔断器越级熔断而扩大停电范围。

c. 保护单台电动机时，考虑到电动机受启动电流的冲击，熔断器的额定电流应按下式计算：

$$I_{RN} \geqslant (1.5 \sim 2.5) I_N \tag{2-2}$$

式中，I_{RN}为熔体的额定电流；I_N 为电动机的额定电流，轻载启动或启动时间短时，系数可取近 1.5，带重载启动或启动时间长时，系数可取 2.5。

d. 保护多台电动机，熔断器的额定电流可按下式计算：

$$I_{RN} \geqslant (1.5 \sim 2.5) I_{Nmax} + \sum I_N \tag{2-3}$$

式中，I_{Nmax}为容量最大的一台电动机的额定电流；$\sum I_N$ 为其余电动机额定电流之和。

e. 快速熔断器的选用

快速熔断器接在交流侧或直流侧电路中时，额定电流可按下式计算：

$$I_{RN} \geqslant k_1 I \tag{2-4}$$

式中，k_1 为与整流电路形式有关的系数；I 为最大整流电流。

二、刀开关的原理与使用方法

开关通常是指用手来操纵、对电路进行接通或断开的一种控制电器。

1. 闸刀开关

它是最简单的一种刀开关，刀极数目有二极和三极两种。

如图 2-12 所示为闸刀开关的结构图。在瓷质底座上装有静插座、接熔丝的接头和带瓷质手柄的闸刀等。图示为合闸位置，闸刀已推入静插座。胶盖为防护盖。

安装闸刀开关时应将电源进线接在静插座上，将用电器接在闸刀开关的出线端。这样在分闸时，闸刀和熔丝上不会带电，可以保证装换熔丝和维修用电器时的人身安全。

闸刀开关的符号见图 2-12(b)，左侧为开关的一般符号，在开关的一般符号上加上手动控制的一般符号，即成为手动开关的一般符号，见右侧。在开关的一般符号中，上部竖线代表电源进线端，下部竖线代表电源的出线端，圆圈“○”代表活动连接（省去即为简化画法），中部的斜线代表闸刀，虚线表示机械连接，闸刀能联动。闸刀开关的文字符号为 SA。

常用闸刀开关有 HK1、HK2 系列胶盖瓷底闸刀开关，它们的额定电压为 380V，额定电流有 15A、30A 和 60A 三种。

2. 铁壳开关

如图 2-13 所示，铁壳开关主要由刀开关、瓷插式熔断器、操作机构和钢板（或铸铁）

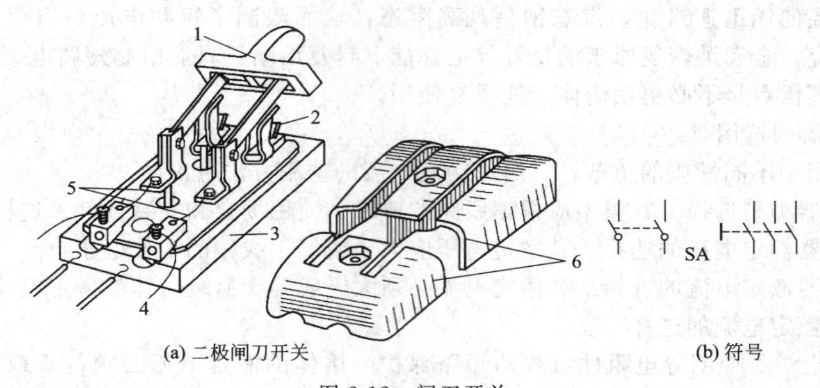

(a) 二极闸刀开关　　(b) 符号

图 2-12　闸刀开关

1—带瓷手柄的闸刀；2—静插座；3—瓷底座；4—出线端；5—熔丝；6—胶缝

外壳等组成。在内部装有速断弹簧，用钩子钩在手柄转轴和底座间，闸刀为 U 形双刀片，可以分流；当手柄转轴转到一定角度时，速断弹簧的拉力增大，就使 U 形双刀片快速地从静插座拉开，电弧被迅速拉长而熄灭。为了保证用电安全，铁壳上装有机械联锁装置，当箱盖打开时，手柄不能操纵开关合闸；当闸刀合闸后，箱盖不能打开。安装时，铁壳应可靠接地，以防意外的漏电引起操作者触电。

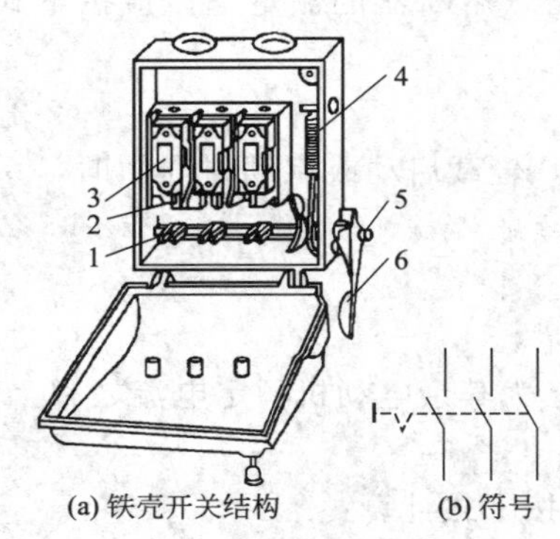

(a) 铁壳开关结构　　(b) 符号

图 2-13　铁壳开关

1—闸刀；2—夹端；3—熔断器；4—速断弹簧；5—转轴；6—手柄

铁壳开关的符号见图 2-13(b) 所示，文字符号为 QS，三极铁壳开关既可用作工作机械的电源隔离开关，也可用作负荷开关，直接启动电动机。

3. 组合开关

组合开关是另一种形式的开关，它的特点是使用动触片的左右旋转来代替闸刀的推合和拉开，结构较为紧凑。

图 2-14 所示为 HZ10-25/3 型三极组合开关，三极组合开关共有六个静触头和三个动触头，静触头的一端固定在胶木边框内，另一端则伸出盒外，并附有接线螺钉，以便和电源及用电器相连接。从图中可见，三个动触片与静触片保持接合或分断。在开关的顶部还装有扭簧储能机构，使开关能快速闭合或分断。

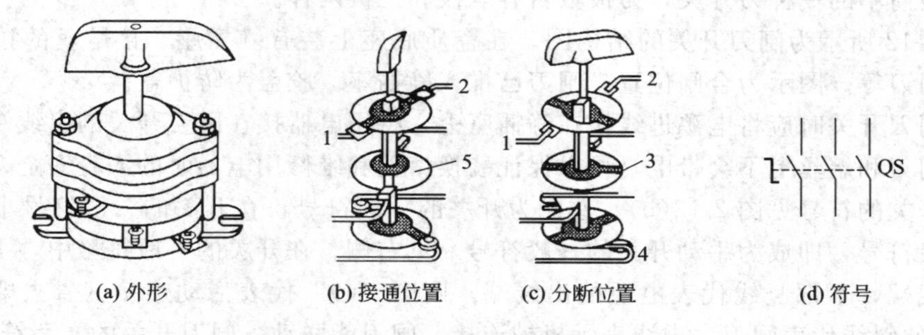

(a) 外形　　(b) 接通位置　　(c) 分断位置　　(d) 符号

图 2-14　HZ10-25/3 型三极组合开关

1—电源；2—负载；3—动触头；4—静触头；5—绝缘垫板

组合开关是螺旋操作开关，它的符号见图 2-14(d)，文字符号为 QS。

组合开关由于安装地方小，操作方便，被广泛地作用电源隔离开关（通常不带负载时操作）。有时也用作负荷开关，接通和断开小电流电路，例如直接启动冷却液泵电动机，控制机床照明等。

4. 倒顺开关

倒顺开关又称可逆转换开关。它是一种特殊类型的组合开关，可用来控制电动机的正反转。其常用型号有 H23-132 和 H23-133。

如图 2-15 所示，颠倒开关的手柄有“倒”、“停”、“顺”三个工作位置。移去罩壳，可以看到两旁各装有三个静触头，右边标字母 L1、L2 和 W，左边标字母 U、V 和 L3。L1、L2 和 L3 的静触头和三相电源连接，U、V 和 W 的静触头与电动机的接线端连接。有关的动触头则固定在装有手柄的开关转轴上。

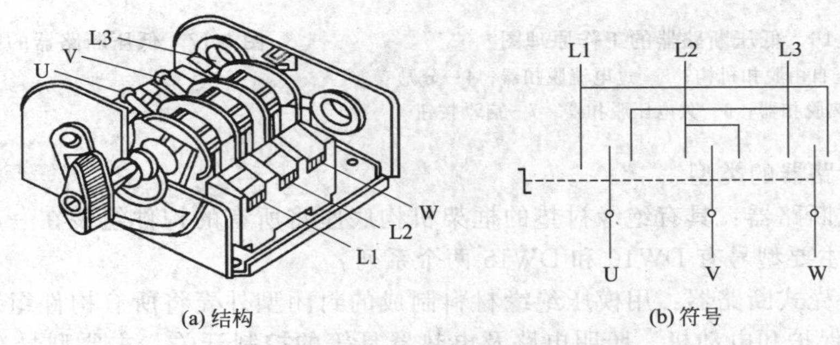

(a) 结构　　(b) 符号

图 2-15　倒顺开关

图 2-15(b) 为倒顺开关的符号。上部竖线代表静触头，下部竖线代表动触头。图 2-15 中的动触头在中间位置时，动、静触头不接触，这时手柄放在“停”的位置。当动触头和左面的静触头相接触，即手柄放在“顺”的位置时，电路按 L1-U、L2-V、L3-W 接通。当动触头和右面的静触头相接触，即手柄放在“倒”的位置时，电路按 L1-W、L2-V、L3-U 接通。由于在“倒”、“顺”两个位置时，接入电动机的电源相序不同，因此可使电动机作正转和反转。

三、断路器的原理与选用方法

低压断路器多用于不频繁地转换及启动电动机，对线路、电气设备及电动机实行保护，当它们发生严重过载、短路及欠电压等故障时能自动切断电路，因此，低压断路器是低压配电网中的一种重要的保护电器。

低压断路器具有多种保护功能（过载、短路、欠电压保护等）、动作值可调、分断能力高、操作方便、安全可靠等优点，所以目前被广泛应用。

1. 结构和工作原理

低压断路器是由操作机构、触头、保护装置（各种脱扣器）、灭弧系统等组成。低压断路器的工作原理图如图 2-16 所示。低压断路器的图形和文字符号如图 2-17 所示。

低压断路器的主触头是靠手动操作或电动合闸的。主触头闭合后，自由脱扣机构将主触头锁在合闸位置上，过电流脱扣器的线圈和热脱扣器的热元件与主电路串联，欠电压脱扣器的线圈和电源并联。当电路发生短路或严重过载时，过电流脱扣器的衔铁吸合，使自由脱扣机构动作，主触头断开主电路。当电路过载时，热脱扣器的热元件发热使双金属片向上弯曲，推动自由脱扣机构动作。当电路欠电压时，欠电压脱扣器的衔铁释放，也使自由脱扣机构动作。分励脱扣器则作为远距离控制用，在正常工作时，其线圈是断电的，在需要远距离控制时，按下启动按钮，使线圈通电，衔铁带动自由脱扣机构动作，使主触头断开。

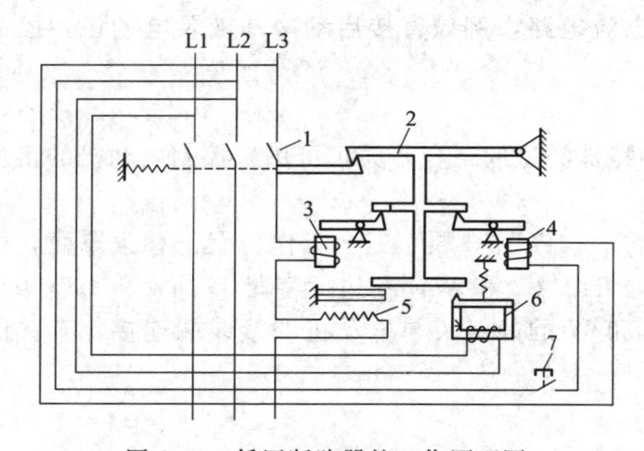

图 2-16 低压断路器的工作原理图

1—主触头；2—自由脱扣机构；3—过电流脱扣器；4—分励脱扣器；5—热脱扣器；6—欠电压脱扣器；7—启动按钮

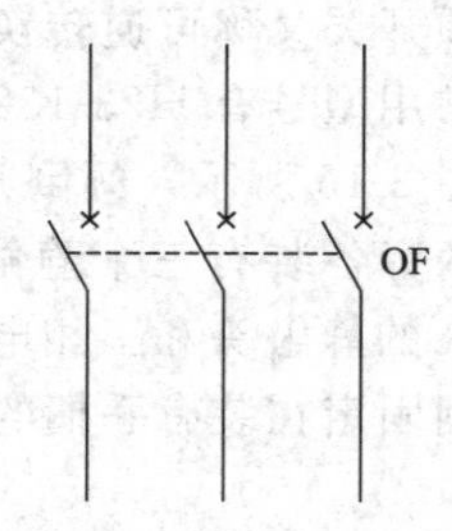

图 2-17 低压断路器的图形和文字符号

2. 低压断路器的类型

① 万能式断路器：具有绝缘衬垫的框架机构底座将所有的构件组装在一起，用于配电网络的保护。主要型号有 DW10 和 DW15 两个系列。

② 塑料外壳式断路器：用模压绝缘材料制成的封闭型外壳将所有构件组装在一起。用作配电网络的保护和电动机、照明电路及电热器具等的控制开关。主要型号有 DZ5、DZ10 和 DZ20 等系列。

③ 快速断路器：具有快速电磁铁和强有力的灭弧装置，最快动作时间可在 0.02s 之内，用于半导体整流元件和整流装置的保护。主要型号有 DS 系列。

④ 限流断路器：利用短路电流产生的巨大电动斥力，使触头迅速断开，能在交流短路电流尚未达到高峰之前就把故障电路切断，用于短路电流相当大（高达 70kA）的电路中。主要型号有 DWX15 和 DWX10 两种系列。

3. 低压断路器的选用

① 断路器的额定电压和额定电流应大于或等于线路、设备的正常工作电压和工作电流。

② 断路器的极限通断能力大于或等于电路最大短路电流。

③ 欠电压脱扣器的额定电压等于线路的额定电压。

④ 过电流脱扣器的额定电流大于或等于线路的最大负载电流。

四、接触器的原理与选用方法

接触器是电力拖动和自动控制系统中使用量大面广的一种低压控制电器，用来频繁地接通和分断交直流主回路和大容量控制电路。主要控制对象是电动机，能实现远距离控制，并具有欠（零）电压保护。

1. 结构和工作原理

接触器主要由电磁系统、触头系统和灭弧装置组成，结构简图如图 2-18 所示，接触器的符号如图 2-19 所示。

(1) 电磁系统

电磁系统包括动铁芯（衔铁）、静铁芯和电磁线圈三部分，其作用是将电磁能转换成机械能，产生电磁力，带动触头动作。

(2) 触头系统

触头是接触器的执行元件，用来接通或断开被控制电路。

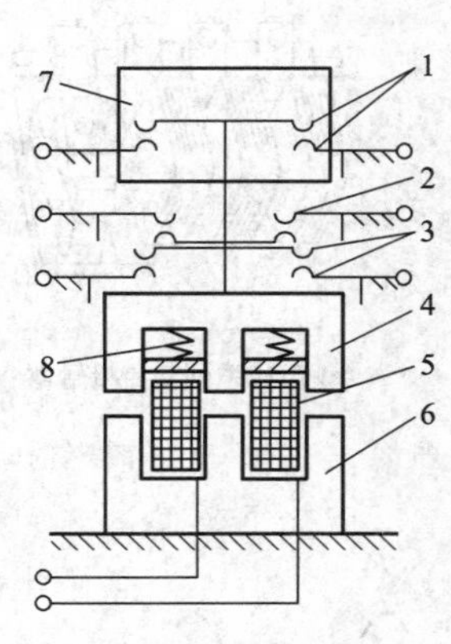

图 2-18　接触器结构简图

1—主触头；2—常闭辅助触头；3—常开辅助触头；4—动铁芯；5—电磁线圈；6—静铁芯；7—灭弧罩；8—弹簧

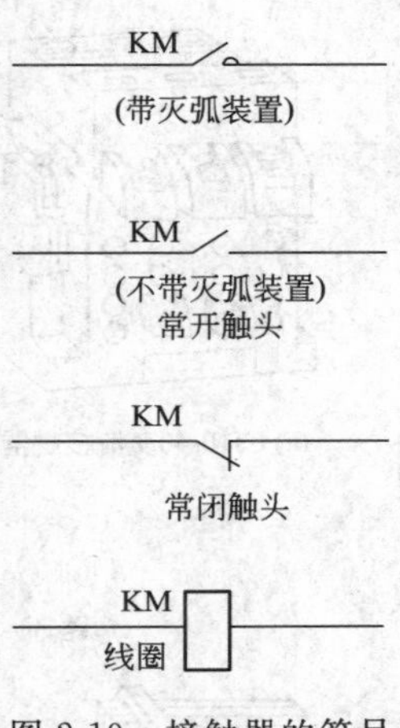

图 2-19　接触器的符号

触头的结构形式很多，按其所控制的电路可分为主触头和辅助触头。主触头用于接通或断开主电路，允许通过较大的电流；辅助触头用于接通或断开控制电路，只能通过较小的电流。

触头按其原始状态可分为常开触头和常闭触头。原始状态时（即线圈未通电）断开，线圈通电后闭合的触头叫常开触头；原始状态闭合，线圈通电后断开的触头叫常闭触头（线圈断电后所有触头复原）。

（3）灭弧装置

当触头断开瞬间，触头间距离极小，电场强度极大，触头间产生大量的带电粒子，形成炽热的电子流，产生弧光放电现象，称为电弧。电弧的出现，既妨碍电路的正常分断，又会使触头受到严重腐蚀，因此必须采取有效的措施进行灭弧，以保证电路和电器元件的工作安全可靠。要使电弧熄灭，应设法降低电弧的温度和电场强度，常用的灭弧装置有灭弧罩、灭弧栅和磁吹灭弧装置。

（4）接触器的工作原理

掌握了接触器的结构，就容易了解其工作原理。当电磁线圈通电后，线圈电流产生磁场，使静铁芯产生电磁吸力吸引衔铁，并带动触头动作，常开触头闭合，常闭触头端开，两者是联动的。当线圈断电时，电磁吸力消失，衔铁在释放弹簧的作用下释放，使触头复原，常开触头断开，常闭触头闭合。

2. 交流接触器

接触器按其主触头所控制的主电路电流的种类可分为交流接触器和直流接触器两种。交流接触器线圈通以交流电，主触头接通、分断交流主电路，如图 2-20 所示。

当交变磁通穿过铁芯时，将产生涡流和磁滞损耗，使铁芯发热。为减少铁损，铁芯用硅钢片冲压而成。为便于散热，线圈做成短而粗的圆桶状绕在骨架上。

由于交流接触器铁芯中的磁通是交变的，故当磁通过零时，电磁吸力也为零，吸合后的衔铁在反力弹簧的作用下被拉开，磁通过零后电磁吸力又增大，当吸力大于反力时，衔铁又被吸合。这样，使衔铁产生强烈振动和噪声，甚至使铁芯松散。因此在交流接触器铁芯端面上安装一个铜制的短路环，短路环包围铁芯端面约 2/3 的面积，如图 2-21 所示。

当交变磁通穿过短路环所包围的截面积 S_2，在环中产生涡流时，根据电磁感应定律，

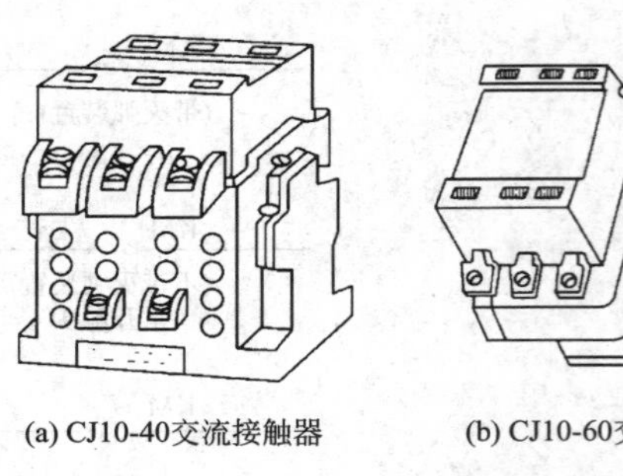

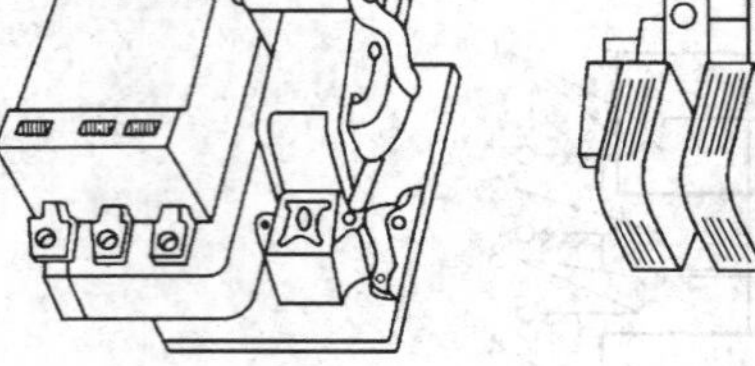

(a) CJ10-40交流接触器　(b) CJ10-60交流接触器　(c) CJ12系列交流接触器

图 2-20　交流接触器

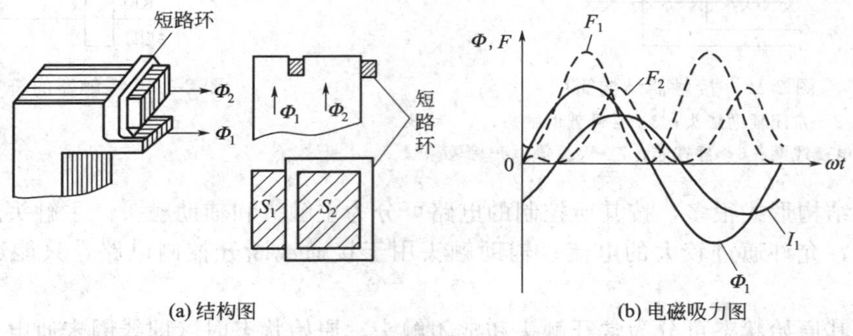

(a) 结构图　(b) 电磁吸力图

图 2-21　交流接触器铁芯的短路环

此涡流产生的磁通 Φ_2 在相位上落后于短路环外铁芯截面 S_1 中的磁通 Φ_1，由 Φ_1、Φ_2 产生的电磁力为 F_1、F_2，作用在衔铁上的合成电磁吸力为 F_1+F_2，只要此合力始终大于其反力，衔铁就不会产生振动和噪声，如图 2-21(b) 所示。

3. 直流接触器

直流接触器线圈通以直流电流，主触头接通、切断直流主电路，直流接触器外形如图 2-22 所示。

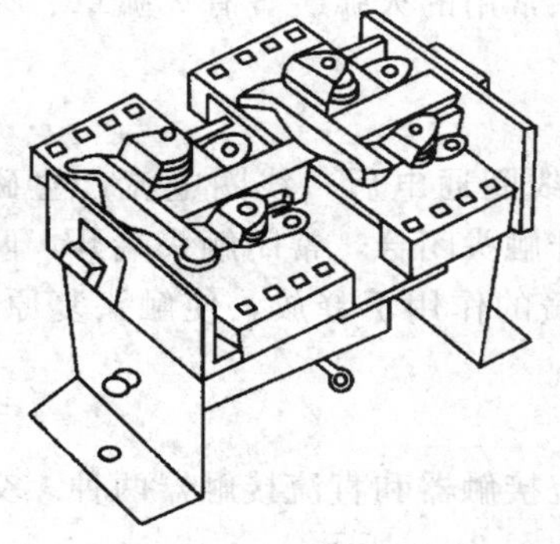

图 2-22　直流接触器外形

直流接触器的线圈通以直流电，在铁芯中不会产生涡流和磁滞损耗，所以不会发热。为方便加工，铁芯用整块钢块制成。为使线圈散热良好，通常将线圈绕制成长而薄的圆筒状。

4. 接触器的选用原则

(1) 额定电压

接触器的额定电压是指主触头的额定电压，应等于负载的额定电压。通常电压等级分为交流接触器 380V、660V 及 1140V；直流接触器 220V、440V、660V。

(2) 额定电流

接触器的额定电流是指主触头的额定电流，应等于或稍大于负载的额定电流（按接触器设计时规定的使用类别来确定）。CJ20 系列交流接触器额定电流等级有 10A、16A、32A、55A、80A、125A、200A、315A、400A、630A。CZ18 系列直流接触器额定电流等级有 40A、80A、160A、315A、630A、1000A。

(3) 电磁线圈的额定电压

电磁线圈的额定电压等于控制回路的电源电压，通常电压等级分为交流线圈 36V、

127V、220V、380V；直流线圈 24V、48V、110V、220V。

(4) 触头数目

接触器的触头数目应能满足控制线路的要求。各种类型的接触器触头数目不同。交流接触器的主触头有三对（常开触头），一般有四对辅助触头（两对常开、两对常闭），最多可达到六对（三对常开、三对常闭）。

直流接触器主触头一般有两对（常开触头）；辅助触头有四对（两对常开、两对常闭）。

(5) 额定操作频率

接触器额定操作频率是指每小时接通次数。通常交流接触器为 600 次/h：直流接触器为 1200 次/h。

五、继电器的原理与使用方法

继电器主要用于控制与保护或作信号转换用。当输入量变化达到某一定值时，继电器动作，其触头接通或断开交、直流小容量的控制回路。

随着现代科技的高速发展，继电器的应用越来越广泛。为了满足各种使用要求，人们研制了许多新结构、高性能、高可靠性的继电器。

继电器的种类很多，常用的分类方法有：

按用途分为控制继电器和保护继电器；

按动作原理可分为电磁式继电器、感应式继电器、电动式继电器、电子式继电器和热继电器；

按输入信号的不同分为电压继电器、中间继电器、时间继电器、速度继电器等。

1. 电磁式继电器

电磁式继电器是使用最多的继电器，其基本结构和工作原理与接触器大致相同。但继电器是用于切换小电流的控制和保护电器，其触点种类和数量较多，体积较小，动作灵敏，无需灭弧装置。

(1) 电流继电器

电流继电器的线圈与被测电路（负载）串联，以反映电路的电流大小。为了不影响电路的工作情况，电流继电器的线圈应匝数少、导线粗、阻抗小。电磁式电流继电器结构如图 2-23(a) 所示。

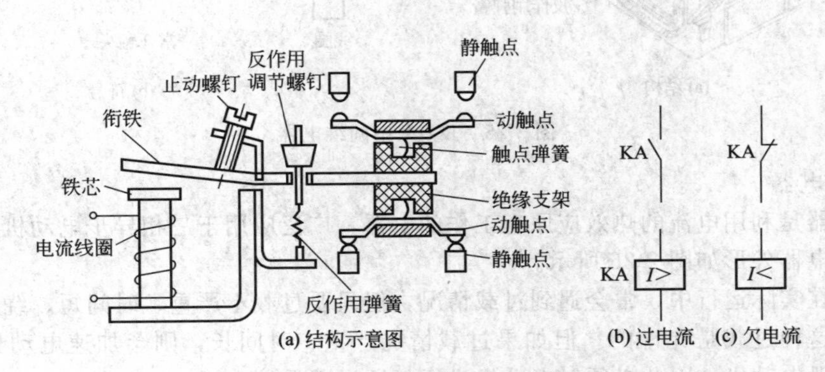

图 2-23　电磁式电流继电器结构示意图及符号

电流继电器又有过电流继电器和欠电流继电器之分。过电流继电器在电路正常工作时不动作；当负载电流超过某一整定值时，衔铁吸合、触点动作。其电流整定范围通常为 1～1.4 倍的线圈额定电流。过电流继电器的图形符号、文字符号如图 2-23(b) 所示。

欠电流继电器的吸引电流为线圈额定电流的 30%～50%，释放电流为额定电流的 0～

20%。因此，在电路正常工作时衔铁是吸合的；当负载电流降到某一整定值时，继电器释放，输出控制信号。欠电流继电器的文字符号、图形符号如图 2-23(c) 所示。

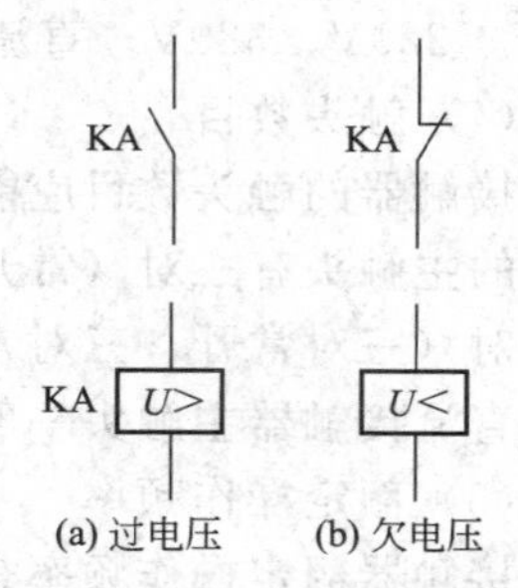

图 2-24　电压继电器的符号

（2）电压继电器

电压继电器的结构与电流继电器相似，不同的是为反映电路电压的变化，电压继电器的线圈是与负载并联的。其线圈的匝数多、导线细、阻抗大。

根据实际使用的要求，电压继电器有过电压、欠电压、零电压继电器等。一般来说，过电压继电器是电压达到110%～115%额定电压以上时动作，对电路进行过电压保护；而欠电压继电器在电压为40%～70%额定电压时工作，对电路进行欠电压保护。零电压继电器是在电压达到5%～25%额定电压时动作，对电路进行零电压保护。具体动作值根据需要整定。它们的图形符号、文字符号如图 2-24 所示。

（3）中间继电器

中间继电器实际上是一种电压继电器，但它的触点数量较多，触点容量较大（额定电流5～10A），动作灵敏（动作时间小于 0.05s），具有中间放大作用。它在电路中常用来扩展触点数量和增大触点容量。

JZ7 型中间继电器如图 2-25 所示。

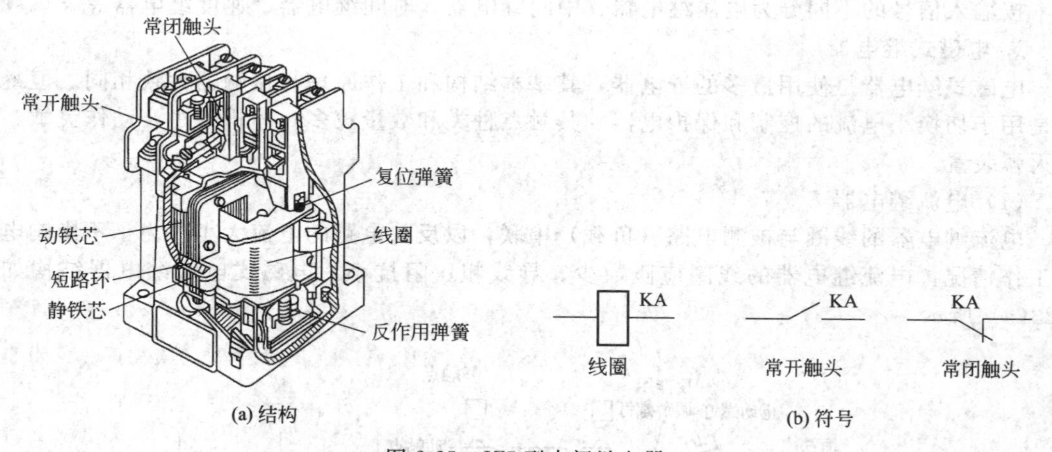

图 2-25　JZ7 型中间继电器

2. 热继电器

热继电器是利用电流的热效应原理工作的电器，广泛应用于三相异步电动机的长期过载保护。热继电器外形如图 2-26 所示。

电动机在实际运行中，常会遇到过载情况，但只要过载不严重、时间短、绕组不超过允许的温升，这种过载是允许的。但如果过载情况严重、时间长，则会加速电动机绝缘的老化，甚至烧毁电动机，因此必须对电动机进行长期过载保护。

热继电器主要由热元件、双金属片和触头组成，如图 2-27 所示。

热元件由发热电阻丝做成。双金属片由两种线胀系数不同的金属碾压而成，当金属片受热时，会出现弯曲变形。使用时，把热元件串接于电动机的主电路中，而常闭触头串接于电动机的控制电路中。当电动机正常运行时，热元件产生的热量虽能使双金属片弯曲，但还不足以使热继电器的触头动作。当电动机过载时，双金属片弯曲位移增大，推动导板使常闭触

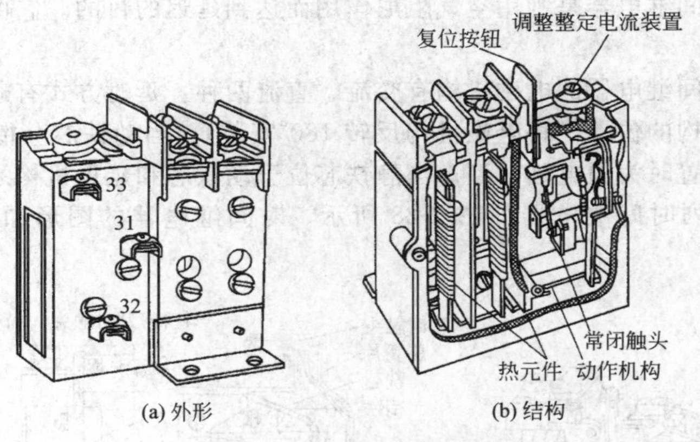

(a) 外形　　(b) 结构

图 2-26　热继电器外形结构

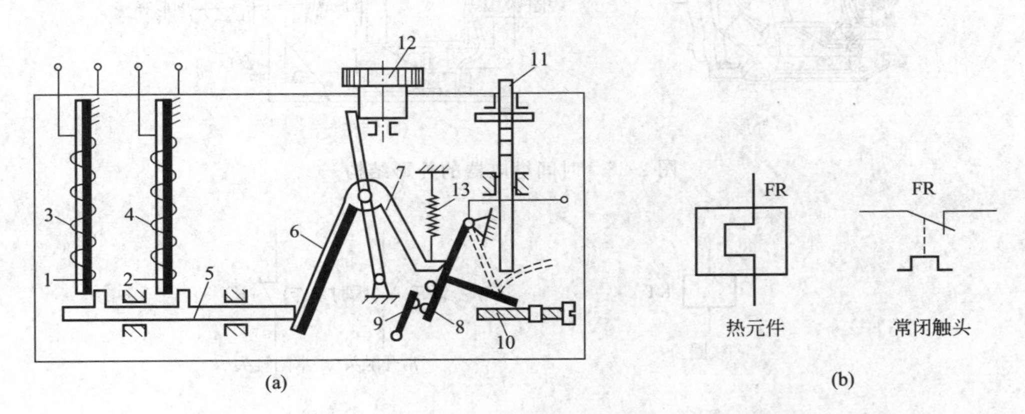

(a)　　(b)

图 2-27　热继电器的原理和符号

1,2—主双金属片；3,4—加热元件；5—导板；6—温度补偿片；7—连杆；8—动触头；9—静触头；10—螺钉；11—复位按钮；12—凸轮；13—弹簧

头断开，从而切断电动机控制电路以起到保护作用。

热继电器动作后，经过一段时间的冷却即能自动或手动复位。热继电器动作电流的调节可以借助旋转凸轮于不同位置来实现。

在三相异步电动机电路中，一般采用两相结构的继电器，即在两相主电路中串接热元件。

如果发生三相电源严重不平衡、电动机绕组内部短路或绝缘不良的故障，使电动机某一相的线电流比其他两相要高，而这一相没有串接热元件的话，热继电器也不能起保护作用，这时需采用三相结构的热继电器。

3. 时间继电器

从得到输入信号（线圈的通电或断电）开始，经过一定的延时后才输出信号（触头的闭合或断开）的继电器，称为时间继电器。

时间继电器的延时方法有两种。

通电延时：接受输入信号后，延迟一定的时间，输出信号才发生变化；当输入信号消失后，输出瞬间复原。

断电延时：接受输入信号时，瞬间产生相应的输出信号；当输入信号消失后，延迟一定的时间，输出才复原。

空气阻尼式时间继电器是利用空气阻尼作用而达到延迟的目的。它由电磁机构、延迟机构和触点组成。

空气阻尼式时间继电器的电磁机构有交流、直流两种。延时方式有通电延时型和断电延时型（改变电磁机构的位置，将电磁机构反转180°安装）。当动铁芯（衔铁）位于静铁芯和延迟机构之间的位置时为通电延时型；当静铁芯位于动铁芯和延迟机构之间的位置时为断电延时型。JS7-A系列时间继电器如图2-28所示，时间继电器的图形和文字符号如图2-29所示。

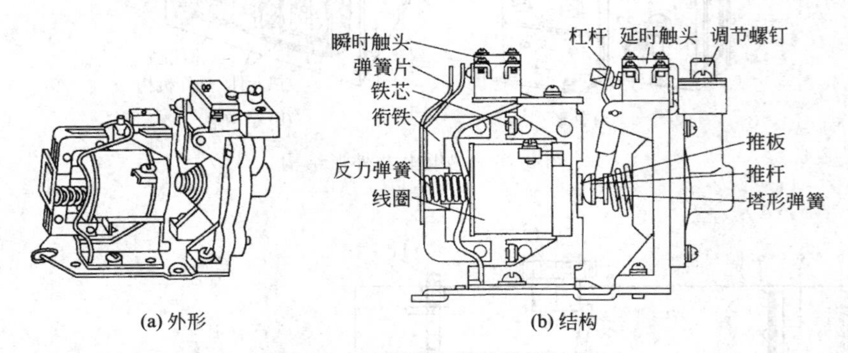

图2-28　时间继电器的外形结构

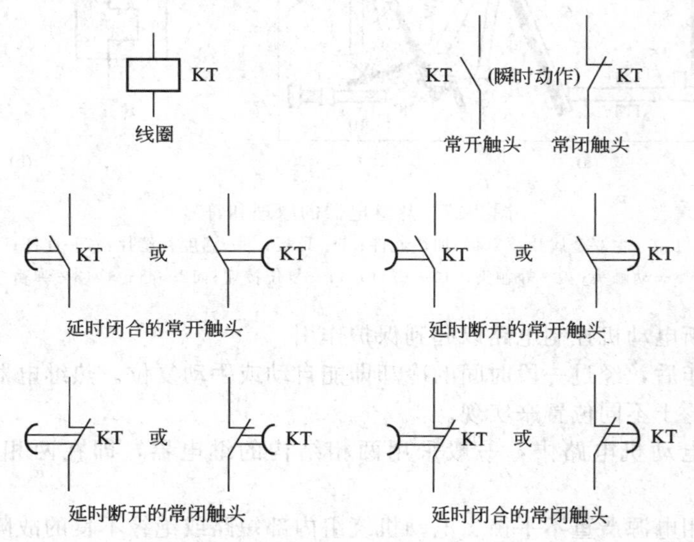

图2-29　时间继电器的图形和文字符号

现以通电延时型时间继电器为例说明其工作原理。当电磁线圈通电后衔铁（动铁芯）吸合，活塞杆在塔形弹簧的作用下带动活塞及橡皮膜向上移动，橡皮膜下方空气室中的空气变得稀薄形成负压，活塞杆只能缓慢移动，其移动速度由进气孔的气隙大小来决定。经一段延时后，活塞杆通过杠杆压动微动开关，使其触点动作，起到通电延时作用。

当电磁线圈断电时，衔铁释放，橡胶膜下方空气室中的空气通过活塞肩部所形成的单向阀迅速地排开，使活塞杆、杠杆、微动开关等迅速复位。由电磁线圈通电到触头动作的这一段时间为时间继电器的延时时间，其大小可以通过调节螺钉调节进气孔的气隙大小来改变。

断电延时型时间继电器的结构和工作原理与通电延时型时间继电器相似，只是电磁铁安装方向不同，即当衔铁（动铁芯）吸合时推动活塞复位，排出空气。当衔铁（动铁芯）释放时活塞杆在弹簧的作用下使活塞向下移动，实现断电延时。

4. 速度继电器

速度继电器主要用于笼型异步电动机的反接制动控制，也称反接制动继电器。

速度继电器主要由定子、转子和触头三部分组成。定子的结构与笼型异步电动机相似，是一个笼型空心圆环，用硅钢片冲压而成，并装有笼型绕组。转子是一块永久磁铁。

速度继电器的轴与电动机的轴相连接。转子固定在轴上，定子与轴同心。当电动机转动时，速度继电器的转子随之转动，绕组切割磁场产生感应电动势和电流，此电流和永久磁铁的磁场作用产生转矩，使定子向轴的转动方向偏摆，通过定子柄拨动触头，使常闭触点断开、常开触点闭合。当电动机的转速下降到接近零时，转矩减小，定子柄在弹簧力的作用下恢复原位，触头也复原。

速度继电器的额定工作转速有 300～1000r/min 与 1000～3000r/min 两种。动作转速在 120r/min 左右，复位转速在 100r/min 以下。

速度继电器有两组触头（各有一对常开触点和一对常闭触点），可分别控制电动机正、反转的反接制动。

速度继电器的图形和文字符号如图 2-30 所示。

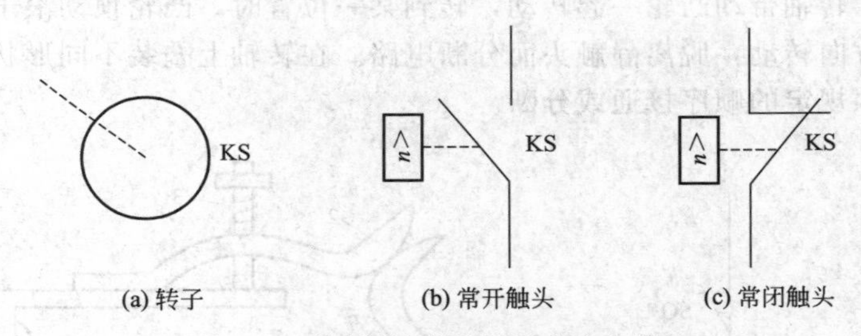

图 2-30　速度继电器的图形和文字符号

六、主令电器的原理与使用方法

主令电器主要用来切换控制电路。

1. 按钮开关

按钮在低压控制电路中用于手动发出控制信号。按钮由按钮帽、复位弹簧、桥式触头和外壳等组成，如图 2-31 所示。按照按钮的用途和结构不同，可分为启动按钮、停止按钮和复合按钮等，按钮的图形和文字符号如图 2-32 所示。

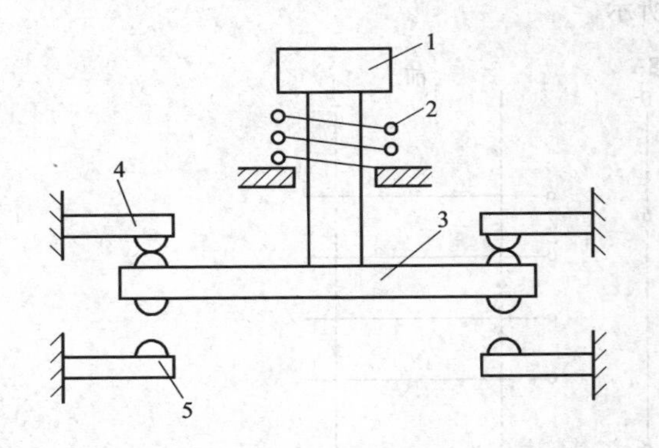

图 2-31　按钮的结构图

1—按钮帽；2—复位弹簧；3—动触头；
4—常闭静触头；5—常开静触头

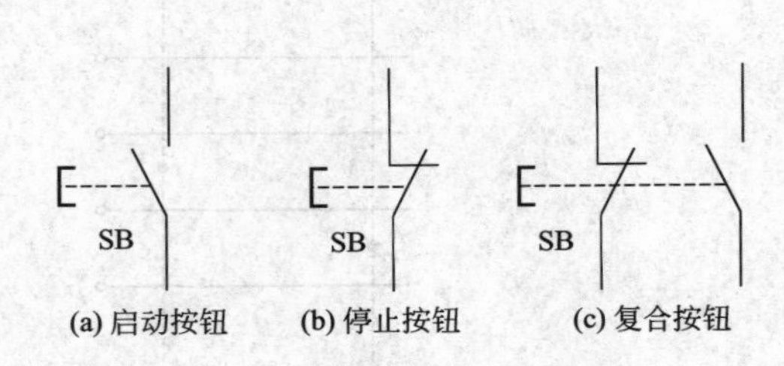

图 2-32　按钮的图形和文字符号

启动按钮带有常开触头，手指按下按钮帽，常开触头闭合；手指松开，常开触头复位。启动按钮的按钮帽采用绿色。停止按钮带有常闭触头，手指按下按钮帽，常闭触头断开；手指松开，常闭触头复位。停止按钮的按钮帽采用红色。复合按钮带有常开触头和常闭触头，手指按下按钮帽，先断开常闭触头，再闭合常开触头；手指松开，常开触头和常闭触头先后复位。

2. 位置开关

位置开关是利用运动部件的行程位置实现控制的电器元件，常用于自动往返的生产机械中。按结构不同可分为直动式、滚轮式和微动式。

位置开关的结构、工作原理与按钮相同。区别是位置开关不靠手动而是利用运动部件上的挡块碰压而使触头动作，有自动复位和非自动复位两种。

位置开关的图形、文字符号如图 2-33 所示。

3. 凸轮控制器和主令控制器

(1) 凸轮控制器

凸轮控制器用于起重设备和其他电力拖动装置，以控制电动机的启动、正反转、调速和制动。凸轮控制器的结构主要由手柄、定位机构、转轴、凸轮和触头组成，如图 2-34 所示。

转动手柄时，转轴带动凸轮一起转动，转到某一位置时，凸轮顶动滚子，克服弹簧压力使动触头顺时针方向转动，脱离静触头而分断电路。在转轴上叠装不同形状的凸轮，可以使若干个触头组按照规定的顺序接通或分断。

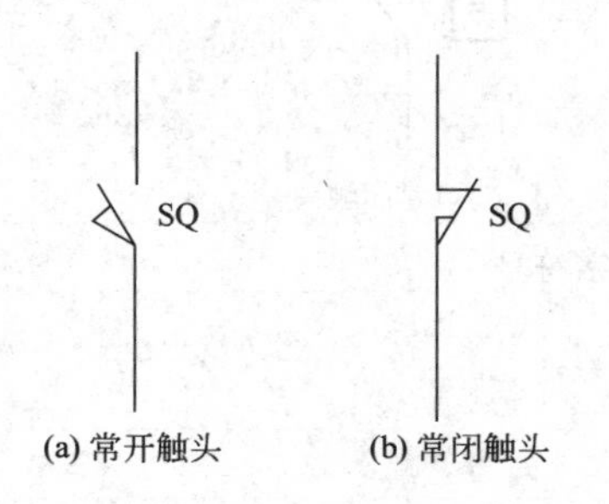

图 2-33　位置开关的图形、文字符号

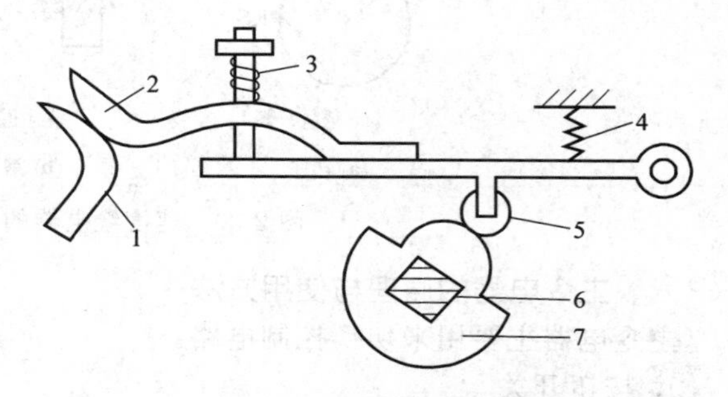

图 2-34　凸轮控制器的结构图

1—静触头；2—动触头；3—触头弹簧；4—弹簧；5—滚子；6—方轴；7—凸轮

凸轮控制器的图形、文字符号如图 2-35 所示。

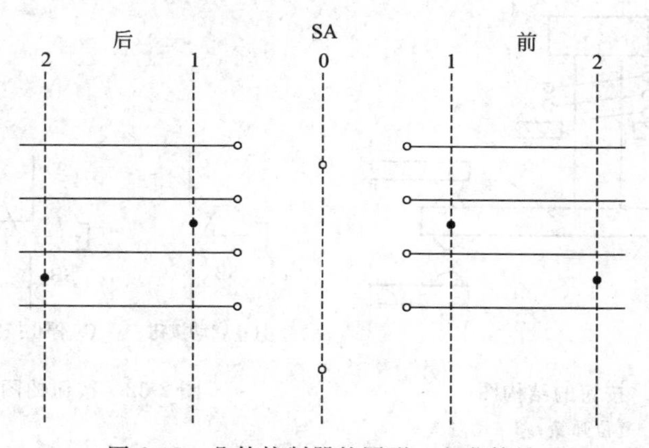

图 2-35　凸轮控制器的图形、文字符号

(2) 主令控制器

当电动机容量较大、工作繁重、操作频繁、调速性能要求较高时，往往采用主令控制器操作。由主令控制器的触头来控制接触器，再由接触器来控制电动机。这样，触头的容量可以大大减小，操作更为轻便。

主令控制器是按照预定程序转换控制电路的主令电器，其结构和凸轮控制器相似，只是触头的额定电流较小。

【能力拓展】

1. 能力拓展项目

① 行程开关、主令电器的拆装与检测，确定操作工艺流程，并编制器材明细表，编写拆装与检测报告。

② 电流继电器、电压继电器的拆装与检测，确定操作工艺流程，并编制器材明细表，编写拆装与检测报告。

③ 组织学生讨论常用低压电器拆装与检测操作的安全措施与规程。

2. 拓展训练目标

通过能力拓展项目的训练，使学生能够进一步理解常用低压电器拆装与检测操作的安全措施与规程，掌握低压电器的安装与调试方法等。

任务三　常用电子元器件的识别与检测技能训练

【任务描述】

① 通过常用电子元器件的识别与检测技能训练，让学生了解电子元器件的特性与作用，掌握电子元器件的基本结构和作用原理。

② 通过训练，掌握电子元器件识别方法，重点掌握检测的操作技能。

③ 掌握电工基本安全操作规程，掌握基本的安全用电操作技能。

【技能要点】

① 了解常用电子元器件的基本结构和作用原理。

② 掌握电子元器件识别与检测技能。

③ 掌握安全用电知识、安全用电操作规程。

【任务实施】

一、阻抗元件的识别与检测

训练内容说明：常用阻抗元件的识别，完成阻抗元件的检测，编制阻抗元件的识别与检测报告。

1. 编制技能训练器材明细表

本技能训练任务所需器材见表 2-7。

表 2-7　技能训练器材明细表

器件序号	器件名称	性能规格	所需数量	用途备注
01	电阻元件	各种种类、规格	若干	
02	电感元件	各种种类、规格	若干	
03	电容元件	各种种类、规格	若干	
04	验电笔	500V	1支	
05	万用电表	MF-47,南京电表厂	1块	
06	常用维修电工工具		1套	

2. 技能训练前的检查与准备

① 确认技能训练环境符合维修电工操作的要求。

② 确认技能训练器件与测试仪表性能良好。

③ 编制技能训练操作流程。

④ 做好操作前的各项安全工作。

3. 技能训练实施步骤

① 识别阻抗元件，观察其外形结构，了解并记录其种类、主要作用及技术指标。

② 检测电阻元件，包括电阻和电位器，先读出电阻的阻值（标称值），然后用万用电表进行测量并记录，列表比较结果。

③ 检测电容元件，先读出电容的容量（标称值），然后用万用电表检测其好坏，对于好的电容器确定其绝缘电阻的大小。若有电容量测量仪表，还要测量其电容量的大小，并记录填入相应的表格中。

④ 检测电感元件，先读出电感的电感量（标称值），然后用万用电表检测其好坏。若有电感量测量仪表，还要测量其电感量的大小，并记录填入相应的表格中。

⑤ 编制阻抗元件的识别与检测报告，总结阻抗元件的识别与检测的操作规程。

4. 清理现场和整理器材

训练完成后，清理现场，整理好所用器材、工具，按照要求放置到规定位置。

二、半导体元件的识别与检测

训练内容说明：半导体元件的识别，完成半导体元件的检测，编制半导体元件的识别与检测报告。

1. 编制技能训练器材明细表

本技能训练任务所需器材见表 2-8。

表 2-8 技能训练器材明细表

器件序号	器件名称	性能规格	所需数量	用途备注
01	二极管	各种种类、规格	若干	
02	三极管	各种种类、规格	若干	
03	单结管、晶闸管	各种种类、规格	若干	
04	万用电表	MF-47，南京电表厂	1块	
05	常用维修电工工具		1套	

2. 技能训练前的检查与准备

① 确认技能训练环境符合维修电工操作的要求。

② 确认技能训练器件与测试仪表性能良好。

③ 编制技能训练操作流程。

④ 做好操作前的各项安全工作。

3. 技能训练实施步骤

① 识别半导体元件，观察其外形结构，了解并记录其种类、主要作用及技术指标。

② 检测二极管元件，先观察其正负极，然后用万用电表进行检测，并记录其正反向电阻，判断其好坏和正负极，列表比较结果。

③ 检测三极管元件，先观察其管型及管脚，然后用万用电表进行检测，并记录其各结正反向电阻，判断其好坏和管型及管脚，列表比较结果。

④ 检测单结管元件，先观察其管脚，然后用万用电表进行检测，并记录其各极间正反

向电阻，判断其好坏和管脚，列表比较结果。

⑤ 检测晶闸管元件，先观察其管脚，然后用万用电表进行检测，并记录其各极间正反向电阻，判断其好坏和管脚，列表比较结果。

⑥ 编制半导体元件的识别与检测报告，总结半导体元件的识别与检测的操作规程。

4. 清理现场和整理器材

训练完成后，清理现场，整理好所用器材、工具，按照要求放置到规定位置。

【任务评价与考核】

一、阻抗元件的识别与检测

考核要点：

① 阻抗元件的识别方法是否正确，操作是否规范；

② 阻抗元件的检测操作方法是否正确，操作是否规范；

③ 阻抗元件的识别与检测的操作是否符合安全操作规程，操作要领是否正确和规范。

二、半导体元件的识别与检测

考核要点：

① 半导体元件的识别方法是否正确，操作是否规范；

② 半导体元件的检测操作方法是否正确，操作是否规范；

③ 半导体元件的识别与检测的操作是否符合安全操作规程，操作要领是否正确和规范。

三、成绩评定考核

根据以上考核要点对学生进行逐项成绩评定，参见表 2-9，给出该项任务的综合实训成绩。

表 2-9　实训成绩评定表

子任务内容	分值/分	考核要点及评分标准	扣分/分	得分/分
阻抗元件的识别与检测	40	阻抗元件的识别步骤和方法有误，每处扣 5 分		
		阻抗元件的检测操作步骤和方法有误，每处扣 5 分		
		阻抗元件的识别与检测操作不符合安全操作规程，扣 10 分		
半导体元件的识别与检测	40	半导体元件的识别步骤和方法有误，每处扣 5 分		
		半导体元件的检测操作步骤和方法有误，每处扣 5 分		
		半导体元件的识别与检测操作不符合安全操作规程，扣 10 分		
安全、规范操作	10	每违规一次扣 2 分		
整理器材、工具	10	未将器材、工具等放到规定位置，扣 5 分		
合计				

【相关知识】

一、阻抗元件

1. 阻抗元件的标称值与标志

标称值：阻抗元件上的标示值。误差的表示：误差用标准符号表示，表 2-10 给出常用误差符号与阻抗元件的误差等级之间的关系。

元件标称值和误差的标示法：电阻、电容、电感的标称值和误差等参数都用一定的表示方法标示在元件上。

表 2-10 误差的表示方法

误差/%	±0.1	±0.25	±0.5	±1	±5	±10	±20	+20 −10	+30 −20	+50 −20	+80 −20	+100 0
字母代号	B	C	D	F	J	K	M			S	E	H
曾用符号				0	Ⅰ	Ⅱ	Ⅲ	Ⅳ	Ⅴ	Ⅵ		
说明	精密元件				一般元件					适用于部分电容		

(1) 直标法

用文字符号和阿拉伯数字在阻抗元件表面直接标出型号、标称值、允许误差（用百分数表示）、生产日期等参数。

直标法可用单位代替小数点。直标法适用于体积较大的元件。

(2) 数码标示法

用三位数字表示元件的标称值。从左至右，前两位表示有效数位，第三位表示 10^n（$n=0\sim9$）。当 $n=9$ 时为特例，表示 10^{-1}。例如：采用数码标示法，电容 479 为 4.7pF。

片状电阻多用数码标示法，例如，512 表示 5.1kΩ，而标示是 0 或 000 的电阻器表示是跳线，阻值为 0Ω。

电感一般不用数码标示法。

(3) 文字符号法

将电阻器和电容器的标称值和允许误差用数字和文字符号按一定规律组合标在电阻体和电容体上。例如，电阻器：6Ω2J 表示该电阻标称值为 6.2Ω，允许误差（J）为±5%；3k6K 表示电阻值为 3.6kΩ，允许误差（K）为±10%。电容器：2n2J 表示该电容器标称值为 2.2nF，即 2200pF，允许误差（J）为±5%；47nK 表示电容器容量为 47nF 或 0.047μF，允许误差（K）为±10%。

(4) 色标法：是用不同颜色的色带或色点在元件表面表示标称值和允许误差的方法。

各种颜色表示数字和误差的意义如表 2-11 所示。色标法的计量单位分别是：电阻为 Ω，电容为 pF，电感为 μH。

表 2-11 各种颜色表示数字和误差的意义

意义	黑	棕	红	橙	黄	绿	蓝	紫	灰	白	金	银	无色
有效数字	0	1	2	3	4	5	6	7	8	9			
倍乘（数量级）	10^0	10^1	10^2	10^3	10^4	10^5	10^6	10^7	10^8	10^9	10^{-1}	10^{-2}	
误差/%		±1	±2			±0.5	±0.25	±0.1		+50 −20	±5	±10	±20

电阻、电容、电感随其形状不同分别用色环或色点在元件上进行标示，如图 2-36 所示。普通电阻用四色环（点）表示，第一、二环表示两位有效数字；第三环表示倍乘 10^n，n 为色环所表示的值；第四色环表示允许误差。精密电阻用五条色环（点）表示标称值和允许误差，第一、二、三环表示有效数字；第四环表示倍乘 10^n；第五环表示误差。

2. 电阻器

电阻定义：导电体对电流的阻碍作用称为电阻，用符号 R 表示，单位为欧姆、千欧、兆欧，分别用 Ω、kΩ、MΩ 表示。电阻器的外形如图 2-37 所示。

(1) 电阻的型号命名方法

国产电阻器的型号由四部分组成（不适用敏感电阻）。

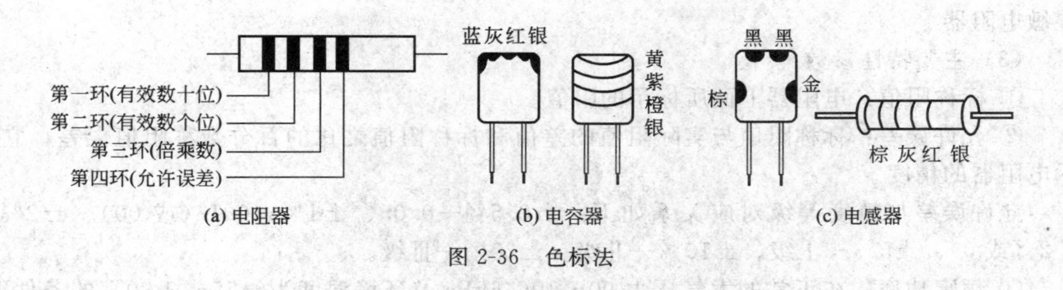

图 2-36 色标法

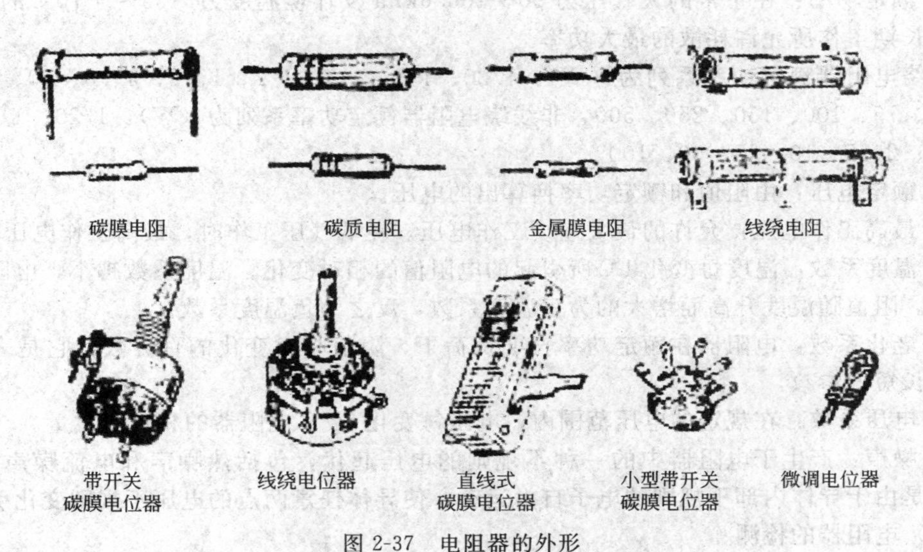

图 2-37 电阻器的外形

第一部分：主称，用字母表示，表示产品的名字。如 R—电阻，W—电位器，M—敏感电阻。

第二部分：材料，用字母表示，表示电阻体用什么材料组成。T—碳膜，H—合成碳膜，S—有机实心，N—无机实心，J—金属膜，Y—氮化膜，C—沉积膜，I—玻璃釉膜，X—线绕。

第三部分：分类，一般用数字表示，个别类型用字母表示，表示产品属于什么类型。1—普通，2—普通，3—超高频，4—高阻，5—高温，6—精密，7—精密，8—高压，9—特殊，G—高功率，T—可调。

第四部分：序号，用数字表示，表示同类产品中不同品种，以区分产品的外形尺寸和性能指标等。

例如，RJ72：R 表示电阻器，J 表示金属膜，7 表示精密电阻，2 表示生产序号，整个符号表示精密金属膜电阻器。RTX：R 表示电阻器，T 表示碳膜，X 表示小型电阻器。

（2）电阻器的分类

① 线绕电阻器：通用线绕电阻器、精密线绕电阻器、大功率线绕电阻器、高频线绕电阻器。

② 薄膜电阻器：碳膜电阻器、合成碳膜电阻器、金属膜电阻器、金属氧化膜电阻器、化学沉积膜电阻器、玻璃釉膜电阻器、金属氮化膜电阻器。

③ 实心电阻器：无机合成实心碳质电阻器、有机合成实心碳质电阻器。

④ 敏感电阻器：压敏电阻器、热敏电阻器、光敏电阻器、力敏电阻器、气敏电阻器、

湿敏电阻器。

(3) 主要特性参数

① 标称阻值：电阻器上面所标示的阻值。

② 允许误差：标称阻值与实际阻值的差值和标称阻值之比的百分数称阻值误差，它表示电阻器的精度。

允许误差与精度等级对应关系如下：±0.5%—0.05、±1%—0.1（或00）、±2%—0.2（或0）、±5%—Ⅰ级、±10%—Ⅱ级、±20%—Ⅲ级。

③ 额定功率：在正常的大气压力90～106.6kPa及环境温度为－55～＋70℃的条件下，电阻器长期工作所允许耗散的最大功率。

线绕电阻器额定功率系列为（W）：1/20、1/8、1/4、1/2、1、2、4、8、10、16、25、40、50、75、100、150、250、500，非线绕电阻器额定功率系列为（W）：1/20、1/8、1/4、1/2、1、2、5、10、25、50、100。

④ 额定电压：由阻值和额定功率换算出的电压。

⑤ 最高工作电压：允许的最大连续工作电压。在低气压工作时，最高工作电压较低。

⑥ 温度系数：温度每变化1℃所引起的电阻值的相对变化。温度系数越小，电阻的稳定性越好。阻值随温度升高而增大的为正温度系数，反之为负温度系数。

⑦ 老化系数：电阻器在额定功率长期负荷下，阻值相对变化的百分数，它是表示电阻器寿命长短的参数。

⑧ 电压系数：在规定的电压范围内，电压每变化1V，电阻器的相对变化量。

⑨ 噪声：产生于电阻器中的一种不规则的电压起伏，包括热噪声和电流噪声两部分，热噪声是由于导体内部不规则的电子自由运动，使导体任意两点的电压不规则变化引起的。

(4) 电阻器的检测

① 固定电阻器的检测　将万用电表（电阻挡）两表笔（不分正负）分别与电阻的两端引脚相接即可测出实际电阻值。为了提高测量精度，应根据被测电阻标称值的大小来选择量程（倍率或挡位）。由于欧姆挡刻度的非线性关系，它的中间一段分度较为精细，因此应使指针指示值尽可能落到刻度的中段位置，即全刻度起始的20%～80%弧度范围内，以使测量更准确。根据电阻误差等级不同，读数与标称阻值之间分别允许有±5%、±10%或±20%的误差。如不相符，超出误差范围，则说明该电阻变值了。

注意：测试时，特别是在测几十千欧以上阻值的电阻时，手不要触及表笔和电阻的导电部分；被检测的电阻从电路中焊下来，至少要焊开一端，以免电路中的其他元件对测试产生影响，造成测量误差；色环电阻的阻值虽然能以色环标志来确定，但在使用时最好还是用万用电表测试一下其实际阻值。

② 电位器的检测　检查电位器时，首先要转动电位器旋柄，看看旋柄转动是否平滑，开关是否灵活，开关通、断时“咔嗒”声是否清脆，并听一听电位器内部接触点和电阻体摩擦的声音，如有“沙沙”声，说明质量不好。用万用电表测试时，先根据被测电位器阻值的大小，选择好万用电表的合适电阻挡位，然后可按下述方法进行检测。

用万用电表的欧姆挡测两端管脚，其读数应为电位器的标称阻值，如万用电表的指针不动或阻值相差很多，则表明该电位器已损坏。

检测电位器的活动臂与电阻片的接触是否良好。用万用电表的欧姆挡测一端和中间的引脚，将电位器的转轴按逆时针方向旋至接近“关”的位置，这时电阻值越小越好。再顺时针慢慢旋转轴柄，电阻值应逐渐增大，表头中的指针应平稳移动。当轴柄旋至极端位置时，阻值应接近电位器的标称值。如万用电表的指针在电位器的轴柄转动过程中有跳动现象，说明活动触点有接触不良的故障。

3. 电容器

电容器是电子设备中大量使用的电子元件之一，广泛应用于隔直、耦合、旁路、滤波、调谐回路、能量转换、控制电路等方面。电容用C表示，单位有法拉（F）、微法（μF）、皮法（pF），$1F=10^6\mu F$，$1\mu F=10^6 pF$。电容器的外形如图 2-38 所示。

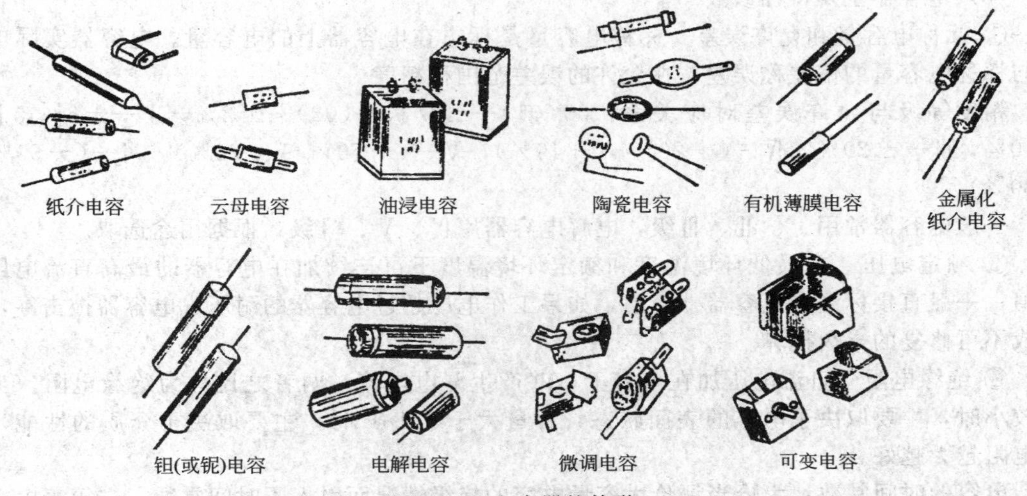

图 2-38　电容器的外形

(1) 电容器的型号命名方法

国产电容器的型号一般由四部分组成（不适用于压敏、可变、真空电容器）。依次分别代表名称、材料、分类和序号。

第一部分：名称，用字母表示，电容器用 C。

第二部分：材料，用字母表示。

用字母表示产品的材料：A—钽电解，B—聚苯乙烯等非极性薄膜，C—高频陶瓷，D—铝电解，E—其他材料电解，G—合金电解，H—复合介质，I—玻璃釉，J—金属化纸，L—涤纶等极性有机薄膜，N—铌电解，O—玻璃膜，Q—漆膜，T—低频陶瓷，V—云母纸，Y—云母，Z—纸介。

第三部分：分类，一般用数字表示，个别用字母表示。

第四部分：序号，用数字表示。

(2) 电容器的分类

① 按照结构分三大类：固定电容器、可变电容器和微调电容器。

② 按电解质分类：有机介质电容器、无机介质电容器、电解电容器和空气介质电容器等。

③ 按用途分类：高频旁路电容器、低频旁路电容器、滤波电容器、调谐电容器、高频耦合电容器、低频耦合电容器、小型电容器。

高频旁路电容器：陶瓷电容器、云母电容器、玻璃膜电容器、涤纶电容器、玻璃釉电容器。

低频旁路电容器：纸介电容器、陶瓷电容器、铝电解电容器、涤纶电容器。

滤波电容器：铝电解电容器、纸介电容器、复合纸介电容器、液体钽电容器。

调谐电容器：陶瓷电容器、云母电容器、玻璃膜电容器、聚苯乙烯电容器。

高频耦合电容器：陶瓷电容器、云母电容器、聚苯乙烯电容器。

低频耦合电容器：纸介电容器、陶瓷电容器、铝电解电容器、涤纶电容器、固体钽电容器。

小型电容器：金属化纸介电容器、陶瓷电容器、铝电解电容器、聚苯乙烯电容器、固体钽电容器、玻璃釉电容器、金属化涤纶电容器、聚丙烯电容器、云母电容器。

（3）电容器主要特性参数

① 标称电容量和允许误差　标称电容量是标志在电容器上的电容量。电容器实际电容量与标称电容量的偏差称误差，在允许的误差范围称精度。

精度等级与允许误差对应关系：00（01）—±1%，0（02）—±2%，Ⅰ—±5%，Ⅱ—±10%，Ⅲ—±20%，Ⅳ—（+20%～−10%），Ⅴ—（+50%～−20%），Ⅵ—（+50%～−30%）。

一般电容器常用Ⅰ、Ⅱ、Ⅲ级，电解电容器用Ⅳ、Ⅴ、Ⅵ级，根据用途选取。

② 额定电压　在最低环境温度和额定环境温度下可连续加在电容器的最高直流电压有效值，一般直接标注在电容器外壳上，如果工作电压超过电容器的耐压，电容器被击穿，将造成不可修复的永久损坏。

③ 绝缘电阻　直流电压加在电容上，并产生漏电电流，两者之比称为绝缘电阻。当电容较小时，主要取决于电容的表面状态，容量大于 0.1μF 时，主要取决于介质的性能，绝缘电阻越大越好。

电容的时间常数：为恰当评价大容量电容的绝缘情况而引入了时间常数，它等于电容的绝缘电阻与容量的乘积。

④ 损耗　电容在电场作用下，在单位时间内因发热所消耗的能量叫作损耗。各类电容都规定了其在某频率范围内的损耗允许值，电容的损耗包括介质损耗、电导损耗和电容所有金属部分的电阻所引起的损耗。

在直流电场的作用下，电容器的损耗以漏导损耗的形式存在，一般较小；在交变电场的作用下，电容的损耗不仅与漏导有关，而且与周期性的极化建立过程有关。

⑤ 频率特性　随着频率的上升，一般电容器的电容量呈现下降的规律。

（4）电容器的检测

检测电容器的好坏可用指针式万用电表的电阻挡进行。测量电容器的容量可选用数字式万用电表，如果需要测量电容量的准确值，应选用电容测试仪测量。

① 普通固定电容器的检测　对于 10pF 以下的固定电容器，由于容量太小，用万用电表进行测量，只能定性地检查其是否有漏电、内部短路或击穿现象。测量时，可选用万用电表，用两表笔任意接电容的两个引脚，阻值应为无穷大。若测出阻值（指针向右摆动）为零，则说明电容漏电损坏或内部击穿；对于 10pF～0.01μF 固定电容器，是否有充放电现象，进而判断其好坏。万用电表选用 $R\times1$k 挡，借助两只三极管组成复合管进行测量，两只三极管的 β 值均为 100 以上，且穿透电流要小，可选用 3DG6 等型号硅三极管组成复合管，将被测电容器接在复合管的基极 b 和集电极 c 之间，万用电表的红和黑表笔分别与复合管的发射极 e 和集电极 c 相接，由于复合三极管的放大作用，把被测电容的充放电过程予以放大，使电表指针摆动幅度加大，从而便于观察。应注意的是：在测试操作时，特别是在测较小容量的电容时，要反复调换被测电容引脚才能明显地看到万用电表指针的摆动；对于 0.01μF 以上的固定电容，可用万用电表的 $R\times10$k 挡直接测试电容器有无充电过程以及有无内部短路或漏电，并可根据指针向右摆动的幅度大小估计出电容器的容量。

② 电解电容器的检测　因为电解电容的容量较一般固定电容大得多，所以测量时，应

针对不同容量选用合适的量程。根据经验，一般情况下，1～47μF 的电容，可用 $R\times1k$ 挡测量，大于 47μF 的电容可用 $R\times100$ 挡测量。在测量时将万用电表红表笔接负极，黑表笔接正极，在刚接触的瞬间，万用电表指针即向右偏转较大偏度（对于同一电阻挡，容量越大，摆幅越大），接着逐渐向左回转，直到停在某一位置。此时的阻值便是电解电容的正向漏电阻，此值略大于反向漏电阻。实际使用经验表明，电解电容的漏电阻一般应在几百千欧以上，否则，将不能正常工作。在测试中，若正向、反向均无充电的现象，即表针不动，则说明容量消失或内部断路；如果所测阻值很小或为零，说明电容漏电大或已击穿损坏，不能再使用。

特别注意：对于正、负极标志不明的电解电容器，可利用上述测量漏电阻的方法加以判别。即先任意测一下漏电阻，记住其大小，然后交换表笔再测出一个阻值。两次测量中，阻值大的那一次便是正向接法，即黑表笔接的是正极，红表笔接的是负极。再使用万用电表电阻挡，采用给电解电容进行正、反向充电的方法，根据指针向右摆动幅度的大小，可估测出电解电容的容量。万用电表测量电容的方法和原理如图 2-39 所示。

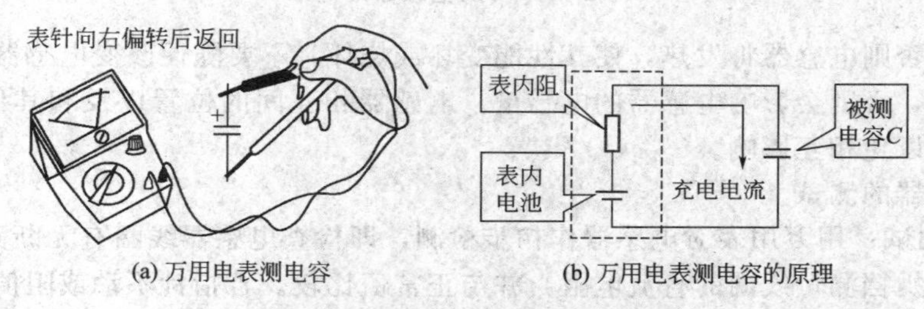

(a) 万用电表测电容　　(b) 万用电表测电容的原理

图 2-39　万用电表测量电容的原理

③ 可变电容器的检测

a. 用手轻轻旋动转轴，应感觉十分平滑，不应感觉有时松时紧甚至有卡滞现象。将转轴向前、后、上、下、左、右等各个方向推动时，转轴不应有松动的现象。

b. 用一只手旋动转轴，另一只手轻摸动片组的外缘，不应感觉有任何松脱现象。转轴与动片之间接触不良的可变电容器，是不能再继续使用的。

c. 将万用电表置于 $R\times10k$ 挡，一只手将两个表笔分别接可变电容器的动片和定片的引出端，另一只手将转轴缓缓旋动几个来回，万用电表指针都应在无穷大位置不动。在旋动转轴的过程中，如果指针有时指向零，说明动片和定片之间存在短路点；如果碰到某一角度，万用电表读数不为无穷大而是出现一定阻值，说明可变电容器动片与定片之间存在漏电现象。

4. 电感器

电感器也称电感线圈。当线圈导体中有电流流过时，会在其周围产生磁场，而磁场的强弱与流过线圈的电流、线圈的形状及周围的介质有关。把线圈周围产生的磁场与其中流过的电流之比称为电感，用符号 L 表示，单位为亨利（H），简称亨。常用的单位是 mH（毫亨）、μH（微亨）。它们之间的关系为：$1H=10^3mH$，$1mH=10^3\mu H$。

(1) 电感器的分类

电感器是用绝缘导线，如漆包线或纱包线在支架上或铁芯上绕制成的。按形式分有固定电感、可变电感和微调电感；按导磁体性质分有空心电感、磁芯电感和铜芯电感等。常用电感器的外形如图 2-40 所示。

(2) 电感器的选用

根据电路的要求选择合适的电感器。使用时要注意通过电感器的工作电流必须要小于它

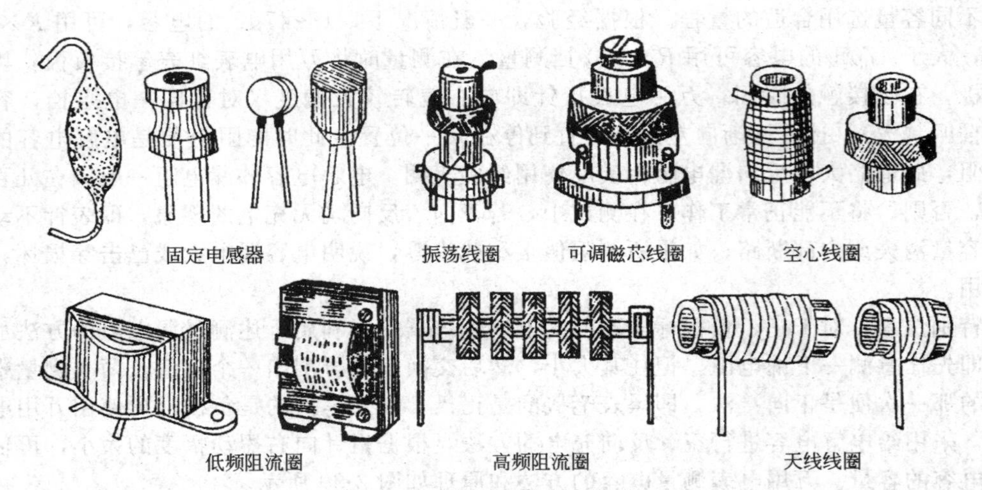

图 2-40　常用电感器的外形

的允许电流，否则电感器将发热，使其性能变坏或烧坏。不要随便改变电感器线圈的形状和线圈间的距离，否则会影响电感器的电感量。电感器相互间的位置以及和其他元件的位置，要安排合理，以免相互影响。

(3) 电感器的测试

① 一般测试：用万用表对电感器作初步检测，即检查电感器线圈有无断路和短路故障，可用万用表欧姆挡测量线圈的直流电阻，并与正常值比较。若指针不动或阻值显著增大，则可能断路；若比正常值小得多，则表示严重短路。线圈的局部短路，需用专门仪器进行测试。

② 电感器的电感量和品质因数的测试：电感量 L 和品质因数 Q 可采用电感测量仪或万用电桥测试。线圈之间、线圈和铁芯、屏蔽层、金属屏蔽罩之间的绝缘电阻，可用兆欧表或万用表测试。

二、常用半导体器件

常用半导体器件包括半导体二极管和三极管。

1. 二极管

(1) 二极管的结构、类型及参数

把一块纯净半导体一部分制成 P 型半导体，另一部分制成 N 型半导体，则在 N 型和 P 型半导体之间的交界面上形成了具有单向导电性能的 PN 结，分别从 P 区和 N 区引出两个电极，并以管壳封装则制成了二极管。从 P 区引出的电极称为正极，从 N 区引出的电极称为负极。二极管最主要的特性是单向导电性。普通二极管的结构、电路图形符号如图 2-41 所示。

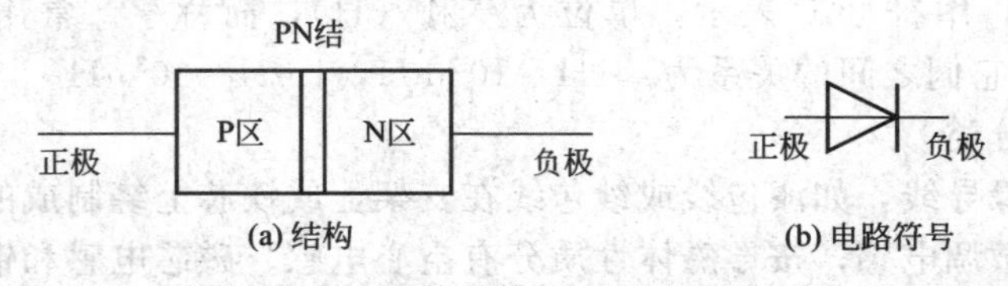

图 2-41　二极管的结构、电路图形符号

① 正向特性　当加在二极管两端的正向电压（P 为正、N 为负）很小时（锗管小于 0.1V，硅管小于 0.5V），管子不导通，处于截止状态，当正向电压超过一定数值后，管子

才导通，电压再稍微增大，电流急剧增加。不同材料的二极管，起始电压不同，硅管为0.5～0.7V，锗管为0.1～0.3V。

② 反向特性　二极管两端加上反向电压时，反向电流很小，当反向电压逐渐增加时，反向电流基本保持不变，这时的电流称为反向饱和电流。不同材料的二极管，反向电流大小不同，硅管约为1μA到几十微安，锗管则可高达数百微安，另外，反向电流受温度变化的影响很大，锗管的稳定性比硅管差。

③ 击穿特性　当反向电压增加到某一数值时，反向电流急剧增大，这种现象称为反向击穿。这时的反向电压称为反向击穿电压，不同结构、工艺和材料制成的管子，其反向击穿电压值差异很大，可由1V到几百伏，甚至高达数千伏。

④ 频率特性　由于结电容的存在，当频率高到某一程度时，容抗小到使PN结短路，导致二极管失去单向导电性，不能工作，PN结面积越大，结电容也越大，越不能在高频情况下工作。

二极管的主要参数：普通二极管有最大整流电流 I_{FM}、最高反向工作电压 U_M、反向电流 I_R、最高工作频率 f_M 等；发光二极管有正向电压降 U_F、最大电流 I_M、最大功率 P_M 等；稳压二极管有稳压电压 U_z、最大工作电流 I_M、动态电阻 r_0、最大功率 P_M 等。

二极管的类型有整流二极管、检波二极管、开关二极管、稳压二极管等，二极管的封装结构如图2-42所示。二极管的外形及特点如表2-12所示。

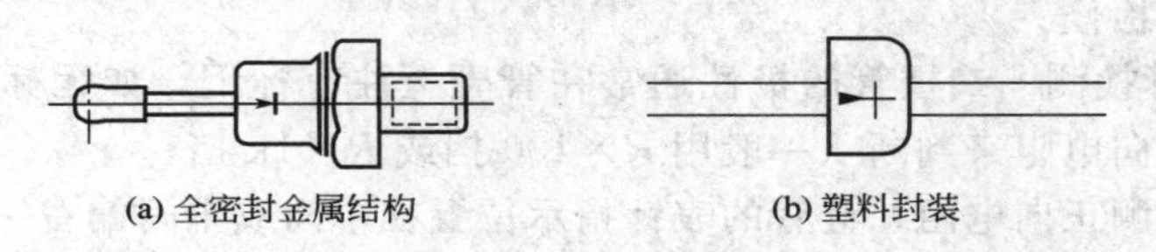

(a) 全密封金属结构　　(b) 塑料封装

图2-42　二极管全塑料封装图

表2-12　二极管的外形及特点

类型	普通二极管	发光二极管	稳压二极管	特殊二极管	金属封装大功率管
外形					
符号					
用途	整流、检波等	正向通电发光	反向应用于稳压	各种相关应用	大功率整流
特点	整流二极管 检波二极管 开关二极管	发红色、绿色、黄色、红外、激光等发光二极管	各种金封、塑封和玻璃封装稳压二极管	各种敏感二极管、变容二极管等	金属封装

① 整流二极管　将交流电整流成为直流电的二极管叫作整流二极管，它是面结合型的功率器件，因结电容大，故工作频率低。通常，I_F 在1A以上的二极管采用金属壳封装，以利于散热；I_F 在1A以下的采用全塑料封装（见图2-42），由于近代工艺技术不断提高，国

外出现了不少较大功率的管子，也采用塑封形式。

② 检波二极管　检波二极管是用于把叠加在高频载波上的低频信号检出来的器件，它具有较高的检波效率和良好的频率特性。

③ 开关二极管　在脉冲数字电路中，用于接通和关断电路的二极管叫开关二极管，它的特点是反向恢复时间短，能满足高频和超高频应用的需要。

开关二极管有接触型、平面型和扩散台面型几种，一般 I_F＜500mA 的硅开关二极管多采用陶瓷片状全密封环氧树脂封装，引脚较长的一端为正极，如图 2-43 所示。

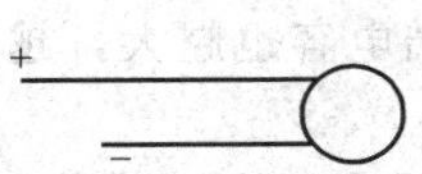

图 2-43　陶瓷片状全密封环氧树脂封装

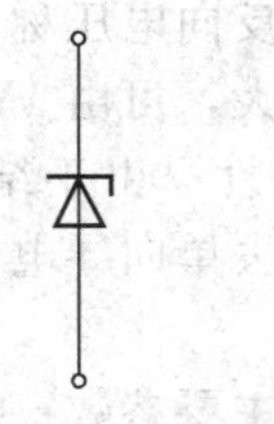

图 2-44　稳压二极管的图形符号

④ 稳压二极管　稳压二极管是由硅材料制成的面结合型晶体二极管，它是利用 PN 结反向击穿时的电压基本上不随电流的变化而变化的特点，来达到稳压的目的，因为它能在电路中起稳压作用，故称为稳压二极管（简称稳压管），图形符号如图 2-44 所示。

（2）二极管的检修

① 普通二极管检测　二极管的极性通常在管壳上注有标记，如无标记，可用万用电表电阻挡测量其正反向电阻来判断（一般用 $R\times100$ 挡或 $R\times1$k 挡）。

测试方法：先测正向电阻，硅管的表针指示位置在中间或中间偏右一点，锗管的表针指示在右端靠近满刻度的地方，表明管子正向特性是好的。如果表针在左端不动，则管子内部已经断路；再测反向电阻，硅管的表针在左端基本不动，极靠近∞位置，锗管的表针从左端起动一点，但不应超过满刻度的 1/4，则表明反向特性是好的。如果表针指在 0 位，则管子内部已短路。

② 发光二极管的检测　发光二极管的正向阻值比普通二极管大，一般在 10kΩ 的数量级，反向电阻在 500kΩ 以上。且发光二极管的正向压降比较大，用万用电表 $R\times1$k 以下各挡，因表内电池仅为 1.5V，不能使发光二极管正向导通和发光。一般用 $R\times1$k 挡（内部电池是 9V 或更大）进行测试，可测出正向电阻，同时可看到发光二极管发出微弱的光。若测得的正、反向电阻都很小，说明内部击穿短路。若测得的正、反向电阻都是无限大，说明内部开路。

2. 晶体三极管

晶体三极管（以下简称三极管）是电子线路中的核心元件，在模拟电路中用它构成各种放大器，各种波形产生、变化和信号处理电路；在脉冲数字电路中，作为开关控制元件。

（1）三极管的结构、类型及参数

三极管的结构如图 2-45 所示，图 2-45(a) 是 NPN 型管的结构图，它是由两块 N 型半导体中间夹着一块 P 型半导体所组成，发射区与基区之间形成的 PN 结称为发射结，而集电区与基区之间形成的 PN 结称为集电结，三条引线分别称为发射极 e、基极 b 和集电极 c。图 2-45(b) 是 PNP 型管的结构图。

以 NPN 管为例进行分析。当 b 点电位高于 e 点电位零点几伏时，发射结处于正偏状态，而 c 点电位高于 b 点电位几伏时，集电结处于反偏状态，集电极电源要高于基极电源。在制造三极管时，使发射区的多数载流子浓度大于基区的，同时基区做得很薄，而且，要严格控

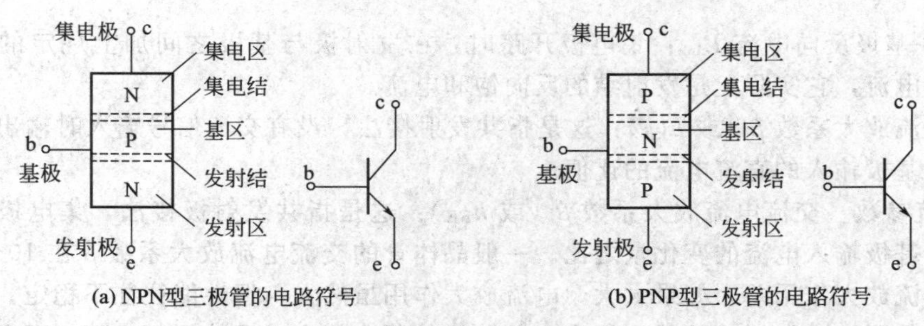

(a) NPN型三极管的电路符号　　(b) PNP型三极管的电路符号

图 2-45　三极管结构和电路符号

制杂质含量，这样，一旦接通电源后，由于发射结正偏，发射区的多数载流子（电子）及基区的多数载流子（空穴）很容易地穿越过发射结互相向反方扩散，但因前者的浓度差大于后者，所以通过发射结的电流基本上是电子流，这股电子流称为发射极电流 I_e。

由于基区很薄，加上集电结的反偏，注入基区的电子大部分越过集电结进入集电区而形成集电极电流 I_c，只剩下很少（1%～10%）的电子在基区与空穴进行复合，被复合掉的基区空穴由基极电源重新补充，从而形成了基极电流 I_b。根据电流连续性原理得，$I_e=I_b+I_c$，这就是说，在基极补充一个很小的电流，就可以在集电极上得到个较大的电流，这就是所谓电流放大作用，即 $I_c=\beta I_b$，式中，β 为直流电流放大倍数。集电极电流的变化量与基极电流的变化量之比为交流电流放大倍数，由于低频时两者的数值相差不大，对两者不作严格区分，β 值约为几十至一百多。

三极管是一种电流放大器件，实际使用中常常利用三极管的电流放大作用，通过电阻转变为电压放大作用。

三极管的外形大小各有不同，常见外形如表 2-13 所示。

表 2-13　三极管外形及特点

类型	塑封小功率管	金封小功率管	塑封大功率管	金封大功率管	片状三极管
外形					
特点	各种小功率高、低频管	各种小功率高、低频管	塑封造价低，大功率需加合适的散热片	功率大，需加合适的散热片	引脚短（或无），贴片安装，特性好

三极管的主要参数如下。

① 直流参数　集电极-基极反向饱和电流 I_{cbo}：发射极开路时，基极和集电极之间加上规定的反向电压时的集电极反向电流，它只与温度有关，在一定温度下是个常数，所以称为集电极-基极的反向饱和电流。良好的三极管 I_{cbo} 很小，小功率锗管的 I_{cbo} 为 1～10μA，大功率锗管 I_{cbo} 的可达数毫安，而硅管的 I_{cbo} 则非常小，为纳安级。

集电极-发射极反向电流 I_{ceo}（穿透电流）：基极开路时，集电极和发射极之间加上规定反向电压时的集电极电流。I_{ceo} 大约是 I_{cbo} 的 β 倍，即 $I_{ceo}=(1+\beta)I_{cbo}$，I_{cbo} 和 I_{ceo} 受温度影响极大，它们是衡量管子热稳定性的重要参数，其值越小，性能越稳定，小功率锗管比硅管大。

发射极-基极反向电流 I_{ebo}：集电极开路时，在发射极与基极之间加上规定的反向电压时发射极的电流，它实际上是发射结的反向饱和电流。

直流电流放大系数 β（或 h_{FE}）：这是指共发射接法，没有交流信号输入时输出的集电极直流电流与基极输入的直流电流的比值。

② 交流参数　交流电流放大系数 β（或 h_{FE}）：这是指共发射极接法，集电极输出电流的变化量与基极输入电流的变化量之比。一般晶体管的交流电流放大系数 β 在 10～200，如果太小，电流放大作用差，如果太大，电流放大作用虽然大，但性能往往不稳定。

交流参数还有共发射极的截止频率、共基极的截止频率以及特征频率等，可参考相关的书籍。

③ 极限参数　集电极最大允许电流 I_{CM}：当集电极电流增加到某一数值，引起 β 值下降到额定值的 2/3 或 1/2，这时的集电极电流值称为 I_{CM}。所以当集电极电流超过 I_{CM} 时，虽然不致使管子损坏，但 β 值显著下降，影响放大质量。

集电极最大允许耗散功率 P_{CM}：当集电极流过电流时，管子温度要升高，管子因受热而引起参数的变化不超过允许值时的最大集电极耗散功率称为 P_{CM}。管子实际的耗散功率等于集电极直流电压和电流的乘积。使用时不应超过 P_{CM}。P_{CM} 与散热条件有关，增加散热片可提高 P_{CM}。

极限参数还有集电极-基极击穿电压、发射极-基极反向击穿电压以及集电极-发射极击穿电压等，超过管子会被击穿。

（2）晶体三极管的测试

一些典型晶体管引脚排列如图 2-46 所示。

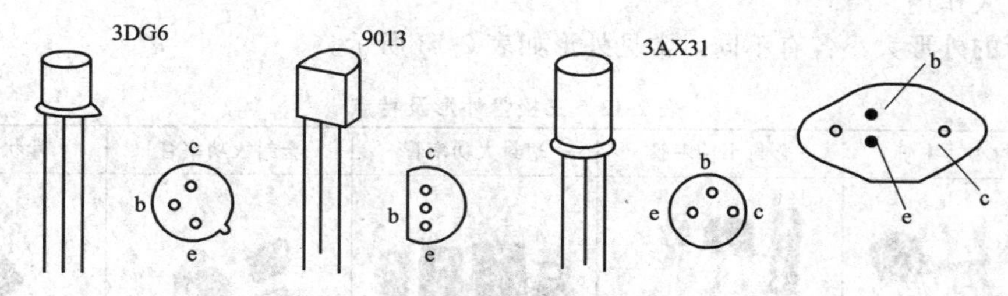

图 2-46　典型晶体管的引脚排列

用万用电表的电阻挡判别三极管的基极，就是测 PN 结的单向导电性。

① 基极的判别　对 1W 以下的小功率管，选用万用电表的 $R\times100$ 或 $R\times1k$ 挡；对于测量 1W 以上的大功率管，则选用 $R\times1$ 挡或 $R\times10$ 挡。

首先，选一引脚假设其为基极，将万用电表的黑表笔接触该引脚，再将万用电表的红表笔分别接触另外两引脚，若两次测得电阻值都小，再交换表笔，即红表笔接所设基极，而用黑表笔分别接触其余两引脚，两次测得电阻值都大，则所设基极是正确，如图 2-47 所示。若上面两次测试中阻值是“一大一小”，则所设电极就不是基极，需再另选一电极并设为基极继续进行测试，直至判断出基极为止。

测出基极的同时，还可判别出管型。用万用电表的黑表笔接触基极，再用万用电表的红表笔分别接触另外两脚，若两次测得的电阻值均小，则管子是 NPN 型；用万用电表的黑表笔接触基极，再用红表笔分别接触另外两脚，若两次测得的电阻值均大，则所测管子为 PNP 型。

② 判别三极管的集电极和发射极　用测量放大系数的方法测量，粗略地说，对于一只

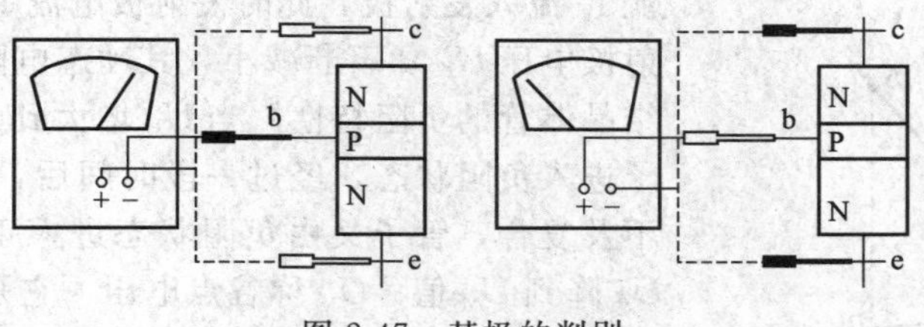

图 2-47　基极的判别

三极管，在集电极和基极之间加上人体电阻时，指针偏转角度越大，三极管的电流放大系数越大。

以 NPN 型管为例，在已判出基极和管型的情况下，假设余下两引脚中一脚为集电极，将万用电表的黑表笔接所设集电极，红表笔接另一脚。在所设集电极和基极之间加上一人体电阻，如图 2-48 所示。观察表针偏转情况。交换表笔，设引脚中另一脚为集电极，仍在所设集电极和基极之间加上人体电阻，观察表针的偏转位置。两次假设中，指针偏转大的一次黑表笔所接电极是集电极，另一脚是发射极。

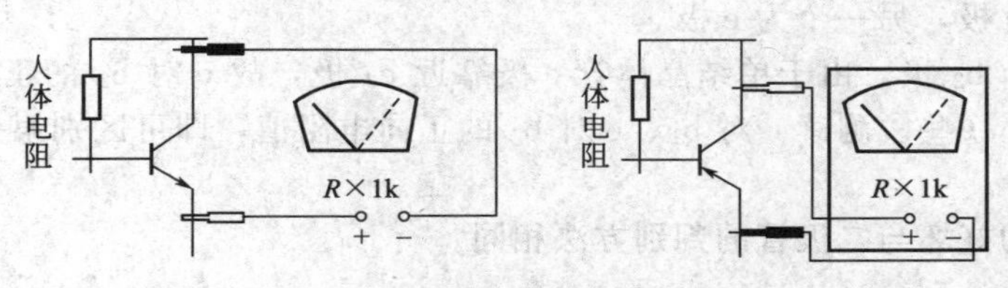

图 2-48　集电极和发射极的判别

对于 PNP 型三极管，黑表笔接所设发射极，仍在基极和集电极之间加人体电阻，观察指针偏转大小，指针偏转较大的一次，黑表笔接的是发射极。

3. 单结晶体管

(1) 单结晶体管的结构和特性

单结晶体管示意性结构如图 2-49(a) 所示，在一 N 型硅半导体上，引出两个电极，称第一基极 b_1 与第二基极 b_2，这两个基极之间的电阻即基片电阻约 2～12kΩ。在靠近 b_2 极处，掺入 P 型杂质并引出电极称发射极 e。所以它有三个引出端，只有一个 PN 结，故称单结晶体管，也叫双基极二极管。其等效电路、符号与引脚分别如图 2-49(b)、(c)、(d) 所示。

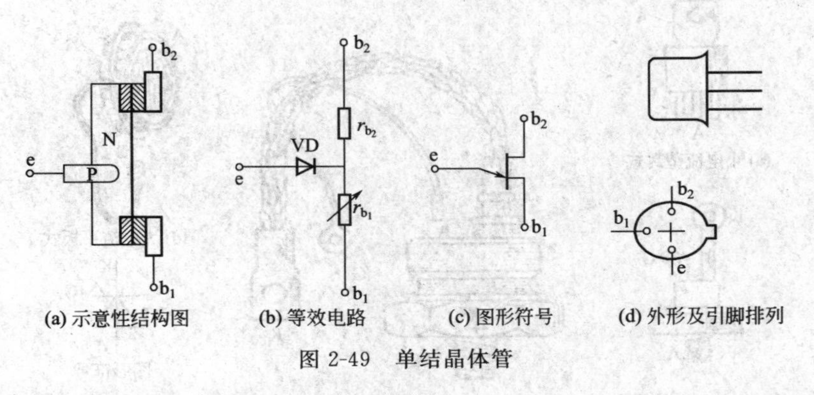

图 2-49　单结晶体管

单结晶体管的典型特性是负阻特性。即当其发射极 e 电压 $U_e > U_P$ 时（U_P 称为峰点电压，由管子内部结构和双基极间所加电压 U_{bb} 决定，$U_P = \eta U_{bb} + 0.7V$，η 为分压比），有电

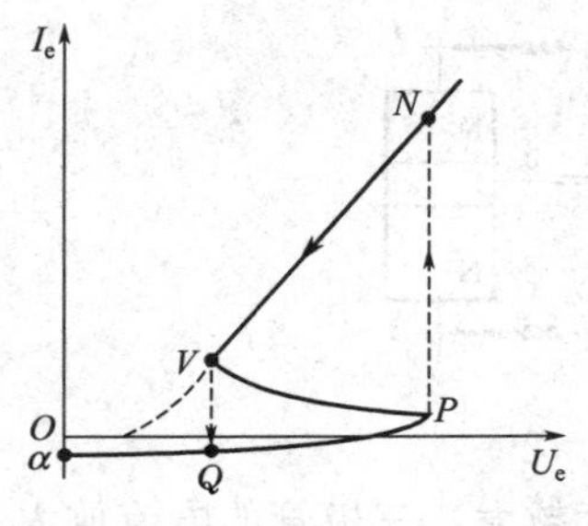

图 2-50　单结晶体管的伏安特性

流 I_e 流入发射极，此时发射极电流 I_e 虽然不断增大，发射极电压 U_e 却不断减小，其动态电阻为负值，这就是单结晶体管的负阻特性。当 U_e 增大到峰点电压 U_P 时，管子进入负阻状态，经过一段时间后，由于 N 区的空穴来不及复合，管子又由负阻状态进入正阻饱和状态，此时 U_e 降到 U_v 值。U_v 称谷点电压，它是维持管子导通的最小发射极电压，一旦 $U_e<U_v$ 时管子重新截止，如图2-50所示。

(2) 单结晶体管的检测

首先确定 e 极。单结晶体管的 e 对 b_1、e 对 b_2 都相当于一个二极管，b_1 和 b_2 之间相当于一个固定电阻。把万用表拨到 $R\times100$ 挡，将红、黑表笔分别接单结晶体管任意两个引脚，测读其电阻。接着对调红、黑表笔，测读其电阻。若第一次测得电阻小，第二次测得电阻大，则第一次测试时黑表笔所接的引脚为 e 极，红表笔所接引脚为 b 极，另一引脚也是 b 极。e 极对另一个 b 极的测试情况同上。若两次测得的电阻值都一样，约在 2～10kΩ，那么这两个引脚都为 b 极，另一个为 e 极。

其次确定 b_1、b_2 极。由于单结晶体管 e 极靠近 b_2 极，故 e 对 b_2 的正向电阻比 e 对 b_1 的正向电阻要稍小一些。测读 e 对 b_1、e 对 b_2 的正向电阻值，即可区别第一基极 b_1 和第二基极 b_2。

单结晶体管的好坏与二极管的判别方法相同。

4. 晶闸管

晶闸管是最基本的电力电子器件，它的全称是晶体闸流管，也称可控硅，简称 SCR。

(1) 晶闸管的结构、原理及参数

① 晶闸管的结构、原理　晶闸管是一种四层功率半导体器件，有三个引出极，阳极 A、阴极 K 和门极 G。常用的有螺旋式与平板式，外形与符号如图 2-51 所示。晶闸管是电力电子器件，工作时发热大，必须安装散热器，如图 2-52 所示。晶闸管必须与散热器配合使用，如图 2-51(a) 所示为小电流塑封式，电流稍大时也需紧固在散热板上，图 2-51(b)、(c) 为螺旋式，使用时必须紧拴在散热器上，图 2-51 中的 (d) 为平板式，使用时由两个彼此绝缘的散热器将其紧夹在中间。而图 2-52(a) 适用于螺旋式，图 2-52(b)、(c) 则适用于平板式。因平板式两面散热效果好，电流在 200A 以上的管子都采用平板式结构。

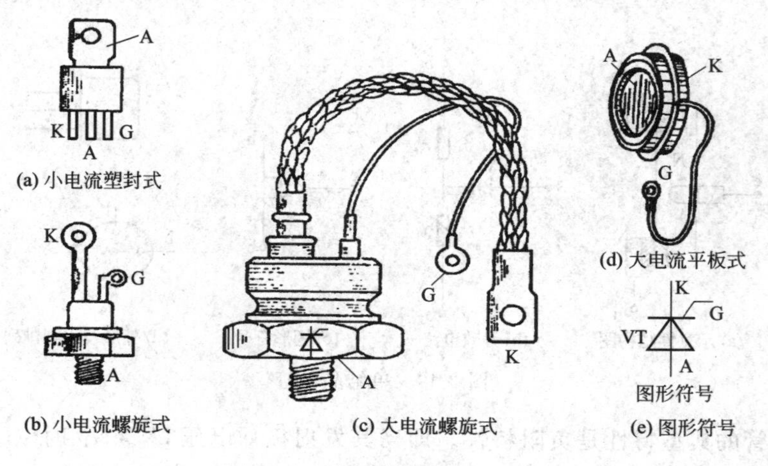

图 2-51　晶闸管的外形与符号

晶闸管的芯片内部原理性结构如图 2-53 所示，管芯由四层半导体（$P_1N_1P_2N_2$）组成，形成三个 PN 结。当晶闸管阳极与阴极间加上正向电压，管子还不能导通，只有在门极和阴极之间也加上一正向电压并使门极流入一定大小的电流，管子才能单向导电，所以说晶闸管具有正向导通的可控性。

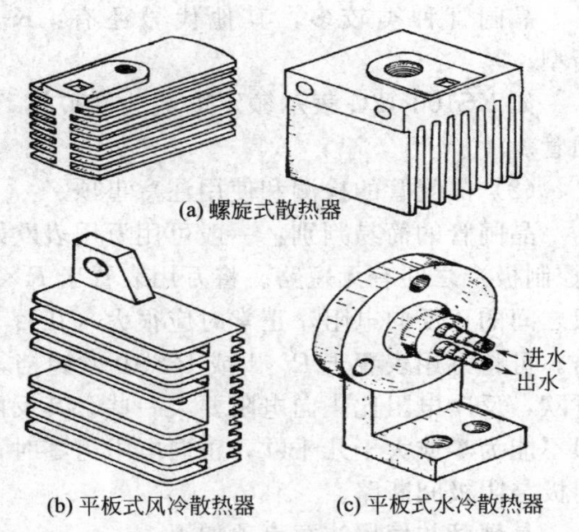

(a) 螺旋式散热器

(b) 平板式风冷散热器　(c) 平板式水冷散热器

图 2-52　晶闸管的散热器

晶闸管加门极电流使其导通的过程称为触发，管子一旦触发导通后门极就失去控制作用。要使已导通的晶闸管恢复阻断，可通过降低管子的阳极电压或增加阳极回路电阻的方法，使流过管子的阳极电流减小，当减到一定值时，管子会恢复阻断。将门极断开时，能维持管子导通所需的最小阳极电流称为维持电流。因此管子关断的条件是阳极电流小于维持电流。

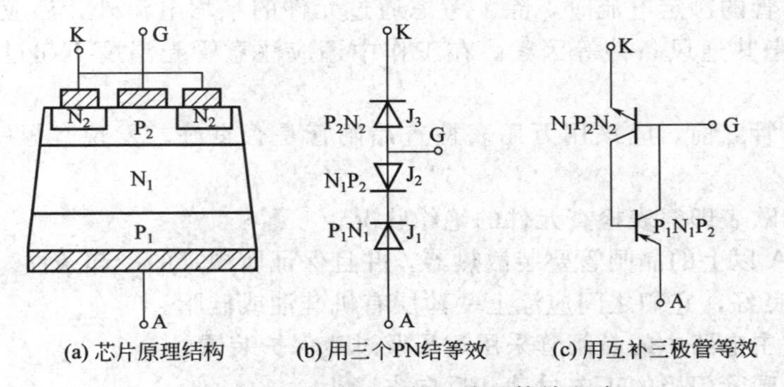

(a) 芯片原理结构　(b) 用三个PN结等效　(c) 用互补三极管等效

图 2-53　晶闸管的内部芯片及等效电路

② 晶闸管的主要特性参数　额定电压：由于晶闸管工作时温度可能升高，在使用中会出现各种不可避免的瞬时过电压，因此在选用管子的额定电压时，应比工作电路中加在管子上的最大瞬时电压值大 2～3 倍。额定电压以电压等级来表示。

额定电流：也称额定通态平均电流，指在室温 40℃ 和规定的冷却条件下，器件在电阻负载流过正弦半波电路中，结温不超过额定结温时所允许的最大通态平均电流值，将此值取靠近电流等级即为器件的额定电流。和其他电气设备一样，限制晶闸管最大电流的是温度。由于造成管子发热的原因是管子功耗，它应由流过管子电流的有效值来决定，而晶闸管额定电流是以通态平均电流来标定的。为此，可根据管子额定电流换算出额定有效电流，还要考虑到 1.5～2 倍安全裕量。

通态平均电压：在规定环境温度和标准散热条件下，管子流过额定正弦半波电流时，其阳极、阴极之间的平均电压称通态平均电压，简称管压降，一般为 0.4～1.2V 之间。

按国家有关部门规定，国产晶闸管的型号及其含义如下：

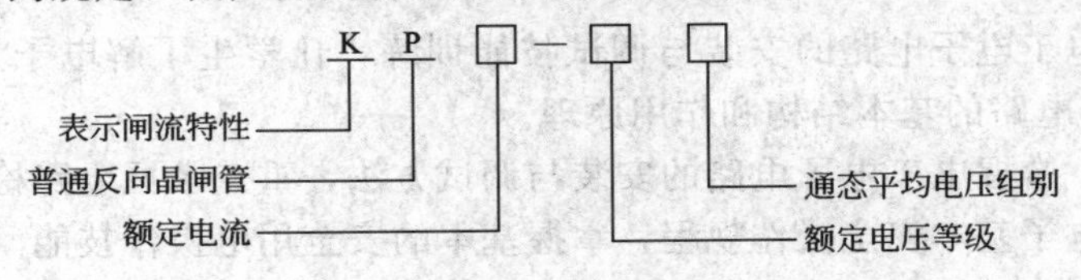

晶闸管种类较多，其他代号还有：K—快速型，S—双向型，N—逆导型，G—可关断型。

如KS100-12G表示额定电流为100A，额定电压为1200V，管压降为1V的双向型晶闸管。

（2）晶闸管的检测和使用注意事项

晶闸管的简易判别：一般可用万用表欧姆挡检查晶闸管阳极与阴极之间以及阳极与门极（控制极）之间有无短路。将万用表置于$R\times1k$的欧姆挡，测量阳极与阴极之间、阳极与门极之间的正反向电阻，正常时应很大（几百千欧以上）。再检查门极与阴极间有无短路或断路。可将万用表置于$R\times1$或$R\times10$欧姆挡，测出门极对阴极正向电阻，一般应为几欧至几百欧，反向电阻比正向电阻要大一些。其反向电阻不太大不能说明晶闸管不好，但其正向电阻不能为零或大于几千欧，正向电阻为零时，说明门极与阴极间短路；大于几千欧时，说明门极与阴极间断路。

晶闸管的使用注意事项如下。

① 选用晶闸管的额定电压时，应参考实际工作条件下的峰值电压的大小，并留出一定的裕量。

② 选用晶闸管的额定电流时，除了考虑通过元件的平均电流外，还应注意正常工作时导通角的大小、散热通风条件等因素。在工作中还应注意管壳温度不超过相应电流下的允许值。

③ 使用晶闸管之前，应该用万用表检查晶闸管是否良好。发现有短路或断路现象时，应立即更换。

④ 严禁用兆欧表即摇表检查元件的绝缘状况。

⑤ 电流为5A以上的晶闸管要装散热器，并且保证所规定的冷却条件。为保证散热器与晶闸管管芯接触良好，它们之间应涂上一薄层有机硅油或硅脂。

⑥ 按规定对主电路中的晶闸管采用过压及过流保护装置。

⑦ 要防止晶闸管门极的正向过载和反向击穿。

【能力拓展】

1. 能力拓展项目

① 场效应管的识别与检测，确定操作工艺流程，并编制器材明细表，编写检测报告。

② 双向晶闸管的识别与检测，确定操作工艺流程，并编制器材明细表，编写检测报告。

③ 全控型电力电子器件的识别与检测，确定操作工艺流程，并编制器材明细表，编写检测报告。

2. 拓展训练目标

通过能力拓展项目的训练，使学生能够进一步理解常用电力电子器件的识别与检测操作方法，提高常用电力电子器件的应用能力。

任务四　电工电子电路的安装与调试技能训练

【任务描述】

① 通过常用电工电子电路的安装与调试技能训练，让学生了解电子元器件的特性与作用，掌握电工电子电路的基本结构和作用原理。

② 通过训练，掌握电工电子电路的安装与调试方法，重点掌握电路检修的操作技能。

③ 掌握电工电子基本安全操作规程，掌握基本的安全用电操作技能。

【技能要点】

① 掌握电工电子电路的结构与作用原理。

② 掌握电工电子电路的安装与调试技能。

③ 掌握电工电子电路的维修操作技能。

【任务实施】

一、直流稳压电源的装调

训练内容说明：直流稳压电源元件的识别，完成元件的检测，进行直流稳压电源的安装与调试，并完成电源电路故障的维修工作，编制直流稳压电源的装调报告。

1. 编制技能训练器材明细表

本技能训练任务所需器材见表 2-14。

表 2-14 技能训练器材明细表

器件序号	器件名称	性能规格	所需数量	用途备注
01	直流稳压电源套件		1套	
02	电子示波器	双踪	1台	
03	数字电压表		1块	
04	验电笔	500V	1支	
05	万用电表	MF-47,南京电表厂	1块	
06	常用维修电工工具		1套	

2. 技能训练前的检查与准备

① 确认技能训练环境符合维修电工操作的要求。

② 确认技能训练器件与测试仪表性能良好。

③ 编制技能训练操作流程。

④ 做好操作前的各项安全工作。

3. 技能训练实施步骤

① 电路原理阅读训练。直流稳压电源的原理图如图 2-54 所示。

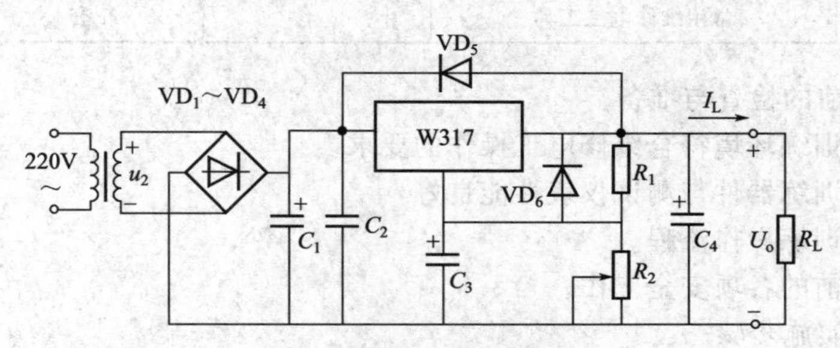

图 2-54 直流稳压电源的原理图

图中，220V 交流电压经变压器降压，再经过桥式整流和电容滤波，最后经稳压电路输出稳定的电压。稳压电路的工作过程为：当电网电压或负载变化引起直流输出电压 U_o变化，由 R_1、R_2组成的取样环节取出输出电压的一部分送入集成稳压块内，并与集成块内的基准电压进行比较，产生的误差信号经放大后，改变稳压块的管压降，以调整输出电压的变化，从而达到稳定输出的目的。

② 识别与检测电路元件。识别电路元件，观察其外形结构，了解其主要作用，用万用

表逐个检测电路元件，并判断元件的管脚与极性，若有损坏，加以更换。

③ 安装与焊接电路元件。在电路板上按照元件的位置和极性进行安装与焊接，边安装与焊接，边进行检查，检查元件有无错误，焊接有无虚焊、假焊和漏焊等现象，若有，应加以修复。

④ 通电调试直流稳压电源。通电前，对电路再进行一次认真的检查。确认电路安装连接完整且接线无误后，进行通电调试。

再将电路接上规定的负载后，接通交流电源后，测量电路输出直流电压的大小，通过调节电位器 R_2，观察电路输出直流电压的可调范围，是否满足规定的要求。

⑤ 直流稳压电源的故障检修。若在通电调试过程中出现故障，应认真分析其原因，找出排除故障的方法和措施，排除故障。

⑥ 编制直流稳压电源的装调报告，总结直流稳压电源的装调与检修的操作规程。

4. 清理现场和整理器材

训练完成后，清理现场，整理好所用器材、工具，按照要求放置到规定位置。

二、声、光控电子开关电路的装调

训练内容说明：声、光控电子开关电路的识别，完成元件的检测，进行声、光控电子开关电路的安装与调试，并完成声、光控电子开关电路故障的维修工作，编制声、光控电子开关电路的装调报告。

1. 编制技能训练器材明细表

本技能训练任务所需器材见表 2-15。

表 2-15　技能训练器材明细表

器件序号	器件名称	性能规格	所需数量	用途备注
01	声、光控电子开关电路套件		1 套	
02	电子示波器	双踪	1 台	
03	数字电压表		1 块	
04	验电笔	500V	1 支	
05	万用电表	MF-47	1 块	
06	常用维修电工工具		1 套	

2. 技能训练前的检查与准备

① 确认技能训练环境符合维修电工操作的要求。

② 确认技能训练器件与测试仪表性能良好。

③ 编制技能训练操作流程。

④ 做好操作前的各项安全工作。

3. 技能训练实施步骤

① 电路原理阅读训练。声、光控电子开关电路原理图如图 2-55 所示。

夜晚或环境无光时，光敏电阻 RG 的阻值很大，约 12MΩ 左右，4011A 与非门的输入端为高电平，输出为低电平，二极管 VD_6 截止，这时如有人走动或拍手时产生声波，压电陶瓷片 B 将声波转换成电信号，经 4011C、电容 C_3、电阻 R_8 组成的交流放大电路进行放大，在 4011C10 脚产生低电平，使 4011D 的 11 脚产生高电平，使晶闸管导通，电子开关闭合，照明灯 EL 发光。随着电容 C_4 通过电阻 R_7 充放电的进行，使 4011B 的 5、6 脚的电平不断下降，当达到与非门的关门电平时，4011B 的 4 脚输出高电平，4011D 的 11 脚输出低电平，

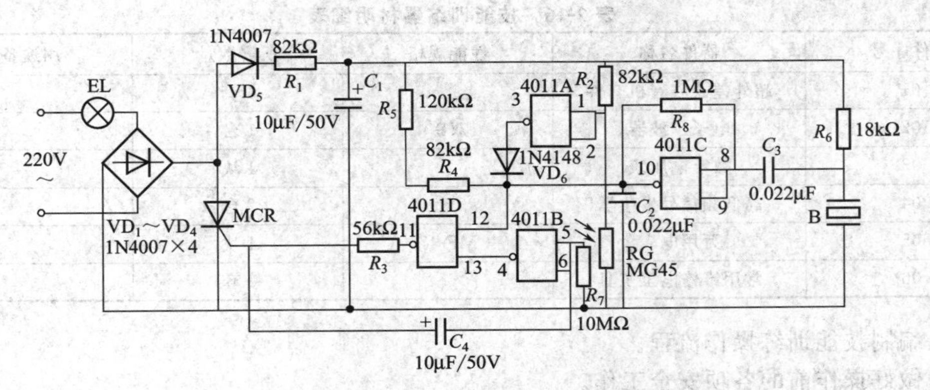

图 2-55　声、光控电子开关电路的原理图

晶闸管在阳阴极之间电压过零时而截止，灯泡熄灭。定时时间最长可达 60s。

白天时，光敏电阻 RG 呈低阻态，4011A 与非门的输入端为低电平，输出为高电平，二极管 VD_6 导通，使 4011D 中的 12 脚为高电平。由于静态时，4011B 中的 5、6 脚为低电平，使输出脚 4 为高电平，所以 4011D 中的 11 脚为低电平，晶闸管无触发脉冲而截止，电子开关断开，灯不亮，由于 12 脚被钳位在高电平，即使有声音，输出的状态也不会改变。完成一次完整的电子开关由开到关的过程。

② 识别与检测电路元件。识别电路元件，观察其外形结构，了解其主要作用，用万用表逐个检测电路元件，并判断元件的引脚与极性，若有损坏，加以更换。

③ 安装与焊接电路元件。在电路板上按照元件的位置和极性进行安装与焊接，边安装与焊接，边进行检查，检查元件有无错误，焊接有无虚焊、假焊和漏焊等现象，若有，应加以修复。

④ 通电调试。通电前，对电路再进行一次认真的检查。确认电路安装连接完整且接线无误后，进行通电调试。

再将电路接上规定的负载灯泡后，接通交流电源后，测量电路直流电压的大小，然后拍手观察灯泡是否发光；再将光敏电阻 RG 用黑布捂住，拍手观察灯泡是否发光，一会熄灭，测试发光的时间长短，大约为 60s。

⑤ 声、光控电子开关电路的故障检修。若在通电调试过程中出现故障，应认真分析其原因，找出排除故障的方法和措施，排除故障。

⑥ 编制声、光控电子开关电路的装调报告，总结声、光控电子开关电路的装调与检修的操作规程。

4. 清理现场和整理器材

训练完成后，清理现场，整理好所用器材、工具，按照要求放置到规定位置。

三、超外差式收音机的装调

训练内容说明：超外差式收音机元件的识别，完成元件的检测，进行超外差式收音机的安装与调试，并完成超外差式收音机故障的维修工作，编制超外差式收音机的装调报告。

1. 编制技能训练器材明细表

本技能训练任务所需器材见表 2-16。

2. 技能训练前的检查与准备

① 确认技能训练环境符合维修电工操作的要求。

② 确认技能训练器件与测试仪表性能良好。

表 2-16 技能训练器材明细表

器件序号	器件名称	性能规格	所需数量	用途备注
01	超外差式收音机套件		1套	
02	电子示波器	双踪	1台	
03	数字电压表		1块	
04	高低频信号发生器		2台	
05	万用电表	MF-47	1块	
06	常用维修电工工具		1套	

③ 编制技能训练操作流程。

④ 做好操作前的各项安全工作。

3. 技能训练实施步骤

① 电路原理阅读训练。超外差式收音机原理图如图 2-56 所示。

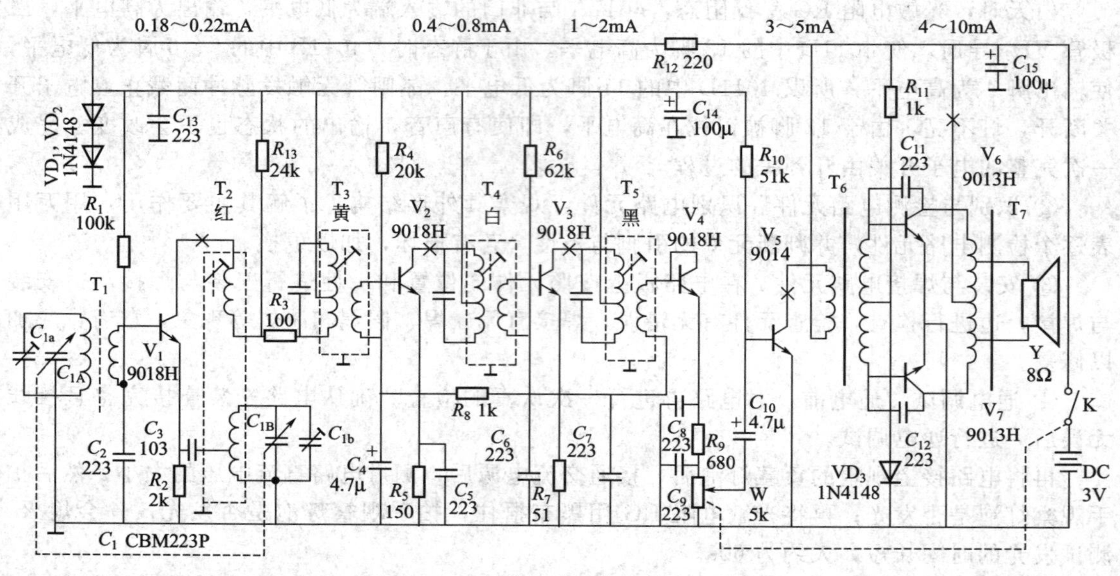

图 2-56 超外差式收音机的原理图

输入回路从天线接收到的众多广播电台发射出的高频调幅波信号中选出所需接收的电台信号，将它送到混频管，本机振荡产生的始终比外来信号高 465kHz 的等幅振荡信号也被送入混频管。利用晶体管的非线性作用，混频后产生这两种信号的“基频”、“和频”、“差频”……，其中差频为 465kHz，由选频回路选出这个 465kHz 的中频信号，将其送入中频放大器进行放大，经放大后的中频信号再送入检波器检波，还原成音频信号，音频信号再经前置低频放大和功率放大送到扬声器，由扬声器还原成声音。

② 识别与检测电路元件。识别电路元件，观察其外形结构，了解其主要作用，用万用表逐个检测电路元件，并判断元件的引脚与极性，若有损坏，加以更换。

③ 安装与焊接电路元件。在电路板上按照元件的位置和极性进行安装与焊接，边安装与焊接，边进行检查，检查元件有无错误，焊接有无虚焊、假焊和漏焊等现象，若有，应加以修复。

④ 通电调试。通电前，对电路再进行一次认真的检查。确认电路安装连接完整且接线无误后，进行超外差式收音机通电调试。

先进行静态调试，后进行动态调试。静态调试是在静态的情况下调整电路各级的静态工作电流，是否符合规定的数值。动态调试包括中频的调整、频率范围的调整以及整机灵敏度的统调等，是否达到要求。

⑤ 超外差式收音机的故障检修。若在通电调试过程中出现故障，应认真分析其原因，找出排除故障的方法和措施，排除故障。

⑥ 编制超外差式收音机的装调报告，总结超外差式收音机的装调与检修的操作规程。

4. 清理现场和整理器材

训练完成后，清理现场，整理好所用器材、工具，按照要求放置到规定位置。

【任务评价与考核】

一、直流稳压电源的装调

考核要点：

① 元件的测试方法是否正确，焊接操作是否规范；

② 直流稳压电源装调的操作方法是否正确，操作是否规范；

③ 直流稳压电源的验收质量是否合格，检修操作要领是否正确和规范。

二、声、光控电子开关电路的装调

考核要点：

① 元件的测试方法是否正确，焊接操作是否规范；

② 声、光控电子开关电路装调的操作方法是否正确，操作是否规范；

③ 声、光控电子开关电路的验收质量是否合格，检修操作要领是否正确和规范。

三、超外差式收音机的装调

考核要点：

① 元件的测试方法是否正确，焊接操作是否规范；

② 超外差式收音机装调的操作方法是否正确，操作是否规范；

③ 超外差式收音机的验收质量是否合格，检修操作要领是否正确和规范。

四、成绩评定考核

根据以上考核要点对学生进行逐项成绩评定，参见表 2-17，给出该项任务的综合实训成绩。

表 2-17　实训成绩评定表

子任务内容	分值/分	考核要点及评分标准	扣分/分	得分/分
直流稳压电源的装调	20	元件的测试步骤和方法有误，每处扣 5 分		
		电路的装调操作步骤和方法有误，每处扣 5 分		
		电路的验收质量有缺陷，检修操作不符合操作规程，扣 10 分		
声、光控电子开关电路的装调	20	元件的测试步骤和方法有误，每处扣 5 分		
		电路的装调操作步骤和方法有误，每处扣 5 分		
		电路的验收质量有缺陷，检修操作不符合操作规程，扣 10 分		
超外差式收音机的装调	40	元件的测试步骤和方法有误，每处扣 5 分		
		电路的装调操作步骤和方法有误，每处扣 5 分		
		电路的验收质量有缺陷，检修操作不符合操作规程，扣 10 分		
安全、规范操作	10	每违规一次扣 2 分		
整理器材、工具	10	未将器材、工具等放到规定位置，扣 5 分		
		合计		

【相关知识】

一、直流稳压电源

1. 电路结构和原理

交流电网输入电压的波动和负载的变化使直流输出电压不稳定，不能直接用于如精密的电子测量仪器、彩色电视、自动控制、计算机等电子设备中，否则会引起图像畸变、计算误差或控制装置的工作不稳定等。因此，为了提高直流电源的稳定性，需要在滤波电路之后引入稳压电路。图 2-57 为串联型稳压电路原理图，它由电源变压器、整流、滤波电路和稳压电路四部分组成。

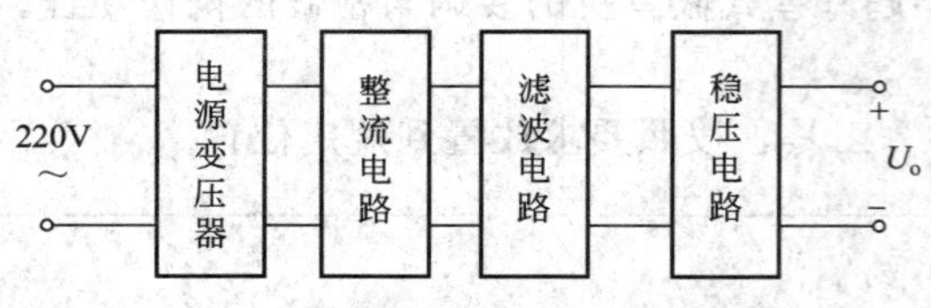

图 2-57　串联型直流稳压电源的原理图

直流稳压电源的种类很多，从使用元件的种类来分，可分为分立元件组成的稳压电路和集成电路组成的稳压电路。集成稳压器由于具有体积小、外接线路简单、使用方便、工作可靠和通用性强等优点，在各种电子设备中已经得到了非常广泛的应用，基本上取代了由分立元件构成的稳压电路。集成稳压器的种类很多，应根据设备对直流电源的要求来进行选择。对于大多数电子仪器、设备和电子电路来说，通常是选用串联线性集成稳压器。而在这种类型的器件中，又以三端式稳压器应用最为广泛。

图 2-58 为 W7800 系列的外形和接线图。W7800、W7900 系列是输出电压固定的三端式集成稳压器，若要输出电压可调，通常采用三端可调式集成稳压器，典型的正、负稳压器型号有 W317 和 W337，其外形及接线图如图 2-59 所示。允许的最大输入电压为 40V。

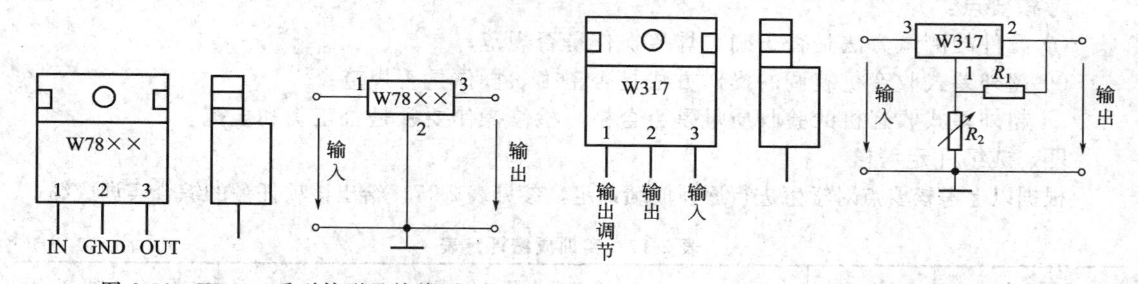

图 2-58　W7800 系列外形及接线图　　图 2-59　W317 外形及接线图

图中，只要改变 R_2 的电阻值，即可得到所需的输出电压，输出电压的大小为 $U_o \approx 1.25\times\left(1+\frac{R_2}{R_1}\right)$。当 $R_2=0$ 时，$U_o\approx1.25$V，允许最大的输出电压为 37V，因此输出电压的范围为 1.25～37V。

集成可调稳压电源的实际电路可设计为图 2-54。

2. 装配调试和检测

(1) 装配要求和方法

工艺流程：熟悉工艺要求──→编制装配方案──→核对元器件──→电路板装配、焊接。

在焊接或搭建稳压电路时，要注意分清变压器的输入端和输出端、整流电路和保护电路中二极管的极性、电解电容的正负极。焊接或搭建稳压电路完成并检查无误后即可通电，观察几分钟，元器件无冒烟、发烫的情况下可进行检测。

(2) 检测的方法

① 测量输出电压 U_o 的范围。调节可变电阻 R_2，分别测出稳压电路的最大电压和最小输

出电压。调节 R_2，使输出电压为 12V。

② 测量稳压块的基准电压。即测出 R_1 两端的电压。

③ 观察纹波电压。输出纹波电压是指在额定负载条件下，输出电压中所含交流分量的有效值。在输出端加额定负载，用示波器观察稳压模块输入端电压的波形，并记录纹波电压的大小。再观察输出电压 U_o的纹波，将两者进行比较。

④ 测量输出电阻 R_o。断开负载，用数字电压表测量 U_o，记为 U_{o0}。再接入负载 R_L，测量 U_o，记为 U_{oL}，则输出电阻为 $R_o=\frac{(U_{o0}-U_{oL})}{U_{oL}}R_L$。

⑤ 测试整波电路电压波形。用双踪示波器测出交流输入和整流输出有无滤波电容时的波形。

(3) 故障判断和维修

在电路测试中常出现的现象有以下两种。

① 输出电压不可调，且输出电压值接近 40V。这主要是 VD_5 与稳压块的输出、输入端接反而引起的，只要调换一下 VD_5 的正负端即可。

② 接上电源即出现短路故障。经检查在整流电路中有一个二极管的正负极接反，正确连接后，电路正常。

二、声、光控定时电子开关的装调

1. 电路结构和原理框图

声、光控定时电子开关是一种利用声、光双重控制的无触点开关。晚上光线变暗时，可用声音自动开灯，定时 40s 左右后，自动熄灭；光线充足时，无论多大的声音也不开灯。它特别适用于住宅楼、办公楼道、走廊、仓库、地下室、厕所等公共场所的照明自动控制，是一种集声、光、定时于一体的自动开关。

声、光控定时电子开关框图如图 2-60 所示。它由压电陶瓷蜂鸣片、声音放大、整形电路、光控电路、电子开关、延时电路和交流开关等组成。工作原理如图 2-55 所示。

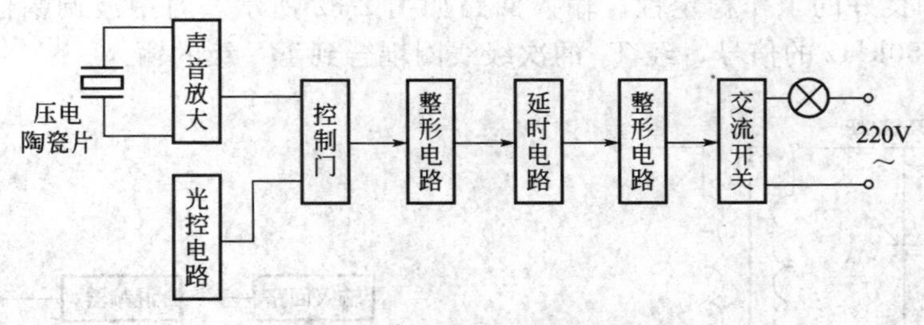

图 2-60 声、光控定时电子开关框图

2. 装配调试和检测

① 该开关应串接在照明回路中，严禁直接并接在 220V 电源上。

② 该开关最高工作电压不超过 250V，最大工作电流不超过 300mA。

③ 如想改变时间，可改变电阻 R_7 或电容 C_4 的数值，定时时间最长可达 60s。

④ 投入使用时，应注意该节电开关负载功率最大为 60W 白炽灯泡，不能超载。灯泡切记不可短路，接线时要关闭电源或将灯泡先去掉，接好后再闭合电源或将灯泡装上。

⑤ 工作环境温度 $-20\sim45$℃。

3. 故障判断和维修

在电路测试中常出现的现象有以下两种。

① 控制电路没有电压　这是由于 VD_5 反接的缘故，只要将 VD_5 反接过来即可。

② 接通电源时出现短路故障　这是由于未将照明灯接入电路所致，更换电源保险，重新接入照明灯即可。

注意：若要保证控制电路的安全，可在电容 C_1 两端并一个电阻分压，从而保证控制电路的电压较低。

三、超外差式分立件收音机

1. 电路结构和原理

超外差收音机把接收到的电台信号与本机振荡信号同时送入变频管进行混频，并始终保持本机振荡频率比外来信号频率高 465kHz，通过选频电路取两个信号的“差频”进行中频放大。因此，在接收波段范围内信号放大量均匀一致，同时，超外差收音机还具有灵敏度高、选择性好等优点。其框图如图 2-61 所示。现以 HX108-2 七管半导体收音机为例，说明收音机的工作原理，电路原理图如图 2-56 所示。

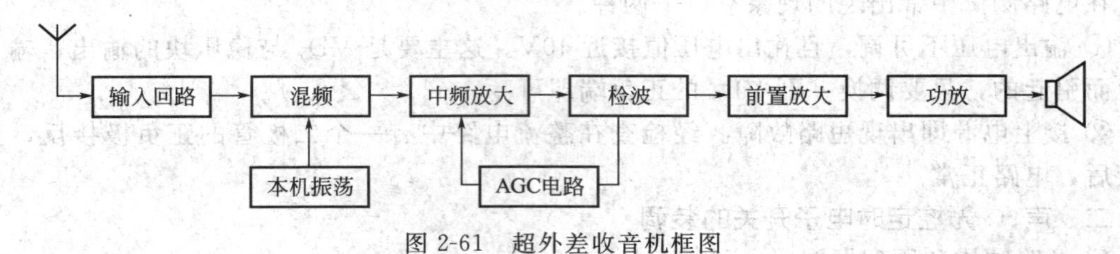

图 2-61　超外差收音机框图

下面分析各部分电路的工作原理。

(1) 输入回路

收音机的天线接收到众多广播电台发射出的高频信号波，输入回路利用串联谐振电路选出所需要的信号，并将它送到收音机的第一级，把那些不需要收听的信号有效地加以抑制。因此，要求输入回路具有良好的选择性，同时因为收音机要接收不同频率的信号，而且输入回路处在收音机电路的最前方，因此输入回路还要具有较大且均匀一致的电力传输系数，正确的频率覆盖和良好的工作稳定性。输入回路如图 2-62 所示。对中波调幅信号，它能接收频率为 535～1650kHz 的信号，经 T_1 的次级线圈耦合到下一级的输入。

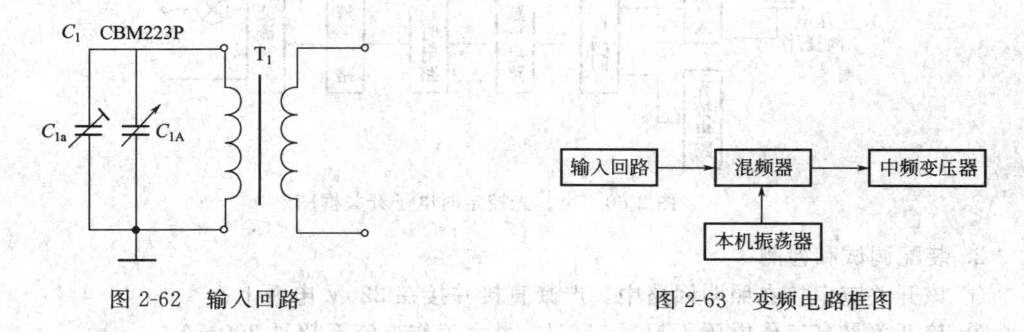

图 2-62　输入回路　　图 2-63　变频电路框图

(2) 变频电路

变频电路是超外差收音机的关键部分，它的质量对收音机的灵敏度和信噪比都有很大的影响。它取本机振荡产生的等幅振荡信号频率 f_1 和输入回路选择出来的电台高频已调波信号频率 f_2 的差频 465kHz 作为中频信号输出，送往下一级。对变频电路，要求在变频过程中，原有的低频成分不能有任何畸变，并且要有一定的变频增益；噪声系数要非常小；工作要稳定；本机振荡频率要始终比输入回路选择出的广播电台高频信号频率高 465kHz。电路框图如图 2-63 所示。

变频电路如图 2-64 所示。T_1 的次级线圈 L_2 将耦合的电压信号送入以晶体管 V_1 为中心的变频电路。本机振荡信号由 T_2 中间抽头经 C_3 耦合到 V_1 的发射级，输入回路输出的电台信号经 T_1 耦合到 V_1 的基极，两者在 V_1 中混频。由于晶体管的非线性作用，将产生多种频率的信号，其中差频为 465kHz 的中频信号，由于中频变压器 T_3 的谐振频率为 465kHz，所以只有 465kHz 的中频信号才能在这个并联谐振回路中产生电压降，而其他频率信号几乎被短路。C_{1A}、C_{1B}是同轴的双联可变电容器，它使本机振荡频率 f_1 和输入回路谐振频率 f_2 同时改变，而且 f_1-f_2 始终等于 465kHz，这需要仔细地进行统调。C_{1a}、C_{1b}为半可变电容器，分别用于统调时调整补偿和调整高端频率刻度时调整补偿。

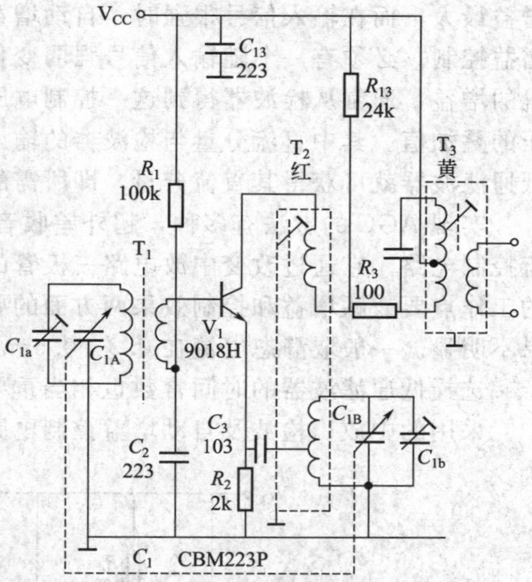

图 2-64　收音机输入和变频电路

(3) 中频放大电路

载波经变频以后，由原来的频率变换成一个 465kHz 的中频信号，这个中频信号电压较弱，必须进行放大，然后进行解调。中频放大器就承担着中频电压放大的任务。中频放大电路的耦合一般用中频变压器耦合，也有的使用陶瓷滤波器和阻容耦合。本机采用两级放大，变压器耦合的中频放大电路。在电路中，要兼顾选择性和通频带，尽可能地使谐振曲线趋于理想曲线；对于增益分配，功率增益要控制在 60dB 左右。第一级中放电路常常是自动增益控制的受控级，同时为防止第二级中放电路输入信号过大而引起失真，所以第一级中放电路增益要取小一些，一般为 25dB 左右。第二级中放一般不加自动增益控制，为满足检波电路对输入信号电平的要求，第二级中放增益要尽可能大一些，为 35dB 左右；对于工作状态，为了便于自动增益控制，应使增益随 I_{CO}的变化越明显越好，为此，第一级中频放大管的集电极电流 I_{C1}应在 0.3～0.6mA 之间，即功率增益 A_P 与集电极电流 I_{CO}关系曲线较陡峭部分，而第二级中频放大电路的输入信号较大，必须使其工作在线性区，以得到最大增益而又不发生饱和失真，一般 I_{C2}应为 1mA 左右；对于调谐回路，普及型收音机两级中放所用的三个中频变压器一般都是单调谐回路，而在高级收音机中，通常采用两级双调谐中频变压器和一级单调谐中频变压器。

中频变压器通常称为中周，是超外差收音机的重要元件，在电路中起选频和阻抗变换的作用。

(4) 检波与自动增益控制电路

检波电路：在调幅广播中，从振幅受到调制的载波信号中取出原来的音频调制信号的过程叫作检波，也叫解调。完成检波作用的电路叫检波电路或检波器。一般的检波器由非线性元件和低通滤波器组成。非线性元件通常采用二极管或三极管，它们工作在非线性状态，利用非线性畸变产生包括音频调制信号在内的许多新频率，低通滤波器通常用 RC 电路，取出音频信号，滤除中频分量。超外差收音机因整机增益已很高，为了降低检波失真，改善音质，通常采用串联式二极管检波和大信号检波，实际电路中常将三极管接成二极管形式作二极管使用。

自动增益控制电路：简称 AGC 电路，它的作用是当输入信号电压变化很大时，保持收音机输出功率几乎不变。因此，要求在输入信号很弱时，自动增益控制不起作用，收音机的增益最大，而在输入信号很强时，自动增益进行控制，使收音机的增益减小。为了实现自动增益控制，必须有一个随输入信号强弱变化的电压或电流，利用这个电压或电流去控制收音机的增益，通常从检波器得到这一控制电压。检波器的输出电压是音频信号电压与一直流电压的叠加值。其中直流分量与检波器的输入信号载波振幅成正比，在检波器输出端接一 *RC* 低通滤波器就可获得其直流分量，即所需的控制电压。

实现 AGC 的方法有多种，超外差收音机通常采用反向 AGC 电路，该电路又称基极电流控制电路。它通过改变中放电路三极管的工作点，达到自动增益控制的目的。确定被控管的工作点要兼顾增益和控制效果两方面的要求，工作点过低增益太小，工作点过高，控制效果不明显。一般取静态电流在 0.3～0.6mA 之间。

选择低通滤波器的时间常数也相当重要，一般取 0.02～0.2s 之间。

采用的中放、检波及自动增益控制电路如图 2-65 所示。

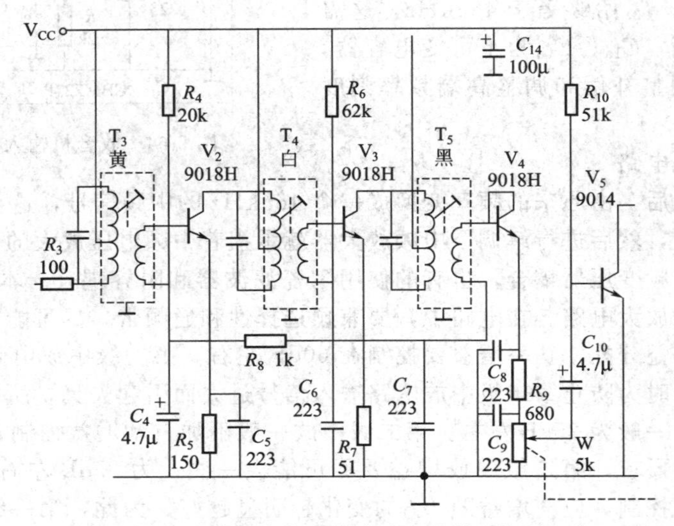

图 2-65 收音机中放、检波及自动增益控制电路

其中 V_2、V_3 组成两级中频放大电路，其中 V_2 为 AGC 电路的受控级。中频变压器 T_3、T_4、T_5 调谐在 465kHz。V_4、C_8、C_9 和电位器 W 组成检波器。R_8 和 C_4 为 AGC 电路的低通滤波器。

(5) 低频放大电路

从检波以后到扬声器输出的这一部分电路称为低频放大电路，它通常包括低频小信号电压放大和低频功率放大电路两部分。其中低频电压放大电路工作在三极管的线性区，非线性失真小，电压放大倍数大，工作点稳定，常采用多级放大电路级间耦合采用直接耦合或阻容耦合；低频功率放大电路用来推动扬声器工作，是一种大信号放大电路，常采用甲乙类互补推挽功率放大电路。常用的收音机低频放大电路如图 2-66 所示。

其中 V_5 等元件组成电压放大级，为低频功放提供具有一定输出功率的音频信号，其输出采用变压器耦合，获得较大的功率增益。同时为了适应推挽功率级的需要，变压器 T_6 的二次侧有中心抽头，把本机的输出信号对中心抽头分成大小相等、相位相反的两个信号，分别推动推挽管 V_6、V_7 工作。T_6、T_7、V_6、V_7 组成推挽功率放大电路。

为了提高电路工作的稳定性，改善电池电压下降对放大器工作状态的影响，V_5 的基极偏置电压由二极管 VD_1、VD_2 组成的稳压器提供。此外，当温度升高时，VD_1、VD_2 的正

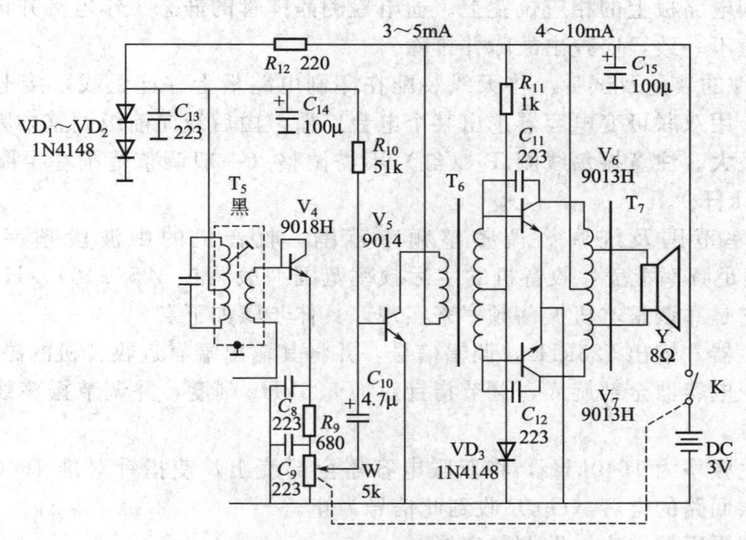

图 2-66　收音机低频放大电路

向压降也随之减小，有补偿 V_5 的 U_{be} 变化的作用。R_{12}、C_{15} 组成退耦电路，C_{13}、C_{14} 为电源退耦电容，C_{11}、C_{12} 为反馈电容，起改善音质的作用。

2. 装配调试和检测

(1) 准备工作

一套收音机的元器件和结构件较多，认识这些元器件和结构件，了解它们的性能和作用是必需的。

① 根据材料清单一一对应，记清每个元件的名称与外形。

② 检查印刷电路板，是否有断裂、少线和短路等问题。

③ 识别电阻、电容、二极管和三极管等元器件。

(2) 收音机的装配过程

① 电阻元件的识别、测量及装配　找出所有电阻，读出其标称值，用万用表测量其开路值，并记录。分别将电阻焊在印刷电路板上的对应位置上，用万用表测出各电阻的在线值。

② 晶体管的识别、测量及装配　测量出各个晶体管的 β 值，记入表中后，将晶体管焊接在印刷板上的相应位置上。

③ 中周和变压器的识别、测量及装配　测量中频变压器、输入变压器和输出变压器直流电阻，把测量结果填入表中。将测量过的中周、输入变压器和输出变压器焊接在印刷电路板的相应位置上，用万用表复测一次，看是否有开路现象。

④ 电位器的装配及检查　将电位器 W 焊在印刷电路板的相应位置上，用万用表检测是否有开路或不可调节的现象，将二极管焊在印刷线路板上。

⑤ 静态工作点的测试　测出晶体管各脚的在线电阻值并填在表中，并在备注中分析测量结果是否合理。

用短导线将印刷电路板上的 V_1 的 b 极同 R_1 和 C_2 的共同点相连接，将电池夹用导线连接在印刷板电路上的相应位置上，装上电池。用万用表测量各个晶体管的静态工作电流，并填写在表中。若测量值超出标准值，应查出故障并排除。

⑥ 电容的识别、检查及装配　用万用表检查电容和可变电容是否有短路现象，将所有

电容焊接在印刷电路板上的相应位置上。通电检测晶体管的静态工作电流并记录在表中。若测量值与标称值不一致，应查出故障并排除。

⑦ 其他器件的装配及试听　将天线装配在印刷电路板上并连上线，接上扬声器，通电检查应有响声。用双联可变电容器选出某个电台广播，由后级向前级调整中频变压器，使扬声器输出音量最大。注意振荡线圈 T_2（红）不需调整（一般调整范围在半圈左右，因出厂时已调整在 465kHz）。

⑧ 调整频率范围及统调　调整整频率范围：收音机的中波段频率范围是 535～1605kHz，为满足频率覆盖，收音机的实际频率范围一般调在 525～1640kHz。调整频率范围也叫刻度，它是靠调整本机振荡频率来实现，具体步骤如下。

调信号发生器，输出 525kHz，调幅信号，并将其输出端靠近收音机的磁性天线。

将双联可变电容器全部旋入，调节指针对准 525kHz 刻度，并调节振荡线圈磁芯，使收音机收到此信号。

调信号发生频率为 1640kHz，将双联电容器全部旋出，使指针对准 1640kHz 刻度，调节中频振荡补偿回路的电容（C_{1b}）收到此信号为止。

按上述步骤再复调一次，即调整完毕。

若用电台信号调试，其步骤如下。

将双联可变电容器调到最低端，调节指针对准最低刻度；找一个熟悉的低频电台，如 640kHz 的电台；旋转双联可变电容器旋出 1/5，调节中频振荡线圈磁芯，使收音机收到这一电台广播且声音最大。

再找一个熟悉的高频电台，调节中频振荡补偿回路的补偿电容（C_{1b}）使声音最大。

最后复调一遍即可。

统调：影响收音机灵敏度和选择性的一个重要原因是输入调谐回路与振荡回路谐振频率之差不是在整个频段内部都为 465kHz。为解决这个问题，必须调整输入调谐回路的谐振频率，使两者频率始终等于 465kHz，这一调整过程叫作统调。统调是在频率低、中、高三端各取一个频率，如 600kHz、1000kHz、1500kHz 进行调整，也叫三点统调。具体方法如下。

调整信号发生器，输出 600kHz 频率信号，调节可变电容，使收音机收到此信号，然后移动调谐线圈在磁棒上的位置，使收音机输出最大。

调整信号发生器，输出 1500kHz 频率信号，调节可变电容，使收音机收到此信号，然后调节输入回路的微调可变电容（C_{1a}），使收音机输出最大。

按上述步骤再复调一次即可。

如无信号发生器，可利用低端 600kHz 和高端 1500kHz 附近的电台信号校准。调整方法同上。

检查三点统调中间是否在 1000kHz 上，将信号发生器调至 1000kHz，旋转输入回路的微调可变电容（C_{1a}），若电容在原来位置上声音最响，说明三点统调正确。

3. 故障判断和维修

(1) 检查要领

由后级向前检测，先检查低功放级，再看中放和变频级。

① 低频部分：若输入、输出变压器位置装错，虽然工作电流正常，但音量很低；V_6、V_7 集电极（c）和发射极（e）装错，工作电流调不上，音量极低。

② 中频部分：中频变压器序号位置装错，结果会造成灵敏度和选择性降低，有时还会自激。

③ 变频部分：判断变频级是否起振，用万用表直流 2.5V 挡测 V_1 基极和发射极电位，若发射极电位高于基极电位，说明电路工作正常，否则说明电路中有故障。变频级工作电流不宜太大，否则噪声大。

（2）检测方法

① 整机静态总电流测量　本机静态总电流≤25mA，无信号时，若大于 25mA，则该机出现短路或局部短路，无电流则电源没接上。

② 工作电压测量　总电压为 3V，正常情况下，VD_1、VD_2 两二极管电压在 1.3V±0.1V，此电压大于 1.4V 或小于 1.2V 时，此机均不能正常工作。大于 1.4V 时二极管 1N4148 可能极性接反或已坏，检查二极管。小于 1.2V 或无电压应检查：a. 电源 3V 有无接上；b. R_{12}电阻 220Ω 是否接对或接好；c. 中周（特别是白中周和黄中周）初级与其外壳是否短路。

③ 变频级无工作电流　检查点：a. 天线线圈次级未接好；b. V_1 三极管已坏或未按要求接好；c. 本振线圈（红）次级不通，R_3（100Ω）虚焊或错焊接了大阻值电阻；d. 电阻 R_1（100kΩ）和 R_2（2kΩ）接错或虚焊。

④ 一中放无工作电流　检查点：a. V_2 晶体管坏，或 V_2 管引脚插错（e、b、c 脚）；b. R_4（20kΩ）电阻未接好；c. 黄中周次级开路；d. C_4（4.7μF）电解电容短路；e. R_5（150Ω）开路或虚焊。

⑤ 一中放工作电流大，为 1.5～2mA（标准是 0.4～0.8mA，见原理图）　检查点：a. R_8（1kΩ）电阻未接好或连接 1kΩ 的铜箔有断裂现象；b. C_5（233）电容短路或 R_5（150Ω）电阻错接成 51Ω；c. 电位器坏，测量不出阻值，R_9（680Ω）未接好；d. 检波管 V_4 损坏，或引脚插错。

⑥ 二中放无工作电流　检查点：a. 黑中周初级开路；b. 黄中周次级开路；c. 晶体管坏或引脚接错；d. R_7（51Ω）电阻未接上；e. R_6（62kΩ）电阻未接上。

⑦ 二中放电流太大，大于 2mA　检查点：R_6（62kΩ）接错，阻值远小于 62kΩ。

⑧ 低放级无工作电流　检查点：a. 输入变压器（蓝）初级开路；b. V_5 三极管坏或接错引脚；c. 电阻 R_{10}（51kΩ）未接好或三极管引脚焊错。

⑨ 低放级电流太大，大于 6mA　检查点：R_{10}（51kΩ）装错，电阻太小。

⑩ 功放级无电流（V_6、V_7 管）　检查点：a. 输入变压器次级不通；b. 输出变压器不通；c. V_6、V_7 三极管坏或接错引脚；d. R_{11}（1kΩ）电阻未接好。

⑪ 功放级电流太大，大于 20mA　检查点：a. 二极管 VD_3 坏，或极性接反，引脚未焊好；b. R_{11}（1kΩ）电阻装错了，用了小电阻（远小于 1kΩ 的电阻）。

⑫ 整机无声　检查点：检查电源有无加上；检查 VD_1、VD_2（1N4148）两端是否是 1.3V±0.1V；有无静态电流≤25mA；检查各级电流是否正常，变频级 0.2mA±0.02mA，一中放 0.6mA±0.2mA，二中放 1.5mA±0.5mA，低放 3mA±1mA，功放 4mA±10mA（说明：15mA 左右属正常）；用万用表 R×1 挡测量喇叭，应有 8Ω 左右的电阻，表笔接触喇叭引出接头时应有“喀喀”声，若无阻值或无“喀喀”声，说明喇叭已坏；B_3 黄中周外壳未焊好；音量电位器未打开。

用万用表检查的方法：用万用表 R×1 挡，黑表笔接地，红表笔从后级往前寻找，对照原理图，从喇叭开始顺着信号传播方向逐级往前碰触，喇叭应发出“喀喀”声。当碰触到哪级无声时，则故障就在该级，可用测量工作点是否正常，并检查各元器件有无接错、焊错、搭焊、虚焊等。若在整机上无法查出该元件好坏，则可拆下检查。

【能力拓展】

1. 能力拓展项目

① 开关电源的装调，确定操作工艺流程，并编制器材明细表，编写装调报告。

② 电子调光灯的装调，确定操作工艺流程，并编制器材明细表，编写装调报告。

③ 电子抢答器的装调，确定操作工艺流程，并编制器材明细表，编写装调报告。

2. 拓展训练目标

通过能力拓展项目的训练，使学生能够进一步理解常用电工电子电路的安装与调试操作方法，提高常用电工电子电路的应用能力。

项目三

电动机与变压器维护与检修技能训练

任务一　三相异步电动机的维护与检修技能训练

【任务描述】

① 通过三相异步电动机的拆装与测试技能训练，让学生具备三相异步电动机的拆装与测试、编制所需的器件明细表、确定操作工作流程的基本技能。

② 通过三相异步电动机的维护与检修训练，掌握三相异步电动机的维护与检修的基本技能。

③ 通过三相异步电动机的绕组重绕训练，掌握电动机绕组重绕的基本方法，掌握电工基本安全操作规程，掌握基本的安全用电操作技能。

【技能要点】

① 了解三相异步电动机的拆装与测试的方法。

② 掌握三相异步电动机的维护与检修技能。

③ 掌握电动机的绕组重绕技巧以及安全用电知识、安全生产操作规程。

【任务实施】

一、三相异步电动机的拆装与测试

训练内容说明：确定拆装与测试工作流程，编制所需的器件明细表，进行三相异步电动机的拆装与测试。

1. 编制技能训练器材明细表

本技能训练任务所需器材见表 3-1。

表 3-1　技能训练器材明细表

器件序号	器件名称	性能规格	所需数量	用途备注
01	三相异步电动机	4kW、380V	2 台	
02	拆装专用工具		1 套	
03	钳形电流表		1 块	
04	兆欧表		1 块	
05	转速表		1 块	
06	劳保用品		1 套	
07	绝缘胶布		1 卷	
08	干布		若干	
09	刷子		2 个	
10	万用电表	MF-47	1 块	
11	常用维修电工工具		1 套	

2. 技能训练前的检查与准备

① 确认技能训练环境符合维修电工操作的要求。

② 确认技能训练器件与测试仪表性能良好。

③ 编制技能训练操作流程。

④ 做好操作前的各项安全工作。

3. 技能训练实施步骤

(1) 拆卸前准备

① 准备好工作所需的各种工具，断开电源，拆卸电动机与电源线的连接线，并对电源线头做好绝缘处理。

② 卸下联轴器、地脚螺栓，将各种零部件放入小盒中，以免丢失。

③ 做好记录或标记，记录联轴器与端盖之间的距离，以便选择合适的拉具。

(2) 拆卸

① 逐步松开紧固的对角螺栓，拆卸下风罩、风叶。

② 在前端盖与机座之间打上记号，以便装配时复位。

③ 选择适当扳手，逐步松开紧固的对角螺栓，用紫铜棒均匀敲打端盖有脐的部分。

④ 在后端盖与机座之间打好记号后，拆卸后端盖。

⑤ 抽出转子。

⑥ 拆卸轴承。根据轴承的规格和型号，选择适当的拉具。拉具的脚爪应紧扣轴承内圈，拉具的丝杠顶点要对准转子的中心，缓慢匀速的扳动丝杠，将轴承慢慢拉出。

(3) 清洗和装配轴承

① 清洗轴承。检查轴承质量，如果质量不好，按规格型号更换。反之继续使用。

② 将轴承孔腔内按标注加入润滑脂，用敲打法将轴承再装到轴上。

(4) 装配

① 按取出转子的反向装入转子。注意转子一定不要碰伤定子绕组。

② 依照前端盖、后端盖、风叶、风罩、联轴器的顺序进行装配。

③ 检查电动机机械部分的灵活性。不合格要重装。

(5) 接线与测试

① 将电动机定子绕组的六个线头拆开，用兆欧表测量电动机定子绕组各相及相与地之间的电阻。

② 测量电动机空载下三相平衡电流和转速。

4. 清理现场和整理器材

训练完成后，清理现场，整理好所用器材、工具，按照要求放置到规定位置。

二、三相异步电动机的维护与检修

训练内容说明：对于一台有接地故障的三相异步电动机，确定维护与检修工作流程，编制所需的器件明细表，进行三相异步电动机的维护与检修。

1. 编制技能训练器材明细表

本技能训练任务所需器材见表 3-2。

2. 技能训练前的检查与准备

① 确认技能训练环境符合维修电工操作的要求。

② 确认技能训练器件与测试仪表性能良好。

③ 编制技能训练操作流程。

④ 做好操作前的各项安全工作。

表 3-2　技能训练器材明细表

器件序号	器件名称	性能规格	所需数量	用途备注
01	三相异步电动机	4kW、380V	2 台	有定子绕组接地故障的 1 台
02	拆装专用工具		1 套	
03	钳形电流表		1 块	
04	兆欧表		1 块	
05	转速表		1 块	
06	劳保用品		1 套	
07	绝缘胶布		1 卷	
08	干布		若干	
09	刷子		2 个	
10	万用电表	MF-47	1 块	
11	常用维修电工工具		1 套	

3. 技能训练实施步骤

① 拆开电动机接线盒内的绕组引出线的连接片。

② 将三相异步电动机解体，取出端盖及转子。

③ 用兆欧表测量电动机定子绕组各相之间及各相与地之间的绝缘电阻，若测得某相对地的绝缘电阻为零，则说明该相为接地故障相。

④ 将接地故障相绕组分成两半，用校验灯找出接地部分。以此类推，逐步缩小故障范围，直至找到故障点。

⑤ 将校验灯接在故障线圈上，此时校验灯点亮。由于接地故障一般均发生在槽边口上，因此，可用绝缘板撬动故障线圈，或用小木棒敲击该线圈铁芯两端面的齿片，发现校验灯闪动或熄灭时，说明该处是接地点。

⑥ 将定子绕组加热，使绝缘软化。

⑦ 打开该槽口的槽楔，用划线板在接地处撬动线圈，待灯不亮后，即在该处垫上绝缘材料，并涂上少量绝缘漆。

⑧ 用兆欧表测量绝缘电阻，如合格，即可恢复接线及打上槽楔。

⑨ 对定子绕组进行浸漆和烘干处理。

4. 清理现场和整理器材

训练完成后，清理现场，整理好所用器材、工具，按照要求放置到规定位置。

三、三相异步电动机的绕组重绕

训练内容说明：确定绕组重绕工作流程，编制所需的器件明细表，进行三相异步电动机的绕组重绕。

1. 编制技能训练器材明细表

本技能训练任务所需器材见表 3-3。

2. 技能训练前的检查与准备

① 确认技能训练环境符合维修电工操作的要求。

② 确认技能训练器件与测试仪表性能良好。

③ 编制技能训练操作流程。

④ 做好操作前的各项安全工作。

表 3-3 技能训练器材明细表

器件序号	器件名称	性能规格	所需数量	用途备注
01	三相异步电动机	4kW、380V	2台	
02	拆装专用工具		1套	
03	钳形电流表		1块	
04	兆欧表		1块	
05	转速表		1块	
06	劳保用品		1套	
07	绝缘胶布		1卷	
08	干布		若干	
09	刷子		2个	
10	万用电表	MF-47	1块	
11	常用维修电工工具		1套	
12	绕线工具		1套	
13	嵌线工具		1套	
14	导线		若干	
15	各种绝缘材料		若干	

3. 技能训练实施步骤

① 按测出的铁芯槽形状及铁芯长度，裁剪槽绝缘材料。可先裁剪几个槽，嵌线后确定尺寸是否合适，再裁剪其他，以免浪费。然后制作槽楔。

② 根据确定的线圈尺寸制作绕线模（模芯宽度应稍大于铁芯槽的最宽处尺寸），并将制作好的绕线模交老师审查。

③ 绕制线圈

a. 将绕线模紧固在绕线机上，计数器调零。

b. 将成卷的漆包线搁起时，可以自由灵活地转动。

c. 将漆包线端头在绕线模上固定，在挡板槽内放置扎线后开始绕线。注意，此时计数器必须从零开始计数。

d. 绕线至规定匝数后，用扎线扎好线圈并退出线模，剪断线头。

④ 将槽绝缘件放在槽内，试嵌刚绕好的线圈。如试嵌合适，可继续绕制完全部线圈及裁制好全部槽绝缘；如不合适，则需修改绕线模后再绕线，直到合适为止。

⑤ 事先应将电动机外部及铁芯槽内清理干净。

⑥ 确定第一槽的位置，并做好记号。

⑦ 嵌线。

a. 拿起第一个线圈，用右手拇指和食指捏住线圈右边（注意线圈的引出线朝向嵌线者一方），左手握住线圈左边，将两边扭动一下，使左边外侧线圈扭在上面，右边内侧线圈扭在下面。

b. 按正确的嵌线方法进行嵌线。在嵌线过程中应注意适时打入槽楔，垫放相间绝缘材料，对嵌好的线圈测试直流电阻及绝缘电阻。

⑧ 接线。全部线圈嵌放完毕后，对照绕组展开图进行接线，接线完毕后应交老师检查，无误后方可用电烙铁在接头处搪锡。搪锡后，将事先套上的绝缘套管移至接头处，恢复

绝缘。

⑨ 整形与绑扎。

a. 用木锤和垫木板对绕组端部进行整形，把端部打成合适的喇叭口，使其低于铁芯内圆，不能与机座及端盖相碰。

b. 将连接线及引出线贴附在绕组端面的顶端，用白纱带绑扎紧。

⑩ 测试。

a. 用万用表欧姆挡粗测三相绕组直流电阻，应合格。用兆欧表测量三相绕组对地绝缘电阻及相间绝缘电阻，应合格。

b. 用三相调压器给定子三相绕组内通入60～80V的交流电（此时三相定子绕组可暂时按Y形接法），在定子铁芯内圆放一只钢珠，钢珠将沿内圆滚动，表明接线正确；反之，则表明可能接错线，或线圈有嵌反故障。

c. 用钢珠法判定接线是否正确时，可同时用钳形电流表测试三相定子电流是否平衡，如平衡，则表明接线正确。

d. 上述测试合格后，将引出线按规定在接线盒上的接线方式进行正确连接。

⑪ 浸漆、烘干、装配及试运转。定子交教师审评后，先浸漆、烘干、装配后进行试运转。如果没有把握，可先装配并进行简单试验；试验如果正常，再拆卸后进行浸漆、烘干处理。

4. 清理现场和整理器材

训练完成后，清理现场，整理好所用器材、工具，按照要求放置到规定位置。

【任务评价与考核】

一、三相异步电动机的拆装与测试

考核要点：

① 检查是否按照要求，正确确定操作流程、编制器材明细表，工具及仪表使用、操作是否正确；

② 检查拆装与测试是否符合要求，是否做到安全、规范，是否时刻注意遵守安全操作规定，操作是否规范；

③ 检查与验收是否合格，通电测试是否达到实训项目目标。

二、三相异步电动机的维护与检修

考核要点：

① 检查是否按照要求，正确确定操作流程、编制器材明细表，工具及仪表使用、操作是否正确；

② 检查维护与检修是否符合要求，是否做到安全、规范，是否时刻注意遵守安全操作规定，操作是否规范；

③ 检查与验收是否合格，通电测试是否达到实训项目目标。

三、三相异步电动机的绕组重绕

考核要点：

① 检查是否按照要求，正确确定操作流程、编制器材明细表，工具及仪表使用、操作是否正确；

② 检查绕组重绕是否符合要求，是否做到安全、规范，是否时刻注意遵守安全操作规定，操作是否规范；

③ 检查与验收是否合格，通电测试是否达到实训项目目标。

四、成绩考核

根据以上考核要点对学生进行逐项成绩评定，参见表 3-4，给出该项任务的综合实训成绩。

表 3-4 实训成绩评定表

子任务内容	分值/分	考核要点及评分标准	扣分/分	得分/分
三相异步电动机的拆装与测试	20	未按照要求正确操作仪表和工具，扣 10 分		
		未按照要求正确进行拆装与测试，扣 10 分		
		验收不合格，每错一次扣 10 分		
三相异步电动机的维护与检修	30	未按照要求正确操作仪表和工具，扣 10 分		
		未按照要求正确进行维护与检修，扣 10 分		
		验收不合格，每错一次扣 10 分		
三相异步电动机的绕组重绕	30	未按照要求正确操作仪表和工具，扣 10 分		
		未按照要求正确进行绕组重绕，扣 10 分		
		验收不合格，每错一次扣 10 分		
安全、规范操作	10	每违规一次扣 2 分		
整理器材、工具	10	未将器材、工具等放到规定位置，扣 5 分		
合计				

【相关知识】

一、三相异步电动机的拆装

1. 电动机的基本结构

三相异步电动机的结构如图 3-1 所示。三相异步电动机由定子和转子两大部分组成，定子和转子之间的气隙一般为 0.25～2mm。

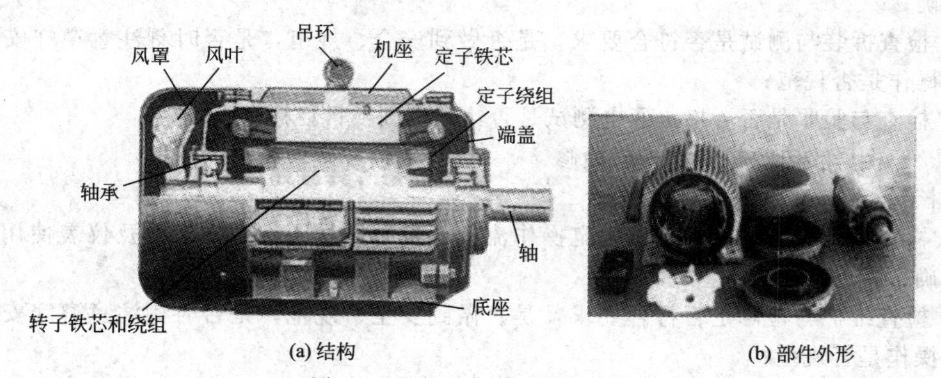

(a) 结构　　(b) 部件外形

图 3-1 三相异步电动机的结构

(1) 定子

电动机的静止部分称为定子，主要有定子铁芯、定子绕组和机座等部件。

① 定子铁芯　定子铁芯是电动机磁路的一部分，定子绕组嵌放在定子铁芯中。为了减小定子铁芯中的能量损耗，铁芯一般用厚 0.35～0.5mm、表面有绝缘层的硅钢片冲制叠装而成。在铁芯片的内圆冲有均匀分布的槽，以嵌放定子绕组。

② 定子绕组　定子绕组的作用是通入三相对称交流电，产生旋转磁场。定子绕组在槽内嵌放完毕后，按规律接好线，把三相绕组的六个出线端引到电动机机座的接线盒内，可按

需要将三相绕组接成 Y 形或△形连接。

③ 机座　机座的作用是固定定子铁芯，并以两个端盖支撑转子，同时保护整台电动机的电磁部分，并散发电动机运行中产生的热量。

（2）转子

转子是电动机的旋转部分，由转子铁芯、转子绕组、转轴和风叶等组成。

① 转子铁芯　转子铁芯也是电动机磁路的一部分，一般用 0.5mm 厚、表面绝缘的硅钢片冲制叠压而成。在硅钢片外圆冲有均匀分布的槽，用来嵌放转子绕组。转子铁芯固定在转轴或转子支架上。为了改善电动机的启动及运行性能，三相异步电动机转子铁芯一般采用斜槽结构。

② 转子绕组　转子绕组的作用是产生感应电动势和电流，并在旋转磁场的作用下产生电磁力矩而驱使转子转动。转子绕组根据结构不同分为笼型和绕线型两种。

③ 其他附件　其他附件包括端盖、轴承和轴承盖、风扇和风罩等。

2. 三相异步电动机的拆装

拆装前应准备好拆卸电动机的场地和专用工具、材料和仪器仪表，如图 3-2 所示。

图 3-2　拆卸电动机的专用工具、材料和仪器仪表

三相异步电动机的拆装步骤描述：切断电源→拆卸带轮→拆卸风扇→拆卸轴伸出端端盖→拆卸前端盖→抽出转子→拆卸轴承→重新装配→检查绝缘电阻→检查接线→通电试车。

主要零部件的拆卸方法如下。

① 带轮或联轴器的拆卸　首先在带轮或联轴器的轴伸端上做好尺寸标记，再将带轮或联轴器上的定位螺钉或销松脱取下。装上拉具的丝杠顶端时要对准电动机轴端的中心，使其受力均匀。转动丝杠，把带轮或联轴器慢慢拉出，如拉不出，不要硬卸，可在定位螺钉内注入煤油，过一段时间再拉。注意，此过程中不能用锤子直接敲出带轮或联轴器，否则可能使带轮或联轴器破裂，转轴变形或端盖受损等。

② 风罩和风叶的拆卸　首先把外风罩螺钉松脱，取下风罩；然后把转轴尾部风叶上的定位螺钉或销松脱取下，用金属棒或锤子在风叶四周均匀地轻敲，风叶就可松脱下来。小型异步电动机的风叶一般不用卸下，可随转子一起抽出，但在后端盖内的轴承需要加油或更换时，就必须拆卸。对于采用塑料风叶的电动机，可用热水浸泡塑料风叶，待其膨胀后再拆卸。

③ 轴承盖和端盖的拆卸　首先把轴承的外盖螺栓松下，卸下轴承外盖。为便于装配时复位，在端盖与机座接缝处的任意位置做好标记。然后松开端盖的螺栓，随后用锤子均匀地敲打端盖四周（需衬上垫木），把端盖取下。对于小型电动机，可先把轴伸出端的轴承外盖卸下，再松开后端盖的固定螺栓（如风叶装在轴伸出端的，则需先把后端盖外面的轴承外盖取下），然后用木锤敲打轴伸出端，这样可把转子连同后端盖一起取下。

④ 抽出转子　抽出转子时，应小心谨慎、动作缓慢，不可歪斜，以免碰擦定子绕组。

⑤ 前端盖的拆卸　木锤沿前端盖四周移动，同时用锤子击打木锤，卸下前端盖。

⑥ 拆卸轴承　目前采用拉具拆卸、铜棒拆卸、放在圆筒上拆卸、加热拆卸、轴承在端盖内拆卸 5 种方法。用拉具拆卸轴承的方法：根据轴承的规格及型号，选用适宜的拉具，拉具的脚爪应扣在轴承的内圈上，切勿放在外圈上，以免拉坏轴承。拉具的丝杠顶点要对准转子轴端中心，动作要慢，用力要均匀，然后慢慢拉出。放在圆筒上拆卸轴承的方法：拆卸时若遇轴承留在轴承室内，则把端盖止口面向上，平稳地放在一块铁板上，垫上一段直径小于轴承外径的金属棒，用锤子沿轴承外圈敲打金属棒，将轴承敲出。

对于绕线转子电动机的拆卸，要注意几点：a. 通常是先拆前端盖，后拆后端盖，这是因为前端盖装有电刷装置和短路装置；b. 在拆除之前，先把电刷提起并绑扎，标志好刷架位置，以防拆卸端盖时碰坏电刷和电刷装置；c. 对于负载端是滚柱轴承的电动机，应先拆卸非负载端。

3. 接线与调试

① 调试前应进一步检查电动机的装配质量。如各部分螺栓是否拧紧，引出线的标记是否正确，转子转动是否灵活，轴伸出端径向有无偏摆的情况等。

② 用兆欧表测量电动机绕组之间和绕组与地之间的绝缘电阻应符合技术要求。

③ 根据电动机的铭牌技术数据（如电压、电流和接线方式等）进行接线，为了安全，一定要将电动机的接地线接好、接牢。

④ 测量电动机的空载电流。空载时，测量三相空载电流是否平衡。同时观察电动机是否有杂声、振动及其他较大噪声，如果有应立即停车检修。

⑤ 用转速表测量电动机转速，并与电动机的额定转速进行比较。

二、三相异步电动机的维护与检修

1. 三相异步电动机的保养

（1）电动机的保养及日常检查

① 保持电动机的清洁，不允许水滴、污垢及杂物落到电动机上，更不能使其进入电动机内部。要防止灰尘、污垢、潮湿空气及其他有害气体进入电动机，以免破坏绕组绝缘。要定期将电动机拆开，彻底清扫检修。

② 注意电动机转动是否正常，有无异常的声响和振动。启动时间、电流是否正常。

③ 监视电动机绕组、铁芯、轴承、集电环或换向器等部分的温度。检查电动机的通风情况，保持散热风道、风扇罩通风孔不堵塞，进出风口通畅。

④ 检查电动机的三相电压、电流是否正常。监视电动机负载情况，使负载在额定的允许范围内。

⑤ 注意电动机的配合状态，如轴颈、轴承等的磨损情况，传送带张力是否合适

定期检查电动机的绝缘情况。对于低压电动机，如果测得的绝缘电阻小于 0.5MΩ，应及时进行干燥处理。定期检查电动机的保护接地线是否完好、无松动。定期检查电动机的保护电路，如热继电器、电流继电器、低压断路器等，检查保护动作设定值是否正确，保护动作是否准确可靠。对于绕线型电动机，要经常检查电刷的磨损情况，电刷与集电环处的火花是否过大，如果火花过大，则应及时进一步检查，进行清洁或维修。

（2）电动机的保修周期及内容

① 日常保养　主要是检查电动机的润滑系统、外观、温度、噪声、振动等是否有异常情况。检查通风冷却系统、滑动摩擦状况和紧固情况，认真做好记录。

② 月保养及定期巡回检查　检查开关、配线、接地装置等有无松动、破损现象；检查引线和配件有无损伤和老化；检查电刷、集电环的磨损情况，电刷在刷握内是否灵活等。如

果有问题，则应及时修理或更换。如果有粉尘堆积，则应及时清扫。

③ 年保养及检查　除了上述项目外，还要检查和更换润滑剂。必要时要把电动机进行抽芯检查，清扫或清洗污垢；检查绝缘电阻，进行干燥处理；检查零部件生锈和腐蚀情况；检查轴承磨损情况，判断是否需要更换。

2. 三相异步电动机故障分析与检查

基本操作步骤描述：检查电动机的外部→检查电动机的内部→检查机械方面→检查电气方面。检查电动机时，一般按先外后里、先机后电、先听后检的顺序。先检查电动机的外部是否有故障，后检查电动机内部；先检查机械方面，再检查电气方面；先听使用者介绍使用情况和故障情况，再动手检查。这样才能正确迅速地找出故障原因。

(1) 电动机的外部检查

在对电动机的外观、绝缘电阻、外部接线等项目进行详细检查之后，如未发现异常情况，可对电动机做进一步的通电试验：将三相低电压（30%的额定电压）通入电动机三相绕组并逐步升高电压，当发现声音不正常、有异味或转不动时，立即断电检查。如未发现问题，可测量三相电流是否平衡，电流大的一相可能是绕组短路，电流小的一相可能是多路并联绕组中的支路断路。若三相电流平衡，可使电动机继续运行1～2h，随时用手检查铁芯部位及轴承端盖温度，若烫手，立即停车检查。如线圈过热则是绕组短路，如铁芯过热，则是绕组匝数不够，或铁芯硅钢片间的绝缘损坏。以上检查均在电动机空载下进行。如图3-3所示。

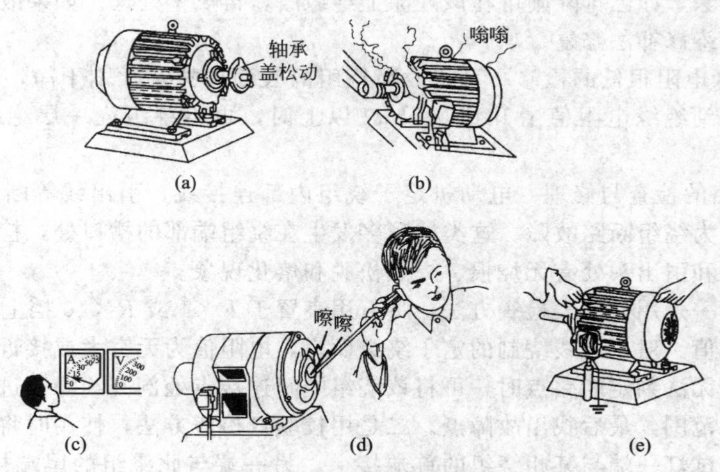

图3-3　电动机的外部检查

(2) 电动机的内部检查

通过上述的外部检查，如可以确认电动机内部有问题，就可按照异步电动机的拆卸步骤拆开电动机进行进一步检查。

检查绕组部分：查看绕组端部有无积尘和油垢，查看绕组绝缘、接线及引出线有无损伤或烧伤。若有烧伤，烧伤处的颜色会变成暗黑色或烧焦，有焦臭味。再查看导线是否烧断和绕组的焊接处有无脱焊、虚焊现象。

检查铁芯部分：查看转子、定子表面有无擦伤的痕迹。若转子表面只有一处擦伤，这大都是由于转子弯曲或转子不平衡造成的；若转子表面一周全有擦伤的痕迹，定子表面只有一处伤痕，这是由于定子、转子不同心造成的，造成不同心的原因是机座或端盖止口变形或轴承严重磨损使转子下落；若定子、转子表面均有局部擦伤痕迹，是由上述两种原因共同引起的。

检查轴承部分：查看轴承的内、外套与轴颈和轴承室配合是否合适，同时检查轴承的磨损情况。

检查其他部分：查看风扇叶是否损坏或变形，转子端环有无裂痕或断裂，再用短路测试器检查导条有无断裂。

(3) 定子绕组的故障排除

常见的定子绕组故障有：绕组断路、绕组接地、绕组短路、绕组接错、嵌反等。

① 绕组接地的检查与修理　电动机定子与铁芯或机壳间因绝缘损坏而相碰，称为接地故障。造成这种故障的原因有：受潮、雷击、过热、机械损伤、腐蚀、绝缘老化、铁芯松动或有尖刺、绕组制造工艺不良等。

检查方法：一是用兆欧表检查法，将兆欧表的两个出线端分别与电动机的绕组和机壳相连，以120r/min的速度摇动兆欧表手柄，若所测得绝缘电阻值在0.5MΩ以上，说明被测电动机绝缘良好；在0.5MΩ以下或接近“0”，说明电动机绕组已受潮，或绕组绝缘很差；如果被测绝缘电阻值为“0”，同时有的接地点还发出放电声或有微弱的放电现象，则表明绕组已接地；如有时指针摇摆不定，说明绝缘已被击穿。二是用校验灯检查法，拆开各绕组间的连接线，用36V灯泡与36V交流电源串联，逐一检查各相绕组与机座的绝缘情况，若灯泡发亮，说明该绕组接地；否则，说明绕组绝缘良好；灯泡微亮，说明绕组已被击穿。

修理方法：如果接地点在槽口或槽底接口处，可用绝缘材料垫入线圈的接地处，再检查故障是否已经排除，如已排除则可在该处涂上绝缘漆，再烘干处理。如果故障在槽内，则需更换绕组或用穿绕修补法修复。

② 绕组绝缘电阻很低的检修　可将故障绕组的表面擦抹及吹刷干净，然后放在烘箱内慢慢烘干，当烘到绝缘电阻值上升到0.5MΩ以上时，再给绕组浇一层绝缘漆，并重新烘干，以防回潮。

③ 绕组断路的检查与修理　电动机定子绕组内部连接线、引出线等断开或接头处松脱所造成的故障称为绕组断路故障。这类故障多发生在绕组端部的槽口处，检查时可先检查各绕组的连接线处和引出头处有无烧损、焊点松脱和熔化现象。

检查方法：一是用万用表检查方法，将万用表置于$R\times1$或$R\times10$挡上，分别测量三相绕组的直流电阻值。对于单线绕制的定子绕组而言，电阻值为无穷大或接近该值时，说明该相绕组断路。如无法判定断路点时，可将该绕组中间连接点处剖开绝缘，进行分段测试，如此逐段缩小故障范围，最后找出故障点。二是用校验灯检查方法，使用时将指示灯与干电池串联在一起，将试灯一端与某相绕组的首端接上，另一端与此绕组的尾端接上。如果灯亮，表示此相绕组无断路；灯灭，则表示电路不通，有断路存在。采用试灯检查时，对于△形连接绕组应拆开一个端口，才能测出各相的断路，对于Y形连接绕组可以直接测试。另外，两根以上并绕的绕组，如果只断开一根导线，用试灯法不易检查出断路，这时应采用电桥法测量每相绕组的直流电阻，如果有一相偏大，偏差大于2%以上，可能这一相绕组的并联导线有断路。

修理方法：一是局部修补。断路点在端部、接头处，可将其重新接好和焊好，包好绝缘并刷漆即可。如果原导线不够长，可加一小段同线径导线绞接再焊。二是更换绕组或穿绕修补，若经过检查发现仅个别线圈损坏，需要更换，为了避免将其他的线圈从槽内翻起而受损，可以用穿绕法修补。

④ 绕组短路的检查和修理　绕组短路的原因主要是由于电源电压过高、负载过重、使用时间过长或受潮受污等造成定子绕组绝缘老化与损坏，从而产生绕组短路故障。定子绕组

的短路故障按发生地点分为绕组对地短路、绕组匝间短路和绕组的相间短路三种。

检查方法：一是直观检查法，使电动机空载运行一段时间，然后拆开电动机端盖，抽出转子，用手触摸定子绕组。如果一个或几个线圈过热，则这部分线圈可能有匝间或相间短路故障。也可用眼观察线圈外部绝缘有无变色或烧焦，或用鼻闻有无焦臭气味，如果有，该线圈可能短路。二是用专用仪表测试法，拆开三相定子绕组接线盒中的连接片，分别测量任意两相绕组之间的绝缘电阻，若绝缘电阻阻值为零或极小，说明该两相绕组之间存在匝间短路。用钳形电流表测量三相绕组的空载电流，空载电流明显偏大的一相有匝间短路故障。用电桥测量各个绕组的直流电阻，电阻值较小的一相可能匝间短路。

修理方法：匝间短路故障，一般事先不易发现，往往是在绕组烧损后才知道，遇到这种情况需根据具体故障进行认真分析，全部或部分更换绕组。绕组相间短路故障如发现得早，未造成定子绕组烧损事故时，可以找出故障点，用竹楔插入两线圈的故障处（如插入时有困难，可先将线圈加热），把短路部分分开，再垫上绝缘材料，并加绝缘漆使绝缘恢复。如已经造成绕组烧毁时，则应更换全部或部分绕组。

⑤ 绕组接线错误或嵌反的检查与处理　绕组接线错误或某一线圈嵌反时会引起电动机振动，发出较大的噪声，电动机转速降低甚至不转。同时会造成电动机三相电流严重不平衡，使电动机过热，从而导致熔丝熔断或绕组烧损。

绕组接线错误或嵌反故障通常分两种情况：一种是外部接线错误；另一种是某一极相组接错或某几个线圈嵌反。

绕组接线错误或嵌反的检查：一是指南针检查法，先拆开电动机，取下端盖并取出转子。将低压直流电源（一般在10V以下，注意输出电流不要超过绕组的额定电流）逐步加在三相定子绕组的每一相上（如电动机定子绕组采用Y形接法，则将直流电源两端分别接到中性点和某相绕组的出线端；如系△形接法则必须拆开三相绕组的连接点），用指南针沿定子内圆周移动，如绕组接线正确，则指南针顺次经过每一极相组时，就南北向交替变化。否则，则表示该极相组接反。如果指南针经过同一极相组不同位置时，南北向交替变化，则说明该极相组中有个别线圈嵌反。找出错误后，将错误部位的连接线纠正后再重做上述试验。二是低压交流电源法，首先用万用表查明每相绕组的两个出线端，然后把其中任意两相绕组串联后与电压表（或万用表的交流电压挡）连接，第三相绕组与36V交流电源接通，若电压表有读数，则是首尾相连；若电压表没有读数，则是尾尾相连。三是万用表测试法，将三相绕组各自假想的首尾端进行首首首、尾尾尾相连，用万用表的毫安挡并接在首、尾端之间测试，用手转动电动机的转子，如万用表的指针不动，说明首尾端接线正确；如万用表的指针动，说明首尾端接线错误，任意改正其中某一相的首尾端，重新测试。

修理方法：对于内部接线错误，应对照绕组展开图和接线图进行逐相检查，找出错误后，纠正错误；如绕组首尾接反，找出接错的相绕组后，纠正接线。

关于转子绕组的故障维修参考有关书籍，在此不作阐述。

（4）异步电动机修理后的试验

① 一般检查　主要是检查电动机的装配质量。外观是否完好，各紧固件是否紧密可靠。出线端的标记和连接是否正确，转子转动是否灵活。轴转动时若有径向偏摆，是否在允许范围内。如系绕线式转子电动机还应检查电刷、刷架及集电环的装配质量，电刷与集电环接触是否良好等。

② 绝缘电阻的测定　主要测定各绕组间、各绕组与地间冷态绝缘电阻。对于500V以下的电动机，绝缘电阻值不应低于1MΩ。

③ 直流电阻的测定　直流电阻的测定一般在常温下进行。绕组电阻可采用单臂电桥测

量。所测各相电阻值偏差与其平均值之比不得超过5%。

④ 耐压试验　电动机定子绕组相与相之间及每相与机壳之间经过绝缘处理后，能承受一定的电压而不击穿称为耐压。对绕线式电动机而言，还包含转子绕组相与相之间及相与地之间的耐压。耐压试验的目的是考核各相绕组之间及各相绕组对机壳之间的绝缘性能的好坏，以确保电动机的安全运行及操作人员的人身安全。

耐压试验一般在单相工频耐压试验机上进行，试验电压种类为工频交流。对1kW以下电动机，试验电压有效值为500V＋$2U_N$；对额定电压为380V、功率在1～3kW的电动机，试验电压值为1500V；额定功率在3kW以上的电动机，试验电压值为1760V。试验时电动机处于静止状态。定子做耐压试验时绕线式电动机的转子绕组应接地。试验电压一般从零逐步升高到规定值，并保持1min，再逐步减小到零，以不发生击穿或闪弧为合格。试验时必须注意人身安全，试验结束，被试件必须放电后才能触及。

试验中常见的击穿原因有：长期停用的电动机受潮；电动机线圈组间接线时接错；长期过载运行或过压运行；没经过烘干处理；绝缘老化损坏。

⑤ 空载试验　经上述检查合格的电动机，方可进行空载试验，空载运行时间为30min，主要为了确定空载电流和空载损耗。还应测量三相电流是否平衡，其偏差不应超过10%。如空载电流过大，则可能是定转子之间的气隙超出允许值，或是装配质量差所致。如空载电流过小，则可能是绕组匝数过多，绕组连接有误等。空载试验时，应仔细观察电动机运行情况，监听有无异常声音，电动机是否过热，轴承的运转是否正常等。绕线式转子电动机还应检查电刷有无火花及过热现象。

三、三相异步电动机绕组的重绕

小型三相异步电动机的定子绕组可分为单层绕组和双层绕组两大类，一般而言，功率在十几千瓦以下者采用单层绕组，超过十几千瓦的为双层绕组。单层绕组按绕组构成方式划分又可分为链式绕组、同心式绕组和交叉式绕组三类，通常，2极的电动机采用同心式绕组，4极的电动机采用单相交叉式绕组，6极及8极电动机采用单层链式绕组。

当电动机定子绕组损坏严重、无法局部修复时，就要把原绕组全部拆去，重新嵌放新绕组。

基本操作步骤描述：记录原始数据→拆除旧绕组→清槽→绝缘材料的裁剪与制作→线圈的绕制→嵌线→测试→浸漆与烘干→试验→通电试验。

1. 记录原始数据，填写电动机修理单

先把被修电动机铭牌数据填入修理单，技术数据在定子绕组拆除后填写，试验值则最后填写。

2. 拆除待修电动机定子绕组

(1) 通电加热法

在三相定子绕组没有断路的情况下，可将三相绕组连接成闭合回路，然后给定子绕组加上适当的交流电压，使定子绕组发热，将绝缘漆软化。该交流电压可由单相调压器及降压变压器输出。调节单相调压器的输出电压，即可改变加在三相定子绕组上的电压。使用本法时，必须注意正确选择调压器及降压变压器的容量，通过的电流不应超过其额定电流，以免损坏调压器及降压变压器。待绕组受热绝缘软化后，即切断电源，打出槽楔，将绕组一端剪断，再用钳子、旋具等工具将绕组拆除。

(2) 烘箱加热法

将待拆定子铁芯及绕组一起放在烘箱中加热数小时，使绝缘软化，再用上法拆除定子绕组。

（3）冷拆法

先打出槽楔，再将绕组的一个端部切断，然后用旋具、钳子等工具将绕组从铁芯槽中逐步取出。对于功率小的三相异步电动机，在浸漆后定子绕组端部的导体已粘连很牢固时，可用特制的扁铲及冲子拆除。其步骤如下：首先将定子垂直放置，使定子绕组端部朝上，然后用一把锋利的扁铲沿铁芯边缘把定子绕组一端铲开。

3. 清槽

定子绕组拆除后，应进行清槽工作，将定子铁芯槽中残存的绝缘物清理干净。可用铁锯片制作成清槽锯或将其一端磨成锋利的刀片将残存绝缘物清除，并用压缩空气或皮老虎将槽吹干净。

4. 绝缘材料的裁剪与制作

（1）槽内绝缘

① 槽绝缘纸伸出定子铁芯之外的长度，要根据电动机容量大小而定。太短会使定子绕组与铁芯之间的绝缘距离（漏电距离）不够，容易造成定子绕组与铁芯之间的短路；太长则在绕组端部整形时槽绝缘容易裂开，通常可按原电动机的槽绝缘纸裁剪。

② 槽绝缘纸宽度的确定可按实际铁芯槽的形状而定，其高出铁芯槽的部分一般约在10mm，太宽了浪费（因为该部分在嵌好线圈后基本上要剪掉），太窄了又包不住线圈的两边，并且造成线圈嵌放困难。

③ 层间绝缘材料是在双层绕组的电动机中，用来隔开槽内上下两个线圈的绝缘材料。所有层间绝缘材料的尺寸一样，下线前可折成矩形形状备用。

（2）端部绝缘

端部绝缘是垫在绕组两端作为相与相之间的绝缘材料，质地与槽内绝缘材料相同。可在嵌好若干个线圈后，按线圈组端部的实际尺寸裁剪，其大体形状如半圆形。

（3）引出线绝缘

引出线与绕组端部相连接的部位，用0.15mm×15mm醇酸玻璃漆布带半叠绕一层，外面再套上醇酸玻璃丝套管。

（4）槽楔的制作

槽楔安插在铁芯槽中作为封槽口之用，功率小的三相异步电动机槽楔一般用竹片制作。槽楔截面为等腰梯形，长度与槽绝缘材料大体相等。槽楔制作较简单，一般均是在下好料后用电工刀削成与原槽楔相仿的等腰梯形。

5. 线圈的绕制

（1）绕线模的制作

目前常用的绕线模有固定绕线模和可调绕线模两种。固定绕线模一般用木材制成，由模芯和隔板组成，导线绕放在模芯上，隔板起挡住导线使其不脱离模芯的作用。若一个线圈组由几个线圈组成，就需做多个模芯，隔板数比模芯数多一个。固定式绕线模主要分圆弧形和菱形两种。其中，模芯与隔板两侧的缺口是扎线槽，待线圈绕好后，可从扎线槽中穿进绑扎线，将线圈两边绑扎好，以免松散。隔板一端的缺口是跨线槽，在一个线圈绕好后导线从跨线槽中过渡到另一个模芯上，继续绕下一个线圈。模芯做好后要放在熔化的蜡中浸煮，或者在侧边打上蜡，以利于线圈绕好后从绕线模模芯上卸下。可调绕线模，也称为万用绕线模，适用于较大的电动机修理部门，它的四个线轮架安装在滑块上，转动左右螺纹杆时，可使其移动，以调节线圈的宽度。转动前后螺纹杆时，可使滑轨在底盘上移动，以调节线圈的直线部分长度。调节线轮在线轮架上的位置，即可调节线圈的直线部分长度和端部长度，改变线轮的高度可调节线圈的宽度。绕线时，将底盘安装在绕线机上，即可进行绕线。

确定模芯尺寸。制作线绕模的关键是模芯尺寸的确定，模芯尺寸选择偏小可能造成嵌线的困难，如偏大则造成铜导线的浪费及线圈端部过长而与铁芯或端盖相碰。因此，必须正确确定模芯尺寸，在拆卸旧电动机定子绕组时，必须留下整的线圈作为制作模芯的依据。

（2）线圈的绕制

基本操作步骤描述：选用电磁线→安装绕线模→绕制线圈→线圈绑扎。

小型三相异步电动机定子绕组的各线圈均在绕线机上用绕线模绕制，最后再连接。对于功率小的三相异步电动机，由于其定子绕组的尺寸较小，线径也较细，故可在手摇绕线机上绕制。

① 电磁线可根据旧绕组的电磁线规格或根据电动机技术要求，通过查看电磁线的数据规格表来选取。

② 将绕线模安装在绕线机上，用螺母将其固紧。

③ 将绕线机指针调零后，用绕线机绕制线圈。绕线时，右手顺时针转动绕线机手柄，左手从右边第一个线模开始放线，将线头留在跨线槽端，边绕边看计圈器的指针，当达到所需匝数时，停止绕线。把导线从端部跨线槽过渡到第二个模芯上，继续绕第二个线圈，直至全部绕制完毕。

④ 当第一个线圈绕制完毕后，应用扎线将各线圈绑扎好，以防其散开。

6. 线圈的嵌入

基本操作步骤描述：放置绝缘→整理线圈→插入引线纸→嵌线入槽→划线入槽→插入层间绝缘→线圈接线→端部包扎与整形。

① 放置绝缘　先将绝缘纸沿纵向折起，用手捏住上口插入槽中，要使两端露出槽口的长度相等，如图 3-4 所示。安放层间绝缘方法：用手将层间绝缘捏成向下弯曲的瓦片状并慢慢地逐次推入，使其插入槽中并置于下层线上，绝缘要盖住下层线，如图 3-5 所示。安放盖条：安放盖条的操作方法与安放层间绝缘完全相同，同时要求将其插入槽内并将导线包住，如图 3-6 所示。

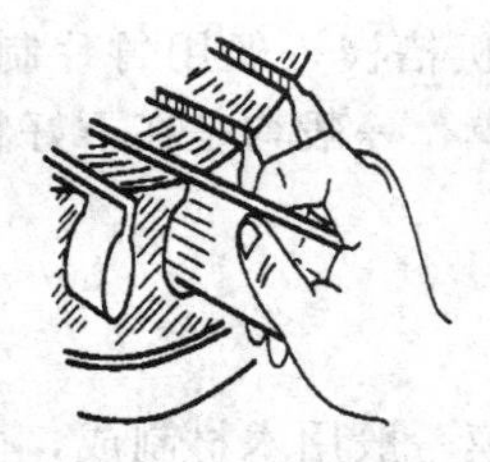

图 3-4　放置槽中绝缘

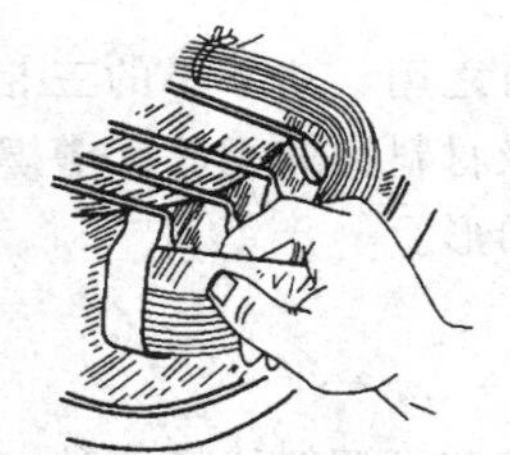

图 3-5　安放层间绝缘

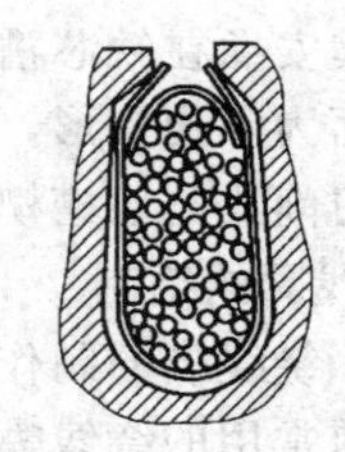

图 3-6　安放盖条

② 整理线圈　解开线圈的一个绑扎线，两手配合，先用右手将线圈边理直边捏扁，再用左手捏住线圈的一端向一个方向旋拧导线，使直线边呈扁平状，如图 3-7 所示。

③ 插入引线纸　将两片 M 薄膜插放在槽内，该纸高出槽口 40～60mm，称为引线纸，用于引导导线顺利嵌入槽内，如图 3-8 所示。

④ 嵌线入槽　右手捏平线圈直线边，左手捏住线圈前端（非出线端），使直线边和槽线呈一定角度，将线圈前端下角插入引线纸开口并下压至槽内，左手拉、右手推并下压，将线圈直线边嵌入槽内，如图 3-9 所示。

⑤ 划线入槽　当按上述方法若导线未能全部嵌入槽内时，可用划线板插入槽中。插入位置应靠槽的两侧，并左右交叉换位，适当用力划压导线进入槽内。为防止导线被划走，在

划线时，左手应捏住线圈另一端并用一定的压力下压。操作时要耐心，防止强行划理交叉线造成导线绝缘损伤，划线板的尖端不要划到槽底，避免划破槽底绝缘，如图 3-10 所示。

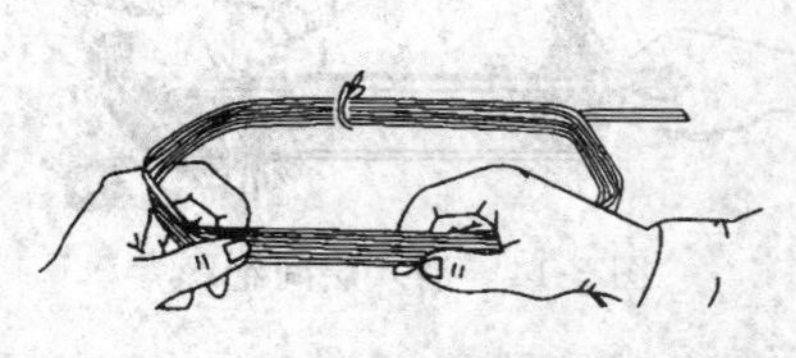

图 3-7　整理线圈

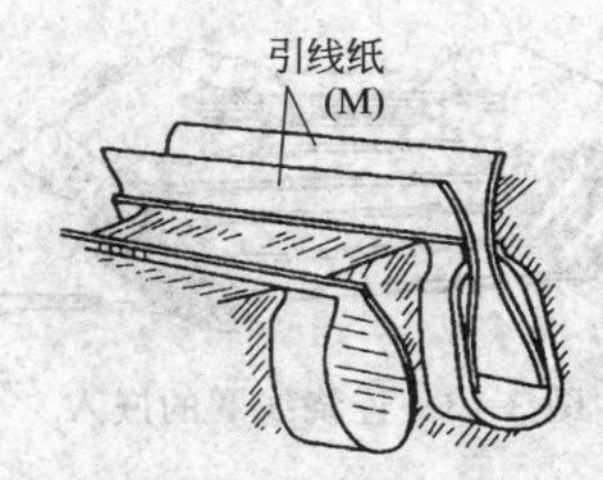

图 3-8　插入引线纸

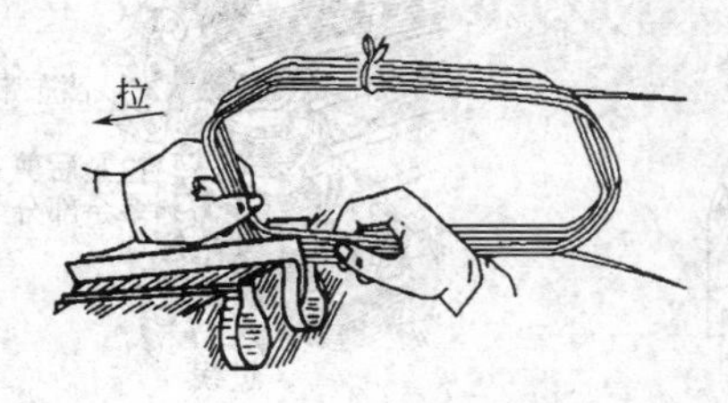

图 3-9　嵌线入槽

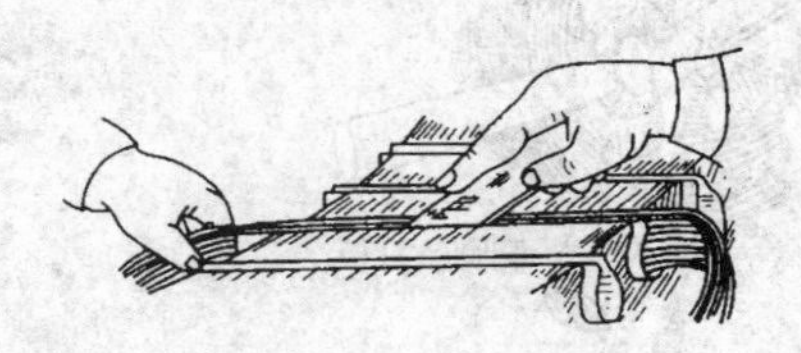

图 3-10　划线入槽

⑥ 安放起把线圈垫纸　起把线圈是指为了让最后几个线圈嵌入而有一个边暂不嵌入槽内的线圈。根据槽数的多少和绕组形式的不同，起把线圈的个数也不同。由于起把线圈的一个边要在最后嵌入槽内，为防止它被划伤或磕伤，特别是被下面的槽口划伤，要在它们的下面安放一块垫纸，一般用绝缘纸或牛皮纸，如图 3-11 所示。

⑦ 连绕线圈的放置　对于连绕的几个线圈，可平摆在铁芯旁，嵌入一个线圈后，将下一个线圈先沿轴向翻转 180°，再将外端翻转 180°，即达到预定位置，如图 3-12 所示。

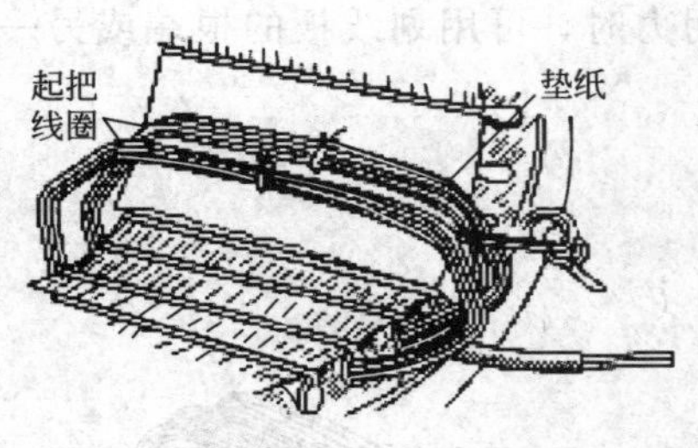

图 3-11　安放起把线圈垫纸

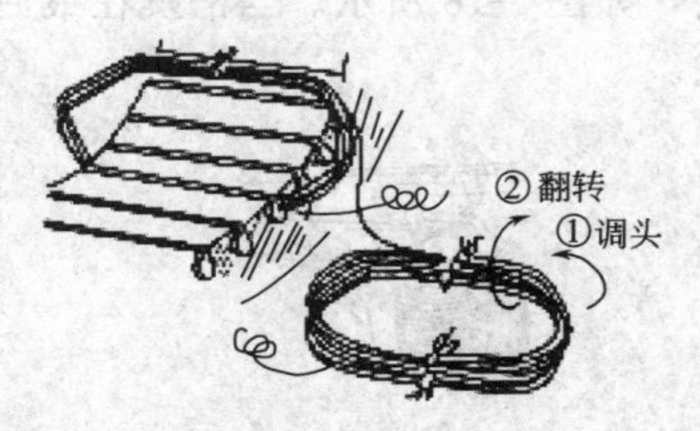

图 3-12　连绕线圈的放置

⑧ 连绕线圈的嵌入　连绕的线圈都是采用先依次嵌入第一条边，再依次嵌入第二条边，最后逐个进行封槽或插入层间绝缘、盖纸的操作方法。在嵌一个线圈的第二条边前，应用两手理顺第二条边，然后再嵌入，如图 3-13 所示。

⑨ 插入层间绝缘　将层间绝缘插入后，用压脚插入槽中，用锤子轻轻敲击压脚，从一端到另一端，使下层线略压紧，如图 3-14 所示。

⑩ 嵌线过程中的端部整形　在嵌线过程中，应随时对其端部进行整形，这一方面便于导线在槽内固定（未插入槽楔时），同时也便于以后线圈的嵌入，更为最后的端部整形打下一个好的基础。如端部较小或导线较软，可用两手同时按压一端；对于端部较大或较硬的导线，则要用锤子通过截面为椭圆的垫打板敲打，使绕组两端形成喇叭口，如图 3-15 所示。整形的目的是为了使端部排列整齐，有利于通风散热，并使端部与机壳之间保持一定的距

离，避免相碰。注意用力不要过大或过猛，以防止压破槽口绝缘或打破导线绝缘，造成对地短路或匝间短路，如图 3-16 所示。

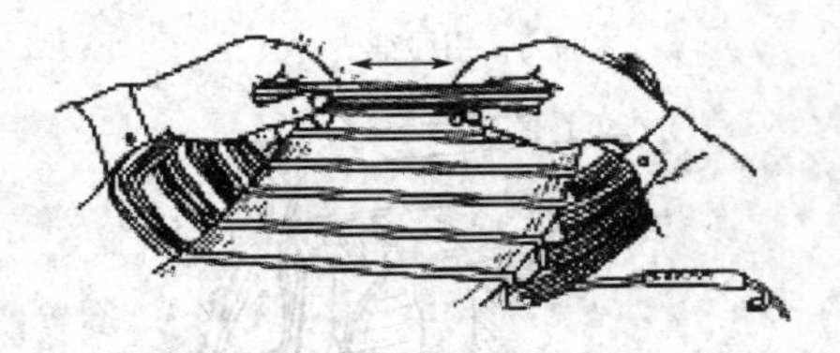
图 3-13　连绕线圈的嵌入

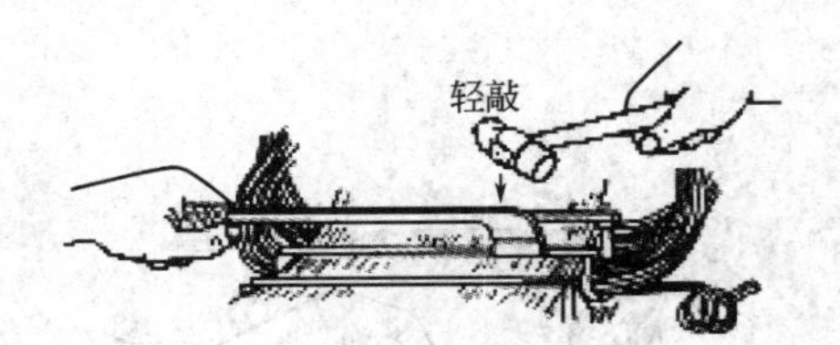

图 3-14　插入层间绝缘

图 3-15　端部整形

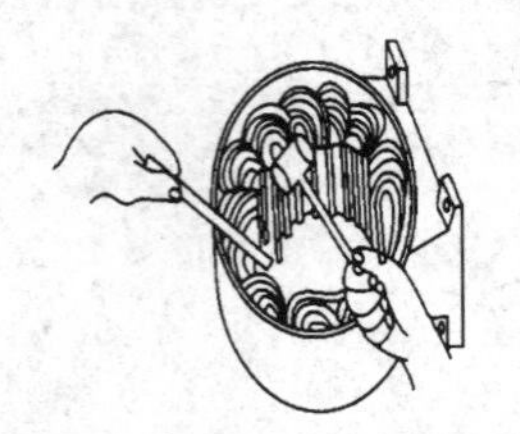
图 3-16　用橡胶锤敲击整形

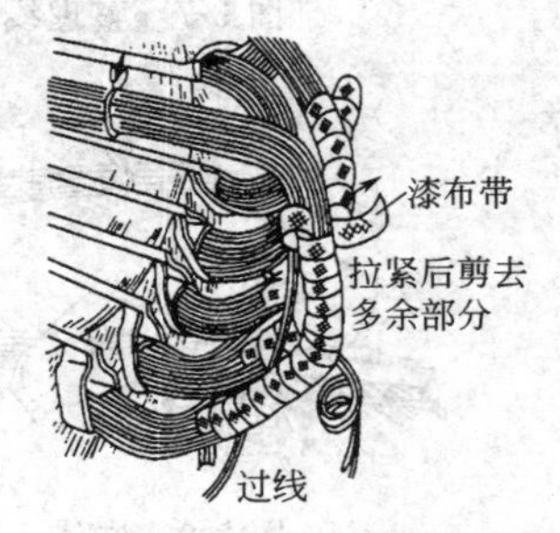

图 3-17　端部包扎

⑪ 端部包扎　对于较大容量（机座号 200 以上）的电动机，为了加强线圈端部之间特别是相间绝缘，应为每个线圈端部包一段绝缘漆布带或白布带，如图 3-17 所示。

⑫ 槽绝缘封口和插入槽楔　槽绝缘封口和插入槽楔一般都是同时完成的。以叠式封口为例。先用左手拿压脚，从一端将槽绝缘剩出部分的一边压倒并向另一端推进，使该边在整个槽内都被压倒，如图 3-18 所示。当压脚退回一段距离后，用右手拿一根槽楔，将槽绝缘的另一个边压倒，叠放在用压脚压倒的边上，一边后退压脚，一边推进槽楔，至整条槽楔插入为止，如图 3-18 所示。当槽楔在最后一段手无法用力时，可用划线板的根端或另一只槽楔顶进。

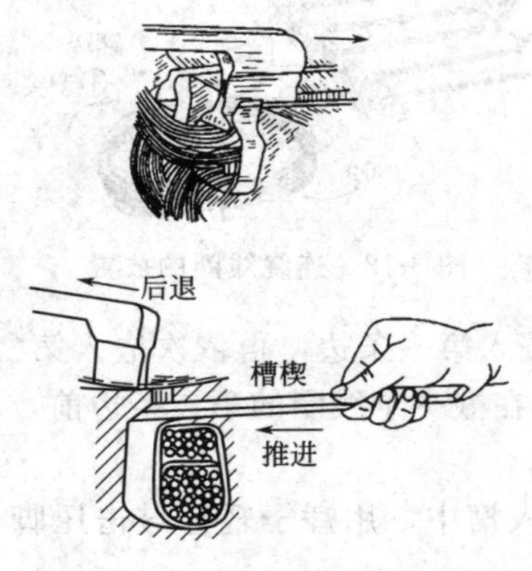

图 3-18　槽绝缘封口和插入槽楔

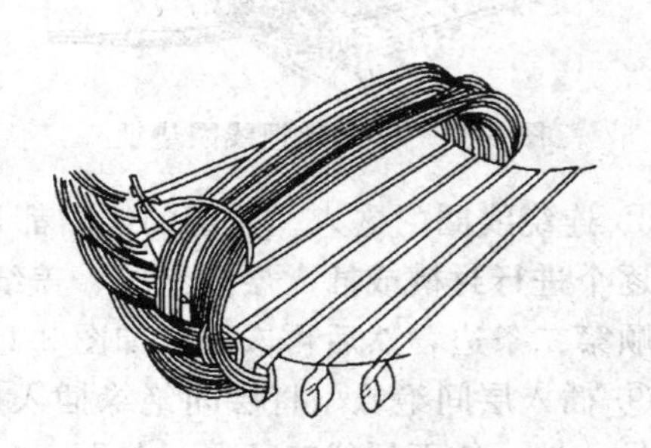
图 3-19　翻把

⑬ 翻把　翻把又称吊把（“把”是对线圈直线边的称呼），是为了嵌入最后几个线圈的第一个边，而将起初几个起把线圈遮盖上述线圈所用槽的线圈边撩起的过程。撩起的线圈可用其他线圈的端头拉住，如图 3-19 所示。

⑭ 插入相间绝缘　相间绝缘可在嵌线过程中插入，也可以在嵌线全部完成后插入。但

对于多极数和多槽的较大容量的电动机，由于线圈端部相互挤压得较紧，最后插入比较困难，所以，应采用边嵌线边插入相间绝缘的办法，图中每极相占 3 个槽。相间绝缘应插到铁芯端面，如图 3-20 所示。

⑮ 用剪刀剪去露出的相间绝缘　对端部进行初步整形后，用剪刀剪去露出的相间绝缘，但应留下一定尺寸，即高出导线尺寸为：端部内圆 3mm，外圆 5mm，如图 3-21 所示。

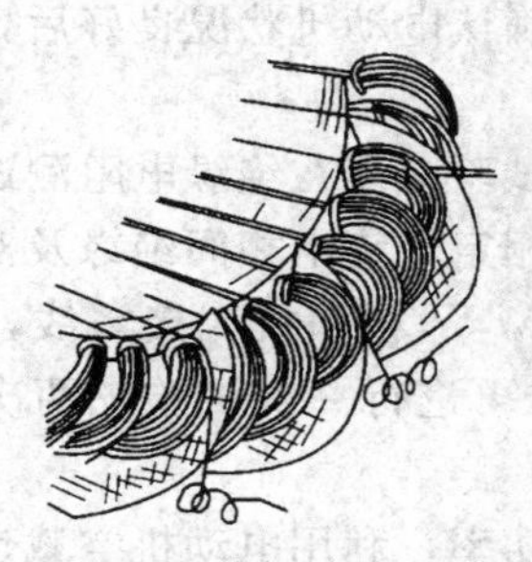

图 3-20　插入相间绝缘

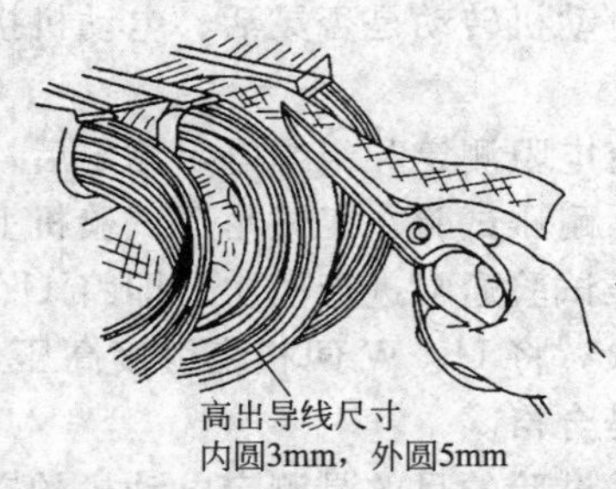

图 3-21　用剪刀剪去露出的相间绝缘

还有端部整形的步骤，端部整形的目的是使端部导线相互贴紧、外形圆整、内圆直径大于铁芯内径、外圆直径小于铁芯外径，可采用橡胶锤敲打整形或用铁锤通过垫打板敲击整形。

7. 测试

（1）三相绕组接线的测试

检测三相绕组的连接是否正确，磁极数是否无误，可参照前文所述用指南针法检验，也可用三相调压器给三相定子绕组通入 60～80V 的三相交流电压，在定子铁芯内圆面上放一钢珠，如钢珠能沿内圆旋转，则表明绕组接线正确，如钢珠被吸住不动，则表明绕组接线错误，或有短路、断路等故障。

（2）首尾端的判别

首尾端的判别方法有：低压交流电源法、发电机法和干电池法。前两种方法在前面已有叙述，在此介绍干电池法。

① 首先用万用表的欧姆挡将三相绕组分开。给分开后的三相绕组作假设编号，分别为 U1、U2、V1、V2、W1、W2。

② 将任意一相绕组通过开关连接干电池，将其他的一相绕组和微安表直接相连，闭合电池开关的瞬间，若微安表指针摆向大于零的一侧，则连接电池正极的接线端与微安表负极所连接的连线端同为首端（或同为末端）。

③ 再将微安表连接另一相绕组的两接线端，用上述方法判定首末端即可。

（3）直流电阻的测定

用单臂电桥分别测量三相直流电阻值，要求其平衡度不超过 4%。

（4）绝缘电阻的测量

用兆欧表分别测量每相绕组对地的绝缘电阻及相与相之间的绝缘电阻，其阻值均应大于 0.5MΩ。

8. 浸漆与烘干

三相异步电动机定子绕组浸漆处理的目的是提高绕组的绝缘强度、耐热性、耐潮性及散热能力，同时也为了增加绕组的机械强度和耐腐蚀能力。常用的 E 级和 B 级绝缘为 1031 牌号的酚醛醇酸漆及 1032 牌号的三聚氰胺醇酸漆，常用的 F 级和 H 级绝缘为 1053 牌号的有机硅浸渍漆。基本操作步骤描述：预烘→浸漆→烘干。

9. 试验

三相异步电动机装配完毕后，为了保证电动机的重绕及装配质量，必须对电动机进行一系列试验，以考核其检修质量是否符合要求。试验的项目主要有：直流电阻测定、绝缘电阻测定、耐压试验、空载试验、短路试验和温升试验等。

在试验前必须先对电动机作一般性检查，如电动机的装配质量、各部分的紧固螺栓是否拧紧、电动机转动是否灵活、电动机接线是否正确等，在确认电动机状况良好后，才能进行试验。

直流电阻测定和绝缘电阻测定后，进行耐压试验。该试验必须在绝缘电阻测试合格后才能进行。耐压试验在工频耐压试验机上进行，主要考核三相定子绕组相间绝缘及对地绝缘性能。耐压试验通常进行两次，即将 U、V 两相绕组接高压，W 相和机壳接零线，进行一次耐压试验；将 U、W 两相绕组接高压，V 相和机壳接零线再进行一次试验，两次试验均未击穿便是合格。

空载试验的目的是测定电动机的空载电流和空载损耗功率，利用电动机空载运行检查电动机的装配质量和运行情况。短路试验的目的是测定短路电压和短路损耗。

当电动机满载运行几小时以后，电动机的温升达到稳定值即可进行温升试验。对封闭式电动机而言，旋出吊环，将酒精温度计的玻璃球用锡箔裹紧，塞入吊环空内，四周再用棉絮裹住，测出的温度为电动机表面温度，它比绕组内部温度最高点大约低 10℃。因此，把测量的温度加 10℃，再减去周围环境温度，即为电动机的温升。测得的电动机温升必须小于电动机绝缘等级所规定的温升，否则将使电动机很快烧损或降低电动机的使用寿命。

【能力拓展】

1. 能力拓展项目

① 一台小功率三相绕线式异步电动机的拆装，确定操作工艺流程，并编制器材明细表，编写拆装报告。

② 一台小功率三相笼型异步电动机（匝间短路）的检修，确定操作工艺流程，并编制器材明细表，编写检修报告。

③ 一台小功率三相笼型异步电动机的绕组重绕，确定操作工艺流程，并编制器材明细表，编写重绕报告。

2. 拓展训练目标

通过能力拓展项目的训练，使学生能够进一步理解三相异步电动机维护和检修操作方法，提高三相异步电动机的应用与维护能力。

任务二　单相异步电动机的维护与检修技能训练

【任务描述】

① 通过单相异步电动机的拆装与测试技能训练，让学生具备单相异步电动机的拆装与测试、编制所需的器件明细表、确定操作工作流程的基本技能。

② 通过单相异步电动机的维护与检修训练，掌握单相异步电动机的维护与检修的基本技能。

③ 掌握电工基本安全操作规程，掌握基本的安全用电操作技能。

【技能要点】

① 了解单相异步电动机的拆装与测试的方法。

② 掌握单相异步电动机的维护与检修技能。

③ 进一步掌握安全用电知识、安全生产操作规程。

【任务实施】 单相异步电动机的拆装与测试

训练内容说明：确定拆装与测试工作流程，编制所需的器件明细表，进行单相异步电动机的拆装与测试。

1. 编制技能训练器材明细表

本技能训练任务所需器材见表 3-5。

表 3-5 技能训练器材明细表

器件序号	器件名称	性能规格	所需数量	用途备注
01	单相吊风扇	220V	2 台	
02	拆装专用工具		1 套	
03	钳形电流表		1 块	
04	兆欧表		1 块	
05	转速表		1 块	
06	劳保用品		1 套	
07	绝缘胶布		1 卷	
08	干布		若干	
09	刷子		2 个	
10	万用电表	MF-47	1 块	
11	常用维修电工工具		1 套	

2. 技能训练前的检查与准备

① 确认技能训练环境符合维修电工操作的要求。

② 确认技能训练器件与测试仪表性能良好。

③ 编制技能训练操作流程。

④ 做好操作前的各项安全工作。

3. 技能训练实施步骤

(1) 拆卸吊风扇（电路如图 3-22 所示）

① 准备好工作所需的各种工具，断开电源。

② 卸下风扇叶。

③ 取下吊扇。

④ 拆除启动电容器、接线端子及风扇电动机以外的其他附件。此外，必须记录下启动电容器的接线方法及电源接线方法。

(2) 风扇电动机的拆卸

① 拆除上下端盖之间的紧固螺钉。

② 取出上端盖。

③ 取出内定子铁芯和定子绕组组件。

④ 使外转子与下端盖脱离。

⑤ 取出滚动轴承。

拆卸后风扇电动机的构件如图 3-23 所示。

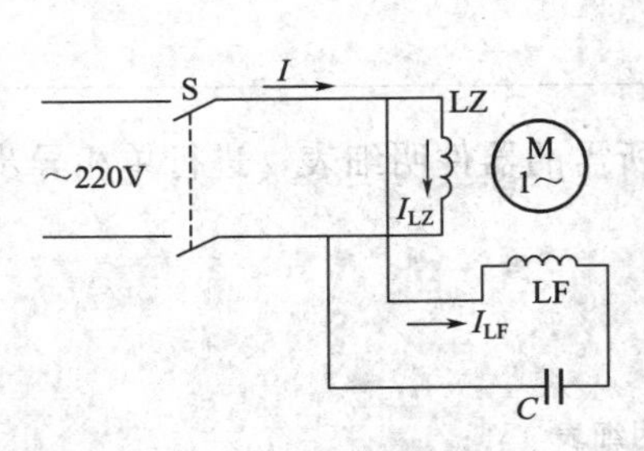

图 3-22 吊风扇的电路

图 3-23 风扇电动机的构件

(3) 检查启动电容器

(4) 记录定子绕组绝缘电阻的测定值

(5) 清洗滚动轴承及加注润滑油

(6) 重新装配

(7) 通电试运行

在确认装配及接线无误后，方可通电试运行，观察电动机的启动情况、转向与转速，测量电动机工作电流。如有调速器，可将其接入，观察调速情况。做好记录，填入表格中。

4. 清理现场和整理器材

训练完成后，清理现场，整理好所用器材、工具，按照要求放置到规定位置。

【任务评价与考核】 单相异步电动机的拆装与测试

一、考核要点

① 检查是否按照要求，正确确定操作流程、编制器材明细表，工具及仪表使用、操作是否正确。

② 检查拆装与测试是否符合要求，是否做到安全、规范，是否时刻注意遵守安全操作规定，操作是否规范。

③ 检查与验收是否合格，通电测试是否达到实训项目目标。

二、成绩考核

根据以上考核要点对学生进行逐项成绩评定，参见表 3-6，给出该项任务的综合实训成绩。

表 3-6 实训成绩评定表

子任务内容	分值/分	考核要点及评分标准	扣分/分	得分/分
单相异步电动机的拆卸	30	未按照要求正确操作仪表和工具，扣 10 分		
		未按照要求正确进行拆卸，扣 10 分		
		验收不合格，每错一次扣 10 分		
单相异步电动机的装配	30	未按照要求正确操作仪表和工具，扣 10 分		
		未按照要求正确进行装配，扣 10 分		
		验收不合格，每错一次扣 10 分		
单相异步电动机的测试	20	未按照要求正确操作仪表和工具，扣 10 分		
		未按照要求正确进行测试，扣 10 分		
		验收不合格，每错一次扣 10 分		
安全、规范操作	10	每违规一次扣 2 分		
整理器材、工具	10	未将器材、工具等放到规定位置，扣 5 分		
合计				

【相关知识】

一、单相异步电动机的结构形式

单相异步电动机的结构特点与三相异步电动机相似，即由产生旋转磁场的定子铁芯与绕组和产生感应电动势、电流并形成电磁转矩的转子铁芯和绕组两大部分组成，普通单相异步电动机的外形与内部结构如图 3-24 和图 3-25 所示。但因电动机使用场合的不同，其结构形式也各异，大体上可分为以下几种。

图 3-24 普通单相异步电动机的外形

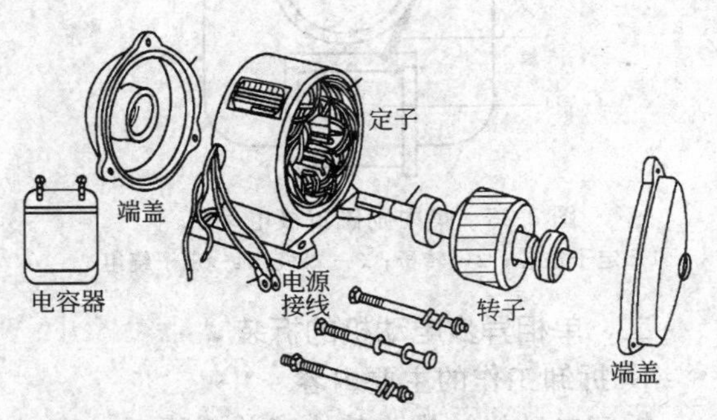

图 3-25 单相异步电动机的内部结构

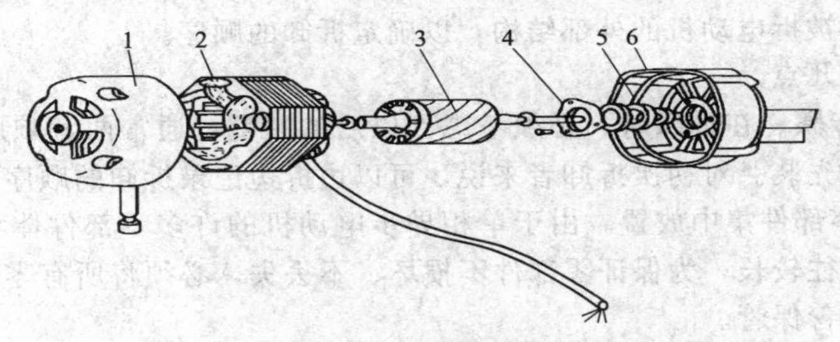

图 3-26 电容运行台扇电动机

1—前端盖；2—定子；3—转子；4—轴承盖；5—油毡圈；6—后端盖

1. 内转子结构形式

这种结构形式的单相异步电动机与三相异步电动机的结构相似，即转子部分位于电动机内部，主要由转子铁芯、转子绕组和转轴组成。定子部分位于电动机外部，主要由定子铁芯、定子绕组、机座、前后端盖（有的电动机前后端盖可代替机座的功能）和轴承等组成。如图 3-26 所示电容运行台扇电动机即为此种结构形式。

2. 外转子结构形式

这种结构形式的单相异步电动机其定子与转子的布置位置与内转子结构形式正好相反，即定子铁芯及定子绕组置于电动机内部，转子铁芯、转子绕组压装在下端盖内。上、下端盖用螺钉连接，并借助于滚动轴承与定子铁芯及定子绕组一起组合成一台完整的电动机。电动机工作时，上、下端盖及转子铁芯与转子绕组一起转动。如图 3-27 所示电容运行吊扇电动机即为此种结构形式。

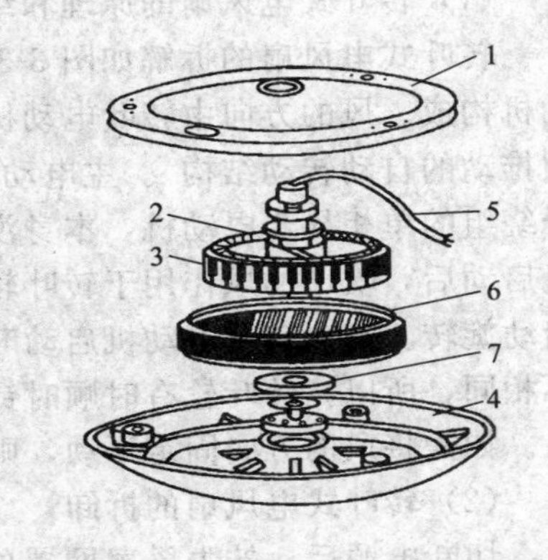

图 3-27 电容运行吊扇电动机

1—上端盖；2,7—挡油罩；3—定子；4—下端盖；5—引出线；6—外转子

3. 凸极式罩极电动机结构形式

这种结构形式的电动机又可分为集中励磁罩极电动机

和分别励磁罩极电动机两类，如图 3-28 和图 3-29 所示。其中，集中励磁罩极电动机的外形与单相变压器相仿，套装于定子铁芯上的一次绕组（定子绕组）接交流电源，二次绕组（转子绕组）产生电磁转矩而转动。

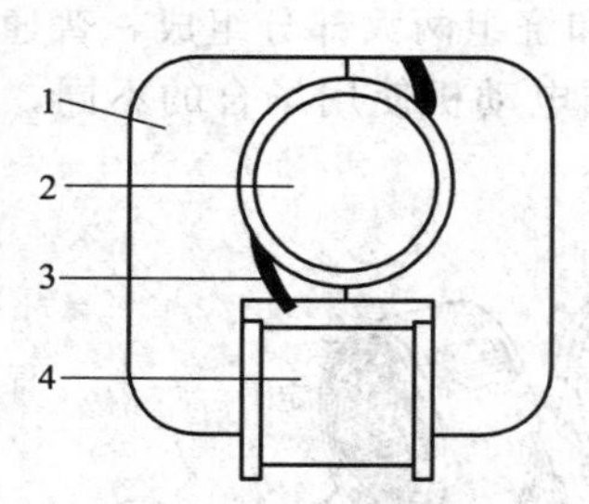

图 3-28　集中励磁罩极电动机

1—定子铁芯；2—转子；3—罩极；4—定子绕组

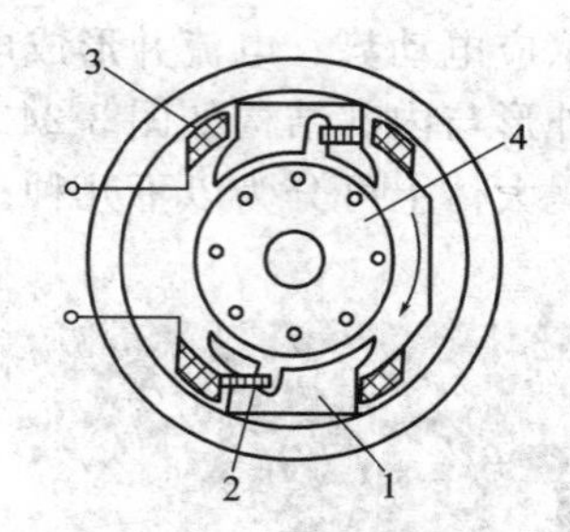

图 3-29　分别励磁罩极电动机

1—定子铁芯；2—罩极；3—定子绕组；4—转子

二、单相异步电动机的拆装

1. 拆卸工作的主要内容

拆卸电动机，排除其故障并复原后，要对电动机进行清洗和加注润滑油，随后进行装配，最后通过检查和试验。单相异步电动机的拆装一般比较简单，通常不需要专用工具，在拆卸前先仔细观察被拆电动机的外部结构，以确定拆卸的顺序。

特别注意以下几点。

① 牢记拆卸步骤。在拆卸时，必须考虑到以后的装配，通常两者顺序正好相反，即先拆的后装，后拆的先装。对初次拆卸者来说，可以边拆边记录拆卸的顺序。

② 电动机的零部件集中放置。由于单相异步电动机的许多零部件体积较小，电动机拆卸后检修时间又往往较长，为保证零部件不损坏、不丢失，必须将所有零部件集中放置在盒子内或袋子内，妥善保管。

③ 保证电动机各零部件完好。

④ 在拆装时应特别注意轻敲、轻打，不允许用与电动机铁芯及端盖等同样硬度的金属物敲击电动机，必须借助于紫铜棒、紫铜板、木板等才能敲击电动机。

2. 转叶式电风扇的拆卸

下面以转叶式电风扇为例予以叙述，各类排风扇（换风扇）的拆卸与此类基本相同。

(1) 转叶式电风扇的原理和结构

转叶式电风扇的拆解如图 3-30 所示。它由一台主电动机（风扇电动机）和一台转叶电动机构成。风的方向由转叶电动机拖动转叶轮自动控制（也有转叶不用电动机拖动而利用风力推动的自动转动结构）。主电动机为电容运行单相异步电动机；转叶电动机为只有一组定子绕组的单相异步电动机，本身没有启动转矩，它必须在主电动机转动后才能工作。主电动机启动后，吹出的风作用于转叶轮产生作用力，即为转叶电动机的启动外力，使转叶电动机启动旋转。每次转叶电动机启动时，由于转叶轮所处的位置不同，因此该启动外力的方向也不相同，所以，转叶轮有时顺时针转，有时逆时针转，但这不影响整台转叶式风扇的工作效果。如需将风的方向固定不动，则只需断开转叶电动机的电源开关即可。

(2) 转叶式电风扇的拆卸

切断电源后，拧去风扇网罩的固定螺母，转动网罩，将网罩取下；拧去风叶的固定螺母，将风叶从主电动机的转轴上取下；拧去装饰件，转动转叶衬圈，取下衬圈；取出转叶轮；拧去风扇前盖与前框架之间的固定螺钉，将前盖取下；拧去风扇电动机与前框架之间的

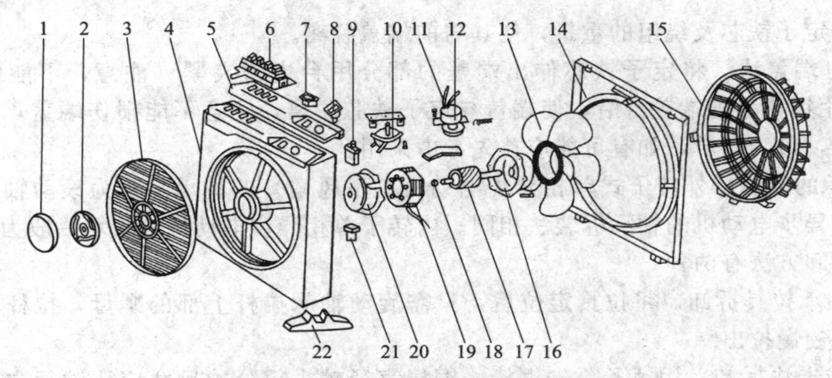

图 3-30　转叶式电风扇拆解图

1—装饰件；2—转叶衬圈；3—转叶轮；4—前框架；5—开关罩；6—琴键开关；7—转叶电动机开关；8—定时开关钮；9—电容器；10—定时开关；11—转叶电动机；12—橡胶轮；13—风叶；14—前端盖；15—网罩；16—后端盖；17—转子；18—轴承构件；19—定子；20—前盖；21—跌倒开关；22—底脚

固定螺钉，将风扇电动机取下。

3. 内转子式单相异步电动机的拆卸

该风扇电动机为电容运行单相异步电动机，与排风扇、电容运行台风扇的单相异步电动机结构相似，即为内转子式结构。

基本操作步骤描述：拆卸后端盖→拆卸转子→拆卸定子→拆卸轴承。

① 松开前后端盖的固定螺钉，即可将后端盖拉出。

② 用手拿住转子轴，向外拉出转子，如无法拉出时，可用台虎钳将转子或转子轴夹住（注意：必须在钳口处垫上木板），用铜棒或木块均匀地敲击定子铁芯或前端盖，使转子与前端盖分离。

③ 把压入前端盖中的定子铁芯（及定子绕组）取出。

拆卸端盖和定子的方法如下。

① 敲打定子铁芯法。如端盖正面有孔则可用此法拆卸，即把定子铁芯与前端盖组件一起放在一个钢套筒上，如图 3-31 所示。套筒内径应稍大于定子铁芯外径，用一根铜棒插入后端盖的孔内，与定子铁芯端面相接触（注意，千万不能触及定子绕组），在定子铁芯四周用锤子敲打铜棒，直到定子铁芯及定子绕组脱离前端盖为止。用此法拆卸时，钢套筒下面要多垫棉纱等软物，以防定子铁芯掉下时损伤定子绕组。

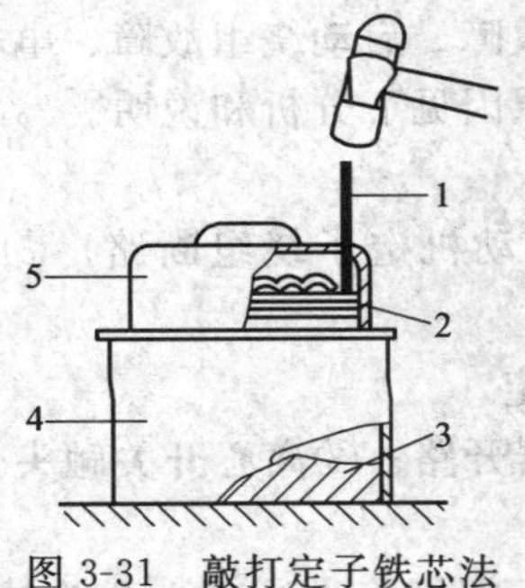

图 3-31　敲打定子铁芯法

1—铜棒；2—定子；3—棉纱；4—套筒；5—后端盖

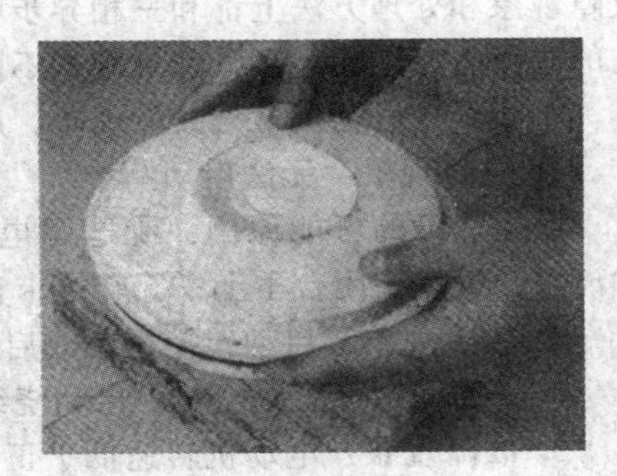
图 3-32　撞击法

② 撞击法。如端盖正面无孔，则可用此法拆卸，即将定子铁芯及前端盖组件倒放在一个圆筒上，圆筒底部要多垫棉纱等软物，如图 3-32 所示。用双手将该组件与圆筒抱在一起

撞击，依靠定子铁芯及绕组的重量，使其与前端盖脱离。

③ 敲打端盖法。将定子铁芯伸出端盖的部分用台虎钳夹紧（注意，不能触及定子绕组），随后用铜棒敲击端盖台沿，使端盖与定子铁芯脱离，注意不能损伤端盖。此法不需任何专用工具，最为简单，如有可能应首先考虑采用。

④ 轴承的拆装。外转子式单相异步电动机（吊风扇）的轴承一般为滚动轴承，其拆装方法与三相异步电动机的轴承拆装法相同。内转子单相异步电动机的轴承一般为圆柱形滑动轴承，其拆卸方法有两种。

a. 用轴承拉具拆卸。将拉具定位后，只需旋动轴承拉杆上部的螺母，拉杆下面的凸台即能把轴承慢慢拉出。

b. 用敲击法拆卸。用锤子敲击铜棒，铜棒直径较小部分的尺寸应比轴承内孔稍小，铜棒直径较大部分的尺寸应小于端盖上的轴承孔径，锤子敲击铜棒时用力应垂直、均匀，轻敲慢打，以免引起端盖变形。

圆柱形滑动轴承在安装时，首先，应将轴承内外和端盖上的轴承孔清洗干净，然后，将浸透机油的油毡放入端盖轴承孔的油毡槽内，在滑动轴承的内外面涂上机油，再将轴承均匀地压入或打入端盖的轴承孔内，要保证轴承与端盖轴承孔之间的同心度，不能偏斜。

4. 装配步骤

将各零部件清洗干净并检查完好后，按与拆卸相反的步骤进行装配。

三、单相异步电动机使用和维护方法

单相异步电动机使用和维护与三相异步电动机相同，但要注意以下几点。

① 单相异步电动机接线时，需正确区分工作绕组与启动绕组，并注意它们的首、尾端。如果出现标志脱落，则电阻大者为辅助绕组。

② 更换电容器时，电容器的容量与工作电压必须与原规格相同。启动用的电容器应选用专用的电解电容器，其通电时间一般不得超过3s。

③ 单相启动式电动机，只有在电动机静止或转速降低到使离心开关闭合时，才能采用对其改变方向的接线。

④ 额定频率为60Hz的电动机，不得用于50Hz电源。否则，将引起电流增加，造成电动机过热甚至烧毁。

四、单相异步电动机常见故障及处理

单相异步电动机的许多故障，如机械构件故障和绕组断线、短路、接地等故障，无论在故障现象和处理方法上都和三相异步电动机相同。但由于单相异步电动机结构上的特殊性，它的故障也与三相异步电动机有所不同，如启动装置故障、启动绕组故障、电容器故障等。

单相异步电动机常见故障现象、产生故障的可能原因见下分析和说明。

1. 故障现象：无法启动

产生故障的可能原因：①电源电压不正常；②电动机定子绕组断路；③电容器损坏；④离心开关触头闭合不上；⑤转子卡住；⑥过载。

2. 故障现象：启动转矩很小或启动迟缓且转向不定

产生故障的可能原因：①启动绕组断路；②电容器开路；③离心开关触头合不上。

3. 故障现象：电动机转速低于正常转速

产生故障的可能原因：①电源电压偏低；②绕组匝间短路；③离心开关触头无法断开，启动绕组未切除；④电容器损坏（击穿或容量减小）；⑤电动机负载过重。

4. 故障现象：电动机过热

产生故障的可能原因：①工作绕组或启动绕组（电容运转式）短路或接地；②电容启动

式电动机工作绕组与启动绕组相互接错；③电容启动式电动机离心开关触头无法断开，使启动绕组长时间运行。

5. 故障现象：电动机转动时噪声大或振动大

产生故障的可能原因：①绕组短路或接地；②轴承损坏或缺少润滑油；③定子与转子空隙中有杂物；④电风扇风叶变形、不平衡。

【能力拓展】

1. 能力拓展项目

① 一台洗衣机单相异步电动机的拆装，确定操作工艺流程，并编制器材明细表，编写拆装报告。

② 一台台式电风扇电动机（电容器损坏）的检修，确定操作工艺流程，并编制器材明细表，编写检修报告。

③ 一台油烟机电动机的绕组重绕，确定操作工艺流程，并编制器材明细表，编写重绕报告。

2. 拓展训练目标

通过能力拓展项目的训练，使学生能够进一步理解单相异步电动机维护和检修操作方法，提高单相异步电动机的应用与维护能力。

任务三　变压器的维护与检修技能训练

【任务描述】

① 通过对运行中的电力表变压器进行检查，让学生具备电力变压器的运行检查、编制所需的器件明细表、确定操作工作流程的基本技能。

② 通过小型变压器的制作与测试技能训练，掌握小型变压器的制作与测试的基本技能。

③ 掌握电工基本安全操作规程，掌握基本的安全用电操作技能。

【技能要点】

① 了解电力变压器的运行与维护方法。

② 掌握电力变压器的故障分析与与检修方法。

③ 掌握小型变压器的制作技巧、安全用电知识、安全生产操作规程。

【任务实施】

一、对运行中的电力表变压器进行检查

训练内容说明：确定变压器进行检查工作流程，编制所需的器件明细表，对运行中的电力表变压器进行检查。

1. 编制技能训练器材明细表

本技能训练任务所需器材见表 3-7。

2. 技能训练前的检查与准备

① 确认技能训练环境符合维修电工操作的要求。

② 确认技能训练器件与测试仪表性能良好。

③ 编制技能训练操作流程。

④ 做好操作前的各项安全工作。

3. 技能训练实施步骤

① 在教师或值班人员指导下进一步认识变配电设备和各类仪表的作用。

表 3-7 技能训练器材明细表

器件序号	器件名称	性能规格	所需数量	用途备注
01	电力变压器		2台	
02	绝缘鞋		1双	
03	劳保用品		1套	
04	绝缘胶布		1卷	
05	干布		若干	
06	万用电表	MF-47,南京电表厂	1块	
07	常用维修电工工具		1套	

② 在教师或值班人员指导下检查运行中的变压器。

③ 抄录电压表、电流表、功率表的读数。

④ 记录油面温度和室内温度。

⑤ 检查各密封处有无漏油现象。

⑥ 检查高低压瓷管是否清洁，有无破裂及放电痕迹。

⑦ 检查导电排、电缆接头有无变色现象。有示温蜡片的，检查蜡片是否熔化。

⑧ 检查防爆膜是否完好。

⑨ 检查硅胶是否变色。

⑩ 检查有无异常声响。

⑪ 检查油箱接地是否完好。

⑫ 检查消防设备是否完整，性能是否良好。

⑬ 将观察的情况，做好记录，填入表格中。

4. 清理现场和整理器材

训练完成后，清理现场，整理好所用器材、工具，按照要求放置到规定位置。

二、小型变压器的制作与测试

训练内容说明：确定小型变压器制作工作流程，编制所需的器件明细表，绕制稳压电源变压器，并进行测试。

1. 编制技能训练器材明细表

本技能训练任务所需器材见表 3-8。

表 3-8 技能训练器材明细表

器件序号	器件名称	性能规格	所需数量	用途备注
01	小型变压器所有配件		1套	
02	硅钢片		若干	
03	漆包线		若干	
04	绝缘纸		若干	
05	绕线机		1台	
06	万用电表	MF-47,南京电表厂	1块	
07	常用维修电工工具		1套	
08	绕线专用工具		1套	

2. 技能训练前的检查与准备

① 确认技能训练环境符合维修电工操作的要求。

② 确认技能训练器件与测试仪表性能良好。

③ 编制技能训练操作流程。

④ 做好操作前的各项安全工作。

3. 技能训练实施步骤

① 根据变压器的技术指标，选择铁芯、导线及绝缘材料和其他配件的规格。

② 按小型变压器绕制工艺绕制和制作绕组。

③ 按要求镶片、紧固铁芯。

④ 焊接引出线，交教师检验。

⑤ 再进行烘干、浸漆。

⑥ 通电测试，测量空载变压比，并判断一次侧、二次侧各个绕组的同名端。

⑦ 将观察测试的情况，做好记录，填入表格中。

4. 清理现场和整理器材

训练完成后，清理现场，整理好所用器材、工具，按照要求放置到规定位置。

【任务评价与考核】

一、对运行中的电力表变压器进行检查

考核要点：

① 检查是否按照要求，正确确定操作流程，编制器材明细表，工具及仪表使用、操作是否正确；

② 变压器例行检查是否符合要求，是否做到安全、规范，是否时刻注意遵守安全操作规定，操作是否规范；

③ 检查与验收是否合格，例行检查是否达到实训项目目标。

二、小型变压器的制作与测试

考核要点：

① 检查是否按照要求，正确确定操作流程，编制器材明细表，工具及仪表使用、操作是否正确；

② 检查小型变压器的制作与测试是否符合要求，是否做到安全、规范，是否时刻注意遵守安全操作规定，操作是否规范；

③ 检查与验收是否合格，通电测试是否达到实训项目目标。

三、成绩考核

根据以上考核要点对学生进行逐项成绩评定，参见表 3-9，给出该项任务的综合实训成绩。

表 3-9　实训成绩评定表

子任务内容	分值/分	考核要点及评分标准	扣分/分	得分/分
对运行中的电力表变压器进行检查	40	未按照要求正确操作仪表和工具，扣 10 分		
		未按照要求正确进行检查，扣 10 分		
		验收不合格，每错一次扣 10 分		
小型变压器的制作与测试	40	未按照要求正确操作仪表和工具，扣 10 分		
		未按照要求正确进行装配与测试，扣 10 分		
		验收不合格，每错一次扣 10 分		
安全、规范操作	10	每违规一次扣 2 分		
整理器材、工具	10	未将器材、工具等放到规定位置，扣 5 分		
		合计		

【相关知识】

一、电力变压器的运行维护

变压器是一种静止的电气设备，它利用电磁感应原理，把输入的交流电压升高或降低为同频率的交流输出电压，以满足高压输电、低压供电及其他用途需要的静止设备。变压器的种类很多，按用途分为电力变压器、整流变压器、电焊变压器和特殊变压器。电力变压器对电能的经济传输、分配和安全使用具有重要意义。为保证电力变压器能长期、安全、可靠地运行，必须十分重视变压器的检修及日常工作。

1. 电力变压器基本结构

铁芯和绕组是变压器最基本的组成部分，称为变压器的器身，器身放在装有变压器油的油箱内，储油柜、干燥器、防爆管、气体继电器等主要附件装在油箱上，其外形如图 3-33 所示。

图 3-33　电力变压器的外形

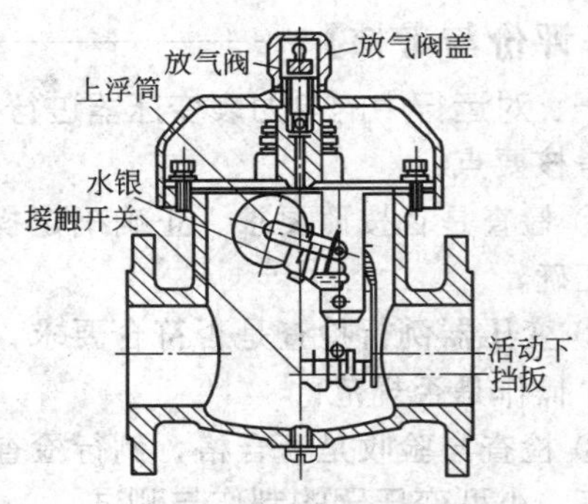

图 3-34　气体继电器结构图

2. 电力变压器投入运行前的检查

无论是新型变压器还是检修以后的变压器，在投入运行前都必须进行仔细的检查。

① 检查型号和规格。检查电力变压器型号和规格是否符合要求。

② 检查各种保护装置。检查熔断器的规格型号是否符合要求；报警系统、继电保护系统是否完好，工作是否可靠；避雷装置是否完好；气体继电器是否完好，内部有无气体存在，如有气体存在应打开放气阀盖，放掉气体，如图 3-34 所示。检查浮筒、活动挡板和水银开关动作位置是否正确。

③ 检查监视装置。检查各测量仪表的规格是否符合要求，是否完好；油温指示器、油位显示器是否完好，油位是否在与环境温度相应的油位线上。

④ 外观检查。检查箱体各个部分有无渗油现象；防爆膜是否完好；箱体是否可靠接地；各电压级的出线套管是否有裂缝、损伤，安装是否牢靠；导电排及电缆连接处是否牢固可靠。

⑤ 消防设备的检查。消防设备的数量和种类是否符合规定要求。

⑥ 测量各电压级绕组对地的绝缘电阻。20～30kV 的变压器其绝缘电阻值不低于 300MΩ；3～6kV 的变压器不低于 200MΩ；0.4kV 以下的变压器不低于 90MΩ。

3. 变压器投入运行中应进行的检查工作

基本操作步骤描述：监视仪表→现场检查→做好记录。

为保证变压器安全运行，在变压器投入运行中要定期检查，以提高变电质量，及时发现和排除故障。

① 监视仪表。电压表、电流表、功率表等应每小时抄表一次；在过载运行时，应每半

小时抄表一次；电表不在控制室时每班至少抄表两次。温度计安装在配电盘上的，在记录电流数值的同时记录温度；温度计安装在变压器上的应在巡视变压器时记录。

② 现场检查。有值班人员的应每班检查一次，每天至少检查一次，每星期进行一次夜间检查。无固定人员值班的至少每两个月检查一次，遇特殊情况或气候急剧变化时要及时检查。

③ 做好记录。

二、电力变压器的故障分析

基本操作步骤描述：了解故障发生的情况→故障原因的分析→故障的处理。

1. 了解故障发生的情况

电力变压器发生故障的原因比较复杂，为了正确和快速地分析原因，在进行故障处理之前，应详细了解变压器在故障发生时的情况。

① 变压器的运行状况、种类及过载状况。

② 变压器的温升及电压状况。

③ 事故发生前的气候与环境，如气温、湿度及有无雷雨等。

④ 查看变压器的运行记录、前次大修记录和质量评价等。

⑤ 了解继电器保护动作的性质，如短路保护、启动保护、气体继电器等的动作。

2. 故障原因的分析及处理

容量在 560kV·A 以上的变压器都配有保护装置。在故障发生时都有相应的保护装置动作，其中，能比较准确地反映变压器故障的是气体继电器，及时对气体继电器动作时产生的气体进行化验分析，能较准确地判定故障的性质。变压器产生气体是灰黑色的，故障情况是绝缘油炭化，说明接触不良或变压器局部过热；变压器产生气体若是灰白色，可能有臭味的，故障情况是纸质制件烧毁，应该停电检查；变压器产生气体若是黄色、难燃的，故障情况是木质制件烧毁，应该立即停电检查；变压器产生气体若是无色、不可燃气体为空气的，应该排出绝缘油中的空气。

3. 变压器的定期检查

① 检查瓷管表面是否清洁，有无破损裂纹及放电痕迹，螺栓有无损坏及其他异常情况，如发现上述缺陷，应尽快停电检修。

② 检查箱壳有无渗油和漏油现象，严重的要及时处理。检查散热管温度是否均匀。

③ 检查储油柜的油位高度是否正常，若发现油面过低应加油；检查油色是否正常，必要时进行油样化验。

④ 检查油面温度计的温度与室温之差（温升）是否符合规定，对照负载情况，检查是否有因变压器内部故障而引起的过热。

⑤ 观察防爆管上的防爆膜是否完好，有无冒烟现象。

⑥ 观察导电排及电缆接头处有无发热变色现象，如贴有示温蜡片，应检查蜡片是否熔化，如熔化，应停电检查，找出原因修复。

⑦ 注意变压器有无异常声响，或响声是否比以前增大。

⑧ 注意箱体接地是否良好。

⑨ 变压器室内消防设备干燥剂是否吸潮变色，需要时进行烘干处理或调换。

⑩ 定期进行油样化验。取油样可用如图 3-35 所示的溢流法。取样瓶应清洁、干燥不透光，先用软管与放油阀门接通，

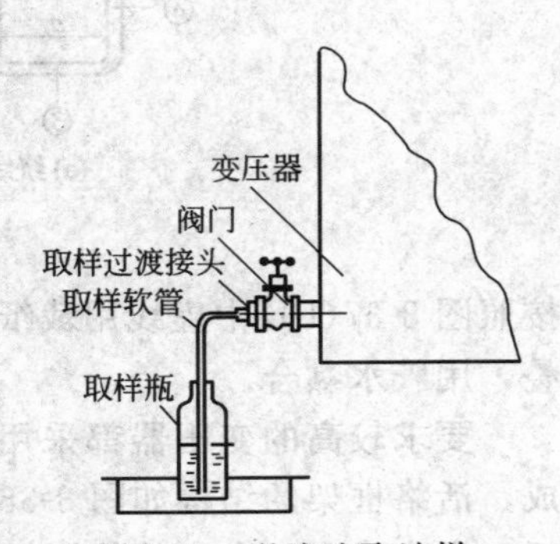

图 3-35 溢流法取油样

打开阀门，先放掉一部分油，以冲洗阀门及软管的内表面，然后再放些油冲洗取样瓶和软管外表面。清洗完毕后，将软管插入取样瓶底部，瓶内盛满油后，使油溢出少许，在溢出过程中拉出软管，盖紧瓶盖，送交化验。此外，进出变压器室时，应及时关门上锁，以防止小动物窜入而引起重大事故。

三、小型变压器的绕制

基本操作步骤描述：绕制前的准备→绕线→绝缘处理→铁芯镶片→测试。

1. 绕制前的准备工作

① 导线的选择。根据计算的匝数和导线的截面积选用相应规格的漆包线。对于500V以下的变压器，当一、二次侧绕组裸导线的截面积乘以对应的匝数所得总面积占铁芯窗口面积的50%左右时，绕制的线包一般都可放入铁芯。否则应考虑把匝数多的绕组改用小一号的导线，或都改用性质较好的绝缘材料，这样，绕好的线包（绕好的全部绕组简称）不会因无法装入铁芯而返工。

② 绝缘材料的选择。绝缘材料的选用必须考虑耐压要求和允许厚度，层间绝缘厚度应按2倍层间电压的绝缘强度选用。对于1000V以下的要求不高的变压器也可用电压的峰值，即2倍层间电压为选用标准。对铁芯绝缘及绕组间的绝缘，按对地电压的2倍来选用。

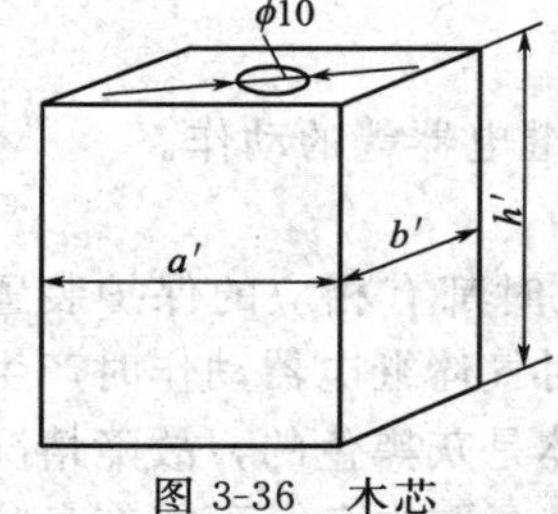

图 3-36　木芯

③ 制作木芯。木芯是为了方便绕线套在绕线机转轴上支撑绕组骨架的。通常用木块按比铁芯中心柱截面（$a\times b$）略大的尺寸（$a'\times b'$）制成，如图3-36所示。

注意：木芯的长应比铁芯窗口高度大一些，木芯的中心孔径为10mm，孔必须钻得平直，木芯的四边必须相互垂直，否则绕线时会发生晃动，绕组不易平齐。木芯的边角应用砂纸磨成略有圆角，以便套进或抽出骨架。

④ 制成绕线芯子及骨架。绕线芯子除起支撑作用外，还起对铁芯的绝缘作用，应具有一定的机械强度与绝缘强度。小型变压器可选用绝缘纸板制成无框纸质骨架，如图3-37所示。纸质无框绕线芯子，一般是用弹性纸制成。弹性纸的厚度根据变压器的容量选用，纸板的宽度等于木芯的长度h'，弹性纸的长度L取为

$$L=2(b'+t)+a'+2(a'+t)=3a'+2b'+4t$$

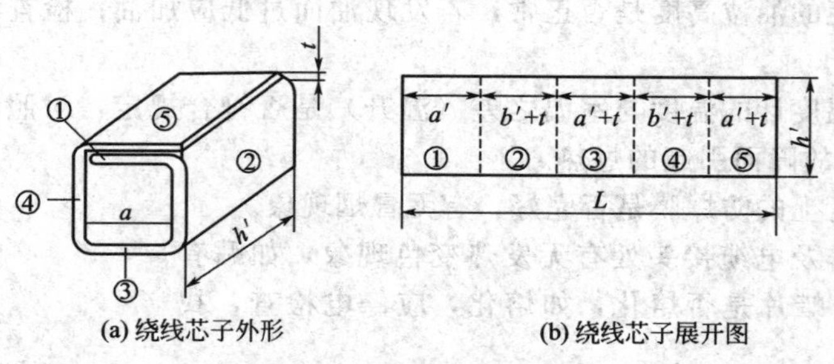

(a) 绕线芯子外形　(b) 绕线芯子展开图

图 3-37　纸质无框绕线芯子

按照图3-37(b)中虚线用裁纸刀划出浅沟，沿沟痕把弹性纸折成方形。第5面与第1面重叠，用胶水黏合。

要求较高的变压器都采用有框骨架。框架可用钢纸（又称反白）或玻璃纤维等材料做成，活络框架的结构如图3-38所示。框架的两端用两块框板支住，四周采用两种形状的夹板，拼合成为一个完整的框架，见图3-38(d)。

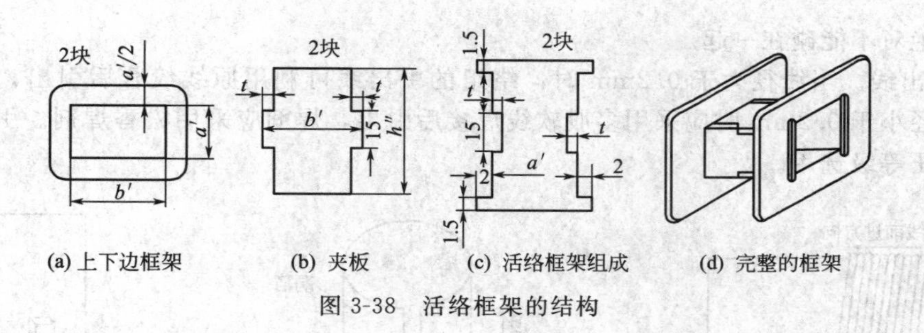

图 3-38 活络框架的结构

2. 绕线

① 裁剪好各种绝缘纸（布）。绝缘纸的宽度应稍长于骨架或绕线芯子的长度，而长度应稍大于骨架或绕线芯子的周长，还应考虑到绕组绕大后所需的裕量。

② 起绕。小型变压器的绕组一般都采用手摇绕线机绕线，如图 3-39 所示，一般绕线前，先在套好木芯的骨架或绕线芯子上垫好对铁芯的绝缘，然后在木芯中心孔穿入绕线机轴并固定紧。若采用绕线芯子，起绕时在导线引线头压入一条绝缘带的折条，以便抽紧起始线头，如图 3-40(b) 所示。导线起绕点不可过于靠近绕线芯子的边缘，以免在绕线时漆包线滑出，并防止在插硅钢片时碰伤导线的绝缘；若采用有框骨架，导线要紧靠边框板，不必留出空间。

图 3-39 手摇绕线机

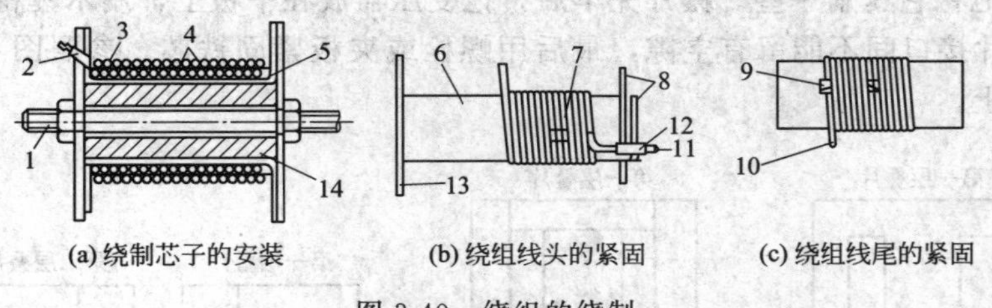

图 3-40 绕组的绕制

1—机轴；2,12—套管；3—导线；4—层间绝缘；5—夹板；6—第一层层间绝缘；7,9—黄蜡带；8—绝缘衬垫；10—绕组尾线；11—绕组出头；13—绕组骨架；14—木芯

③ 绕线方法。导线要求绕得紧密、整齐，不允许有叠线现象。绕线时将导线稍微拉向绕线前进的相反方向约 5°，如图 3-41 所示，拉线的手顺绕线前进方向而移动，拉力大小应根据导线粗细而定，以使导线排列整齐。每绕完一层要垫层间绝缘。

④ 静电屏蔽层的制作。电子设备中的电源变压器，需在一、二次侧绕组间放置静电屏蔽层，屏蔽层可用厚度约 0.1mm 的铜箔或其他金属箔制成，其宽度比骨架长度稍短 1～3mm，长度比一次侧绕组的周长短 5mm 左右，如图 3-42 所示，夹在一、二次侧绕组的绝缘垫层间，绝对不能碰到导线或自行短路，铜箔上焊接一根多股软线作为引出接地线。如无铜箔，可用 0.12～0.15mm 的漆包线密绕一层，一端埋在绝缘层内，另一端引出作为接地线，

两个端头绝对不能碰在一起。

⑤ 引出线。当线径大于 0.2mm 时，绕组的引出线可利用原线绞合后引出，如图 3-43 所示。线径小于 0.2mm 时应采用多股软线焊接后引出，焊剂应采用松香焊剂。引出线的套管应按耐压等级选用。

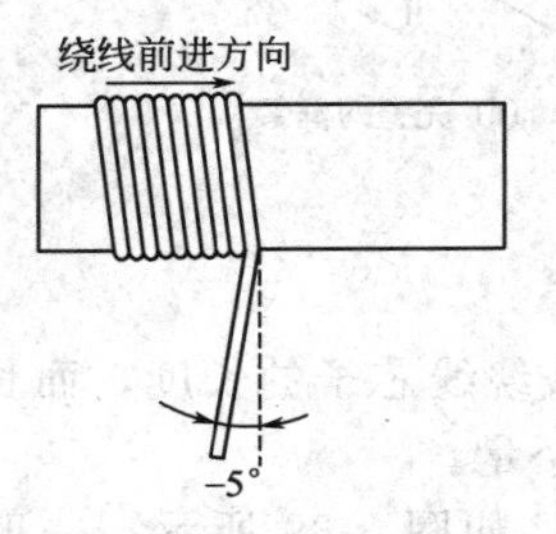

图 3-41 绕制过程中的持线方法图

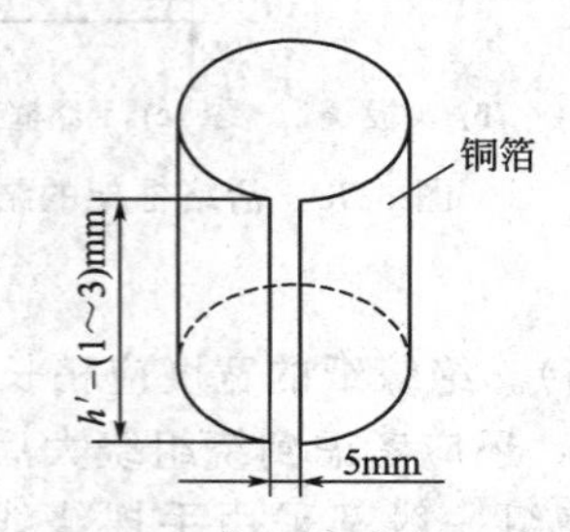

图 3-42 静电屏蔽层的形状

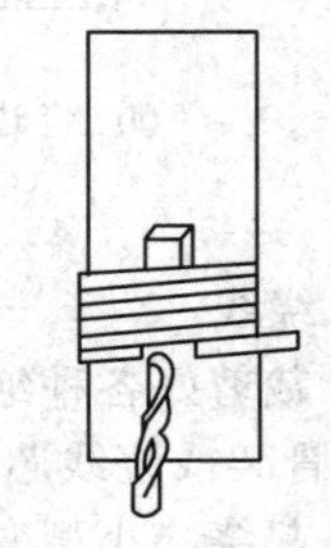

图 3-43 利用原线作引出线

⑥ 外层绝缘。线包绕制好后，外层绝缘用铆好焊片的青壳纸缠绕 2～3 层，用胶水粘牢。

3. 绝缘处理

线包绕好后，为防潮和增加绝缘强度，应进行绝缘处理。处理方法是：将线包在烘箱内加热到 70～80℃，预热 3～5h 取出，立即浸入 1260 漆等绝缘清漆中约 0.5h，取出后在通风处滴干，然后在 80℃烘箱内烘 8h 左右即可。

4. 铁芯镶片

① 镶片要求。铁芯镶片要求紧密、整齐，不能损伤线包。

② 镶片方法。镶片应从线包两边一片一片地交叉对镶，如图 3-44 所示，镶到中部时则要两片两片地对镶。镶片时要用旋具撬开夹缝才能插入，插入后，用木锤轻轻敲击至紧固。在插条形片时，不可直向插片，以免擦伤线包。当骨架较小而线包较大时，切不可强行插片，可将铁芯中心柱或两边锉小些；也可将线包套在木芯上，用两块木板夹住线包两侧，在台虎钳上缓慢地将它压扁一些。镶片完毕后，把变压器放在平板上，用木锤将硅钢片敲打平整，E 型硅钢片接口间不能留有空隙，最后用螺栓或夹板紧固铁芯。参照图 3-45 所示把引出线焊到焊片上。

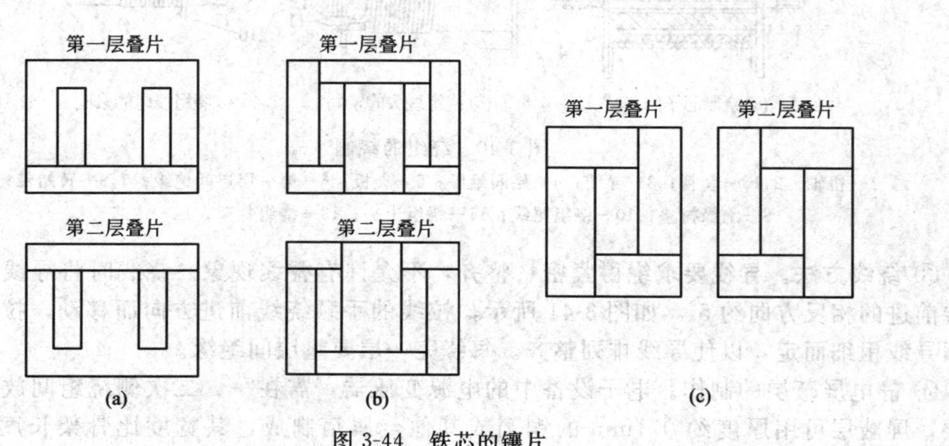

图 3-44 铁芯的镶片

5. 测试

① 绝缘电阻的测试。用兆欧表测量各绕组间和它们对铁芯的绝缘电阻，对于 400V 以下

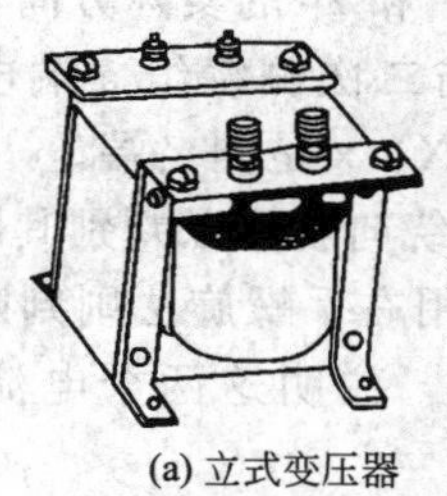
(a) 立式变压器

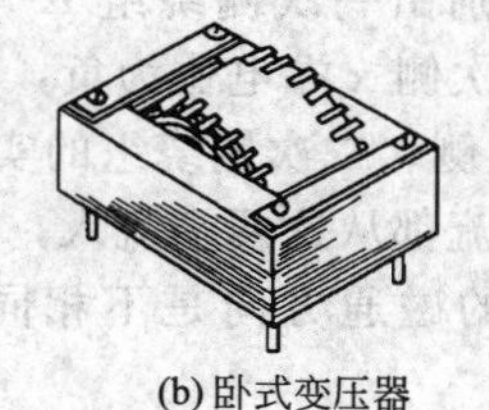
(b) 卧式变压器

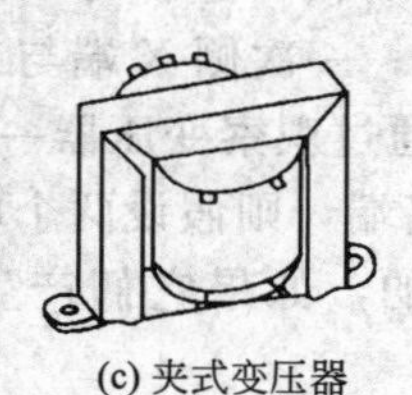
(c) 夹式变压器

图 3-45 变压器引出线的布置

的变压器，其绝缘电阻值应不低于 90MΩ。

② 空载电压的测试。当一次侧的电压加到额定数值时，二次侧各绕组的空载电压允许误差为±5%，中心抽头电压误差为±2%。

③ 空载电流的测试。当一次侧输入额定电压时，其空载电流约为 5%～8%的额定电流值。如空载电流大于额定电流的 10%时，变压器损耗较大；当空载电流超过额定电流的 20%时，它的温升将超过允许数值，就不能使用。

注意：将光亮的铁芯外表面涂上黑漆会增加铁芯热辐射能力，在运转时可降低温度 3～5℃；铁芯插入后，还需夹紧铁芯片和安装变压器，功率较大的变压器用螺杆套上薄套管穿入铁芯孔内，加绝缘后用螺母紧固；功率较小的变压器用 U 形夹子紧固；通电时要注意安全，应有监护人员在场。

特别提示：木芯和绕线芯子做好后，要送教师检验，合格后方可开始绕制绕组；绕制绕组不要选错线径；一次侧绕组引出线放在左侧，二次侧绕组引出线放在右侧；导线排列要紧密、整齐，不可有叠线现象，匝数要准确；不可损伤导线绝缘层，若发现导线绝缘层受潮，要及时修复；绕制中心抽头时，绕至一半匝数要引出中心抽头引出线；各绕组的头、尾、中心抽头都要套绝缘套管，并做好头、尾标记；铁芯镶片时不要损伤线包，硅钢片接口不可有空隙；铁芯要用夹板紧固。

四、变压器同名端的判别

变压器铁芯中的交变主磁通，在一次侧、二次侧绕组中产生的感应交变电动势没有固定的极性。这里所说的变压器线圈的极性是指一次侧、二次侧两线圈的相对极性，即当一次侧线圈的某一端在某个瞬间电位为正时，二次侧线圈也一定在同一瞬间有一个电位为正的对应端，这两个对应端称为变压器的同名端，或者称为变压器的同极性端，通常用“*”来表示。

变压器同名端的判别方法有以下三种。

1. 观察法

观察变压器一次侧、二次侧绕组的实际绕向，应用楞次定律、安培定则来判别。例如，变压器一次侧、二次侧绕组的实际绕向如图 3-46 所示。当合上电源开关的一瞬间，一次绕组电流 I_1 通过绕组产生主磁通 Φ_1，在一次侧绕组产生自感电动势 E_1，在二次侧绕组产生互

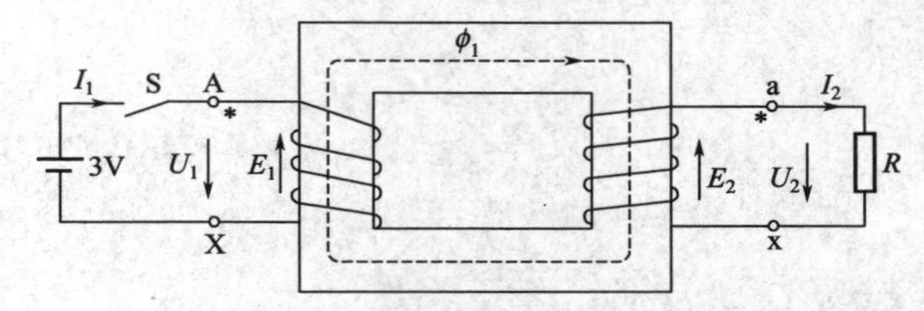

图 3-46 通过绕组的实际绕向判定变压器的同名端

感电动势 E_2 和感应电流 I_2，用楞次定律可以确定 E_1、E_2 和 I_1 的实际方向，同时可以确定 U_1、U_2 的实际方向。这样可以判别出一次侧绕组 A 端与二次侧绕组 a 端电位都为正，即 A、a 是同名端；一次侧 X 端与二次侧 x 端电位为负，即 X、x 是同名端。

或者直接通过观察变压器一次侧、二次侧绕组的实际绕向就可以判别其同名端了。若假如 A、a 是同名端，则假设两个电流都从这两端流入，利用右手螺旋法则判断它们产生的磁通方向是相同的，如果它们产生的磁通方向是不相同的，说明这两个电流流入端不是同名端。

2. 直流法

在无法辨清绕组绕制方向时，可以用直流法来判别变压器同名端。用 1.5V 或 3V 的直流电源，按图 3-47 所示连接，直流电源接入高压绕组，直流毫伏表接入低压绕组。当合上开关一瞬间，如毫伏表指针向正方向摆动，则接直流电源正极的端子与接直流毫伏表正极的端子是同名端。

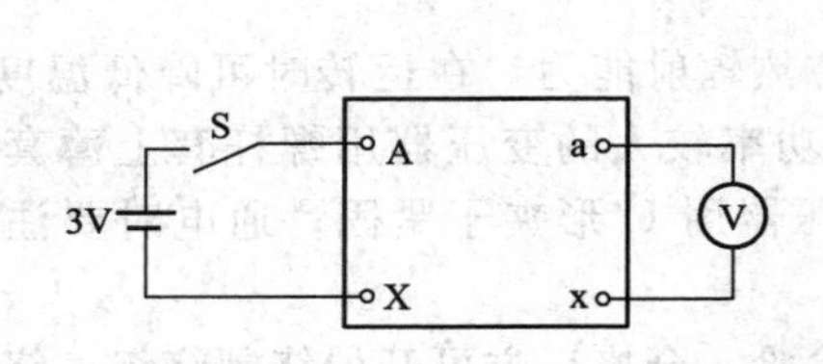

图 3-47　直流法判别变压器同名端

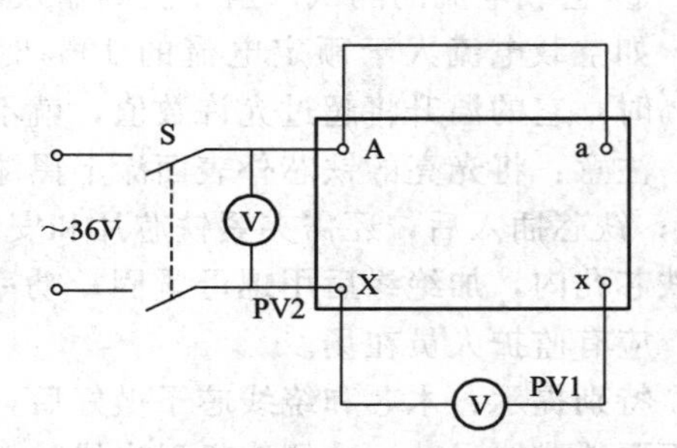

图 3-48　交流法判别变压器同名端

3. 交流法

将高压绕组一端用导线与低压绕组一端相连接，同时将高压绕组及低压绕组的另一端接交流电压表，如图 3-48 所示。在高压绕组两端接入低压交流电源，测量 U_1 和 U_2 值，若 $U_1>U_2$，则 A、a 为同名端；若 $U_1<U_2$，则 A、a 为异名端。

项目四

三相异步电动机基本控制线路安装与检修技能训练

任务一　三相异步电动机正转控制线路的安装与检修技能训练

【任务描述】

① 通过点动正转控制线路、接触器自锁正转控制线路和连续与点动混合正转控制线路的安装与检修技能训练，让学生具备绘制电气布置图、绘制电气接线图、编制所需的器件明细表的基本技能。

② 通过训练，掌握三相异步电动机正转控制线路安装与检修的操作技能。

③ 掌握电工基本安全操作规程，掌握基本的安全用电操作技能。

【技能要点】

① 了解三相异步电动机正转控制线路的设计方法。

② 掌握三相异步电动机正转控制线路的安装与检修技能。

③ 掌握安全用电知识、安全生产操作规程。

【任务实施】

一、点动正转控制线路的安装与检修

训练内容说明：绘制电气布置图，绘制电气接线图，编制所需的器件明细表，进行点动正转控制线路的安装与检修。

1. 编制技能训练器材明细表

本技能训练任务所需器材见表4-1。

表4-1　技能训练器材明细表

器件序号	器件名称	性能规格	所需数量	用途备注
01	点动正转控制线路组成器件		1套	
02	三相电动机	Y112M-4,4kW,380V,△接	1台	
03	配线板		1块	
04	木螺钉		若干	
05	平垫片		若干	
06	劳保用品		1套	
07	导线		若干	
08	兆欧表		1块	
09	验电笔	500V	1支	
10	万用电表	MF-47	1块	
11	常用维修电工工具		1套	

2. 技能训练前的检查与准备

① 确认技能训练环境符合维修电工操作的要求。

② 确认技能训练器件与测试仪表性能良好。

③ 编制技能训练操作流程。

④ 做好操作前的各项安全工作。

3. 技能训练实施步骤

技能训练实施步骤见图 4-1 所示。

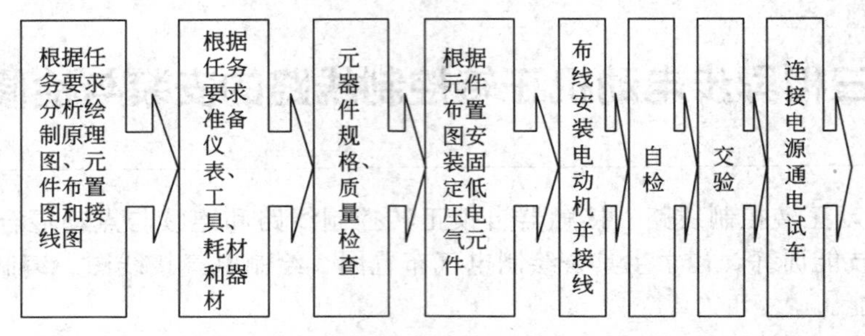

图 4-1 技能训练实施步骤

① 绘制和分析电路原理图，设计布置图和接线图，如图 4-2、图 4-3 以及图 4-4 所示。

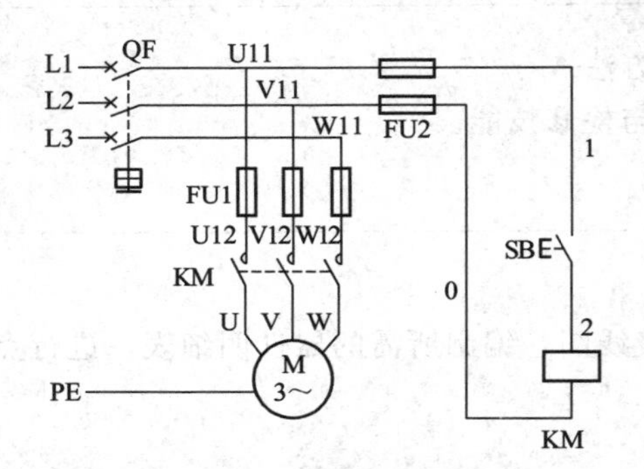

图 4-2 点动正转控制线路原理图

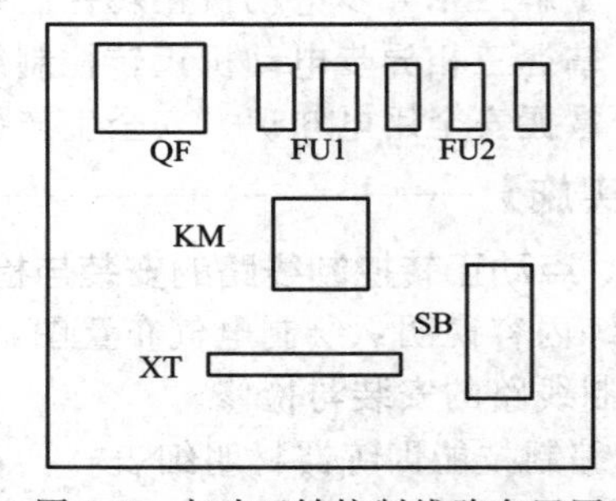

图 4-3 点动正转控制线路布置图

② 按照技能训练器材明细表，准备器材、工具以及仪器仪表。

③ 器材质量检查与清点，测量检查各器件的质量，并清点数量，做好记录。

a. 检查电气元器件、耗材的型号与规格是否正确。

b. 检查电气元器件的外观是否完整无缺，附件、配件是否齐全。

c. 使用仪表检查电气元器件、电动机的质量与有关技术数据是否符合要求，特别注意对接触器和按钮的检查。

④ 根据布置图，安装和固定电气元件。

⑤ 根据接线图，进行布线安装，完成整个控制配线板的接线。

按接线图进行板前明线布线和导线敷设，套上编码套管。按钮内部接线时，用力不要过猛，以防螺纹打滑。注意电源进线应接在螺旋式熔断器的下接线座上，出线应接在其上接线座上，以保证能安全地更换熔管。

⑥ 安装及接线完成后，认真仔细检查线路。

检查步骤及工艺要求如下。

a. 按电路图或接线图逐段检查。从电源端开始，逐段核对接线及接线端子处线号是否

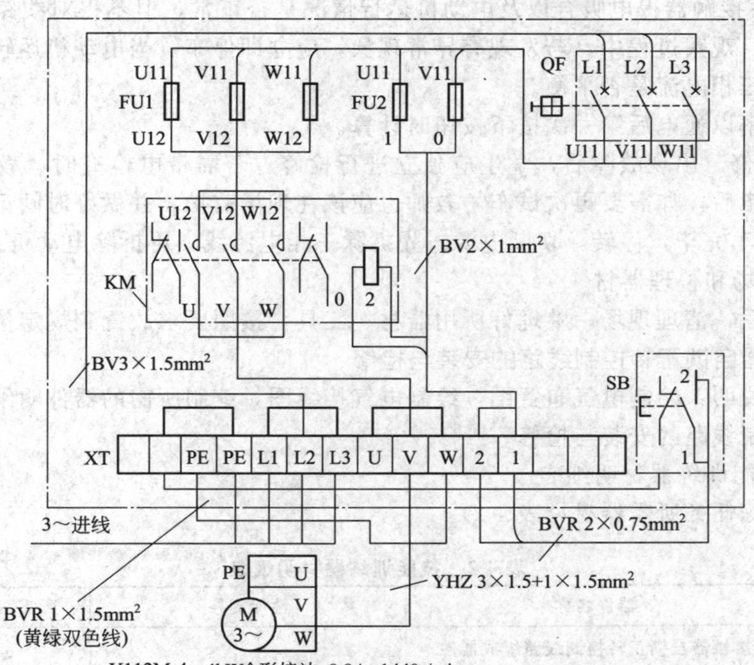

图 4-4 点动正转控制线路接线图

正确，有无漏接、错接之处。检查导线接点是否符合要求，压接是否牢固。同时注意接点接触应良好，以避免带负载运转时产生闪弧现象。

b. 用万用表检查线路的通断情况。检查时，应选用倍率适当的电阻挡，并进行校零，以防发生短路故障。对电路的检查，先检查主电路，后检查控制电路，最后再检查辅助电路。在检查主电路时，应断开控制电路，检查主电路有无开路或短路故障，此时，可用手动来代替接触器通电吸合，进行检查其触点是否动作良好。在检查控制电路时，应断开主电路，检查控制电路有无开路或短路故障，可测量 U11 和 V11 之间的直流电阻，不按按钮时阻值为“∞”，按下按钮时阻值为接触器线圈的直流电阻。

c. 用兆欧表检查线路绝缘电阻的阻值，不得小于 1MΩ。

⑦ 将配线板整理后，交给教师进行验收。

不经过此步骤，学生不能进行下一步骤。

⑧ 连接电源，通电试车。

连接电动机和按钮金属外壳的保护接地线，连接电源、电动机等控制板外部的导线。

a. 为保证人身安全，在通电试车时，要认真执行安全操作规程的有关规定，一人监护，一人操作。试车前，应检查与通电试车有关的电气设备是否有不安全的因素存在，若查出应立即整改，然后方能试车。

b. 通电试车前，必须征得教师的同意，并由指导教师接通三相电源 L1、L2、L3，同时在现场监护。学生合上电源开关 QF 后，用测电笔检查开启式负荷开关的上端头，氖管亮说明电源接通。上述检查一切正常后，在教师监护下进行试车。

c. 空载操作试验。不接电动机，合上电源开关 QF，按下点动按钮 SB，接触器得电吸合，观察是否符合线路功能要求，

d. 带负荷试验。断开电源开关 QF，接好电动机连线。合上电源开关 QF，按下点动按

钮 SB 后，观察接触器得电吸合以及电动机运行情况是否正常，但不得对线路接线是否正确进行带电检查。观察过程中，若发现有异常现象，应立即停车。当电动机运转平稳后，用钳形电流表测量三相电流是否平衡。

试车成功率以通电后第一次按下按钮时计算。

⑨ 故障检修。出现故障后，学生应独立进行检修。若需带电检查时，教师必须在现场监护。检修完毕后，如需要再次试车，教师也应该在现场监护，并做好时间记录。

⑩ 通电试车完毕，停转，切断电源。先拆除三相电源线，再拆除电动机线。

4. 清理现场和整理器材

训练完成后，清理现场，整理好所用器材、工具，按照要求放置到规定位置。

二、接触器自锁正转控制线路的安装与检修

训练内容说明：绘制电气布置图，绘制电气接线图，编制所需的器件明细表，进行接触器自锁正转控制线路的安装与检修。

1. 编制技能训练器材明细表

本技能训练任务所需器材见表 4-2。

表 4-2　技能训练器材明细表

器件序号	器件名称	性能规格	所需数量	用途备注
01	接触器自锁正转控制线路组成器件		1 套	
02	三相电动机	Y112M-4,4kW,380V,△接	1 台	
03	配线板		1 块	
04	木螺钉		若干	
05	平垫片		若干	
06	劳保用品		1 套	
07	导线		若干	
08	兆欧表		1 块	
09	验电笔	500V	1 支	
10	万用电表	MF-47	1 块	
11	常用维修电工工具		1 套	

2. 技能训练前的检查与准备

① 确认技能训练环境符合维修电工操作的要求。

② 确认技能训练器件与测试仪表性能良好。

③ 编制技能训练操作流程。

④ 做好操作前的各项安全工作。

3. 技能训练实施步骤

技能训练实施步骤同前。

① 绘制和分析电路原理图，设计布置图和接线图，见图 4-5～图 4-10 所示。

② 按照技能训练器材明细表，准备器材、工具以及仪器仪表。

③ 器材质量检查与清点，测量检查各器件的质量，并清点数量，做好记录。

a. 检查电气元器件、耗材的型号与规格是否正确。

b. 检查电气元器件的外观是否完整无缺，附件、配件是否齐全。

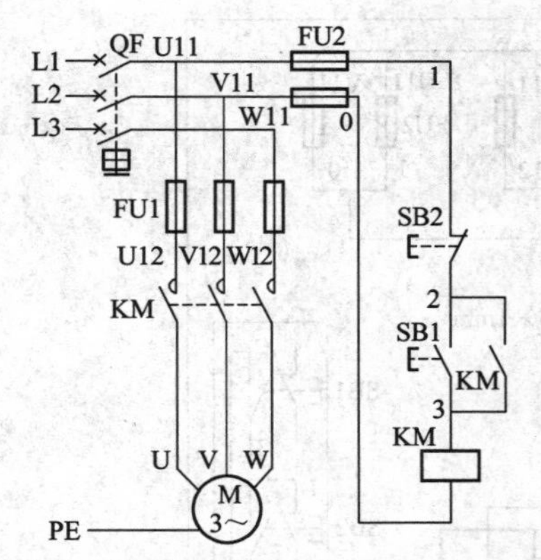

图 4-5　不带过载保护的接触器自锁正转控制线路原理图

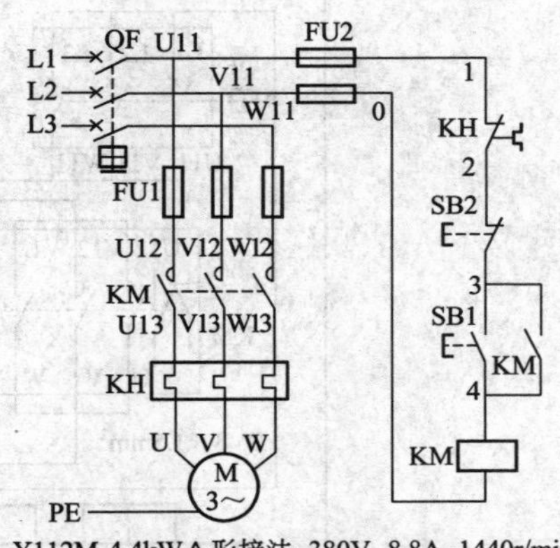

图 4-6　带过载保护的接触器自锁正转控制线路原理图

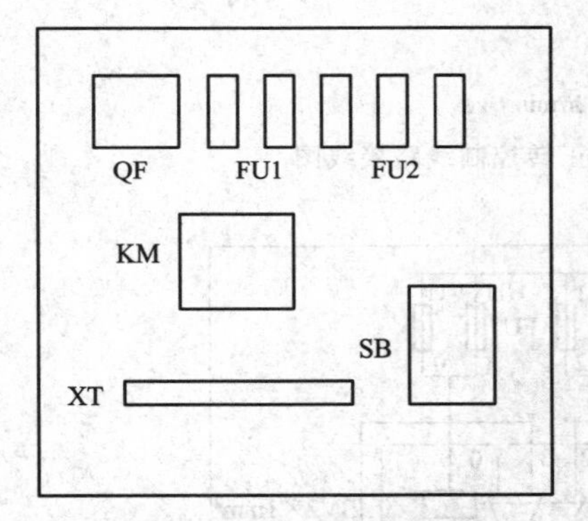

图 4-7　不带过载保护的接触器自锁正转控制线路布置图

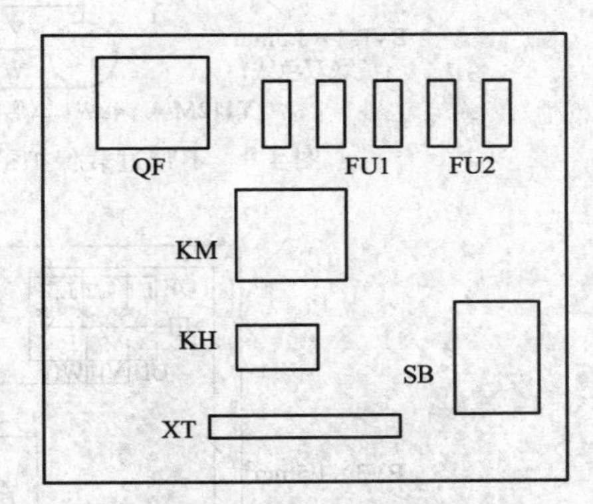

图 4-8　带过载保护的接触器自锁正转控制线路布置图

c. 使用仪表检查电气元器件、电动机的质量与有关技术数据是否符合要求，特别注意对热继电器的检查。

④ 根据布置图，安装和固定电器元件。

⑤ 根据接线图，进行布线安装，完成整个控制配线板的接线。

⑥ 安装及接线完成后，认真仔细检查线路。

检查步骤及工艺要求如下。

a. 按电路图或接线图逐段检查。从电源端开始，逐段核对接线及接线端子处线号是否正确，有无漏接、错接之处。检查导线接点是否符合要求，压接是否牢固。同时注意接点接触应良好，以避免带负载运转时产生闪弧现象。

b. 用万用表检查线路的通断情况。检查时，应选用倍率适当的电阻挡，并进行校零，以防发生短路故障。对电路的检查，先检查主电路，后检查控制电路，最后再检查辅助电路。在检查主电路时，应断开控制电路，检查主电路有无开路或短路故障。在检查控制电路时，应断开主电路，检查控制电路有无开路或短路故障。

c. 用兆欧表检查线路绝缘电阻的阻值，不得小于1MΩ。

⑦ 将配线板整理后，交给教师进行验收。

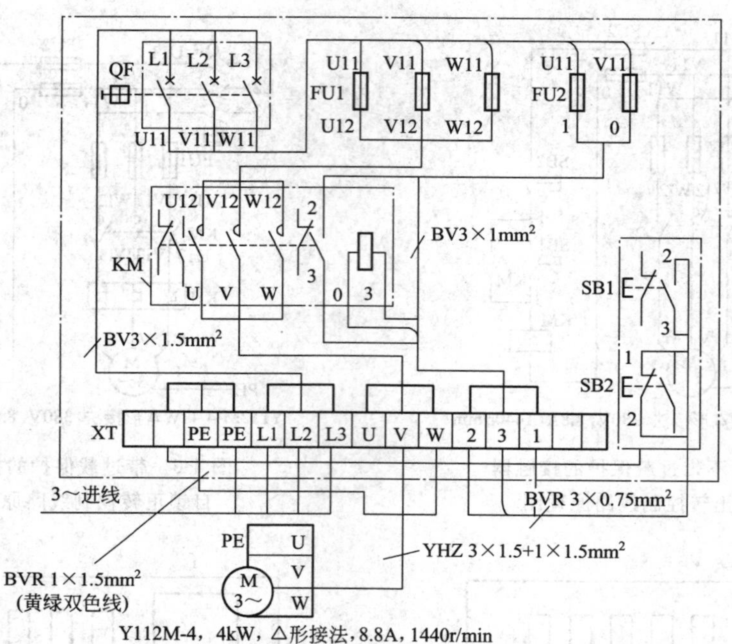

图 4-9　不带过载保护的接触器自锁正转控制线路接线图

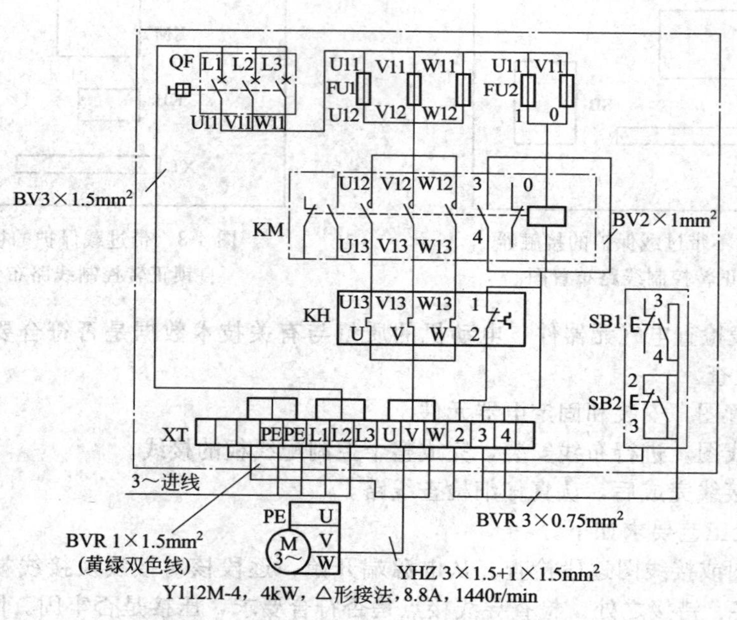

图 4-10　带过载保护的接触器自锁正转控制线路接线图

不经过此步骤，学生不能进行下一步骤。

⑧ 连接电源，通电试车。

连接电动机和按钮金属外壳的保护接地线，连接电源、电动机等控制板外部的导线。

a. 为保证人身安全，在通电试车时，要认真执行安全操作规程的有关规定，一人监护，一人操作。试车前，应检查与通电试车有关的电气设备是否有不安全的因素存在，若查出应立即整改，然后方能试车。

b. 通电试车前，必须征得教师的同意，并由指导教师接通三相电源 L1、L2、L3，同时在现场监护。学生合上电源开关 QF 后，用测电笔检查开启式负荷开关的上端头，氖管亮说明电源接通。上述检查一切正常后，在教师监护下进行试车。

c. 空载操作试验。不接电动机，合上电源开关 QF，按动启动按钮 SB1，接触器得电吸合，按下停止按钮 SB2，接触器失电释放，观察是否符合线路功能要求。

d. 带负荷试验。断开电源开关 QF，接好电动机连线。合上电源开关 QF，按下启动按钮 SB1 后，观察接触器得电吸合以及电动机运行情况是否正常，但不得对线路接线是否正确进行带电检查，按下停止按钮 SB2，接触器是否失电释放，电动机是否停转。观察过程中，若发现有异常现象，应立即停车。当电动机运转平稳后，用钳形电流表测量三相电流是否平衡。

试车成功率以通电后第一次按下按钮时计算。

⑨ 故障检修。出现故障后，学生应独立进行检修。若需带电检查时，教师必须在现场监护。检修完毕后，如需要再次试车，教师也应该在现场监护，并做好时间记录。

⑩ 试车成功后，记录一下完成时间及通电试车次数。

⑪ 通电试车完毕，停转，切断电源。先拆除三相电源线，再拆除电动机线。

4. 清理现场和整理器材

训练完成后，清理现场，整理好所用器材、工具，按照要求放置到规定位置。

三、连续与点动混合正转控制线路的安装与检修

训练内容说明：绘制电气布置图，绘制电气接线图，编制所需的器件明细表，进行连续与点动混合正转控制线路的安装与检修。

1. 编制技能训练器材明细表

本技能训练任务所需器材见表 4-3。

表 4-3 技能训练器材明细表

器件序号	器件名称	性能规格	所需数量	用途备注
01	连续与点动混合正转控制线路组成器件		1套	
02	三相电动机	Y112M-4,4kW,380V,△接	1台	
03	配线板		1块	
04	木螺钉		若干	
05	平垫片		若干	
06	劳保用品		1套	
07	导线		若干	
08	兆欧表		1块	
09	验电笔	500V	1支	
10	万用电表	MF-47	1块	
11	常用维修电工工具		1套	

2. 技能训练前的检查与准备

① 确认技能训练环境符合维修电工操作的要求。

② 确认技能训练器件与测试仪表性能良好。

③ 编制技能训练操作流程。

④ 做好操作前的各项安全工作。

3. 技能训练实施步骤

技能训练实施步骤同前。

① 绘制和分析电路原理图，设计布置图和接线图，见图 4-11～图 4-16 所示。

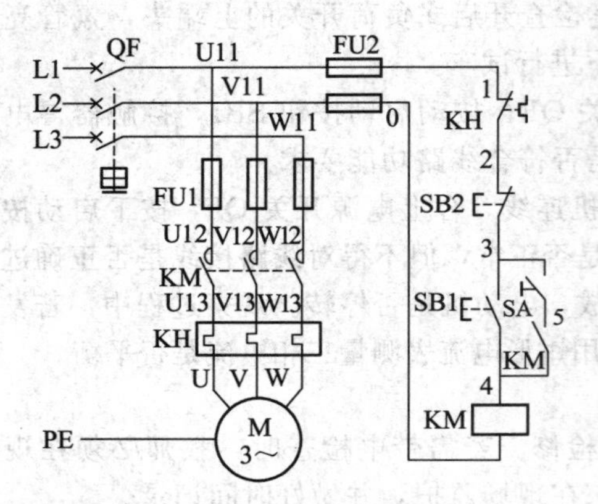

图 4-11　手动开关控制连续与点动混合正转控制线路原理图

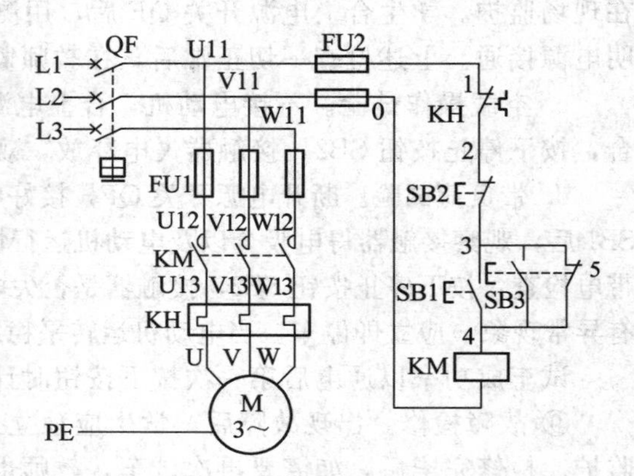

图 4-12　复合按钮控制连续与点动混合正转控制线路原理图

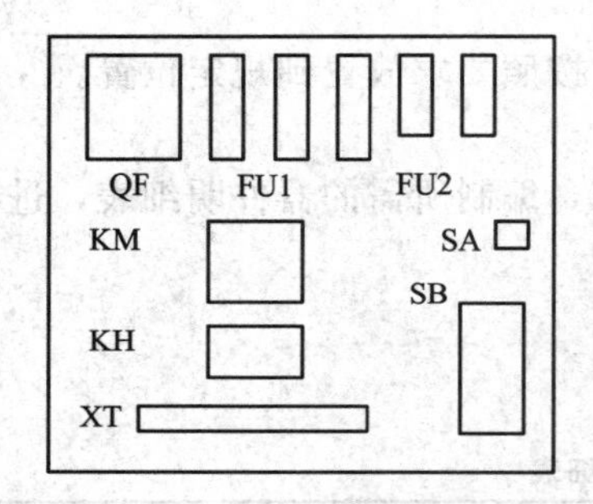

图 4-13　手动开关控制连续与点动混合正转控制线路布置图

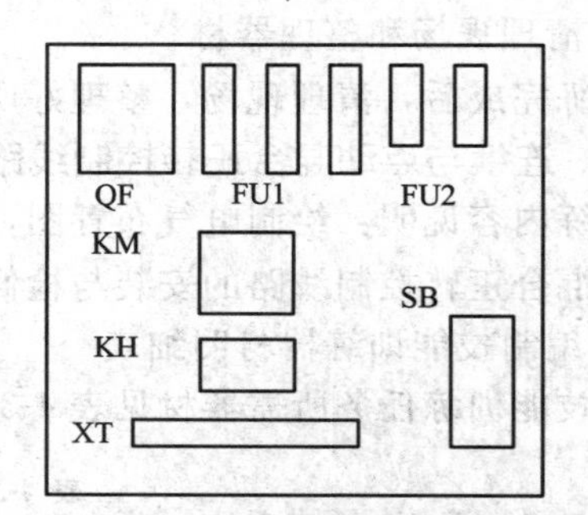

图 4-14　复合按钮控制连续与点动混合正转控制线路布置图

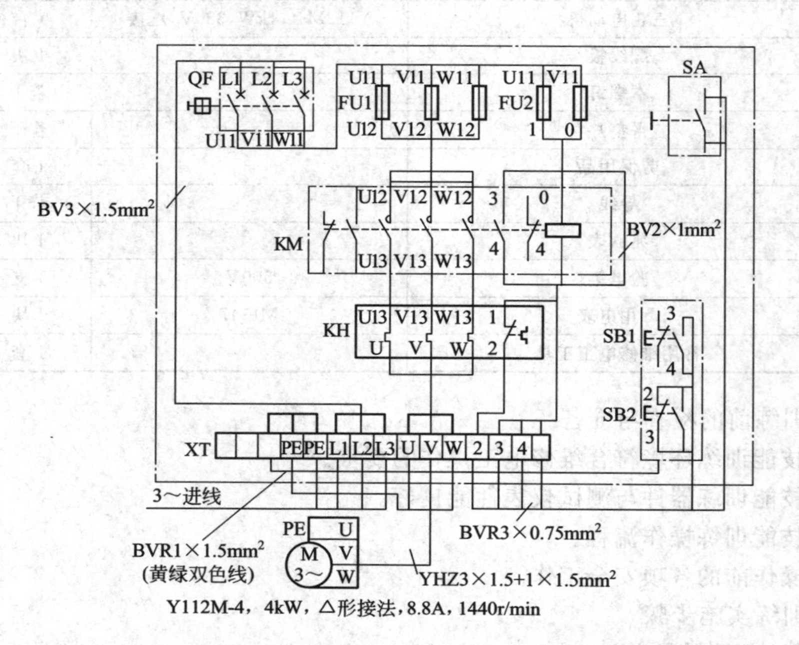

图 4-15　手动开关控制连续与点动混合正转控制线路接线图

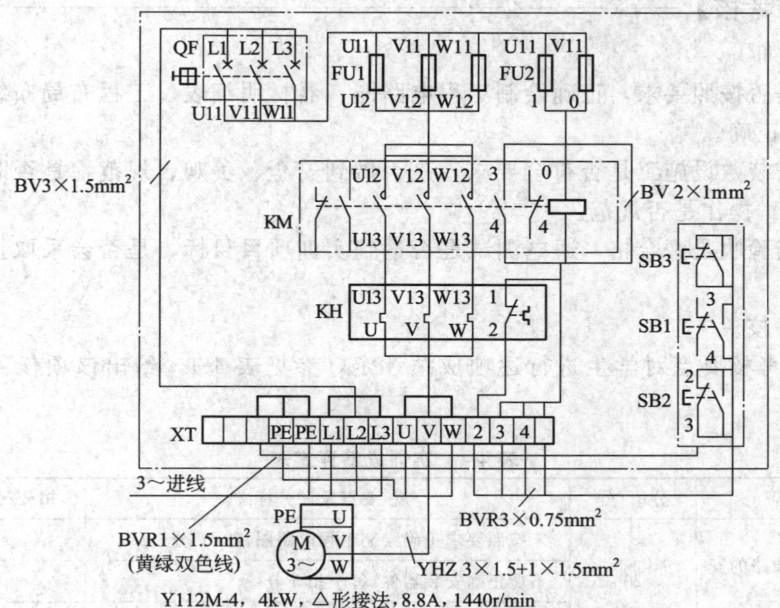

图 4-16　复合按钮控制连续与点动混合正转控制线路接线图

② 按照技能训练器材明细表，准备器材、工具以及仪器仪表。

③ 器材质量检查与清点，测量检查各器件的质量，并清点数量，做好记录。

a. 检查电气元器件、耗材的型号与规格是否正确。

b. 检查电气元器件的外观是否完整无缺，附件、配件是否齐全。

c. 使用仪表检查电气元器件、电动机的质量与有关技术数据是否符合要求。

④ 根据布置图，安装和固定电气元件。

⑤ 根据接线图，进行布线安装，完成整个控制配线板的接线。

按接线图进行板前明线布线和导线敷设，套上编码套管。按钮内部接线时，用力不要过猛，以防螺纹打滑。注意电源进线应接在螺旋式熔断器的下接线座上，出线应接在其上接线座上，以保证能安全地更换熔管。

⑥ 安装及接线完成后，认真仔细检查线路。

检查步骤及工艺要求：

a. 按电路图或接线图逐段检查；

b. 用万用表检查线路的通断情况；

c. 用兆欧表检查线路绝缘电阻的阻值，不得小于 1MΩ。

⑦ 将配线板整理后，交给教师进行验收。

不经过此步骤，学生不能进行下一步骤。

⑧ 连接电源，通电试车。

试车成功率以通电后第一次按下按钮时计算。

⑨ 故障检修。出现故障后，学生应独立进行检修。若需带电检查时，教师必须在现场监护。检修完毕后，如需要再次试车，教师也应该在现场监护，并做好时间记录。

⑩ 通电试车完毕，停转，切断电源。先拆除三相电源线，再拆除电动机线。

4. 清理现场和整理器材

训练完成后，清理现场，整理好所用器材、工具，按照要求放置到规定位置。

【任务评价与考核】

考核要点如下。

① 检查是否按照要求，正确绘制工程电路图、器材明细表、工程布局布线图，器件使用、安装是否正确。

② 检查安装敷设施工是否符合要求，是否做到安全、美观、规范，是否时刻注意遵守安全操作规定，操作是否规范。

③ 检查与验收是否合格，通电测试是否达到实训项目目标，是否会采取正确的方法进行故障检修。

④ 成绩考核。

根据以上考核要点对学生进行逐项成绩评定，参见表4-4，给出该项任务的综合实训成绩。

表4-4 实训成绩评定表

子任务内容	分值/分	考核要点及评分标准	扣分/分	得分/分
点动正转控制线路的安装与检修	20	未按照要求正确绘制工程电路图，扣10分		
		不能正确安装器件，每个扣5分		
		验收不合格，检修方法不正确，每错一次扣10分		
接触器自锁正转控制线路的安装与检修	30	未按照要求正确绘制工程电路图，扣10分		
		不能正确安装器件，每个扣5分		
		验收不合格，检修方法不正确，每错一次扣10分		
连续与点动混合正转控制线路的安装与检修	30	未按照要求正确绘制工程电路图，扣10分		
		不能正确安装器件，每个扣5分		
		验收不合格，检修方法不正确，每错一次扣10分		
安全、规范操作	10	每违规一次扣2分		
整理器材、工具	10	未将器材、工具等放到规定位置，扣5分		
		合计		

【相关知识】

一、绘制布置图和接线图的方法

1. 布置图

布置图是根据电气元件在控制板上的实际安装位置，采用简化的外形符号（如正方形、矩形、圆形等）而绘制的一种简图。它不表达各电器的具体结构、作用、接线情况以及工作原理，主要用于电气元件的布置和安装。图中各电器的文字符号必须与电路图和接线图的标注相一致。在实际工作中，电路图、接线图和布置图要结合起来使用。

2. 接线图

（1）接线图的特点

接线图是根据电气设备和电气元件的实际位置和安装情况绘制的，只用来表示电气设备和电气元件的位置、配线方式和接线方式，而不明显表示电气动作原理。主要用于安装接线、线路的检查维修和故障处理。

（2）绘制、识读接线图应遵循以下原则

① 接线图中一般表示出如下内容：电气设备和电气元件的相对位置、文字符号、端子

号、导线号、导线类型、导线截面积、屏蔽和导线绞合等。

② 所有的电气设备和电气元件都按其所在的实际位置绘制在图纸上，且同一电器的各元件根据其实际结构，使用与电路图相同的图形符号画在一起，并用点画线框上，其文字符号以及接线端子的编号应与电路图中的标注一致，以便对照检查接线。

③ 接线图中的导线有单根导线、导线组（或线扎）、电缆等之分，可用连续线和中断线来表示。凡导线走向相同的可以合并，用线束来表示，到达接线端子板或电气元件的连接点时再分别画出。在用线束来表示导线组、电缆等时可用加粗的线条表示，在不引起误解的情况下也可采用部分加粗。另外，导线及管子的型号、根数和规格应标注清楚。

二、电器安装固定工艺

① 各元件的安装位置应整齐、匀称，间距合理，便于元件的更换。

② 紧固各元件时，用力要均匀，紧固程度适当。在紧固熔断器、断路器等易碎元件时，应该用手按住元件一边轻轻摇动，一边用旋具轮换旋紧对角线上的螺钉，直到手旋不动后，再适当加固旋紧即可。

③ 断路器、熔断器的受电端子应安装在控制板的外侧，并使熔断器的受电端为底座的中心端。

三、布线工艺

1. 工艺要求

① 布线通道要尽可能少，同路并行导线按主、控电路分类集中，单层密排，紧贴安装面布线。

② 同一平面的导线应高低一致或前后一致，不能交叉。非交叉不可时，该根导线应在接线端子引出时，就水平架空跨越，但必须走线合理。

③ 布线应横平竖直，分布均匀。变换走向时应垂直转向。

④ 布线时严禁损伤线芯和导线绝缘层。

⑤ 布线顺序一般以接触器为中心，由里向外、由低至高，先控制电路后主电路的顺序进行，以不妨碍后续布线为原则。

⑥ 在每根剥去绝缘层导线的两端套上编码套管。所有从一个接线端子（或接线桩）到另一个接线端子（或接线桩）的导线必须连续，中间无接头。

⑦ 导线与接线端子或接线桩连接时，不得压绝缘层、不反圈及不露铜过长。

⑧ 同一元件、同一回路的不同接点的导线间距离应保持一致。

⑨ 一个电器元件接线端子上的连接导线不得多于两根，每节接线端子板上的连接导线一般只允许连接一根。

2. 布线操作

根据由里向外，由低至高原则。接线时注意，螺钉旋紧后稍稍加力即可，要防止螺钉滑丝。不要忘记在导线的两端套上编码套管。

四、故障维修方法

利用各种电工仪表测量电路中的电阻、电流、电压等参数，并进行故障诊断，以图 4-2 点动正转控制线路原理图为例进行说明，常用的方法有以下几种。

1. 电压测量法

电压测量法是在电路通电的情况下，根据所测的电压值判断电器元件和电路的故障所在，检查时把万用表旋到交流电压 500V 挡位上，采取分段测量电压判断故障的方法进行故障排除。

如图 4-2 所示，若按下启动按钮 SB，接触器 KM 不吸合，说明电路有故障。

以检修控制电路为例来说明，把控制电路分成四段，第一段为 U11 和 1 点之间，第二段为1和2点之间，第三段为2和0点之间，第四段为0和V11点之间。检修时，首先用万用表测量U11和V11两点电压，若电路正常，应为380V。然后按下启动按钮SB不放，同时将红黑两表棒分别接到U11和1点之间、1点和2点之间、2点和0点之间以及0点和V11点之间，测量其各段电压。电路正常时，2点和0点之间电压应为380V，其余均为0V。如测到2点和0点之间无电压，说明电路存在断路故障，其余三段电压为380V的一段可能为断路点，说明此段包括的触头及其连接导线接触不良或断路。

若分段测量正常，接触器KM仍不吸合，说明接触器的电磁线圈端头接触不良，或者接触器损坏，需更换。

2. 电阻测量法

电阻测量法是在电路断电的情况下，根据所测的电阻值判断电器元件和电路的故障所在，检查时把万用表旋到直流电阻×1或×10挡位上，采取分段测量电阻判断故障的方法进行故障排除。

如图4-2所示，若按下启动按钮SB，接触器KM不吸合，说明电路有故障。

以检修控制电路（与主电路脱离）为例来说明，把控制电路分成四段，第一段为U11和1点之间，第二段为1和2点之间，第三段为2和0点之间，第四段为0和V11点之间。检修时，将电路断电，首先用万用表测量U11和V11两点间电阻，若电路正常，应为无穷大。然后按下启动按钮SB不放，同时将红黑两表棒分别接到U11和1点之间、1点和2点之间、2点和0点之间以及0点和V11点之间，测量其各段电阻。电路正常时，2点和0点之间电阻应为接触器线圈的直流电阻，大约为几百至几千欧姆，其余均为0。如测到2点和0点之间无电阻，说明电路存在短路故障，其余三段电阻为无穷大的一段可能为断路点，说明此段包括的触头及其连接导线接触不良或断路。

有时还用到短接法进行故障排除。短接法即用一根绝缘良好的导线将怀疑的断路部位短接。有局部短接法和长短接法两种。局部短接法是用一绝缘导线分别短接某一段的两点，当短接到某一段的两点时，接触器KM吸合，则断路故障就在这里。长短接法是一次短接两个或多个触头，与局部短接法配合使用，可缩小故障范围，迅速排除故障。一般使用长短接法找出故障范围，然后再用局部短接法找出故障点和故障元件。

注意用短接法进行故障排除时，电路是接通电源的，所以操作时要特别注意操作安全，符合电气安全规程，还要有监护者密切注意监护。

【能力拓展】

1. 能力拓展项目

① 编制带过载保护的接触器自锁正转控制线路的检修方案，并编制器材明细表。

② 编制连续与点动混合正转控制线路能点动不能连续运转的检修方案，并编制器材明细表。

③ 组织学生讨论三相异步电动机正转控制电路的安装与检修的方法与步骤。

2. 拓展训练目标

通过能力拓展项目的训练，使学生能够进一步理解安全用电注意事项，掌握三相异步电动机正转控制线路的安装与检修方法等。

任务二　三相异步电动机正反转控制线路安装与检修技能训练

【任务描述】

① 通过电气联锁正反转控制线路、双重联锁正反转控制线路的安装与检修技能训练，

让学生具备绘制电气布置图、绘制电气接线图、编制所需的器件明细表的基本技能。

② 通过训练，掌握三相异步电动机正反转控制线路安装与检修的操作技能。

③ 掌握电工基本安全操作规程，掌握基本的安全用电操作技能。

【技能要点】

① 了解三相异步电动机正反转控制线路的设计方法。

② 掌握三相异步电动机正反转控制线路的安装与检修技能。

③ 掌握安全用电知识、安全生产操作规程。

【任务实施】

一、电气联锁正反转控制线路的安装与检修

训练内容说明：绘制电气布置图，绘制电气接线图，编制所需的器件明细表，进行电气联锁正反转控制线路的安装与检修。

1. 编制技能训练器材明细表

本技能训练任务所需器材见表 4-5。

表 4-5　技能训练器材明细表

器件序号	器件名称	性能规格	所需数量	用途备注
01	电气联锁正反转控制线路组成器件		1 套	
02	三相电动机	Y112M-4,4kW,380V,△接	1 台	
03	配线板		1 块	
04	木螺钉		若干	
05	平垫片		若干	
06	劳保用品		1 套	
07	导线		若干	
08	兆欧表		1 块	
09	验电笔	500V	1 支	
10	万用电表	MF-47	1 块	
11	常用维修电工工具		1 套	

2. 技能训练前的检查与准备

① 确认技能训练环境符合维修电工操作的要求。

② 确认技能训练器件与测试仪表性能良好。

③ 编制技能训练操作流程。

④ 做好操作前的各项安全工作。

3. 技能训练实施步骤

技能训练实施步骤同前。

① 绘制和分析电路原理图，设计布置图和接线图，见图 4-17～图 4-19 所示。

② 按照技能训练器材明细表，准备器材、工具以及仪器仪表。

③ 器材质量检查与清点，测量检查各器件的质量，并清点数量，做好记录。

④ 根据布置图，安装和固定电器元件。

⑤ 根据接线图，进行布线安装，完成整个控制配线板的接线。

⑥ 安装及接线完成后，认真仔细检查线路。

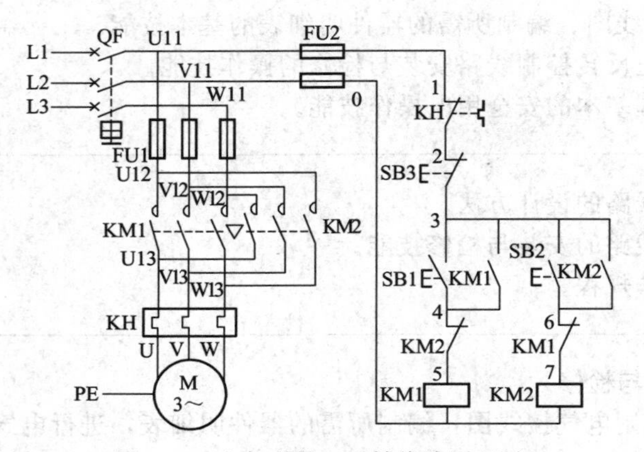

图 4-17　电气联锁正反转线路原理图

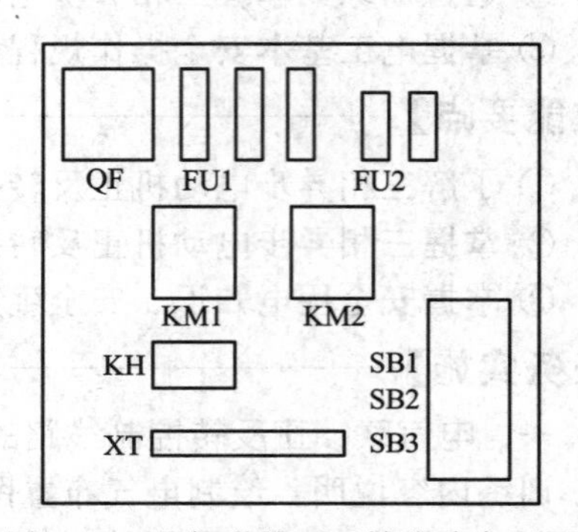

图 4-18　电气联锁正反转线路布置图

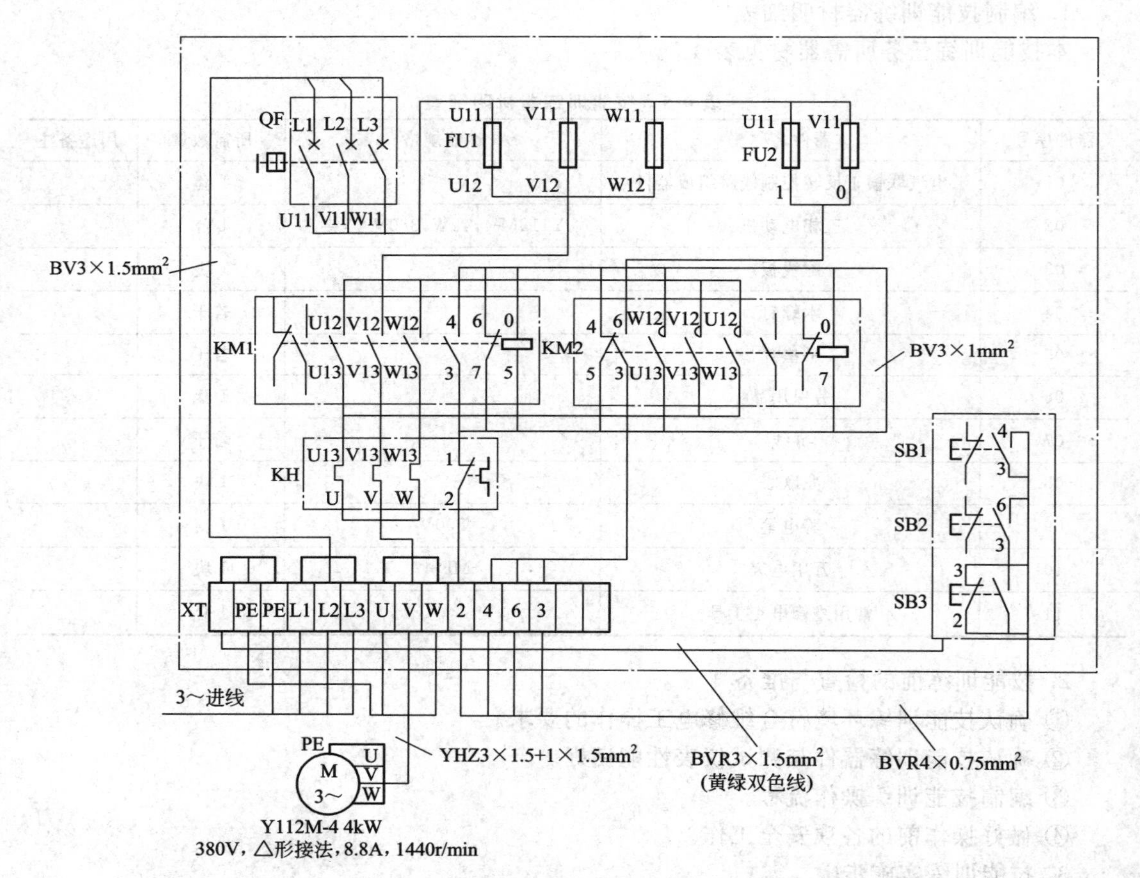

图 4-19　电气联锁正反转线路接线图

⑦ 将配线板整理后，交给教师进行验收。

不经过此步骤，学生不能进行下一步骤。

⑧ 连接电源，通电试车。

试车成功率以通电后第一次按下按钮时计算。

⑨ 故障检修。出现故障后，学生应独立进行检修。若需带电检查时，教师必须在现场监护。检修完毕后，如需再次试车，教师也应该在现场监护，并做好时间记录。

⑩ 通电试车完毕，停转，切断电源。先拆除三相电源线，再拆除电动机接线。

4. 清理现场和整理器材

训练完成后，清理现场，整理好所用器材、工具，按照要求放置到规定位置。

二、双重联锁正反转控制线路的安装与检修

训练内容说明：绘制电气布置图，绘制电气接线图，编制所需的器件明细表，进行双重联锁正反转控制线路的安装与检修。

1. 编制技能训练器材明细表

本技能训练任务所需器材见表 4-6。

表 4-6 技能训练器材明细表

器件序号	器件名称	性能规格	所需数量	用途备注
01	双重联锁正反转控制线路组成器件		1 套	
02	三相电动机	Y112M-4,4kW,380V,△接	1 台	
03	配线板		1 块	
04	木螺钉		若干	
05	平垫片		若干	
06	劳保用品		1 套	
07	导线		若干	
08	兆欧表		1 块	
09	验电笔	500V	1 支	
10	万用电表	MF-47	1 块	
11	常用维修电工工具		1 套	

2. 技能训练前的检查与准备

① 确认技能训练环境符合维修电工操作的要求。

② 确认技能训练器件与测试仪表性能良好。

③ 编制技能训练操作流程。

④ 做好操作前的各项安全工作。

3. 技能训练实施步骤

技能训练实施步骤同前。

① 绘制和分析电路原理图，设计布置图和接线图，原理图见图 4-20 所示，布置图可参

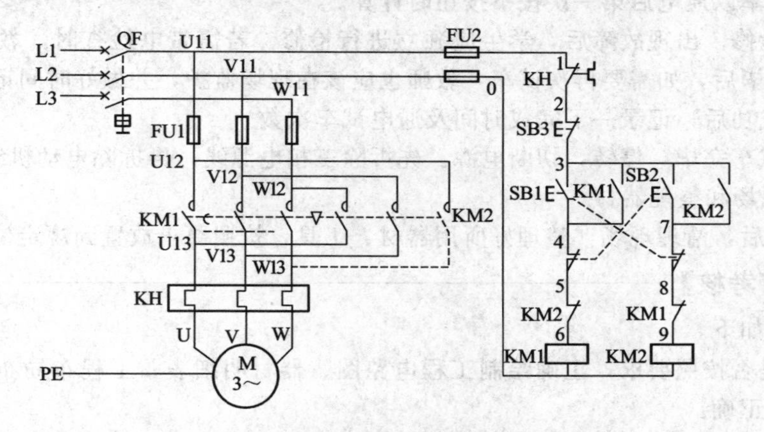

图 4-20 双重联锁正反转控制线路原理图

考图 4-18，接线图见图 4-21 所示。

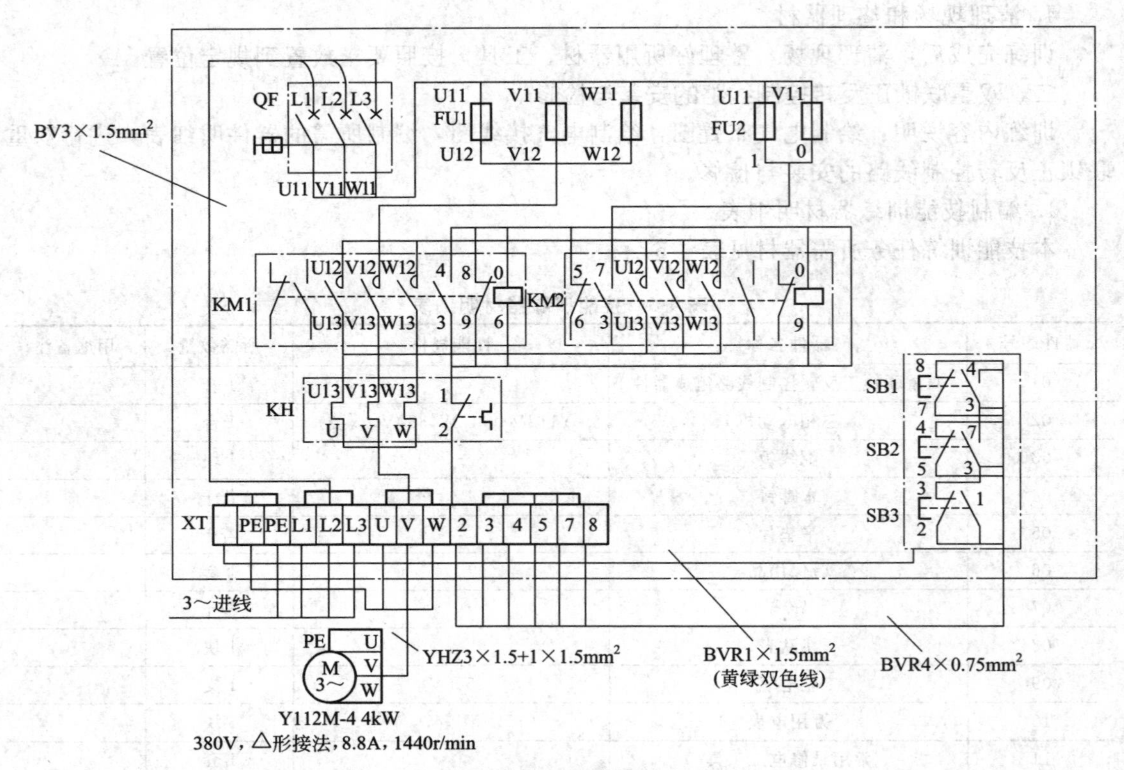

图 4-21 双重联锁正反转控制线路接线图

② 按照技能训练器材明细表，准备器材、工具以及仪器仪表。

③ 根据布置图，安装和固定电器元件。

④ 根据接线图，进行布线安装，完成整个控制配线板的接线。

⑤ 安装及接线完成后，认真仔细检查线路。

⑥ 将配线板整理后，交给教师进行验收。

不经过此步骤，学生不能进行下一步骤。

⑦ 连接电源，通电试车。

试车成功率以通电后第一次按下按钮时计算。

⑧ 故障检修。出现故障后，学生应独立进行检修。若需带电检查时，教师必须在现场监护。检修完毕后，如需要再次试车，教师也应该在现场监护，并做好时间记录。

⑨ 试车成功后，记录一下完成时间及通电试车次数。

⑩ 通电试车完毕，停转，切断电源。先拆除三相电源线，再拆除电动机线。

4. 清理现场和整理器材

训练完成后，清理现场，整理好所用器材、工具，按照要求放置到规定位置。

【任务评价与考核】

考核要点如下。

① 检查是否按照要求，正确绘制工程电路图、器材明细表、工程布局布线图，器件使用、安装是否正确。

② 检查安装敷设施工是否符合要求，是否做到安全、美观、规范，是否时刻注意遵守

安全操作规定，操作是否规范。

③ 检查与验收是否合格，通电测试是否达到实训项目目标，是否会采取正确的方法进行故障检修。

④ 成绩考核。

根据以上考核要点对学生进行逐项成绩评定，参见表 4-7，给出该项任务的综合实训成绩。

表 4-7 实训成绩评定表

子任务内容	分值/分	考核要点及评分标准	扣分/分	得分/分
电气联锁正反转控制线路的安装与检修	40	未按照要求正确绘制工程电路图，扣 10 分		
		不能正确安装器件，每个扣 5 分		
		验收不合格，检修方法不正确，每错一次扣 10 分		
双重联锁正反转控制线路的安装与检修	40	未按照要求正确绘制工程电路图，扣 10 分		
		不能正确安装器件，每个扣 5 分		
		验收不合格，检修方法不正确，每错一次扣 10 分		
安全、规范操作	10	每违规一次扣 2 分		
整理器材、工具	10	未将器材、工具等放到规定位置，扣 5 分		
合计				

【能力拓展】

1. 能力拓展项目

① 编制接触器联锁正反转控制线路的检修方案，并编制器材明细表。

② 编制双重联锁正反转控制线路能正转不能反转的检修方案，并编制器材明细表。

③ 组织学生讨论三相异步电动机正反转控制电路的安装与检修的方法与步骤。

2. 拓展训练目标

通过能力拓展项目的训练，使学生能够进一步理解安全用电注意事项，掌握三相异步电动机正反转控制线路的安装与检修方法等。

任务三 三相异步电动机位置控制与自动循环控制线路安装与检修技能训练

【任务描述】

① 通过位置控制线路、自动循环控制线路的安装与检修技能训练，让学生具备绘制电气布置图、绘制电气接线图、编制所需的器件明细表的基本技能。

② 通过训练，掌握三相异步电动机位置控制和自动循环控制线路安装与检修的操作技能。

③ 掌握电工基本安全操作规程，掌握基本的安全用电操作技能。

【技能要点】

① 了解三相异步电动机位置控制和自动循环控制电路的设计方法。

② 掌握三相异步电动机位置控制和自动循环控制电路的安装与检修技能。

③ 掌握安全用电知识、安全生产操作规程。

【任务实施】

一、位置控制线路的安装与检修

训练内容说明：绘制电气布置图，绘制电气接线图，编制所需的器件明细表，进行位置控制线路的安装与检修。

1. 编制技能训练器材明细表

本技能训练任务所需器材见表 4-8。

表 4-8　技能训练器材明细表

器件序号	器件名称	性能规格	所需数量	用途备注
01	位置控制线路组成器件		1套	
02	三相电动机	Y112M-4,4kW,380V,△接	1台	
03	配线板		1块	
04	木螺钉		若干	
05	平垫片		若干	
06	劳保用品		1套	
07	导线		若干	
08	兆欧表		1块	
09	验电笔	500V	1支	
10	万用电表	MF-47	1块	
11	常用维修电工工具		1套	

2. 技能训练前的检查与准备

① 确认技能训练环境符合维修电工操作的要求。

② 确认技能训练器件与测试仪表性能良好。

③ 编制技能训练操作流程。

④ 做好操作前的各项安全工作。

3. 技能训练实施步骤

技能训练实施步骤同前。

① 绘制和分析电路原理图，设计布置图和接线图，原理图见图 4-22 所示，布置图和接线图可自行设计。

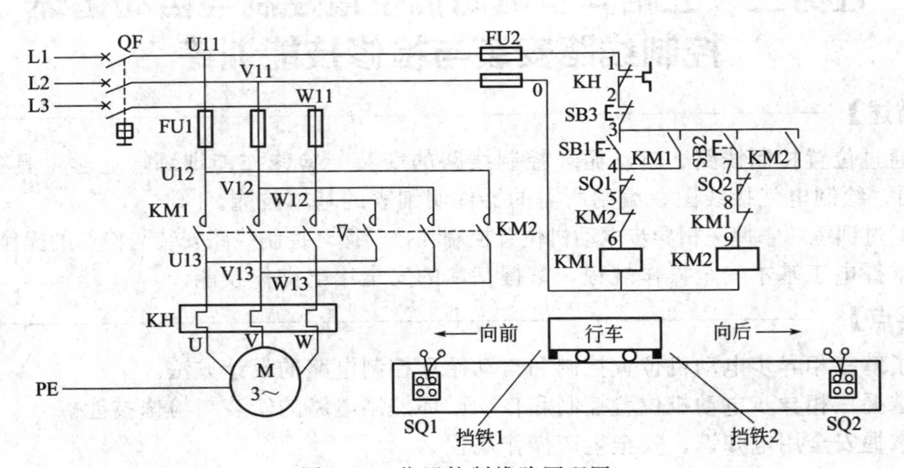

图 4-22　位置控制线路原理图

② 按照技能训练器材明细表，准备器材、工具以及仪器仪表。

③ 器材质量检查与清点，测量检查各器件的质量，并清点数量，做好记录。

④ 根据布置图，安装和固定电器元件。

⑤ 根据接线图，进行布线安装，完成整个控制配线板的接线。

⑥ 安装及接线完成后，认真仔细检查线路。

⑦ 将配线板整理后，交给教师进行验收。

不经过此步骤，学生不能进行下一步骤。

⑧ 连接电源，通电试车。

试车成功率以通电后第一次按下按钮时计算。

⑨ 故障检修。出现故障后，学生应独立进行检修。若需带电检查时，教师必须在现场监护。检修完毕后，如需要再次试车，教师也应该在现场监护，并做好时间记录。

⑩ 通电试车完毕，停转，切断电源。先拆除三相电源线，再拆除电动机接线。

4. 清理现场和整理器材

训练完成后，清理现场，整理好所用器材、工具，按照要求放置到规定位置。

二、自动循环控制线路的安装与检修

训练内容说明：绘制电气布置图，绘制电气接线图，编制所需的器件明细表，进行自动循环控制线路的安装与检修。

1. 编制技能训练器材明细表

本技能训练任务所需器材见表 4-9。

表 4-9 技能训练器材明细表

器件序号	器件名称	性能规格	所需数量	用途备注
01	自动循环控制线路组成器件		1套	
02	三相电动机	Y112M-4,4kW,380V,△接	1台	
03	配线板		1块	
04	木螺钉		若干	
05	平垫片		若干	
06	劳保用品		1套	
07	导线		若干	
08	兆欧表		1块	
09	验电笔	500V	1支	
10	万用电表	MF-47	1块	
11	常用维修电工工具		1套	

2. 技能训练前的检查与准备

① 确认技能训练环境符合维修电工操作的要求。

② 确认技能训练器件与测试仪表性能良好。

③ 编制技能训练操作流程。

④ 做好操作前的各项安全工作。

3. 技能训练实施步骤

技能训练实施步骤同前。

① 绘制和分析电路原理图，设计布置图和接线图，原理图见图 4-23 所示，布置图和接线图可自行设计。

② 按照技能训练器材明细表，准备器材、工具以及仪器仪表。

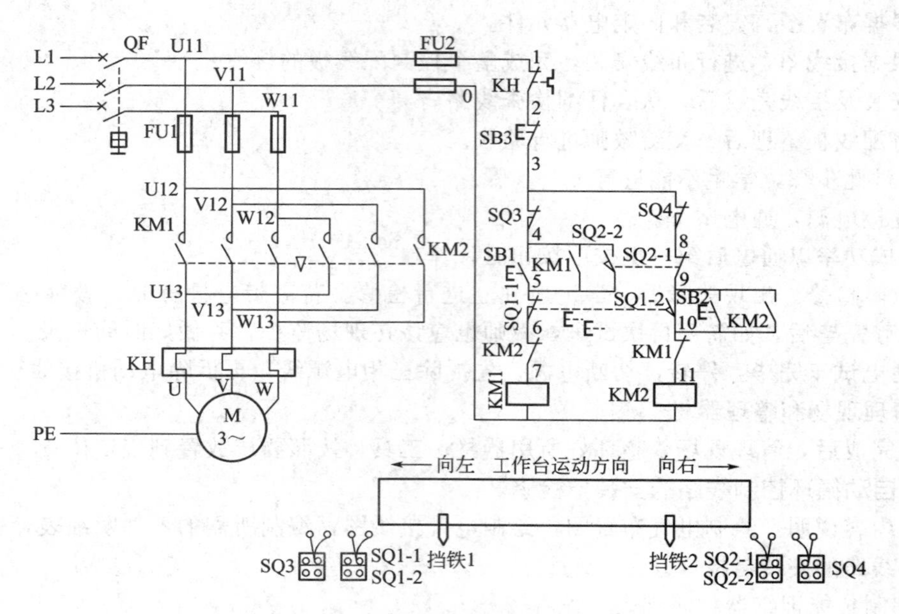

图 4-23　自动循环控制线路原理图

③ 根据布置图，安装和固定电器元件。

④ 根据接线图，进行布线安装，完成整个控制配线板的接线。

⑤ 安装及接线完成后，认真仔细检查线路。

⑥ 将配线板整理后，交给教师进行验收。

不经过此步骤，学生不能进行下一步骤。

⑦ 连接电源，通电试车。

试车成功率以通电后第一次按下按钮时计算。

⑧ 故障检修。出现故障后，学生应独立进行检修。若需带电检查时，教师必须在现场监护。检修完毕后，如需要再次试车，教师也应该在现场监护，并做好时间记录。

⑨ 试车成功后，记录一下完成时间及通电试车次数。

⑩ 通电试车完毕，停转，切断电源。先拆除三相电源线，再拆除电动机线。

4．清理现场和整理器材

训练完成后，清理现场，整理好所用器材、工具，按照要求放置到规定位置。

【任务评价与考核】

考核要点如下。

① 检查是否按照要求，正确绘制工程电路图、器材明细表、工程布局布线图，器件使用、安装是否正确。

② 检查安装敷设施工是否符合要求，是否做到安全、美观、规范，是否时刻注意遵守安全操作规定，操作是否规范。

③ 检查与验收是否合格，通电测试是否达到实训项目目标，是否会采取正确的方法进行故障检修。

④ 成绩考核。

根据以上考核要点对学生进行逐项成绩评定，参见表 4-10，给出该项任务的综合实训成绩。

表 4-10　实训成绩评定表

子任务内容	分值/分	考核要点及评分标准	扣分/分	得分/分
位置控制线路的安装与检修	40	未按照要求正确绘制工程电路图，扣10分		
		不能正确安装器件，每个扣5分		
		验收不合格，检修方法不正确，每错一次扣10分		
自动循环控制线路的安装与检修	40	未按照要求正确绘制工程电路图，扣10分		
		不能正确安装器件，每个扣5分		
		验收不合格，检修方法不正确，每错一次扣10分		
安全、规范操作	10	每违规一次扣2分		
整理器材、工具	10	未将器材、工具等放到规定位置，扣5分		
合计				

【能力拓展】

1. 能力拓展项目

① 编制位置控制线路的检修方案，并编制器材明细表。

② 编制自动循环控制线路能正转不能反转的检修方案，并编制器材明细表。

③ 组织学生讨论三相异步电动机自动循环控制线路的安装与检修的方法与步骤。

2. 拓展训练目标

通过能力拓展项目的训练，使学生能够进一步理解安全用电注意事项，掌握三相异步电动机位置控制和自动循环控制线路的安装与检修方法等。

任务四　三相异步电动机顺序控制与多地控制线路安装与检修技能训练

【任务描述】

① 通过顺序控制线路、多地控制线路的安装与检修技能训练，让学生具备绘制电气布置图、绘制电气接线图、编制所需的器件明细表的基本技能。

② 通过训练，掌握三相异步电动机顺序控制和多地控制线路安装与检修的操作技能。

③ 掌握电工基本安全操作规程，掌握基本的安全用电操作技能。

【技能要点】

① 了解三相异步电动机顺序控制和多地控制线路的设计方法。

② 掌握三相异步电动机顺序控制和多地控制线路的安装与检修技能。

③ 掌握安全用电知识、安全生产操作规程。

【任务实施】

一、顺序控制线路的安装与检修

训练内容说明：绘制电气布置图，绘制电气接线图，编制所需的器件明细表，进行顺序控制线路的安装与检修。

1. 编制技能训练器材明细表

本技能训练任务所需器材见表 4-11。

表 4-11　技能训练器材明细表

器件序号	器件名称	性能规格	所需数量	用途备注
01	顺序控制线路组成器件		1套	
02	三相电动机	Y112M-4,4kW,380V,△接	2台	
03	配线板		1块	
04	木螺钉		若干	
05	平垫片		若干	
06	劳保用品		1套	
07	导线		若干	
08	兆欧表		1块	
09	验电笔	500V	1支	
10	万用电表	MF-47	1块	
11	常用维修电工工具		1套	

2. 技能训练前的检查与准备

① 确认技能训练环境符合维修电工操作的要求。

② 确认技能训练器件与测试仪表性能良好。

③ 编制技能训练操作流程。

④ 做好操作前的各项安全工作。

3. 技能训练实施步骤

技能训练实施步骤同前。

① 绘制和分析电路原理图，设计布置图和接线图，几种顺序控制原理图见图 4-24～图 4-26 所示，布置图和接线图可自行设计。图 4-24 的特点是 M1、M2 顺序启动，M1、M2 同时停车；图 4-25 的特点是 M1、M2 顺序启动，M1、M2 同时停车（SB12 的作用），M2 单独停车（SB22 的作用）；图 4-26 的特点是 M1、M2 顺序启动，M1、M2 逆序停车。

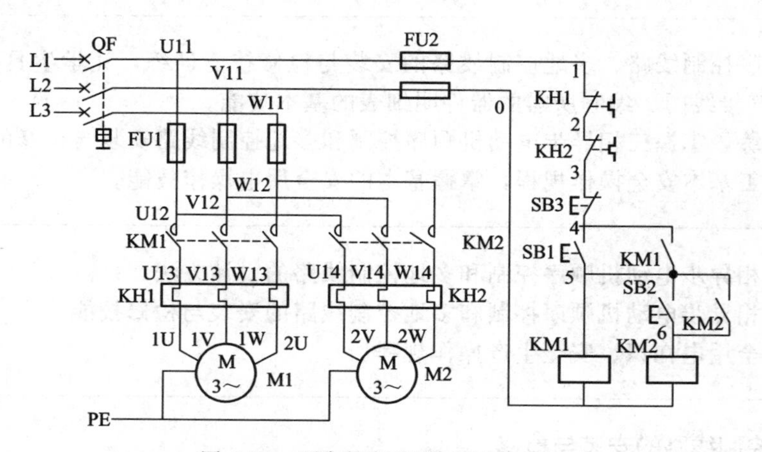

图 4-24　顺序控制线路原理图（1）

② 按照技能训练器材明细表，准备器材、工具以及仪器仪表。

③ 器材质量检查与清点，测量检查各器件的质量，并清点数量，做好记录。

④ 根据布置图，安装和固定电器元件。

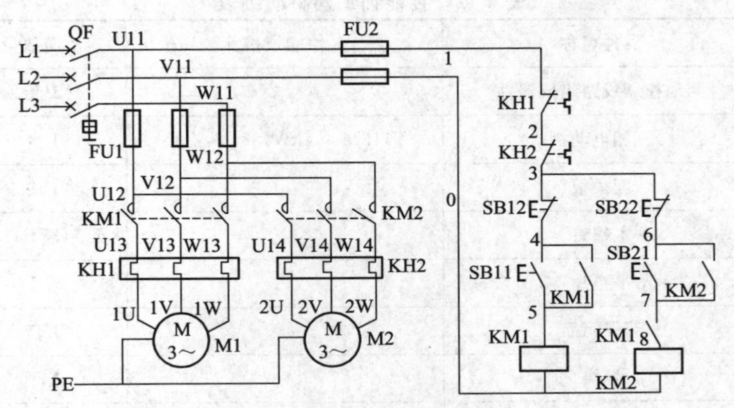

图 4-25　顺序控制线路原理图（2）

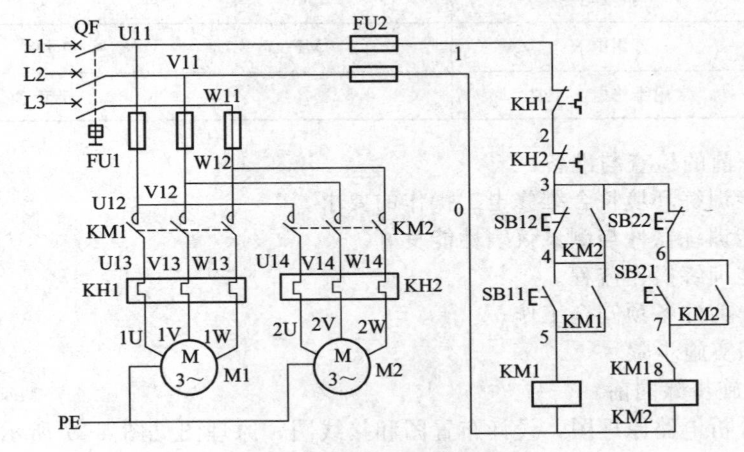

图 4-26　顺序控制线路原理图（3）

⑤ 根据接线图，进行布线安装，完成整个控制配线板的接线。

⑥ 安装及接线完成后，认真仔细检查线路。

⑦ 将配线板整理后，交给教师进行验收。

不经过此步骤，学生不能进行下一步骤。

⑧ 连接电源，通电试车。

试车成功率以通电后第一次按下按钮时计算。

⑨ 故障检修。出现故障后，学生应独立进行检修。若需带电检查时，教师必须在现场监护。检修完毕后，如需要再次试车，教师也应该在现场监护，并做好时间记录。

⑩ 通电试车完毕，停转，切断电源。先拆除三相电源线，再拆除电动机接线。

4. 清理现场和整理器材

训练完成后，清理现场，整理好所用器材、工具，按照要求放置到规定位置。

二、两地控制线路的安装与检修

训练内容说明：绘制电气布置图，绘制电气接线图，编制所需的器件明细表，进行两地控制线路的安装与检修。

1. 编制技能训练器材明细表

本技能训练任务所需器材见表 4-12。

表 4-12　技能训练器材明细表

器件序号	器件名称	性能规格	所需数量	用途备注
01	两地控制线路组成器件		1套	
02	三相电动机	Y112M-4,4kW,380V,△接	1台	
03	配线板		1块	
04	木螺钉		若干	
05	平垫片		若干	
06	劳保用品		1套	
07	导线		若干	
08	兆欧表		1块	
09	验电笔	500V	1支	
10	万用电表	MF-47	1块	
11	常用维修电工工具		1套	

2. 技能训练前的检查与准备

① 确认技能训练环境符合维修电工操作的要求。

② 确认技能训练器件与测试仪表性能良好。

③ 编制技能训练操作流程。

④ 做好操作前的各项安全工作。

3. 技能训练实施步骤

技能训练实施步骤同前。

① 绘制和分析电路原理图，设计布置图和接线图，原理图见图 4-27 所示，布置图和接线图可自行设计。

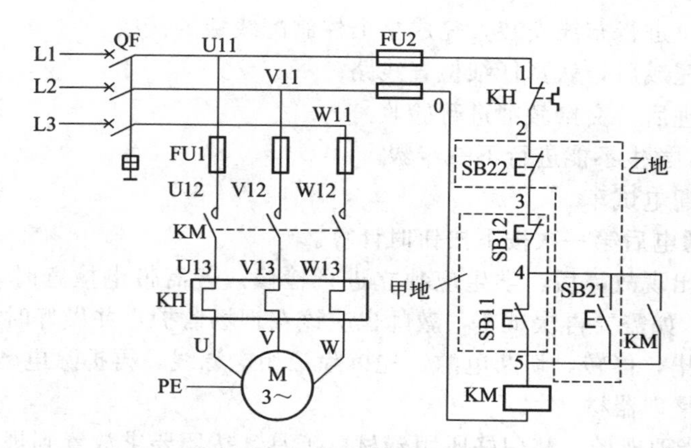

图 4-27　两地控制线路原理图

② 按照技能训练器材明细表，准备器材、工具以及仪器仪表。

③ 根据布置图，安装和固定电气元件。

④ 根据接线图，进行布线安装，完成整个控制配线板的接线。

⑤ 安装及接线完成后，认真仔细检查线路。

⑥ 将配线板整理后，交给教师进行验收。

不经过此步骤，学生不能进行下一步骤。

⑦ 连接电源，通电试车。

试车成功率以通电后第一次按下按钮时计算。

⑧ 故障检修。出现故障后，学生应独立进行检修。若需带电检查时，教师必须在现场监护。检修完毕后，如需要再次试车，教师也应该在现场监护，并做好时间记录。

⑨ 试车成功后，记录一下完成时间及通电试车次数。

⑩ 通电试车完毕，停转，切断电源。先拆除三相电源线，再拆除电动机线。

4. 清理现场和整理器材

训练完成后，清理现场，整理好所用器材、工具，按照要求放置到规定位置。

【任务评价与考核】

考核要点如下。

① 检查是否按照要求，正确绘制工程电路图、器材明细表、工程布局布线图，器件使用、安装是否正确。

② 检查安装敷设施工是否符合要求，是否做到安全、美观、规范，是否时刻注意遵守安全操作规定，操作是否规范。

③ 检查与验收是否合格，通电测试是否达到实训项目目标，是否会采取正确的方法进行故障检修。

④ 成绩考核。

根据以上考核要点对学生进行逐项成绩评定，参见表 4-13，给出该项任务的综合实训成绩。

表 4-13　实训成绩评定表

子任务内容	分值/分	考核要点及评分标准	扣分/分	得分/分
顺序控制线路的安装与检修	40	未按照要求正确绘制工程电路图，扣 10 分		
		不能正确安装器件，每个扣 5 分		
		验收不合格，检修方法不正确，每错一次扣 10 分		
两地控制线路的安装与检修	40	未按照要求正确绘制工程电路图，扣 10 分		
		不能正确安装器件，每个扣 5 分		
		验收不合格，检修方法不正确，每错一次扣 10 分		
安全、规范操作	10	每违规一次扣 2 分		
整理器材、工具	10	未将器材、工具等放到规定位置，扣 5 分		
合计				

【能力拓展】

1. 能力拓展项目

① 编制顺序控制线路的检修方案，并编制器材明细表。

② 编制两地控制线路能正转不能反转的检修方案，并编制器材明细表。

③ 组织学生讨论三相异步电动机顺序控制线路的安装与检修的方法与步骤。

2. 拓展训练目标

通过能力拓展项目的训练，使学生能够进一步理解安全用电注意事项，掌握三相异步电动机顺序控制和两地控制线路的安装与检修方法等。

任务五 三相异步电动机降压启动控制线路安装与检修技能训练

【任务描述】

① 通过自耦变压器降压启动控制线路、星-三角降压启动控制线路的安装与检修技能训练，让学生具备绘制电气布置图、绘制电气接线图、编制所需的器件明细表的基本技能。

② 通过训练，掌握三相异步电动机自耦变压器降压启动控制和星-三角降压启动控制线路安装与检修的操作技能。

③ 掌握电工基本安全操作规程，掌握基本的安全用电操作技能。

【技能要点】

① 了解三相异步电动机自耦变压器降压启动控制和星-三角降压启动控制线路的设计方法。

② 掌握三相异步电动机自耦变压器降压启动控制和星-三角降压启动控制线路的安装与检修技能。

③ 掌握安全用电知识、安全生产操作规程。

【任务实施】

一、自耦变压器降压启动控制线路的安装与检修

训练内容说明：绘制电气布置图，绘制电气接线图，编制所需的器件明细表，进行自耦变压器降压启动控制线路的安装与检修。

1. 编制技能训练器材明细表

本技能训练任务所需器材见表4-14。

表 4-14 技能训练器材明细表

器件序号	器件名称	性能规格	所需数量	用途备注
01	自耦变压器降压启动控制线路组成器件		1套	
02	三相电动机	Y112M-4,4kW,380V,△接	1台	
03	配线板		1块	
04	木螺钉		若干	
05	平垫片		若干	
06	劳保用品		1套	
07	导线		若干	
08	兆欧表		1块	
09	验电笔	500V	1支	
10	万用电表	MF-47	1块	
11	常用维修电工工具		1套	

2. 技能训练前的检查与准备

① 确认技能训练环境符合维修电工操作的要求。

② 确认技能训练器件与测试仪表性能良好。

③ 编制技能训练操作流程。

④ 做好操作前的各项安全工作。

3. 技能训练实施步骤

技能训练实施步骤同前。

① 绘制和分析电路原理图，设计布置图和接线图，控制原理图见图 4-28 所示，布置图和接线图可自行设计。

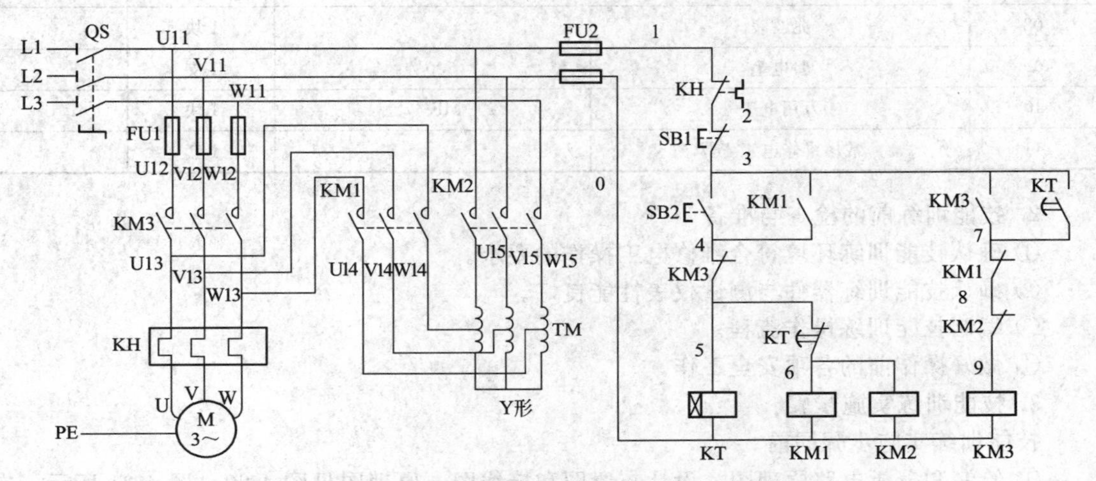

图 4-28 自耦变压器降压启动控制线路原理图

② 按照技能训练器材明细表，准备器材、工具以及仪器仪表。

③ 器材质量检查与清点，测量检查各器件的质量，并清点数量，做好记录。

④ 根据布置图，安装和固定电器元件。

⑤ 根据接线图，进行布线安装，完成整个控制配线板的接线。

⑥ 安装及接线完成后，认真仔细检查线路。

⑦ 将配线板整理后，交给教师进行验收。

不经过此步骤，学生不能进行下一步骤。

⑧ 连接电源，通电试车。

试车成功率以通电后第一次按下按钮时计算。

⑨ 故障检修。出现故障后，学生应独立进行检修。若需带电检查时，教师必须在现场监护。检修完毕后，如需要再次试车，教师也应该在现场监护，并做好时间记录。

⑩ 通电试车完毕，停转，切断电源。先拆除三相电源线，再拆除电动机接线。

4. 清理现场和整理器材

训练完成后，清理现场，整理好所用器材、工具，按照要求放置到规定位置。

二、星-三角降压启动控制线路的安装与检修

训练内容说明：绘制电气布置图，绘制电气接线图，编制所需的器件明细表，进行星-三角降压启动控制线路的安装与检修。

1. 编制技能训练器材明细表

本技能训练任务所需器材见表 4-15。

表 4-15　技能训练器材明细表

器件序号	器件名称	性能规格	所需数量	用途备注
01	星-三角降压启动控制线路组成器件		1套	
02	三相电动机	Y112M-4,4kW,380V,△接	1台	
03	配线板		1块	
04	木螺钉		若干	
05	平垫片		若干	
06	劳保用品		1套	
07	导线		若干	
08	兆欧表		1块	
09	验电笔	500V	1支	
10	万用电表	MF-47	1块	
11	常用维修电工工具		1套	

2. 技能训练前的检查与准备

① 确认技能训练环境符合维修电工操作的要求。

② 确认技能训练器件与测试仪表性能良好。

③ 编制技能训练操作流程。

④ 做好操作前的各项安全工作。

3. 技能训练实施步骤

技能训练实施步骤同前。

① 绘制和分析电路原理图，设计布置图和接线图，原理图见图 4-29～图 4-31 所示，布置图和接线图可自行设计。星-三角降压启动是指在电动机启动时，把定子绕组接成星形连接，以降低电动机的启动电压，限制启动电流，待电动机启动后，再把定子绕组接成三角形连接，使电动机实现全压运行。

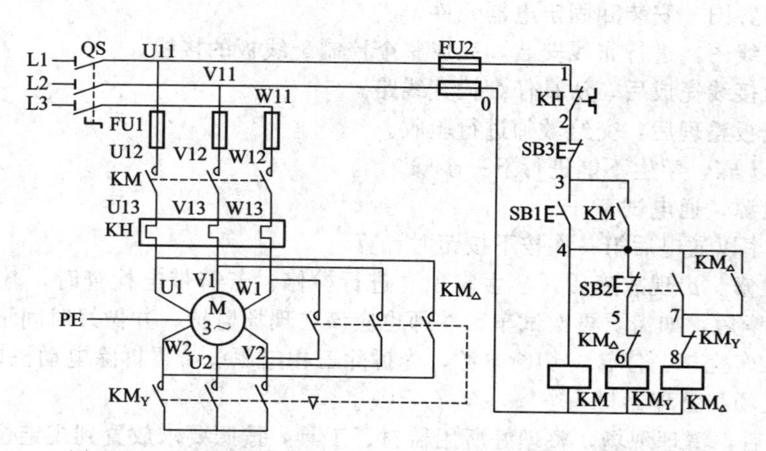

图 4-29　按钮、接触器控制星-三角降压启动控制线路原理图

② 按照技能训练器材明细表，准备器材、工具以及仪器仪表。

③ 根据布置图，安装和固定电器元件。

④ 根据接线图，进行布线安装，完成整个控制配线板的接线。

⑤ 安装及接线完成后，认真仔细检查线路。

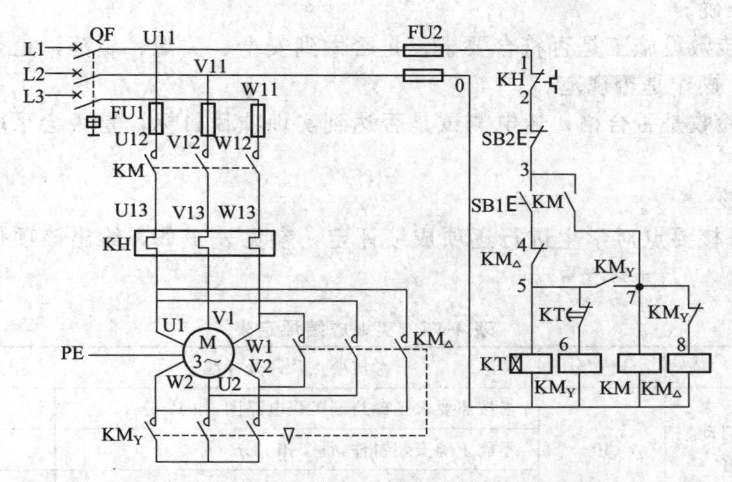

图 4-30　时间继电器自动控制星-三角降压启动控制线路原理图（1）

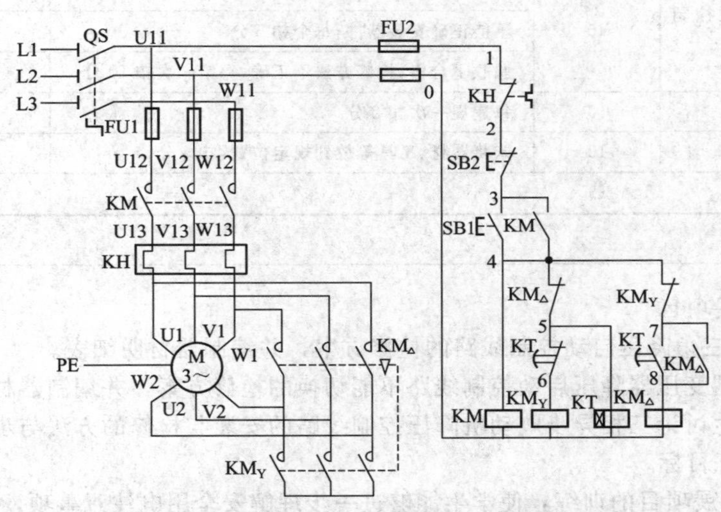

图 4-31　时间继电器自动控制星-三角降压启动控制线路原理图（2）

⑥ 将配线板整理后，交给教师进行验收。

不经过此步骤，学生不能进行下一步骤。

⑦ 连接电源，通电试车。

试车成功率以通电后第一次按下按钮时计算。

⑧ 故障检修。出现故障后，学生应独立进行检修。若需带电检查时，教师必须在现场监护。检修完毕后，如需要再次试车，教师也应该在现场监护，并做好时间记录。

⑨ 试车成功后，记录一下完成时间及通电试车次数。

⑩ 通电试车完毕，停转，切断电源。先拆除三相电源线，再拆除电动机线。

4. 清理现场和整理器材

训练完成后，清理现场，整理好所用器材、工具，按照要求放置到规定位置。

【任务评价与考核】

考核要点如下。

① 检查是否按照要求，正确绘制工程电路图、器材明细表、工程布局布线图，器件使

用、安装是否正确。

② 检查安装敷设施工是否符合要求，是否做到安全、美观、规范，是否时刻注意遵守安全操作规定，操作是否规范。

③ 检查与验收是否合格，通电测试是否达到实训项目目标，是否会采取正确的方法进行故障检修。

④ 成绩考核。

根据以上考核要点对学生进行逐项成绩评定，参见表 4-16，给出该项任务的综合实训成绩。

表 4-16 实训成绩评定表

子任务内容	分值/分	考核要点及评分标准	扣分/分	得分/分
自耦变压器降压启动控制线路的安装与检修	40	未按照要求正确绘制工程电路图,扣 10 分		
		不能正确安装器件,每个扣 5 分		
		验收不合格,检修方法不正确,每错一次扣 10 分		
星-三角降压启动控制线路的安装与检修	40	未按照要求正确绘制工程电路图,扣 10 分		
		不能正确安装器件,每个扣 5 分		
		验收不合格,检修方法不正确,每错一次扣 10 分		
安全、规范操作	10	每违规一次扣 2 分		
整理器材、工具	10	未将器材、工具等放到规定位置,扣 5 分		
合计				

【能力拓展】

1. 能力拓展项目

① 编制星-三角降压启动控制线路的检修方案，并编制器材明细表。

② 编制自耦变压器降压启动控制线路不能切换的检修方案，并编制器材明细表。

③ 组织学生讨论三相异步电动机降压控制线路的安装与检修的方法与步骤。

2. 拓展训练目标

通过能力拓展项目的训练，使学生能够进一步理解安全用电注意事项，掌握三相异步电动机降压启动控制线路的安装与检修方法等。

任务六　三相异步电动机制动控制线路安装与检修技能训练

【任务描述】

① 通过反接制动控制线路、能耗制动控制线路的安装与检修技能训练，让学生具备绘制电气布置图、绘制电气接线图、编制所需的器件明细表的基本技能。

② 通过训练，掌握三相异步电动机反接制动控制和能耗制动控制线路安装与检修的操作技能。

③ 掌握电工基本安全操作规程，掌握基本的安全用电操作技能。

【技能要点】

① 了解三相异步电动机自耦变压器降压启动控制和能耗制动控制线路的设计方法。

② 掌握三相异步电动机反接制动控制和能耗制动控制线路的安装与检修技能。

③ 掌握安全用电知识、安全生产操作规程。

【任务实施】

一、反接制动控制线路的安装与检修

训练内容说明：绘制电气布置图，绘制电气接线图，编制所需的器件明细表，进行反接制动控制线路的安装与检修。

1．编制技能训练器材明细表

本技能训练任务所需器材见表 4-17。

表 4-17 技能训练器材明细表

器件序号	器件名称	性能规格	所需数量	用途备注
01	反接制动控制线路组成器件		1套	
02	三相电动机	Y112M-4,4kW,380V,△接	1台	
03	配线板		1块	
04	木螺钉		若干	
05	平垫片		若干	
06	劳保用品		1套	
07	导线		若干	
08	兆欧表		1块	
09	验电笔	500V	1支	
10	万用电表	MF-47	1块	
11	常用维修电工工具		1套	

2．技能训练前的检查与准备

① 确认技能训练环境符合维修电工操作的要求。

② 确认技能训练器件与测试仪表性能良好。

③ 编制技能训练操作流程。

④ 做好操作前的各项安全工作。

3．技能训练实施步骤

技能训练实施步骤同前。

① 绘制和分析电路原理图，设计布置图和接线图，控制原理图见图 4-32 所示，布置图

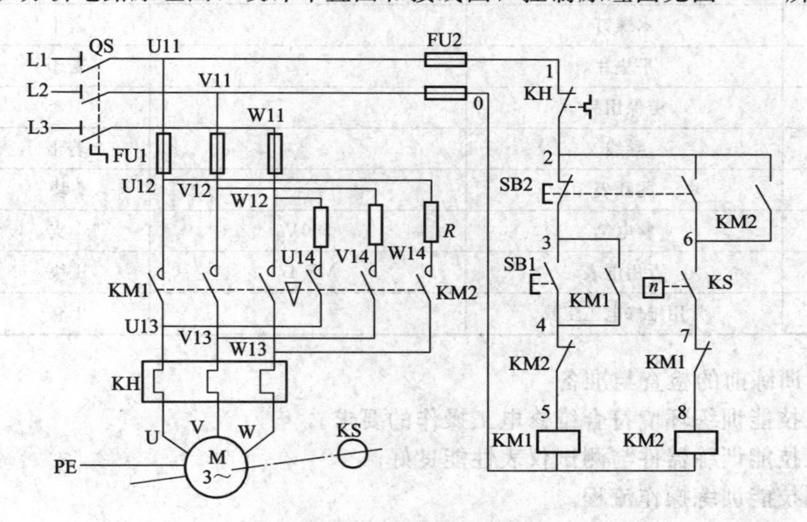

图 4-32 反接制动控制线路原理图

和接线图可自行设计。电动机反接制动控制线路的作用是在电动机正常运行需要快速停车时，将电动机所接三相电源的相序改变，电动机将产生反方向的制动性转矩，迫使电动机受制动迅速停车。

② 按照技能训练器材明细表，准备器材、工具以及仪器仪表。

③ 器材质量检查与清点，测量检查各器件的质量，并清点数量，做好记录。

④ 根据布置图，安装和固定电气元件。

⑤ 根据接线图，进行布线安装，完成整个控制配线板的接线。

⑥ 安装及接线完成后，认真仔细检查线路。

⑦ 将配线板整理后，交给教师进行验收。

不经过此步骤，学生不能进行下一步骤。

⑧ 连接电源，通电试车。

试车成功率以通电后第一次按下按钮时计算。

⑨ 故障检修。出现故障后，学生应独立进行检修。若需带电检查时，教师必须在现场监护。检修完毕后，如需要再次试车，教师也应该在现场监护，并做好时间记录。

⑩ 通电试车完毕，停转，切断电源。先拆除三相电源线，再拆除电动机接线。

4. 清理现场和整理器材

训练完成后，清理现场，整理好所用器材、工具，按照要求放置到规定位置。

二、能耗制动控制线路的安装与检修

训练内容说明：绘制电气布置图，绘制电气接线图，编制所需的器件明细表，进行能耗制动控制线路的安装与检修。

1. 编制技能训练器材明细表

本技能训练任务所需器材见表 4-18。

表 4-18　技能训练器材明细表

器件序号	器件名称	性能规格	所需数量	用途备注
01	能耗制动控制线路组成器件		1 套	
02	三相电动机	Y112M-4,4kW,380V,△接	1 台	
03	配线板		1 块	
04	木螺钉		若干	
05	平垫片		若干	
06	劳保用品		1 套	
07	导线		若干	
08	兆欧表		1 块	
09	验电笔	500V	1 支	
10	万用电表	MF-47	1 块	
11	常用维修电工工具		1 套	

2. 技能训练前的检查与准备

① 确认技能训练环境符合维修电工操作的要求。

② 确认技能训练器件与测试仪表性能良好。

③ 编制技能训练操作流程。

④ 做好操作前的各项安全工作。

3. 技能训练实施步骤

技能训练实施步骤同前。

① 绘制和分析电路原理图，设计布置图和接线图，原理图见图 4-33、图 4-34 所示，布置图和接线图可自行设计。电动机能耗制动控制线路的作用是在电动机正常运行需要快速停车时，将电动机脱离三相电源，把定子绕组接入直流电源，电动机将产生反方向的制动性转矩，迫使电动机受制动迅速停车。

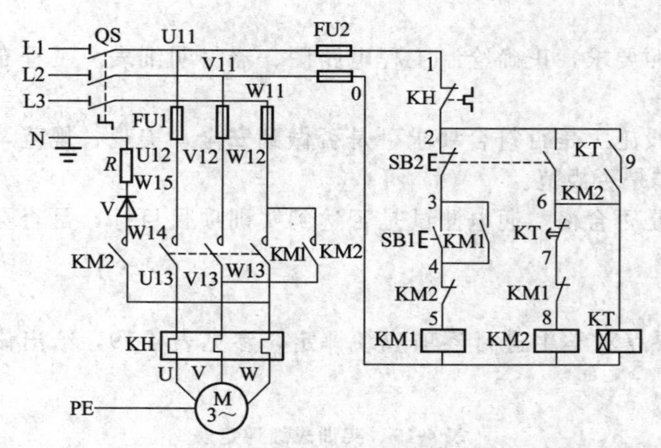

图 4-33　无变压器单相半波整流能耗制动控制线路原理图

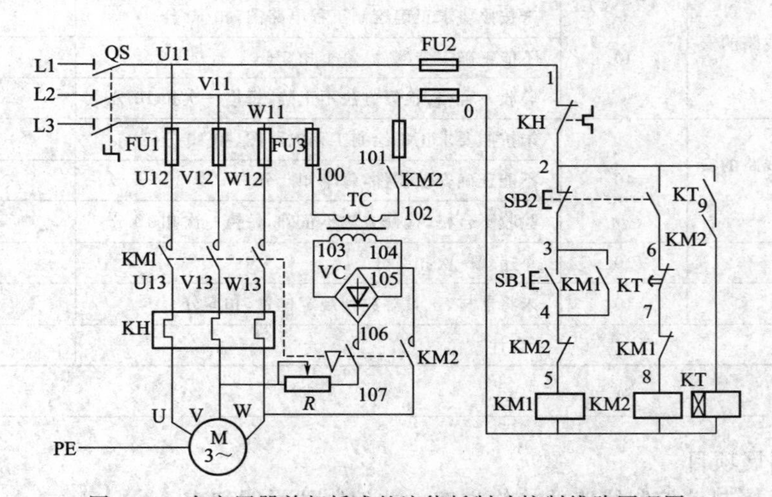

图 4-34　有变压器单相桥式整流能耗制动控制线路原理图

② 按照技能训练器材明细表，准备器材、工具以及仪器仪表。

③ 根据布置图，安装和固定电气元件。

④ 根据接线图，进行布线安装，完成整个控制配线板的接线。

⑤ 安装及接线完成后，认真仔细检查线路。

⑥ 将配线板整理后，交给教师进行验收。

不经过此步骤，学生不能进行下一步骤。

⑦ 连接电源，通电试车。

试车成功率以通电后第一次按下按钮时计算。

⑧ 故障检修。出现故障后，学生应独立进行检修。若需带电检查时，教师必须在现场

监护。检修完毕后，如需要再次试车，教师也应该在现场监护，并做好时间记录。

⑨ 试车成功后，记录一下完成时间及通电试车次数。

⑩ 通电试车完毕，停转，切断电源。先拆除三相电源线，再拆除电动机线。

4. 清理现场和整理器材

训练完成后，清理现场，整理好所用器材、工具，按照要求放置到规定位置。

【任务评价与考核】

考核要点如下。

① 检查是否按照要求，正确绘制工程电路图、器材明细表、工程布局布线图，器件使用、安装是否正确。

② 检查安装敷设施工是否符合要求，是否做到安全、美观、规范，是否时刻注意遵守安全操作规定，操作是否规范。

③ 检查与验收是否合格，通电测试是否达到实训项目目标，是否会采取正确的方法进行故障检修。

④ 成绩考核。

根据以上考核要点对学生进行逐项成绩评定，参见表4-19，给出该项任务的综合实训成绩。

表4-19　实训成绩评定表

子任务内容	分值/分	考核要点及评分标准	扣分/分	得分/分
反接制动控制线路的安装与检修	40	未按照要求正确绘制工程电路图,扣10分		
		不能正确安装器件,每个扣5分		
		验收不合格,检修方法不正确,每错一次扣10分		
能耗制动控制线路的安装与检修	40	未按照要求正确绘制工程电路图,扣10分		
		不能正确安装器件,每个扣5分		
		验收不合格,检修方法不正确,每错一次扣10分		
安全、规范操作	10	每违规一次扣2分		
整理器材、工具	10	未将器材、工具等放到规定位置,扣5分		
合计				

【能力拓展】

1. 能力拓展项目

① 编制反接制动控制线路的检修方案，并编制器材明细表。

② 编制能耗制动控制线路不能停车的检修方案，并编制器材明细表。

③ 组织学生讨论三相异步电动机制动控制线路的安装与检修的方法与步骤。

2. 拓展训练目标

通过能力拓展项目的训练，使学生能够进一步理解安全用电注意事项，掌握三相异步电动机能耗制动控制线路的安装与检修方法等。

任务七　双速三相异步电动机控制线路安装与检修技能训练

【任务描述】

① 通过双速三相异步电动机控制线路的安装与检修技能训练，让学生具备绘制电气布

置图、绘制电气接线图、编制所需的器件明细表的基本技能。

② 通过训练，掌握双速三相异步电动机控制线路安装与检修的操作技能。

③ 掌握电工基本安全操作规程，掌握基本的安全用电操作技能。

【技能要点】

① 了解三相异步电动机多速控制线路的设计方法。

② 掌握双速三相异步电动机控制线路的安装与检修技能。

③ 掌握安全用电知识、安全生产操作规程。

【任务实施】 双速三相异步电动机控制线路的安装与检修

训练内容说明：绘制电气布置图，绘制电气接线图，编制所需的器件明细表，进行双速三相异步电动机控制线路的安装与检修。

1. 编制技能训练器材明细表

本技能训练任务所需器材见表4-20。

表4-20 技能训练器材明细表

器件序号	器件名称	性能规格	所需数量	用途备注
01	双速控制线路组成器件		1套	
02	双速三相电动机	Y112M-4,4kW,380V,△接	1台	
03	配线板		1块	
04	木螺钉		若干	
05	平垫片		若干	
06	劳保用品		1套	
07	导线		若干	
08	兆欧表		1块	
09	验电笔	500V	1支	
10	万用电表	MF-47	1块	
11	常用维修电工工具		1套	

2. 技能训练前的检查与准备

① 确认技能训练环境符合维修电工操作的要求。

② 确认技能训练器件与测试仪表性能良好。

③ 编制技能训练操作流程。

④ 做好操作前的各项安全工作。

3. 技能训练实施步骤

技能训练实施步骤同前。

① 绘制和分析电路原理图，设计布置图和接线图，控制原理图见图4-35所示，布置图和接线图可自行设计。

双速电动机定子绕组△/YY接线图如图4-36所示，图中电动机三个定子绕组接成角形，由三个连接点引出三个出线端U1、V1、W1，从每相绕组的中点各引出一个出线端U2、V2、W2，这样定子绕组共有六个出线端。通过改变这六个出线端与电源的连接方式，就可以得到两个不同的转速。

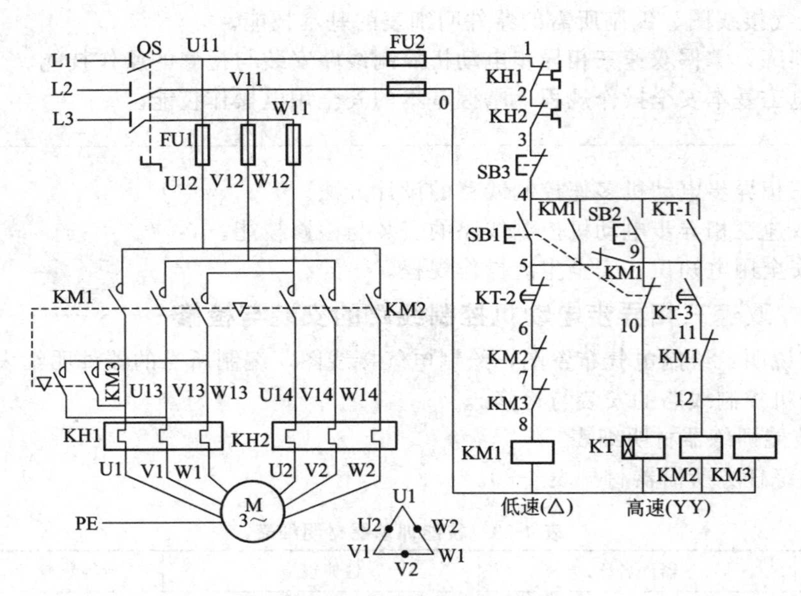

图 4-35　双速控制线路原理图

当把三相电源分别接至出线端U1、V1、W1上时，另外三个出线端U2、V2、W2空着不接，如图4-36(a)所示，此时电动机的定子绕组接成角形，磁极为4极，同步转速为1500r/min，电动机低速运行。

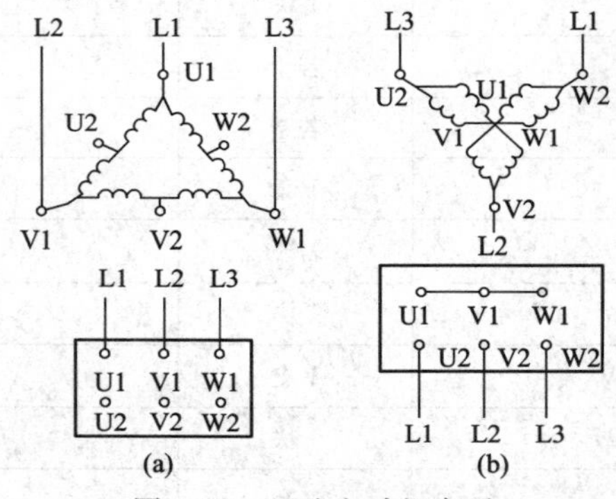

图 4-36　双速电动机定子绕组△/YY接线图

当把三相电源分别接至出线端U2、V2、W2上时，另外三个出线端U1、V1、W1并接在一起，如图4-36(b)所示，此时电动机的定子绕组接成双星形，磁极为2极，同步转速为3000r/min，电动机高速运行。

② 按照技能训练器材明细表，准备器材、工具以及仪器仪表。

③ 器材质量检查与清点，测量检查各器件的质量，并清点数量，做好记录。

④ 根据布置图，安装和固定电气元件。

⑤ 根据接线图，进行布线安装，完成整个控制配线板的接线。

⑥ 安装及接线完成后，认真仔细检查线路。

⑦ 将配线板整理后，交给教师进行验收。

不经过此步骤，学生不能进行下一步骤。

⑧ 连接电源，通电试车。

试车成功率以通电后第一次按下按钮时计算。

⑨ 故障检修。出现故障后，学生应独立进行检修。若需带电检查时，教师必须在现场监护。检修完毕后，如需要再次试车，教师也应该在现场监护，并做好时间记录。

⑩ 通电试车完毕，停转，切断电源。先拆除三相电源线，再拆除电动机接线。

4. 清理现场和整理器材

训练完成后，清理现场，整理好所用器材、工具，按照要求放置到规定位置。

【任务评价与考核】

考核要点如下。

① 检查是否按照要求，正确绘制工程电路图、器材明细表、工程布局布线图，器件使用、安装是否正确。

② 检查安装敷设施工是否符合要求，是否做到安全、美观、规范，是否时刻注意遵守安全操作规定，操作是否规范。

③ 检查与验收是否合格，通电测试是否达到实训项目目标，是否会采取正确的方法进行故障检修。

④ 成绩考核。

根据以上考核要点对学生进行逐项成绩评定，参见表4-21，给出该项任务的综合实训成绩。

表4-21 实训成绩评定表

子任务内容	分值/分	考核要点及评分标准	扣分/分	得分/分
双速控制线路的安装	40	未按照要求正确绘制工程电路图，扣10分		
		不能正确安装器件，每个扣5分		
		验收不合格，每错一次扣10分		
双速控制线路的检修	40	检修方法不正确，扣10分		
		不能正确排除故障，每个扣10分		
		验收不合格，每错一次扣10分		
安全、规范操作	10	每违规一次扣2分		
整理器材、工具	10	未将器材、工具等放到规定位置，扣5分		
合计				

【能力拓展】

1. 能力拓展项目

① 编制双速控制线路的检修方案，并编制器材明细表。

② 编制三速控制线路的检修方案，并编制器材明细表。

③ 组织学生讨论三相异步电动机多速控制线路安装与检修的方法与步骤。

2. 拓展训练目标

通过能力拓展项目的训练，使学生能够进一步理解安全用电注意事项，掌握三相异步电动机多速控制线路的安装与检修方法等。

项目五

典型生产机械电气控制线路的识读与检修技能训练

任务一　卧式车床电气控制线路的识读与检修技能训练

【任务描述】

① 通过卧式车床电气控制线路的识读技能训练，让学生了解卧式车床电气控制的基本工作原理，具备绘制电路原理图、编制所需的器件明细表、画出工程布局接线图的基本技能。

② 通过训练，掌握卧式车床电气控制线路的维护与检修的操作技能。

③ 掌握电工基本安全操作规程，掌握基本的安全用电操作技能。

【技能要点】

① 了解卧式车床电气控制的特点及方法。

② 掌握卧式车床电气控制线路的识读与检修技能。

③ 掌握安全用电知识、安全生产操作规程。

【任务实施】

训练内容说明：卧式车床电气控制线路的结构、原理识读，编制所需的器件明细表，编制卧式车床电气控制线路的维护与检修程序，进行卧式车床电气控制线路的维护与检修。

1. 编制技能训练器材明细表

本技能训练任务所需器材见表 5-1。

表 5-1　技能训练器材明细表

器件序号	器件名称	性能规格	所需数量	用途备注
01	卧式车床模拟电气控制线路板		1套	
02	三相电动机	380V	3台	
03	钳形电流表		1块	
04	兆欧表		1块	
05	验电笔	500V	1支	
06	万用电表	MF-47	1块	
07	常用维修电工工具		1套	

2. 技能训练前的检查与准备

① 确认技能训练环境符合维修电工操作的要求。

② 确认技能训练器件与测试仪表性能良好。

③ 编制技能训练操作流程。

④ 做好操作前的各项安全工作。

3. 技能训练实施步骤

(1) 卧式车床电气控制线路的结构、原理识读

C650-2 型普通车床的电气控制系统原理图如图 5-1 所示。

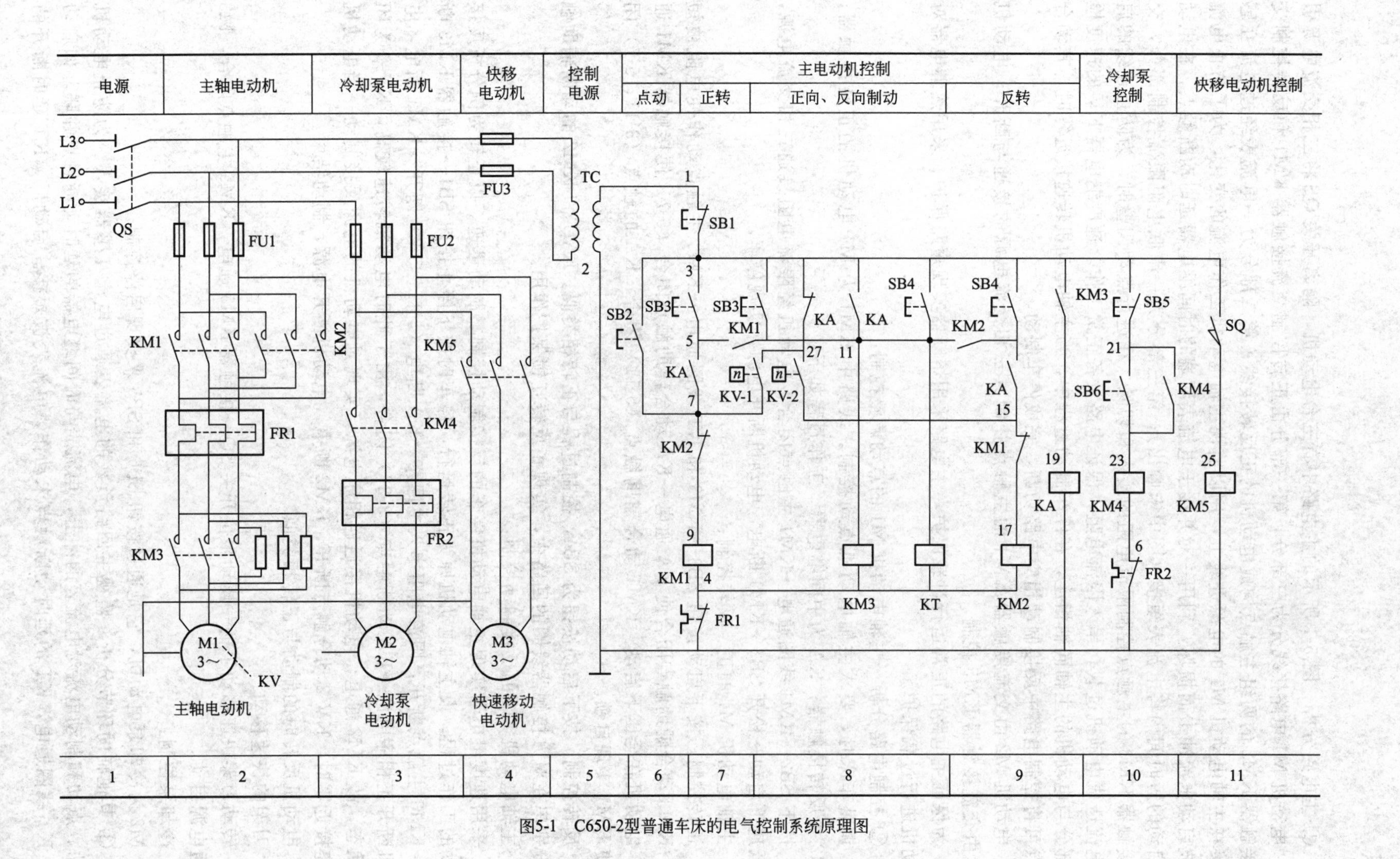

图5-1　C650-2型普通车床的电气控制系统原理图

① 主电路分析　图 5-1 所示的主电路中有三台电动机，隔离开关 QS 将三相交流电源引入，电动机 M1 电路接线分为三部分，第一部分由正转控制交流接触器 KM1 和反转控制交流接触器 KM2 的两组主触点构成电动机的正反转接线；第二部分为一电流表经过电流互感器接在主轴电动机 M1 的电源进线上，用以监视主轴电动机工作电流的变化，为了防止电流表被启动电流冲击而损坏，利用一对并接于电流表两端的时间继电器延时动断触点，在电动机启动的短时间内将电流表短接（图中未画出）；第三部分为一串联电阻限流控制部分，交流接触器 KM3 的主触点控制限流电阻的接入和切除，在进行点动调整时，为防止连续的启动电流造成电动机过载，串入限流电阻，保证电路设备正常工作。速度继电器 KV 的速度检测部分与电动机的主轴同轴相连，在停车制动过程中，当主轴电动机转速接近零时，其动合触点可将控制电路中反接制动相应电路切断，完成停车制动。

电动机 M2 由交流接触器 KM4 的主触点控制其三相交流电源的接通与断开；电动机 M3 由交流接触器 KM5 控制。

为保证主电路的正常运行过载保护，主电路采用熔断器实现短路保护、采用热继电器对电动机进行过载保护。

② 控制电路分析　主轴电动机 M1 的点动调整控制：

调整车床时，要求主轴电动机点动控制。线路中 KM1 为 M1 电动机的正转接触器；KM2 为反转接触器；KA 为中间继电器。工作过程如下：

按下 SB2→KM1 线圈通电→KM1 主触点闭合，电动机经限流电阻接通三相交流电源，在低速下启动→松开 SB2→KM1 断电，电动机断开电源，实现停车。

主轴电动机 M1 的正、反转控制：

正转控制。按下启动按钮 SB3→KM3 和 KT 线圈通电→KM3 主触点动作使电阻被短接→KM3 动合辅助触点闭合使 KA 通电→KA 动合辅助触点闭合（5-7）使接触器 KM1 通电，电动机在全压下启动。KM1 动合辅助触点（5-11）闭合、KA 的触点（3-11、5-7）闭合使 KM1 实现自锁。

反转控制。按下启动按钮为 SB4，控制过程与正转相类似。KM1 和 KM2 的动断辅助触点分别串在对方接触器线圈的回路中，实现正反转互锁保护作用。

主轴电动机 M1 的反接制动控制：

采用速度继电器实现主轴电动机停车的反接制动控制，制动迅速。以正转为例分析反接制动的工作过程。设主轴电动机原为正转运行，停车时按下停止按钮 SB1→接触器 KM3 断电→KM3 主触点断开，限流电阻串入主回路→KA 断电（3-11、5-7）断开→KM1 断电，电动机断开正相序电源→KA 动断触点（3-27）闭合，由于此时电动机转速较高，KV-2 为闭合状态，故 KM2 通电，电动机接通逆相序电源，实现对电动机的电源反接制动→当电动机转速接近零时，KV-2 动合触点断开，KM2 断电，电动机断开电源，制动结束。

电动机反转时的制动与正转相类似。

刀架的快速移动：

转动刀架快速移动手柄→压动限位开关 SQ→接触器 KM5 通电，KM5 主触点闭合，M3 接通电源启动。

冷却泵控制：

M2 为冷却泵电动机，它是通过按钮 SB6 和 SB5 来实现启停控制。

③ 其他辅助环节分析　监视主回路负载的电流表通过电流互感器接入。为防止电动机启动、点动和制动电流对电流表的冲击，电流表与时间继电器的延时动断触点并联。如启动时，KT 线圈通电，KT 的延时动断触点未动作，电流表被短接。启动后，KT 延时断开的

动断触点断开，此时电流表接入互感器的二次回路对主回路的主电流进行监视。

控制电路的电源通过控制变压器 TC 供电，使之更安全。此外，为便于工作，设置了工作照明灯。照明灯的电压为安全电压 36V（图中未画出）。

（2）绘制工程布局布线图

本实训内容的布局布线图，根据实训场地和车床模拟电气控制线路板设备情况在指导教师指导下绘制。

（3）器材质量检查与清点

测量检查各器件的质量，并清点数量。

（4）完成外部接线，做好通电前的检查工作

进行车床模拟电气控制线路板的外部接线，完成三相电源、电动机与线路板的连接。安装接线完成后，仔细检查线路，若发现问题，应及时解决与处理。

（5）通电操作，检查电路能否正常工作

通电操作，根据车床模拟电气控制线路的功能进行逐项检查，检查电路能否正常工作，并做好各项记录。

（6）故障检查与处理

在通电操作后，若发现问题，认真进行故障原因分析，做好检查与处理。若没有故障，可由指导教师设置几个故障，让学生练习分析和检查排除故障，并总结和归纳故障分析和检查排除的方法与步骤。

4. 清理现场和整理器材

训练完成后，清理现场，整理好所用器材、工具，按照要求放置到规定位置。

【任务评价与考核】

考核要点如下。

① 检查是否能够正确分析电路的原理，说明典型元件的作用特点，按照要求正确绘制器材明细表、元件布局布线图。

② 检查针对每个故障现象进行调查研究的情况，分析可能的故障原因是否正确，是否时刻注意遵守安全操作规定，操作是否规范。

③ 检查与验收是否合格，通电测试是否达到实训项目目标，会采取正确的方法进行故障检修。

④ 成绩考核。

根据以上考核要点对学生进行逐项成绩评定，参见表 5-2，给出该项任务的综合实训成绩。

表 5-2 实训成绩评分表

子任务内容	分值/分	考核要点及评分标准	扣分/分	得分/分
分析电路的原理，说明典型元件的作用特点	20	不能正确分析电路的原理，扣 10 分		
		不能说明典型元件的作用特点，每个扣 5 分		
		不能正确绘制布局接线图，扣 10 分		
每个故障现象进行调查研究，分析可能的故障原因	30	未按正确操作顺序进行操作，扣 10 分		
		不能正确分析故障原因，每个扣 5 分		
		损坏器件者，每个扣 15 分		
检查验收与故障检修	30	未按正确的操作要领操作，每处扣 5 分		
		验收不合格，每错一次扣 15 分		
		检修方法不正确，扣 10 分		
安全、规范操作	10	每违规一次扣 2 分		
整理器材、工具	10	未将器材、工具等放到规定位置，扣 5 分		
合计				

【相关知识】

一、卧式车床的作用

车床是机械加工中广泛使用的一种机床，可以用来加工各种回转表面、螺纹和端面。卧式车床通常由一台主电动机拖动，经由机械传动链，实现切削主运动和刀具进给运动的输出，其运动速度由变速齿轮箱通过手柄操作进行切换。刀具的快速移动、冷却泵和液压泵等，常采用单独电动机驱动。不同型号的卧式车床，其主电动机的工作要求不同，因而由不同的控制电路构成，但是由于卧式车床运动变速是由机械系统完成的，且机床运动形式比较简单，相应的控制电路也比较简单。

以 C650-2 型卧式车床为例来说明，C650-2 型卧式车床属于中型车床，机床的结构形式如图 5-2 所示。型号 C650-2 的含义为：C 表示车床；6 表示卧式；50 表示车床的中心高为 500mm；2 表示第二次改进设计。

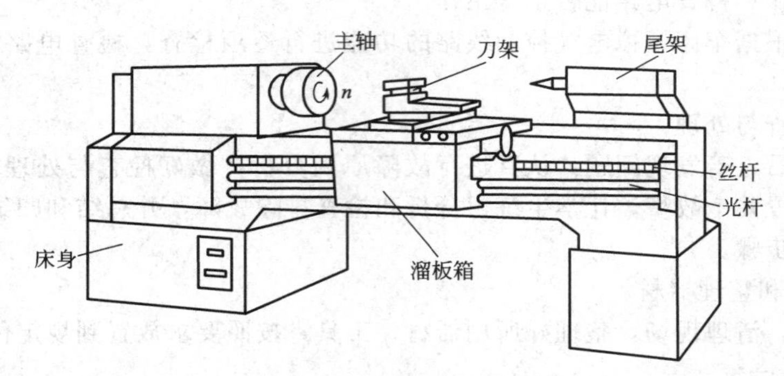

图 5-2　卧式车床的结构示意图

二、卧式车床的运动形式与控制要求

1. 车床的运动形式

图 5-3 所示为车床加工示意图。车床加工时，安装在床身上的主轴箱中的主轴转动，带动夹在其端头的工件转动；刀具安装在刀架上，与滑板一起随溜板箱沿主轴轴线方向实现进给移动。

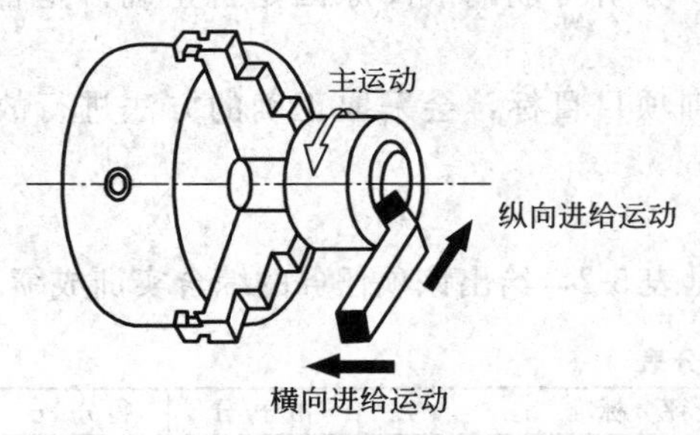

图 5-3　车床的加工示意图

车床的主运动为主轴通过卡盘带动工件的旋转运动；进给运动是溜板带动刀架的纵向和横向直线运动，其中纵向运动是指相对操作者向左或向右的运动，横向运动是指相对于操作者向前或向后的运动；辅助运动包括刀架的快速移动、工件的夹紧与松开等。

2. 电力拖动及控制要求

C650-2 型车床对电力拖动及控制的要求如下。

① 正常加工时一般不需反转，但加工螺纹时需反转退刀，且工件旋转速度与刀具的进给速度要保持严格的比例关系，为此主轴的转动和溜板箱的移动由同一台电动机拖动。主轴电动机 M1 功率为 20kW，电动机采用直接启动的方式，可正反两个方向旋转，为加工调整方便，还具有点动功能。由于加工的工件比较大，加工时其转动惯量也比较大，需停车时不易立即停止转动，必须有停车制动的功能，C650-2 车床的正反向停车采用速度继电器控制的电源反接制动方式。

② 电动机 M2 拖动冷却泵。车削加工时，刀具与工件的温度较高，需设一冷却泵电动

机，实现刀具与工件的冷却。冷却泵电动机 M2 单向旋转，采用直接启动、停止方式，且与主电动机有必要的联锁保护。

③ 快速移动电动机 M3。为减轻工人的劳动强度和节省辅助工作时间，利用 M3 带动刀架和溜板箱快速移动。电动机可根据使用需要，随时手动控制启停。

④ 采用电流表检测和监视电动机的负载情况。

⑤ 车削加工时，因被加工的工件材料、性质、形状、大小及工艺要求不同，且刀具种类也不同，所以要求切削速度也不同，这就要求主轴有较大的调速范围。车床大多采用机械方法调速，变换主轴箱外的手柄位置，可以改变主轴的转速。

三、电气控制电路原理分析方法

从常用机床的电气控制入手，学会阅读、分析机床电气控制电路的方法、步骤，加深对典型控制环节的理解和应用，了解机床上机械、液压、电气三者的配合关系。从机床加工工艺出发，掌握各种常用机床的电气控制，为机床及其他生产机械电气控制的设计、安装、调试、检修等打下一定基础。

机床的电气控制，不仅要求能够实现启动、制动、反向和调速等基本要求，更要满足生产工艺的各项要求，还要保证机床各运动的准确和相互协调，具有各种保护装置，工作可靠，实现操作自动化等。

学习与分析机床电气控制电路时，应注意以下几个问题。

① 了解机床的基本结构、运动形式、加工工艺要求，明确控制要求。

② 了解机床机、电、液压等之间的配合关系。

③ 先分析主电路，了解整个电力拖动系统的组成，分析电动机的启动、运行、调速、制动等控制要求，分析电路或电动机的保护。接着分析控制电路，分析控制电路时将整个控制电路按功能不同分成若干局部控制电路，逐一分析，分析时应注意各局部电路之间的联锁与互锁关系，然后再统观整个电路，形成一个整体概念。最后分析电气原理图中的其他辅助电路。

四、卧式车床的电气故障诊断与维修

1. 主轴电动机不能启动

① M1 主电路熔断器 FU1 和控制电路熔断器 FU3 熔体熔断，应更换。

② 热继电器 FR1 已动作过，动断触点未复位。要判断故障所在位置，还要查明引起热继电器动作的原因，并排除。可能有的原因：长期过载；继电器的整定电流太小；热继电器选择不当。按照原因排除故障后，将热继电器复位即可。

③ 控制电路接触器线圈松动或烧坏，接触器的主触点及辅助触点接触不良，应修复或更换接触器。

④ 启动按钮或停止按钮内的触点接触不良，应修复或更换按钮。

⑤ 各连接导线虚接或断线，应修复或更换。

⑥ 主轴电动机损坏，应修复或更换。

2. 主轴电动机断相运行

按下启动按钮，电动机发出“嗡嗡”声不能正常启动，这是由于电动机断相造成的，此时应立即切断电源，否则容易烧坏电动机。可能的原因如下。

① 电源断相，检查后修复。

② 熔断器有一相熔体熔断，应更换。

③ 接触器有一对主触点没接触好，应修复。

3. 主轴电动机启动后不能自锁

故障原因是控制电路中自锁触点接触不良或自锁电路接线松开，修复即可。

4. 按下停止按钮主轴电动机不停止

① 接触器主触点熔焊，应修复或更换接触器。

② 停止按钮的动断触点被卡住，不能断开，应更换停止按钮。

5. 冷却泵电动机不能启动

① 按钮 SB6 触点不能闭合，应更换。

② 熔断器 FU2 熔体熔断，应更换。

③ 热继电器 FR2 已动作过，未复位。

④ 接触器 KM4 线圈或触点已损坏，应修复或更换。

⑤ 冷却泵电动机已损坏，应修复或更换。

6. 快速移动电动机不能启动

① 行程开关 SQ 已损坏，应修复或更换。

② 接触器 KM5 线圈或触点已损坏，应修复或更换。

③ 快速移动电动机已损坏，应修复或更换。

五、检修操作工艺举例说明

1. 主轴电动机 M1 不能启动

按动点动按钮 SB2 和正反转按钮 SB3、SB4，接触器 KM1、KM2、KM3 没吸合，主轴电动机 M1 不能启动。故障的原因一定在控制回路中，可用万用表依次检查熔断器 FU3、热继电器 FR1 的动断触点、停止按钮 SB1、点动按钮 SB2 和正反转按钮 SB3、SB4、接触器 KM1、KM2 的联锁动断触点以及线圈是否断路、接触器 KM3 和中间继电器 KA 的触点以及线圈是否断路等。

按动点动按钮 SB2 和正反转按钮 SB3、SB4，接触器 KM1、KM2、KM3 吸合，主轴电动机 M1 不能启动。故障的原因一般在主回路中，可用万用表依次检查熔断器 FU1、接触器 KM1、KM2、KM3 的主触点、主回路中的限流电阻、热继电器 FR1 的热元件接线端以及三相电动机的接线端等地方有无问题。

2. 刀架快速移动电动机 M3 不能启动

转动刀架快速移动手柄，压动限位开关 SQ，接触器 KM5 没吸合，故障的原因一定在控制回路中，可用万用表依次检查熔断器 FU3、限位开关 SQ、停止按钮 SB1、接触器 KM5 的线圈是否断路等。若转动刀架快速移动手柄，压动限位开关 SQ，接触器 KM5 吸合，故障的原因一定在主回路中，可用万用表依次检查熔断器 FU2、接触器 KM5 的主触点以及三相电动机的接线端等地方有无问题。

【能力拓展】

1. 能力拓展项目

① C650-2 型车床主轴电动机不能停车的检修，确定检修操作工艺流程，并编制器材明细表，编写检修报告。

② C650-2 型车床冷却泵电动机不能启动的检修，确定检修操作工艺流程，并编制器材明细表，编写检修报告。

③ 组织学生讨论和总结 C650-2 型车床电气控制线路的检修方案，确定操作工艺流程，编写检修总结报告。

2. 拓展训练目标

通过能力拓展项目的训练，使学生能够进一步理解 C650-2 型车床电气控制线路的检修操作方法，提高车床电气控制线路的检修能力。

任务二　平面磨床电气控制线路的识读与检修技能训练

【任务描述】

① 通过平面磨床电气控制线路的识读技能训练，让学生了解平面磨床电气控制的基本工作原理，具备绘制电路原理图、编制所需的器件明细表、画出工程布局接线图的基本技能。

② 通过训练，掌握平面磨床电气控制线路的维护与检修的操作技能。

③ 掌握电工基本安全操作规程，掌握基本的安全用电操作技能。

【技能要点】

① 了解平面磨床电气控制的特点及方法。

② 掌握平面磨床电气控制线路的识读与检修技能。

③ 掌握安全用电知识、安全生产操作规程。

【任务实施】

训练内容说明：平面磨床电气控制线路的结构、原理识读，编制所需的器件明细表，编制平面磨床电气控制线路的维护与检修程序，进行平面磨床电气控制线路的维护与检修。

1. 编制技能训练器材明细表

本技能训练任务所需器材见表 5-3。

表 5-3　技能训练器材明细表

器件序号	器件名称	性能规格	所需数量	用途备注
01	平面磨床模拟电气控制线路板		1 套	
02	三相电动机	380V	3 台	
03	钳形电流表		1 块	
04	兆欧表		1 块	
05	验电笔	500V	1 支	
06	万用电表	MF-47	1 块	
07	常用维修电工工具		1 套	

2. 技能训练前的检查与准备

① 确认技能训练环境符合维修电工操作的要求。

② 确认技能训练器件与测试仪表性能良好。

③ 编制技能训练操作流程。

④ 做好操作前的各项安全工作。

3. 技能训练实施步骤

(1) 平面磨床电气控制线路的结构、原理识读

M7130 型平面磨床的电气控制系统原理图如图 5-4 所示。

① 主电路分析　三相交流电源由电源开关 QS 引入，由 FU1 作全电路的短路保护。砂轮电动机 M1 和液压泵电动机 M3 分别由接触器 KM1、KM2 控制，并分别由热继电器 FR1、FR2 作过载保护。由于磨床的冷却泵箱是与床身分开安装的，所以冷却泵电动机 M2 由插头插座 X1 接通电源，在需要提供冷却液时才插上。M2 受 M1 启动和停转的控制。由于 M2 的容量较小，因此不需要过载保护。三台电动机均直接启动，单向旋转。

② 控制电路分析　控制电路采用交流 380V 电源，由 FU2 作短路保护。SB1、SB2 和 SB3、SB4 分别为 M1 和 M3 的启动、停止按钮，通过 KM1、KM2 控制 M1 和 M3 的启动、

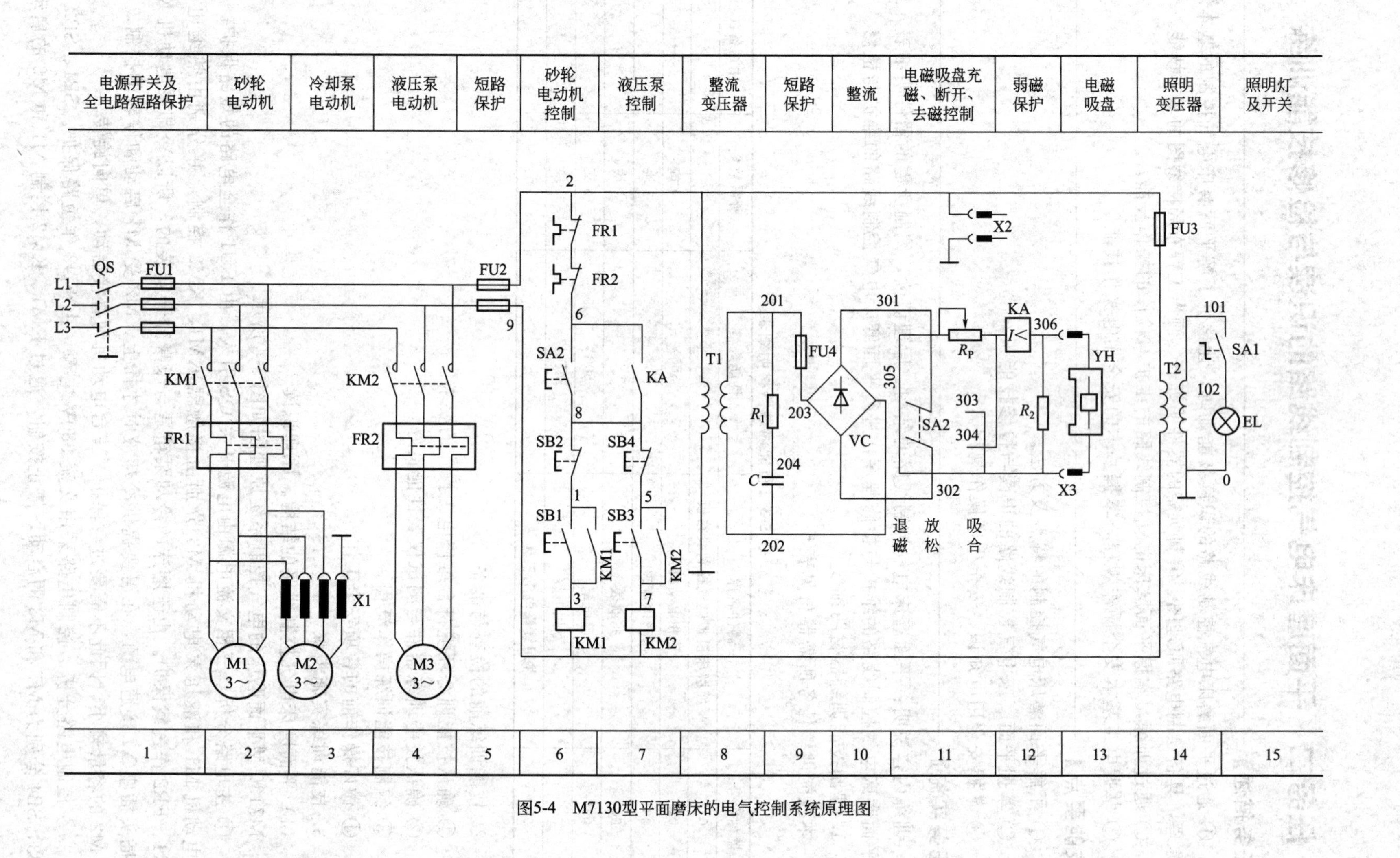

图5-4 M7130型平面磨床的电气控制系统原理图

停止。

③ 电磁吸盘电路分析　电磁吸盘的工作原理为其线圈通电后产生电磁吸力，以吸持铁磁性材料的工件进行磨削加工。与机械夹具相比较，电磁吸盘具有操作简便、不损伤工件的优点，特别适合于同时加工多个小工件；采用电磁吸盘的另一优点是工件在磨削时发热能够自由伸缩，不至于变形。但是电磁吸盘不能吸持非铁磁性材料的工件，而且其线圈还必须使用直流电。

如图 5-4 所示，变压器 T1 将 220V 交流电降压至 127V 后，经桥式整流器 VC 变成 110V 直流电压供给电磁吸盘线圈 YH。SA2 是电磁吸盘的控制开关，待加工时，将 SA2 扳至右边的“吸合”位置，触点 301-303、302-304 接通，电磁吸盘线圈通电，产生电磁吸力将工件牢牢吸持。加工结束后，将 SA2 扳至中间的“放松”位置，电磁吸盘线圈断电，可将工件取下。如果工件有剩磁难以取下，可将 SA2 扳至左边的“退磁”位置，触点 301-305、302-303 接通，可见此时线圈通以反向电流产生反向磁场，对工件进行退磁，注意这时要控制退磁的时间，否则工件会因反向充磁而更难取下。电位器 R_P用于调节退磁的电流。采用电磁吸盘的磨床还配有专用的交流退磁器，如果退磁不够彻底，可以使用退磁器退去剩磁，X2 是退磁器的电源插座。

④ 电气保护环节分析　除常规的电路短路保护和电动机的过载保护之外，电磁吸盘电路还专门设有一些保护环节。

电磁吸盘的弱磁保护：采用电磁吸盘来吸持工件有许多好处，但在进行磨削加工时一旦电磁吸力不足，就会造成工件飞出事故。因此在电磁吸盘线圈电路中串入欠电流继电器 KA 的线圈，KA 的动合触点与 SA2 的一对动合触点并联，串接在控制砂轮电动机 M1 的接触器 KM1 线圈支路中，SA2 的动合触点（6-8）只有在“退磁”挡才接通，而在“吸合”挡是断开的，这就保证了电磁吸盘在吸持工件时必须保证有足够的充磁电流，才能启动砂轮电动机 M1；在加工过程中一旦电流不足，欠电流继电器 KA 动作，能够及时地切断 KM1 线圈电路，使砂轮电动机 M1 停转，避免事故发生。如果不使用电磁吸盘，可以将其插头从插座 X3 上拔出，将 SA2 扳至“退磁”挡，此时 SA2 的触点（6-8）接通，不影响对各台电动机的操作。

电磁吸盘线圈的过电压保护：电磁吸盘线圈的电感量较大，当 SA2 在各挡间转换时，线圈会产生很大的自感电动势，使线圈的绝缘和电器的触点损坏。因此在电磁吸盘线圈两端并联电阻器 R_2作为放电回路。

整流器的过电压保护：在整流变压器 T1 的二次侧并联由 R_1、C 组成的阻容吸收电路，用以吸收交流电路产生的过电压和在直流侧电路通断时产生的浪涌电压，对整流器进行过电压保护。

⑤ 照明电路分析　照明变压器 T2 将 380V 交流电压降至 36V 安全电压供给照明灯 EL，EL 的一端接地，SA1 为照明灯开关，由 FU3 提供照明电路的短路保护。

（2）绘制工程布局布线图

本实训内容的布局布线图，根据实训场地和磨床模拟电气控制线路板设备情况在指导教师指导下绘制。

（3）器材质量检查与清点

测量检查各器件的质量，并清点数量。

（4）完成外部接线，做好通电前的检查工作

进行磨床模拟电气控制线路板的外部接线，完成三相电源、电动机与线路板的连接。安装接线完成后，仔细检查线路，若发现问题，应及时解决与处理。

（5）通电操作，检查电路能否正常工作

通电操作，根据磨床模拟电气控制线路的功能进行逐项检查，检查电路能否正常工作，并做好各项记录。

（6）故障检查与处理

在通电操作后，若发现问题，认真进行故障原因分析，做好检查与处理。若没有故障，可由指导教师设置几个故障，让学生练习分析和检查排除故障，并总结和归纳故障分析和检查排除的方法与步骤。

4. 清理现场和整理器材

训练完成后，清理现场，整理好所用器材、工具，按照要求放置到规定位置。

【任务评价与考核】

考核要点如下。

① 检查是否能够正确分析电路的原理，说明典型元件的作用特点，按照要求正确绘制器材明细表、元件布局布线图。

② 检查针对每个故障现象进行调查研究的情况，分析可能的故障原因是否正确，是否时刻注意遵守安全操作规定，操作是否规范。

③ 检查与验收是否合格，通电测试是否达到实训项目目标，会采取正确的方法进行故障检修。

④ 成绩考核。

根据以上考核要点对学生进行逐项成绩评定，参见表 5-4，给出该项任务的综合实训成绩。

表 5-4 实训成绩评分表

子任务内容	分值/分	考核要点及评分标准	扣分/分	得分/分
分析电路的原理，说明典型元件的作用特点	20	不能正确分析电路的原理，扣 10 分		
		不能说明典型元件的作用特点，每个扣 5 分		
		不能正确绘制布局接线图，扣 10 分		
每个故障现象进行调查研究，分析可能的故障原因	30	未按正确操作顺序进行操作，扣 10 分		
		不能正确分析故障原因，每个扣 5 分		
		损坏器件者，每个扣 15 分		
检查验收与故障检修	30	未按正确的操作要领操作，每处扣 5 分		
		验收不合格，每错一次扣 15 分		
		检修方法不正确，扣 10 分		
安全、规范操作	10	每违规一次扣 2 分		
整理器材、工具	10	未将器材、工具等放到规定位置，扣 5 分		
合计				

【相关知识】

一、平面磨床的作用

磨床是用磨具和磨料（如砂轮、砂带、油石、研磨剂等）对工件的表面进行磨削加工的一种机床，它可以加工各种表面，如平面、内外圆柱面、圆锥面和螺旋面等。通过磨削加工，使工件的形状及表面的精度、粗糙度达到预期的要求；同时，它还可以进行切断加工。根据用途和采用的工艺方法不同，磨床可以分为平面磨床、外圆磨床、内圆磨床、工具磨床和各种专用磨床（如螺纹磨床、齿轮磨床、球面磨床、导轨磨床等），其中以平面磨床使用最多。平面磨床又分为卧轴和立轴、矩台和圆台四种类型。

以 M7130 型卧轴矩台平面磨床为例来说明，磨床的结构形式如图 5-5 所示，主要结构包括床身、立柱、滑座、砂轮箱、工作台和电磁吸盘。磨床的工作台表面有 T 形槽，可以用螺钉和压板将工件直接固定在工作台上，也可以在工作台上装上电磁吸盘，用来吸持铁磁性的工件。

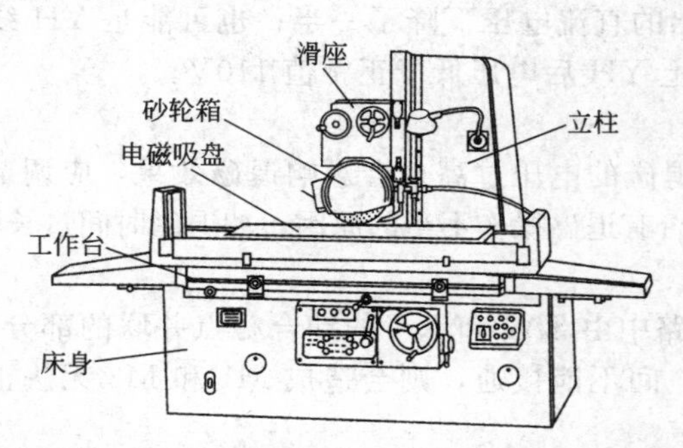

图 5-5　M7130 型卧轴矩台平面磨床的结构示意图

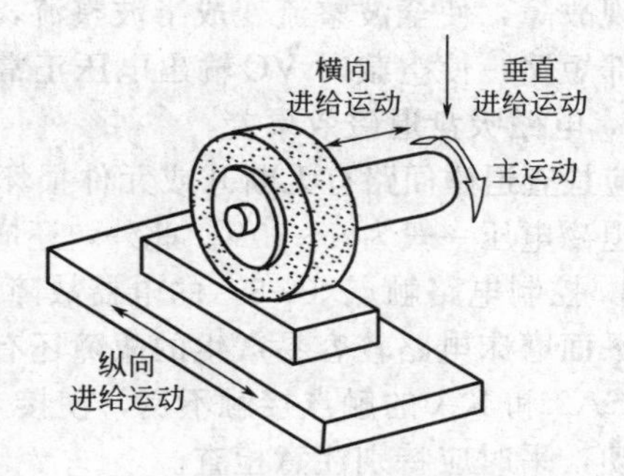

图 5-6　磨床的加工示意图

型号 M7130 的含义为：M 表示磨床；7 表示平面；1 表示卧轴矩台式；30 表示工作台工作面的宽度为 300mm。

二、平面磨床的运动形式与控制要求

1. 平面磨床的运动形式

平面磨床进行磨削加工的示意图如图 5-6 所示，砂轮与砂轮电动机均装在砂轮箱内，砂轮直接由砂轮电动机带动旋转；砂轮箱装在滑座上，而滑座装在立柱上。

磨床的主运动是砂轮的旋转运动，而进给运动则分为三种运动，工作台（带动电磁吸盘和工件）作纵向往复运动；砂轮箱沿滑座上的燕尾槽作横向进给运动；砂轮箱和滑座一起沿立柱上的导轨作垂直运动。

2. 电力拖动及控制要求

M7130 型卧轴矩台平面磨床采用多台电动机拖动，其电力拖动和电气控制、保护的要求如下。

① 砂轮由一台笼型异步电动机拖动，因为砂轮的转速一般不需要调节，所以对砂轮电动机没有电气调速的要求，也不需要反转，可直接启动。

② 平面磨床的纵向和横向进给运动一般采用液压传动，所以需要由一台液压泵电动机驱动液压泵，对液压泵电动机也没有电气调速、反转和降压启动的要求。

③ 需要一台冷却泵电动机提供冷却液，冷却泵电动机与砂轮电动机也具有联锁关系，即要求砂轮电动机启动后才能启动冷却泵电动机。

④ 平面磨床往往采用电磁吸盘来吸持工件。电磁吸盘要有退磁电路，同时，为防止在磨削加工时因电磁吸盘吸力不足而造成工件飞出，还要求具有弱磁保护环节。

⑤ 具有各种常规的电气保护环节（如短路保护和电动机的过载保护）；具有安全的局部照明装置。

三、平面磨床的电气故障诊断与维修

M7130 型平面磨床电路与其他机床电路的主要不同是电磁吸盘电路，在此主要分析电磁吸盘电路的故障。

1. 电磁吸盘没有吸力或吸力不足

如果电磁吸盘没有吸力，首先应检查电源，从整流变压器 T1 的一次侧到二次侧，再检查到整流器 VC 输出的直流电压是否正常；检查熔断器 FU1、FU2、FU4；检查 SA2 的触点、插头插座 X3 是否接触良好；检查欠电流继电器 KA 的线圈有无断路；一直检查到电磁吸盘线圈 YH 两端有无 110V 直流电压。如果电压正常，电磁吸盘仍无吸力，则需要检查 YH 有无断线。

如果是电磁吸盘的吸力不足，则多半是工作电压低于额定值，如桥式整流电路的某一桥臂出现故障，使全波整流变成半波整流，VC 输出的直流电压下降了一半；也可能是 YH 线圈局部短路，使空载时 VC 输出电压正常，而接上 YH 后电压低于正常值 110V。

2. 电磁吸盘退磁效果差

应检查退磁回路有无断开或元件损坏。如果退磁的电压过高也会影响退磁效果，应调节 R_2 使退磁电压一般为 5～10V。此外，还应考虑是否有退磁操作不当的原因，如退磁时间过长。

3. 控制电路触点（6-8）的电器故障

平面磨床电路较容易产生的故障还有控制电路中由 SA2 和 KA 的动合触点并联的部分。如果 SA2 和 KA 的触点接触不良，使接点（6-8）间不能接通，则会造成 M1 和 M2 无法正常启动，平时应特别注意检查。

四、检修操作工艺举例说明

1. 电磁吸盘没有吸力

用万用表检查熔断器 FUl、FU2、FU4 完好后，检查电源，用万用表检测从整流变压器 T1 的一次侧到二次侧交流电压是否正常，再检查到整流器 VC 输出的直流电压是否正常；检查 SA2 的触点、插头插座 X3、欠电流继电器 KA 的线圈有无断路、电磁吸盘线圈 YH 有无断线与内部局部短路等。

特别注意，若是电磁吸盘密封不好，受冷却液的浸蚀容易使绝缘损坏，造成两个出线端子间短路或出线端子本身断路。当出线端子间形成短路时，就有可能烧毁整流器 VC 和整流变压器 T1，对于这一点应在日常的维护中引起关注。

2. 电磁吸盘的吸力不足

对于电磁吸盘的吸力不足的故障，应重点检查三个方面。一是交流电源电压较低，导致整流后的直流电压相应下降，就会造成电磁吸盘的吸力不足。用万用表检测整流器 VC 输出的直流电压是否正常，应不低于 110V（空载时直流输出电压为 130～140V），若是电源电压不足，则应调整交流电源电压。二是插头插座 X3、SA2 的触点间接触不良也会造成电磁吸盘的吸力不足。三是整流器的故障。检修时，用万用表检测整流器 VC 输出的直流电压是否下降一半，若是说明至少有一个整流臂断路。用手去触摸四个整流臂的温度也可判断是否有一个整流臂断路，断路的一臂以及与它相对的另一臂由于没有电流流过，温度要比其余两臂低。

【能力拓展】

1. 能力拓展项目

① M7130 型平面磨床砂轮电动机不能启动的检修，确定检修操作工艺流程，并编制器材明细表，编写检修报告。

② M7130 型平面磨床照明灯不亮的检修，确定检修操作工艺流程，并编制器材明细表，编写检修报告。

③ 组织学生讨论和总结 M7130 型平面磨床电气控制线路的检修方案，确定操作工艺流程，编写检修总结报告。

2. 拓展训练目标

通过能力拓展项目的训练，使学生能够进一步理解 M7130 型平面磨床电气控制线路的检修操作方法，提高磨床电气控制线路的检修能力。

任务三 摇臂钻床电气控制线路的识读与检修技能训练

【任务描述】

① 通过摇臂钻床电气控制线路的识读技能训练，让学生了解摇臂钻床电气控制的基本工作原理，具备绘制电路原理图、编制所需的器件明细表、画出工程布局接线图的基本技能。

② 通过训练，掌握摇臂钻床电气控制线路的维护与检修的操作技能。

③ 掌握电工基本安全操作规程，掌握基本的安全用电操作技能。

【技能要点】

① 了解摇臂钻床电气控制的特点及方法。

② 掌握摇臂钻床电气控制线路的识读与检修技能。

③ 掌握安全用电知识、安全生产操作规程。

【任务实施】

训练内容说明：摇臂钻床电气控制线路的结构、原理识读，编制所需的器件明细表，编制摇臂钻床电气控制线路的维护与检修程序，进行摇臂钻床电气控制线路的维护与检修。

1. 编制技能训练器材明细表

本技能训练任务所需器材见表 5-5。

表 5-5 技能训练器材明细表

器件序号	器件名称	性能规格	所需数量	用途备注
01	摇臂钻床模拟电气控制线路板		1 套	
02	三相电动机	380V	4 台	
03	钳形电流表		1 块	
04	兆欧表		1 块	
05	验电笔	500V	1 支	
06	万用电表	MF-47	1 块	
07	常用维修电工工具		1 套	

2. 技能训练前的检查与准备

① 确认技能训练环境符合维修电工操作的要求。

② 确认技能训练器件与测试仪表性能良好。

③ 编制技能训练操作流程。

④ 做好操作前的各项安全工作。

3. 技能训练实施步骤

（1）摇臂钻床电气控制线路的结构、原理识读

Z3050 型摇臂钻床的电气控制系统原理图如图 5-7 所示。

① 主电路分析 Z3050 型摇臂钻床共有四台电动机，除冷却泵电动机采用开关直接启动外，其余三台异步电动机均采用接触器直接启动。

M1 是主轴电动机，由交流接触器 KM1 控制，只要求单方向旋转，主轴的正反转由机械手柄操作。M1 装在主轴箱顶部，带动主轴及进给传动系统，热继电器 FR1 是过载保护元件。

M2 是摇臂升降电动机，装于主轴顶部，用接触器 KM2 和 KM3 控制正反转。因为该电

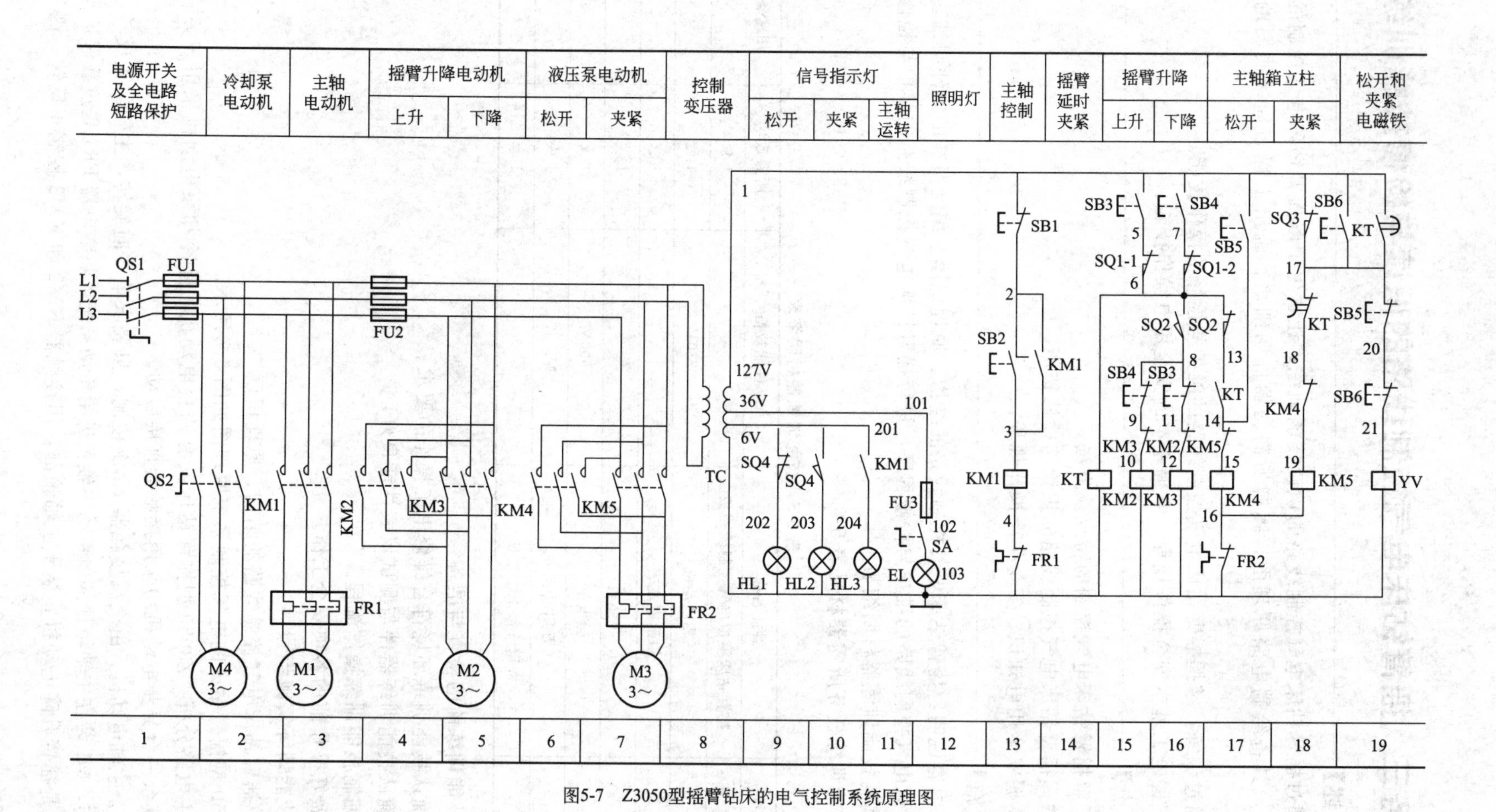

图5-7 Z3050型摇臂钻床的电气控制系统原理图

动机短时间工作，故不设过载保护电器。

M3 是液压泵电动机，可以作正向转动和反向转动。正向旋转和反向旋转的启动与停止由接触器 KM4 和 KM5 控制。热继电器 FR2 是液压泵电动机的过载保护电器。该电动机的主要作用是供给夹紧装置压力油、实现摇臂和立柱的夹紧与松开。

M4 是冷却泵电动机，功率很小，由开关直接控制其启动和停止。

② 控制电路分析　主轴电动机 M1 的控制：在图 5-7 所示电路中，按启动按钮 SB2，则接触器 KM1 吸合并自锁，使主电动机 M1 启动运行，同时指示灯 HL3 亮。按停止按钮 SB1，则接触器 KM1 释放，使主轴电动机 M1 停止旋转，同时指示灯 HL3 熄灭。

摇臂上升与下降控制：Z3050 型摇臂钻床摇臂的升降由 M2 拖动，SB3 和 SB4 分别为摇臂升、降的点动按钮（装在主轴箱的面板上，其安装位置如图 5-8 所示），由 SB3、SB4 和 KM2、KM3 组成具有双重互锁的 M2 正反转点动控制电路。因为摇臂平时是夹紧在外立柱上的，所以在摇臂升降之前，先要把摇臂松开，再由 M2 驱动升降；摇臂升降到位后，再重新将它夹紧。而摇臂的松、紧是由液压系统完成的。在电磁阀 YV 线圈通电吸合的条件下，液压泵电动机 M3 正转，正向供出压力油进入摇臂的松开油腔，推动松开机构使摇臂松开，摇臂松开后，行程开关 SQ2 动作、SQ3 复位；若 M3 反转，则反向供出压力油进入摇臂的夹紧油腔，推动夹紧机构使摇臂夹紧，摇臂夹紧后，行程开关 SQ3 动作、SQ2 复位。由此可见，摇臂升降的电气控制是与松紧机构液压-机械系统（M3 与 YV）的控制配合进行的。下面以摇臂的上升为例，分析控制的全过程。

按住摇臂上升按钮 SB3→SB3 动断触点断开，切断 KM3 线圈支路；SB3 动合触点（1-5）闭合→时间继电器 KT 线圈通电→KT 动合触点（13-14）闭合，KM4 线圈通电，M3 正转；延时动合触点（1-17）闭合，电磁阀线圈 YV 通电，摇臂松开→行程开关 SQ2 动作→SQ2 动断触点（6-13）断开，KM4 线圈断电，M3 停转；SQ2 动合触点（6-8）闭合，KM2 线圈通电，M2 正转，摇臂上升→摇臂上升到位后松开 SB3→KM2 线圈断电，M2 停转；KT 线圈断电→延时 1～3 s，KT 动合触点（1-17）断开，YV 线圈通过 SQ3（1-17）→仍然通电；KT 动断触点（17-18）闭合，KM5 线圈通电，M3 反转，摇臂夹紧→摇臂夹紧后，压下行程开关 SQ3，SQ3 动断触点（1-17）断开，YV 线圈断电；KM5 线圈断电，M3 停转。

摇臂的下降由 SB4 控制 KM3→M2 反转来实现，其过程可自行分析。时间继电器 KT 的作用是在摇臂升降到位、M2 停转后，延时 1～3s 再启动 M3 将摇臂夹紧，其延时时间视从 M2 停转到摇臂静止的时间长短而定。KT 为断电延时类型，在进行电路分析时应注意。

如上所述，摇臂松开由行程开关 SQ2 发出信号，而摇臂夹紧后由行程开关 SQ3 发出信号。如果夹紧机构的液压系统出现故障，摇臂夹不紧；或者因 SQ3 的位置安装不当，在摇臂已夹紧后 SQ3 仍不能动作，则 SQ3 的动断触点（1-17）长时间不能断开，使液压泵电动机 M3 出现长期过载，因此 M3 需由热继电器 FR2 进行过载保护。

摇臂升降的限位保护由行程开关 SQ1 实现，SQ1 有两对动断触点，SQ1-1（5-6）实现上限位保护，SQ1-2（7-6）实现下限位保护。

主轴箱和立柱松、紧的控制：主轴箱和立柱的松、紧是同时进行的，SB5 和 SB6 分别为松开与夹紧控制按钮，由它们点动控制 KM4、KM5→控制 M3 的正、反转，由于 SB5、SB6 的动断触点（17-20-21）串联在 YV 线圈支路中，所以在操作 SB5、SB6 使 M3 点动的过程中，电磁阀 YV 线圈不吸合，液压泵供出的压力油进入主轴箱和立柱的松开、夹紧油腔，推动松、紧机构实现主轴箱和立柱的松开、夹紧。同时由行程开关 SQ4 控制指示灯发出信号：主轴箱和立柱夹紧时，SQ4 的动断触点（201-202）断开而动合触点（201-203）闭合，指示灯 HL1 灭、HL2 亮；反之，在松开时 SQ4 复位，HL1 亮、HL2 灭。

③ 辅助电路分析　辅助电路包括照明和信号指示电路。照明电路的工作电压为安全电压36V，信号指示灯的工作电压为6V，均由控制变压器TC提供。

(2) 绘制工程布局布线图

本实训内容的布局布线图，根据实训场地和钻床模拟电气控制线路板设备情况在指导教师指导下绘制。

(3) 器材质量检查与清点

测量检查各器件的质量，并清点数量。

(4) 完成外部接线，做好通电前的检查工作

进行钻床模拟电气控制线路板的外部接线，完成三相电源、电动机与线路板的连接。安装接线完成后，仔细检查线路，若发现问题，应及时解决与处理。

(5) 通电操作，检查电路能否正常工作

通电操作，根据钻床模拟电气控制线路的功能进行逐项检查，检查电路能否正常工作，并做好各项记录。

(6) 故障检查与处理

在通电操作后，若发现问题，认真进行故障原因分析，做好检查与处理。若没有故障，可由指导教师设置几个故障，让学生练习分析和检查排除故障，并总结和归纳故障分析和检查排除的方法与步骤。

4. 清理现场和整理器材

训练完成后，清理现场，整理好所用器材、工具，按照要求放置到规定位置。

【任务评价与考核】

考核要点如下。

① 检查是否能够正确分析电路的原理，说明典型元件的作用特点，按照要求正确绘制器材明细表、元件布局布线图。

② 检查针对每个故障现象进行调查研究的情况，分析可能的故障原因是否正确，是否时刻注意遵守安全操作规定，操作是否规范。

③ 检查与验收是否合格，通电测试是否达到实训项目目标，会采取正确的方法进行故障检修。

④ 成绩考核。

根据以上考核要点对学生进行逐项成绩评定，参见表5-6，给出该项任务的综合实训成绩。

表5-6　实训成绩评分表

子任务内容	分值/分	考核要点及评分标准	扣分/分	得分/分
分析电路的原理，说明典型元件的作用特点	20	不能正确分析电路的原理，扣10分		
		不能说明典型元件的作用特点，每个扣5分		
		不能正确绘制布局接线图，扣10分		
每个故障现象进行调查研究，分析可能的故障原因	30	未按正确操作顺序进行操作，扣10分		
		不能正确分析故障原因，每个扣5分		
		损坏器件者，每个扣15分		
检查验收与故障检修	30	未按正确的操作要领操作，每处扣5分		
		验收不合格，每错一次扣15分		
		检修方法不正确，扣10分		
安全、规范操作	10	每违规一次扣2分		
整理器材、工具	10	未将器材、工具等放到规定位置，扣5分		
合计				

【相关知识】

一、摇臂钻床的作用

钻床是一种用途广泛的孔加工机床。它主要是用钻头钻削精度要求不太高的孔，另外还可用来扩孔、铰孔、镗孔，以及刮平面、攻螺纹等。钻床的结构形式很多，有立式钻床、卧式钻床、深孔钻床及多轴钻床等。摇臂钻床是一种立式钻床，它适用于单件或批量生产中带有多孔的大型零件的孔加工。

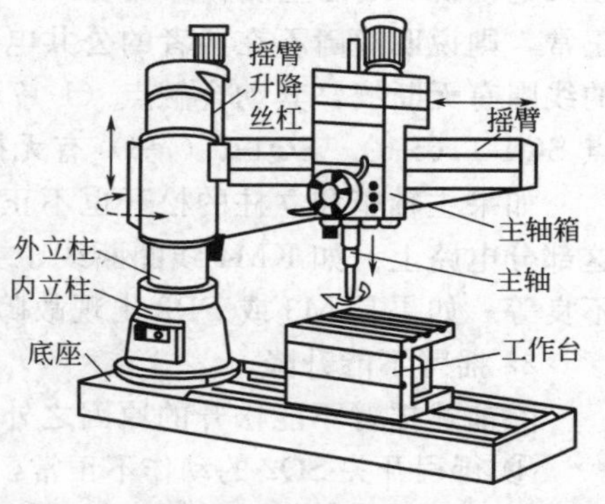

图 5-8　Z3050 型摇臂钻床的结构示意图

以 Z3050 型摇臂钻床为例进行来说明，图 5-8 是 Z3050 型摇臂钻床的结构示意图。Z3050 摇臂钻床主要由底座、内立柱、外立柱、摇臂、主轴箱、工作台等组成。内立柱固定在底座上，在它外面套着空心的外立柱，外立柱可绕着内立柱回转一周，摇臂一端的套筒部分与外立柱滑动配合，借助于丝杠，摇臂可沿着外立柱上下移动，但两者不能作相对转动，所以摇臂将与外立柱一起相对内立柱回转。主轴箱是一个复合的部件，它具有主轴及主轴旋转部件和主轴进给的全部变速和操纵机构。主轴箱可沿着摇臂上的水平导轨作径向移动。当进行加工时，可利用特殊的夹紧机构将外立柱紧固在内立柱上，摇臂紧固在外立柱上，主轴箱紧固在摇臂导轨上，然后进行钻削加工。

型号 Z3050 的含义为：Z 表示钻床；3 表示摇臂钻床组；0 表示摇臂钻床型；50 表示最大钻孔直径为 50mm。

二、摇臂钻床的运动形式与控制要求

1. 摇臂钻床的运动形式

钻削加工时，主运动为主轴的旋转运动；进给运动为主轴的垂直移动；辅助运动为摇臂在外立柱上的升降运动、摇臂与外立柱一起沿内立柱的转动及主轴箱在摇臂上的水平移动。

2. 摇臂钻床的电力拖动形式和控制要求

摇臂钻床是大型钻床，需使用多台电动机拖动，其对电力拖动及控制要求如下。

① 由于摇臂钻床的运动部件较多，为简化传动装置，需使用多台电动机拖动，主轴电动机承担主钻削及进给任务，摇臂升降、夹紧放松和冷却泵各用一台电动机拖动。

② 为了适应多种加工方式的要求，主轴及进给应在较大范围内调速。但这些调速都是机械调速，用手柄操作变速箱调速，对电动机无任何调速要求。主轴变速机构与进给变速机构在一个变速箱内，由主轴电动机拖动。

③ 加工螺纹时要求主轴能正反转。摇臂钻床的正反转一般用机械方法实现，电动机只需单方向旋转。

④ 摇臂升降由单独的一台电动机拖动，要求能实现正反转。

⑤ 摇臂的夹紧与放松以及立柱的夹紧与放松由一台异步电动机配合液压装置来完成，要求这台电动机能正反转。摇臂的回转和主轴箱的径向移动在中小型摇臂钻床上都采用手动。

⑥ 钻削加工时，为对刀具及工件进行冷却，需要一台冷却泵电动机拖动冷却泵输送冷却液。

⑦ 各部分电路之间有必要的保护和联锁。

三、摇臂钻床的电气故障诊断与维修

Z3050 型摇臂钻床控制电路的独特之处，在于其摇臂升降及摇臂、立柱和主轴箱松开与夹紧的电路部分，下面主要分析这部分电路的常见故障。

1. 摇臂不能松开

摇臂作升降运动的前提是摇臂必须完全松开。摇臂和主轴箱、立柱的松、紧都是通过液压泵电动机 M3 的正反转来实现的，因此先检查一下主轴箱和立柱的松、紧是否正常。如果正常，则说明故障不在两者的公共电路中，而在摇臂松开的专用电路上。如时间继电器 KT 的线圈有无断线，其动合触点（1-17、13-14）在闭合时是否接触良好，限位开关 SQ1 的触点 SQ1-1（5-6）、SQ1-2（7-6）有无接触不良等。

如果主轴箱和立柱的松开也不正常，则故障多发生在接触器 KM4 和液压泵电动机 M3 这部分电路上。如 KM4 线圈断线、主触点接触不良，KM5 的动断互锁触点（14-15）接触不良等。如果是 M3 或 FR2 出现故障，则摇臂、立柱和主轴箱既不能松开，也不能夹紧。

2. 摇臂不能升降

除前述摇臂不能松开的原因之外，可能的原因还有以下几方面。

① 行程开关 SQ2 的动作不正常，这是导致摇臂不能升降最常见的故障。如 SQ2 的安装位置移动，使得摇臂松开后，SQ2 不能动作，或者是液压系统的故障导致摇臂放松不够，SQ2 也不会动作，摇臂就无法升降。SQ2 的位置应结合机械、液压系统进行调整，然后紧固。

② 摇臂升降电动机 M2，控制其正反转的接触器 KM2、KM3 以及相关电路发生故障，也会造成摇臂不能升降。在排除了其他故障之后，应对此进行检查。

③ 如果摇臂是上升正常而不能下降，或是下降正常而不能上升，则应单独检查相关的电路及电气部件（如按钮开关、接触器、限位开关的有关触点等）。

3. 摇臂上升或下降到极限位置时，限位保护失灵

检查限位保护开关 SQ1，通常是 SQ1 损坏或是其安装位置移动。

4. 摇臂升降到位后夹不紧

如果摇臂升降到位后夹不紧（而不是不能夹紧），通常是行程开关 SQ3 的故障造成的。如果 SQ3 移位或安装位置不当，使 SQ3 在夹紧动作未完全结束就提前吸合，M3 提前停转，从而造成夹不紧的问题。

5. 摇臂的松紧动作正常，但主轴箱和立柱的松、紧动作不正常

应检查：

① 控制按钮 SB5、SB6，其触点有无接触不良，或接线松动；

② 液压系统是否出现故障。

四、检修操作工艺举例说明

1. 所有电动机都不能启动

当发现该机床的所有电动机都不能正常启动时，一般可以断定故障发生在电气线路的公共部分。可按照下列步骤来检查。

首先检查电源开关电源侧的三相电源电压是否正常，如果发现三相电源有缺相或其他故障现象，则应检查机床配电柜及其供电回路；接着检查熔断器 FU1、FU2，并确定 FU1、FU2 的熔体是否熔断，检查手动开关 QS2 的好坏；再检查控制变压器 TC 的一、二次绕组的电压是否正常，如果一次绕组的电压不正常，则应检查变压器的接线是否松动；如果一次绕组的电压正常，而二次绕组的电压不正常，则应检查变压器二次绕组是否断路或短路，同时检查熔断器 FU3 是否熔断。

2. 主轴电动机 M1 的故障

主轴电动机 M1 不能启动，若接触器 KM1 已通电吸合，但主轴电动机 M1 仍不能启动旋转，可检查接触器 KM1 的三对主触点接触是否良好、连接电动机的导线是否脱落或松

动。若接触器 KM1 不动作，则首先检查熔断器 FU2 的熔体是否熔断，然后检查热继电器 FR1 是否已经动作，其动断触点的接触是否良好，主轴控制按钮 SB1、SB2 的触点是否良好，接触器 KM1 的线圈接线头是否脱落；有时由于供电电压过低，会使接触器 KM1 不能吸合。

【能力拓展】

1. 能力拓展项目

① Z3050 型摇臂钻床摇臂上升（或下降）后不能按需要停止的检修，确定检修操作工艺流程，并编制器材明细表，编写检修报告。

② Z3050 型摇臂钻床立柱松紧电动机 M3 不能启动的检修，确定检修操作工艺流程，并编制器材明细表，编写检修报告。

③ 组织学生讨论和总结 Z3050 型摇臂钻床电气控制线路的检修方案，确定操作工艺流程，编写检修总结报告。

2. 拓展训练目标

通过能力拓展项目的训练，使学生能够进一步理解 Z3050 型摇臂钻床电气控制线路的检修操作方法，提高钻床电气控制线路的检修能力。

任务四　万能铣床电气控制线路的识读与检修技能训练

【任务描述】

① 通过万能铣床电气控制线路的识读技能训练，让学生了解万能铣床电气控制的基本工作原理，具备绘制电路原理图、编制所需的器件明细表、画出工程布局接线图的基本技能。

② 通过训练，掌握万能铣床电气控制线路的维护与检修的操作技能。

③ 掌握电工基本安全操作规程，掌握基本的安全用电操作技能。

【技能要点】

① 了解万能铣床电气控制的特点及方法。

② 掌握万能铣床电气控制线路的识读与检修技能。

③ 掌握安全用电知识、安全生产操作规程。

【任务实施】

训练内容说明：万能铣床电气控制线路的结构、原理识读，编制所需的器件明细表，编制万能铣床电气控制线路的维护与检修程序，进行万能铣床电气控制线路的维护与检修。

1. 编制技能训练器材明细表

本技能训练任务所需器材见表 5-7。

表 5-7　技能训练器材明细表

器件序号	器件名称	性能规格	所需数量	用途备注
01	万能铣床模拟电气控制线路板		1套	
02	三相电动机	380V	3台	
03	钳形电流表		1块	
04	兆欧表		1块	
05	验电笔	500V	1支	
06	万用电表	MF-47	1块	
07	常用维修电工工具		1套	

2. 技能训练前的检查与准备

① 确认技能训练环境符合维修电工操作的要求。

② 确认技能训练器件与测试仪表性能良好。

③ 编制技能训练操作流程。

④ 做好操作前的各项安全工作。

3. 技能训练实施步骤

(1) 万能铣床电气控制线路的结构、原理识读

X62W 型万能铣床的电气控制系统原理图如图 5-9 所示。

① 主电路分析　三相电源由电源开关 QS1 引入，FU1 作全电路的短路保护。主轴电动机 M1 的运行由接触器 KM1 控制，由换相开关 SA3 预先选定其转向。冷却泵电动机 M3 由接触器 KM2、手动开关 QS2 控制其单向旋转，但必须在 M1 启动运行之后才能运行。进给电动机 M2 由 KM3、KM4 实现正反转控制，三台电动机分别由热继电器 FR1、FR2、FR3 提供过载保护。

② 控制电路分析　控制电路由控制变压器 TC1 提供 110V 的工作电压，FU4 提供变压器二次侧的短路保护。该电路的主轴制动、工作台常速进给和快速进给分别由控制电磁离合器 YCl、YC2、YC3 实现，电磁离合器需要的直流工作电压由整流变压器 TC2 降压后经桥式整流器 VC 提供，FU2、FU3 分别提供交直流侧的短路保护。

主轴电动机 M1 的控制：M1 由交流接触器 KM1 控制，为操作方便，在机床的不同位置各安装了一套启动和停机按钮：SB2 和 SB6 装在床身上，SB1 和 SB5 装在升降台上。对 M1 的控制包括有主轴的启动、停机制动、换刀制动和变速冲动。

启动：在启动前先按照顺铣或逆铣的工艺要求，用组合开关 SA3 预先确定 M1 的转向。按下 SB1 或 SB2→KM1 线圈通电→M1 启动运行，同时 KM1 动合辅助触点（7-13）闭合，为 KM3、KM4 线圈支路接通做好准备。

停车与制动：按下 SB5 或 SB6→SB5 或 SB6 动断触点（3-5 或 1-3）断开→KM1 线圈断电，M1 停车→SB5 或 SB6 动合触点闭合（105-107)→制动电磁离合器 YC1 线圈通电→M1 制动。

制动电磁离合器 YC1 装在主轴传动系统与 M1 转轴相连的第一根传动轴上，当 YC1 通电吸合时，将摩擦片压紧，对 M1 进行制动。停转时，应按住 SB5 或 SB6 直至主轴停转才能松开，一般主轴的制动时间不超过 0.5s。

主轴的变速冲动：主轴的变速是通过改变齿轮的传动比实现的。在需要变速时，将变速手柄拉出，转动变速盘至所需的转速，然后再将变速手柄复位。在手柄复位的过程中，在瞬间压动了行程开关 SQ1，手柄复位后，SQ1 也随之复位。在 SQ1 动作的瞬间，SQ1 的动断触点（5-7）先断开其他支路，然后动合触点（1-9）闭合，点动控制 KM1，使 M1 产生瞬间的冲动，利于齿轮的啮合；如果点动一次齿轮还不能啮合，可重复进行上述动作。

主轴换刀控制：在上刀或换刀时，主轴应处于制动状态，以避免发生事故。只要将换刀制动开关 SA1 拨至“接通”位置，其动断触点 SA1-2（4-6）断开控制电路，保证在换刀时机床没有任何动作；其动合触点 SA1-1（105-107）接通 YC1，使主轴处于制动状态。换刀结束后，要记住将 SA1 扳回“断开”位置。

进给运动控制：工作台的进给运动分为常速（工作）进给和快速进给，常速进给必须在 M1 启动运行后才能进行，而快速进给属于辅助运动，可以在 M1 不启动的情况下进行。工作台在六个方向上的进给运动是由机械操作手柄带动相关的行程开关 SQ3～SQ6，通过控制接触器 KM3、KM4 来控制进给电动机 M2 正反转来实现的。行程开关 SQ5 和 SQ6 分别控

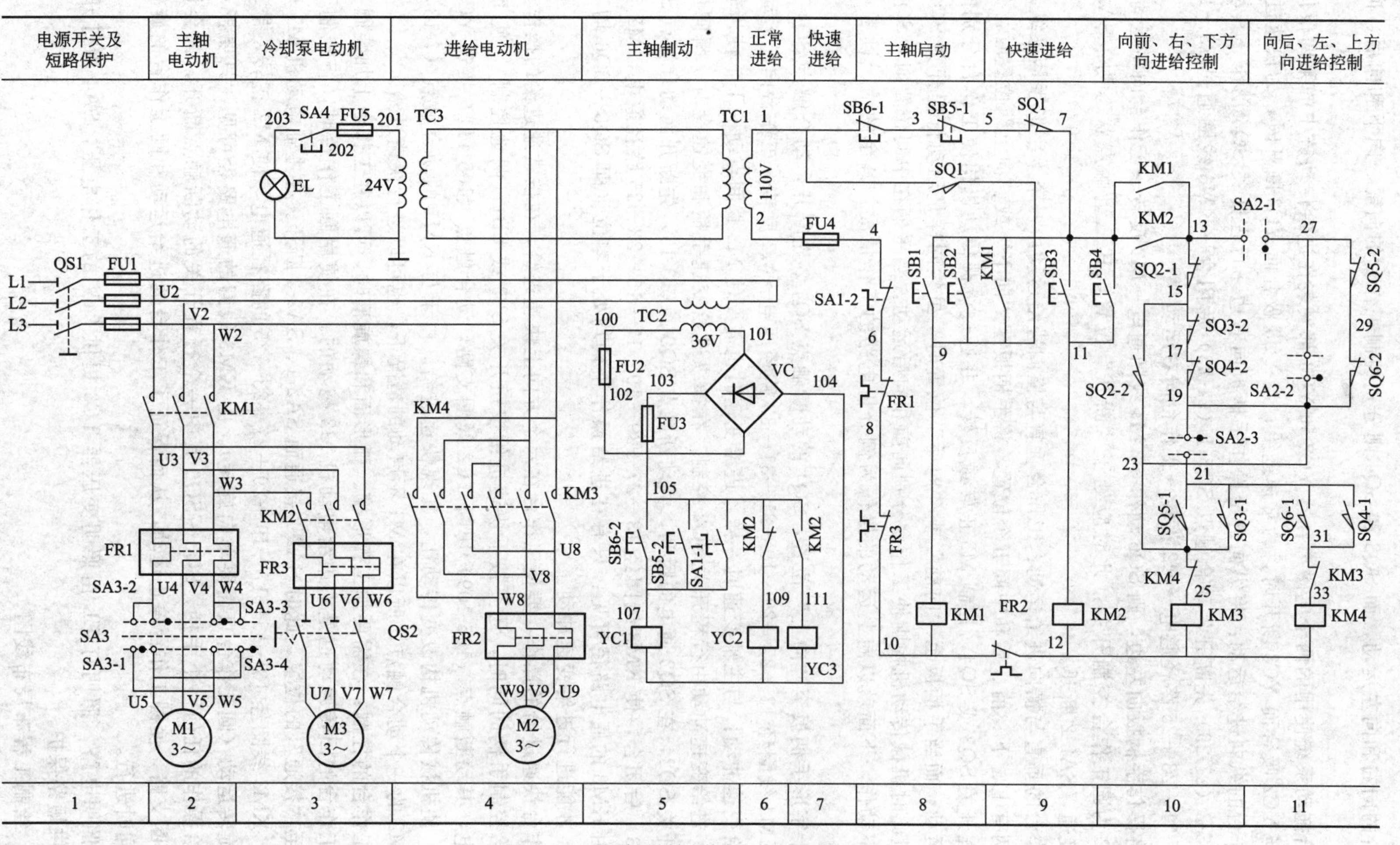

图5-9 X62W型万能铣床的电气控制系统原理图

制工作台的向右和向左运动，而 SQ3 和 SQ4 则分别控制工作台的向前、向下和向后、向上运动。

进给拖动系统使用的两个电磁离合器 YC2 和 YC3 都安装在进给传动链中的第四根传动轴上。当 YC2 吸合而 YC3 断开时，为常速进给；当 YC3 吸合而 YC2 断开时，为快速进给。

工作台的纵向进给运动：将纵向进给操作手柄扳向右边→行程开关 SQ5 动作→其动断触点 SQ5-2（27-29）先断开，动合触点 SQ5-1（21-23）后闭合→KM3 线圈通过 13—15—17—19—21—23—25 路径通电→M2 正转→工作台向右运动。

若将操作手柄扳向左边，则 SQ6 动作→KM4 线圈通电→M2 反转→工作台向左运动。

SA2 为圆工作台控制开关，此时应处于“断开”位置，其三组触点状态为：SA2-1、SA2-3 接通，SA2-2 断开。

工作台的垂直与横向进给运动：工作台垂直与横向进给运动由一个十字形手柄操纵，十字形手柄有上、下、前、后和中间五个位置，将手柄扳至“向下”或“向上”位置时，分别压动行程开关 SQ3 或 SQ4，控制 M2 正转或反转，并通过机械传动机构使工作台分别向下和向上运动；而当手柄扳至“向前”或“向后”位置时，虽然同样是压动行程开关 SQ3 和 SQ4，但此时机械传动机构则使工作台分别向前和向后运动。当手柄在中间位置时，SQ3 和 SQ4 均不动作。下面就以向上运动的操作为例分析电路的工作情况，其余的情况读者可自行分析。

将十字形手柄扳至“向上”位置，SQ4 的动断触点 SQ4-2 先断开，动合触点 SQ4-1 后闭合→KM4 线圈经 13—27—29—19—21—31—33 路径通电→M2 反转→工作台向上运动。

进给变速冲动：与主轴变速时一样，进给变速时也需要使 M2 瞬间点动一下，使齿轮易于啮合。进给变速冲动由行程开关 SQ2 控制，在操纵进给变速手柄和变速盘时，瞬间压动了行程开关 SQ2，在 SQ2 通电的瞬间，其动断触点 SQ2-1（13-15）先断开而动合触点 SQ2-2（15-23）后闭合，使 KM3 线圈经 13—27—29—19—17—15—23—25 路径通电，M2 正向点动。由 KM3 的通电路径可见：只有在进给操作手柄均处于零位（即 SQ3～SQ6 均不动作）时，才能进行进给变速冲动。

工作台快速进给的操作：要使工作台在六个方向上快速进给，在按常速进给的操作方法操纵进给控制手柄的同时，还要按下快速进给按钮开关 SB3 或 SB4（两地控制），使 KM2 线圈通电，其动断触点（105-109）切断 YC2 线圈支路，动合触点（105-111）接通 YC3 线圈支路，使机械传动机构改变传动比，实现快速进给。由于与 KM1 的动合触点（7-13）并联了 KM2 的一个动合触点，所以在 M1 不启动的情况下，也可以进行快速进给。

圆工作台的控制：在需要加工弧形槽、弧形面和螺旋槽时，可以在工作台上加装圆工作台。圆工作台的回转运动也是由进给电动机 M2 拖动的。在使用圆工作台时，将控制开关 SA2 扳至“接通”的位置，此时 SA2-2 接通而 SA2-1、SA2-3 断开。在主轴电动机 M1 启动的同时，KM3 线圈经 13—15—17—19—29—27—23—25 的路径通电，使 M2 正转，带动圆工作台旋转运动（圆工作台只需要单向旋转）。由 KM3 线圈的通电路径可见，只要扳动工作台进给操作的任何一个手柄，SQ3～SQ6 其中一个行程开关的动断触点断开，都会切断 KM3 线圈支路，使圆工作台停止运动，从而保证了工作台的进给运动和圆工作台的旋转运动不会同时进行。

③ 照明电路　照明灯 EL 由照明变压器 TC3 提供 24V 的工作电压，SA4 为灯开关，FU5 提供短路保护。

（2）绘制工程布局布线图

本实训内容的布局布线图，根据实训场地和铣床模拟电气控制线路板设备情况在指导教师指导下绘制。

(3) 器材质量检查与清点

测量检查各器件的质量，并清点数量。

(4) 完成外部接线，做好通电前的检查工作

进行钻床模拟电气控制线路板的外部接线，完成三相电源、电动机与线路板的连接。安装接线完成后，仔细检查线路，若发现问题，应及时解决与处理。

(5) 通电操作，检查电路能否正常工作

通电操作，根据铣床模拟电气控制线路的功能进行逐项检查，检查电路能否正常工作，并做好各项记录。

(6) 故障检查与处理

在通电操作后，若发现问题，认真进行故障原因分析，做好检查与处理。若没有故障，可由指导教师设置几个故障，让学生练习分析和检查排除故障，并总结和归纳故障分析和检查排除的方法与步骤。

4. 清理现场和整理器材

训练完成后，清理现场，整理好所用器材、工具，按照要求放置到规定位置。

【任务评价与考核】

考核要点如下。

① 检查是否能够正确分析电路的原理，说明典型元件的作用特点，按照要求正确绘制器材明细表、元件布局布线图。

② 检查针对每个故障现象进行调查研究的情况，分析可能的故障原因是否正确，是否时刻注意遵守安全操作规定，操作是否规范。

③ 检查与验收是否合格，通电测试是否达到实训项目目标，会采取正确的方法进行故障检修。

④ 成绩考核。

根据以上考核要点对学生进行逐项成绩评定，参见表 5-8，给出该项任务的综合实训成绩。

表 5-8 实训成绩评分表

子任务内容	分值/分	考核要点及评分标准	扣分/分	得分/分
分析电路的原理，说明典型元件的作用特点	20	不能正确分析电路的原理，扣 10 分		
		不能说明典型元件的作用特点，每个扣 5 分		
		不能正确绘制布局接线图，扣 10 分		
每个故障现象进行调查研究，分析可能的故障原因	30	未按正确操作顺序进行操作，扣 10 分		
		不能正确分析故障原因，每个扣 5 分		
		损坏器件者，每个扣 15 分		
检查验收与故障检修	30	未按正确的操作要领操作，每处扣 5 分		
		验收不合格，每错一次扣 15 分		
		检修方法不正确，扣 10 分		
安全、规范操作	10	每违规一次扣 2 分		
整理器材、工具	10	未将器材、工具等放到规定位置，扣 5 分		
合计				

【相关知识】

一、万能铣床的作用

铣床是一种用途十分广泛的金属切削机床，其使用范围仅次于车床。铣床可用于加工平面、斜面和沟槽；如果装上分度头，可以铣削直齿齿轮和螺旋面；如果装上圆工作台，还可以加工凸轮和弧形槽等。铣床的种类很多，主要有卧式铣床、立式铣床、龙门铣床、仿形铣床及各种专用铣床等，其中卧式铣床的主轴是水平的，而立式铣床的主轴是垂直的。

以常用的 X62W 型卧式万能铣床为例进行来说明，图 5-10 是 X62W 型万能铣床的结构示意图。床身固定于底座上，用于安装和支承铣床的各部件，在床身内还装有主轴部件、主传动装置及其变速操纵机构等。床身顶部的导轨上装有悬梁，悬梁上装有刀杆支架。铣刀则装在刀杆上，刀杆的一端装在主轴上，另一端装在刀杆支架上。刀杆支架可以在悬梁上水平移动，悬梁又可以在床身顶部的水平导轨上水平移动，因此可以适应各种不同长度的刀杆。床身的前部有垂直导轨，升降台可以沿导轨上下移动，升降台内装有进给运动和快速移动的传动装置及其操纵机构等。在升降台的水平导轨上装有滑座，可以沿导轨作平行于主轴轴线方向的横向移动；工作台又经过回转盘装在滑座的水平导轨上，可以沿导轨作垂直于主轴轴线方向的纵向移动。这样，紧固在工作台上的工件，通过工作台、回转盘、滑座和升降台，可以在相互垂直的三个方向上实现进给或调整运动。在工作台与滑座之间的回转盘还可以使工作台左右转动 45°角，因此工作台在水平面上除了可以作横向和纵向进给外，还可以实现在不同角度的各个方向上的进给，用以铣削螺旋槽。

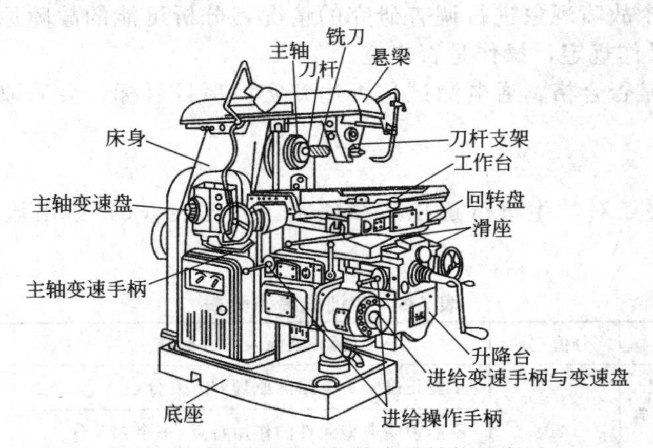

图 5-10　X62W 型万能铣床的结构示意图

型号 X62W 的含义为：X 表示铣床；6 表示卧式；2 表示 2 号铣床；W 表示万能。

二、万能铣床的运动形式与控制要求

1. 万能铣床的运动形式

从图 5-10 可以看出，铣床的主运动是主轴带动刀杆和铣刀的旋转运动；进给运动包括工作台带动工件在水平的纵、横方向及垂直方向三个方向的运动；辅助运动则是工作台在三个方向的快速移动。图 5-11 为铣床几种主要加工形式的主运动和进给运动示意图。

2. 铣床的电力拖动形式和控制要求

铣床的主运动和进给运动各由一台电动机拖动，这样铣床的电力拖动系统一般由三台电动机所组成：主轴电动机、进给电动机和冷却泵电动机。主轴电动机通过主轴变速箱驱动主轴旋转，并由齿轮变速箱变速，以适应铣削工艺对转速的要求，电动机则不需要调速。由于

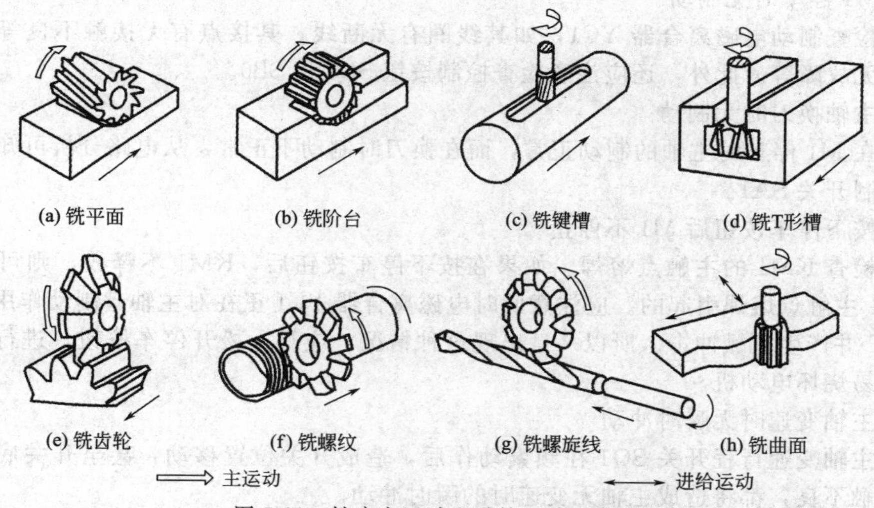

图 5-11　铣床主运动和进给运动示意图

铣削分为顺铣和逆铣两种加工方式，分别使用顺铣刀和逆铣刀，所以要求主轴电动机能够正反转，但只要求预先选定主轴电动机的转向，在加工过程中则不需要主轴反转。又由于铣削是多刃不连续的切削，负载不稳定，所以主轴上装有飞轮，以提高主轴旋转的均匀性，消除铣削加工时产生的振动，这样主轴传动系统的惯性较大，因此还要求主轴电动机在停机时有电气制动。进给电动机作为工作台进给运动及快速移动的动力，也要求能够正反转，以实现三个方向的正反向进给运动；通过进给变速箱，可获得不同的进给速度。为了使主轴和进给传动系统在变速时齿轮能够顺利地啮合，要求主轴电动机和进给电动机在变速时能够稍微转动一下（称为变速冲动）。三台电动机之间还要求有联锁控制，即在主轴电动机启动之后另两台电动机才能启动运行。由此，铣床对电力拖动及其控制有以下要求。

① 铣床的主运动由一台笼型异步电动机拖动，直接启动，能够正反转，并设有电气制动环节，能进行变速冲动。

② 工作台的进给运动和快速移动均由同一台笼型异步电动机拖动，直接启动，能够正反转，也要求有变速冲动环节。

③ 冷却泵电动机只要求单向旋转。

④ 三台电动机之间有联锁控制，即主轴电动机启动之后，才能对其余两台电动机进行控制。

三、万能铣床的电气故障诊断与维修

X62W 型万能铣床电气控制电路比较常见的故障主要是主轴电动机控制电路和工作台进给控制电路的故障

1. 主轴电动机控制电路的故障

(1) M1 不能启动

可以从三相交流电源、电源开关 QS1、熔断器 FU1、接触器 KM1、热继电器 FR1、手动换相开关 SA3 到主轴电动机的定子侧，从主电路到控制电路进行检查。由于主轴电动机的容量较大，应该注意检查接触器 KM1 的主触点、换相开关 SA3 的触点有无被熔化，有无接触不良。

此外，如果主轴换刀制动开关 SA1 仍处在“换刀”位置，SA1-2 断开；或者 SA1 虽处于正常工作的位置，但 SA1-2 接触不良，使控制电源未接通，M1 也不能启动运转。

（2）M1 停车时无制动

重点检查制动电磁离合器 YC1，如其线圈有无断线、其接点有无接触不良等故障，整流电路有无故障等。此外，还应注意检查控制按钮 SB5 和 SB6。

（3）主轴换刀时无制动

如果在 M1 停车时主轴的制动正常，而在换刀时制动不正常，从电路分析可知应重点检查制动控制开关 SA1。

（4）按下停车按钮后 M1 不停止

重点检查 KM1 的主触点熔焊。如果在按下停车按钮后，KM1 不释放，则可断定故障是由 KM1 主触点熔焊引起的。应注意此时电磁离合器 YC1 正在对主轴起制动作用，会造成 M1 过载，并产生机械冲击。所以一旦出现这种情况，应马上松开停车按钮，进行检查，否则会很容易烧坏电动机。

（5）主轴变速时无瞬时冲动

由于主轴变速行程开关 SQ1 在频繁动作后，造成开关位置移动，甚至开关底座被撞碎或触点接触不良，都将造成主轴无变速时的瞬时冲动。

2. 工作台进给控制电路故障

铣床的工作台应能够进行前、后、左、右、上、下六个方向的常速和快速进给运动，其控制是由电气和机械系统配合进行的，所以在出现工作台进给运动的故障时，如果对机、电系统部件逐个进行检查，是难以尽快查出故障所在的。可依次进行其他方向的常速进给、快速进给、进给变速冲动和圆工作台的进给控制试验，来逐步缩小故障范围，分析故障原因，然后再在故障范围内逐个对电器元件、触点、接线和接点进行检查。在检查时，还应考虑机械磨损或移位使操纵失灵等非电气的故障原因。这部分电路的故障较多，下面仅以一些较典型的故障为例来进行分析。

（1）工作台不能纵向进给

此时应先对横向进给和垂直进给进行试验检查，如果正常，则说明进给电动机 M2、主电路、接触器 KM3、KM4 及与纵向进给相关的公共支路都正常，就应重点检查行程开关 SQ2-1、SQ3-2 及 SQ4-2，即接线端编号为 13—15—17—19 的支路，因为只要这三对动断触点之中有一对不能闭合、接触不良或者接线松脱，纵向进给就不能进行。同时，可检查进给变速冲动是否正常，如果也正常，则故障范围已缩小到在 SQ2-1 及 SQ5-1、SQ6-1 上了，一般情况下 SQ5-1、SQ6-1 两个行程开关的动合触点同时发生故障的可能性较小，而 SQ2-1（13-15）由于在进给变速时，常常会因用力过猛而容易损坏，所以应首先检查它。

（2）工作台不能向上进给

首先进行进给变速冲动试验，若进给变速冲动正常，则可排除与向上进给控制相关的支路 13—27—29—19 存在故障的可能性；再进行向左方向进给试验，若又正常，则又排除 19—21 和 31—33—12 支路存在故障的可能性。这样，故障点就已缩小到 SQ4-1（21—31）的范围内，例如，可能是在多次操作后，行程开关 SQ4 因安装螺钉松动而移位，造成操纵手柄虽已到位，但其触点 SQ4-1（21-31）仍不能闭合，因此工作台不能向上进给。

（3）工作台各个方向都不能进给

此时可先进行进给变速冲动和圆工作台的控制，如果都正常，则故障可能在圆工作台控制开关 SA2-3 及其接线（19—21）上；但若变速冲动也不能进行，则要检查接触器 KM3 能否吸合，如果 KM3 不能吸合，除了 KM3 本身的故障之外，还应检查控制电路中有关的电器部件、接点和接线，如接线端 2—4—6—8—10—12、7—13 等部分；若 KM3 能吸合，则应着重检查主电路，包括 M2 的接线及定子绕组有无故障。

（4）工作台不能快速进给

如果工作台的常速进给运行正常，仅不能快速进给，则应检查 SB3、SB4 和 KM2，如果这三个电器无故障，电磁离合器电路的电压也正常，则故障可能发生在 YC3 本身，常见的有 YC3 线圈损坏或机械卡死、离合器的动、静摩擦片间隙调整不当等。

四、检修操作工艺举例说明

1. 主轴电动机不能启动

首先分析和判断故障处在公共的电源部分，还是 M1 的主电路部分或者是 M1 的控制电路部分。用万用表检查公共的电源部分是否正常，是否缺相，若正常，再检查 M1 的控制电路部分，逐个检查 KM1 线圈回路的各个电器元件是否正常，特别是检查相关的熔断器、按钮开关、热继电器的触点以及 KM1 线圈是否损坏等。最后检查主电路部分，可以从接触器 KM1、热继电器 FR1、手动换相开关 SA3 到主轴电动机的定子侧，从主电路到控制电路进行检查。由于主轴电动机的容量较大，应该注意检查接触器 KM1 的主触点、换相开关 SA3 的触点有无被熔化，有无接触不良。

2. 工作台不能进给

若机床的主轴电动机工作正常，说明公共的电源部分和控制电路的公共部分也都正常，此时应重点检查接触器 KM3、KM4 线圈回路中的各个电气元件是否损坏。排除了控制电路的故障后，最后再检查 M2 的主电路部分是否正常。

如果进给变速冲动和圆工作台的控制都正常，则故障可能在圆工作台控制开关 SA2-3 及其接线（19—21）上；但若变速冲动也不能进行，则要检查接触器 KM3 以及控制电路中有关的电器部件、接点和接线，若 KM3 能吸合，则应着重检查主电路，包括 M2 的接线及定子绕组有无故障。

【能力拓展】

1. 能力拓展项目

① X62W 型万能铣床主轴变速时无冲动过程的检修，确定检修操作工艺流程，并编制器材明细表，编写检修报告。

② X62W 型万能铣床工作台不能向下进给的检修，确定检修操作工艺流程，并编制器材明细表，编写检修报告。

③ 组织学生讨论和总结 X62W 型万能铣床电气控制线路的检修方案，确定操作工艺流程，编写检修总结报告。

2. 拓展训练目标

通过能力拓展项目的训练，使学生能够进一步理解 X62W 型万能铣床电气控制线路的检修操作方法，提高铣床电气控制线路的检修能力。

任务五　卧式镗床电气控制线路的识读与检修技能训练

【任务描述】

① 通过卧式镗床电气控制线路的识读技能训练，让学生了解卧式镗床电气控制的基本工作原理，具备绘制电路原理图、编制所需的器件明细表、画出工程布局接线图的基本技能。

② 通过训练，掌握 T68 型卧式镗床电气控制线路的维护与检修的操作技能。

③ 掌握电工基本安全操作规程，掌握基本的安全用电操作技能。

【技能要点】

① 了解卧式镗床电气控制的特点及方法。

② 掌握卧式镗床电气控制线路的识读与检修技能。

③ 掌握安全用电知识、安全生产操作规程。

【任务实施】

训练内容说明：卧式镗床电气控制线路的结构、原理识读，编制所需的器件明细表，编制卧式镗床电气控制线路的维护与检修程序，进行卧式镗床电气控制线路的维护与检修。

1. 编制技能训练器材明细表

本技能训练任务所需器材见表 5-9。

表 5-9 技能训练器材明细表

器件序号	器件名称	性能规格	所需数量	用途备注
01	T68 型卧式镗床模拟电气控制线路板		1 套	
02	三相电动机	380V	2 台	
03	钳形电流表		1 块	
04	兆欧表		1 块	
05	验电笔	500V	1 支	
06	万用电表	MF-47	1 块	
07	常用维修电工工具		1 套	

2. 技能训练前的检查与准备

① 确认技能训练环境符合维修电工操作的要求。

② 确认技能训练器件与测试仪表性能良好。

③ 编制技能训练操作流程。

④ 做好操作前的各项安全工作。

3. 技能训练实施步骤

(1) 卧式镗床电气控制线路的结构、原理识读

T68 型卧式镗床的电气控制系统原理图如图 5-12 所示。

① 主电路分析　T68 型卧式镗床电气控制电路有两台电动机：一台是主轴电动机 M1，作为主轴旋转及常速进给的动力，同时还带动润滑油泵；另一台为快速进给电动机 M2，作为各进给运动的快速移动的动力。

M1 为双速电动机，由接触器 KM4、KM5 控制：低速时 KM4 吸合，M1 的定子绕组为三角形连接，额定转速为每分钟 1460 转；高速时 KM5 吸合，KM5 为两只接触器并联使用，定子绕组为双星形连接，额定转速为每分钟 2880 转。KM1、KM2 控制 M1 的正反转。KV 为与 M1 同轴的速度继电器，在 M1 停车时，由 KV 控制进行反接制动。为了限制启、制动电流和减小机械冲击，M1 在制动、点动及主轴和进给的变速冲动时串入了限流电阻器 R，运行时由 KM3 短接。热继电器 FR 作 M1 的过载保护。

M2 为快速进给电动机，由 KM6、KM7 控制正反转。由于 M2 是短时工作制，所以不需要用热继电器进行过载保护。

QS 为电源引入开关，FU1 提供全电路的短路保护，FU2 提供 M2 及控制电路的短路保护。

② 控制电路分析　控制电路由控制变压器 TC 提供 110V 工作电压，FU3 提供变压器二

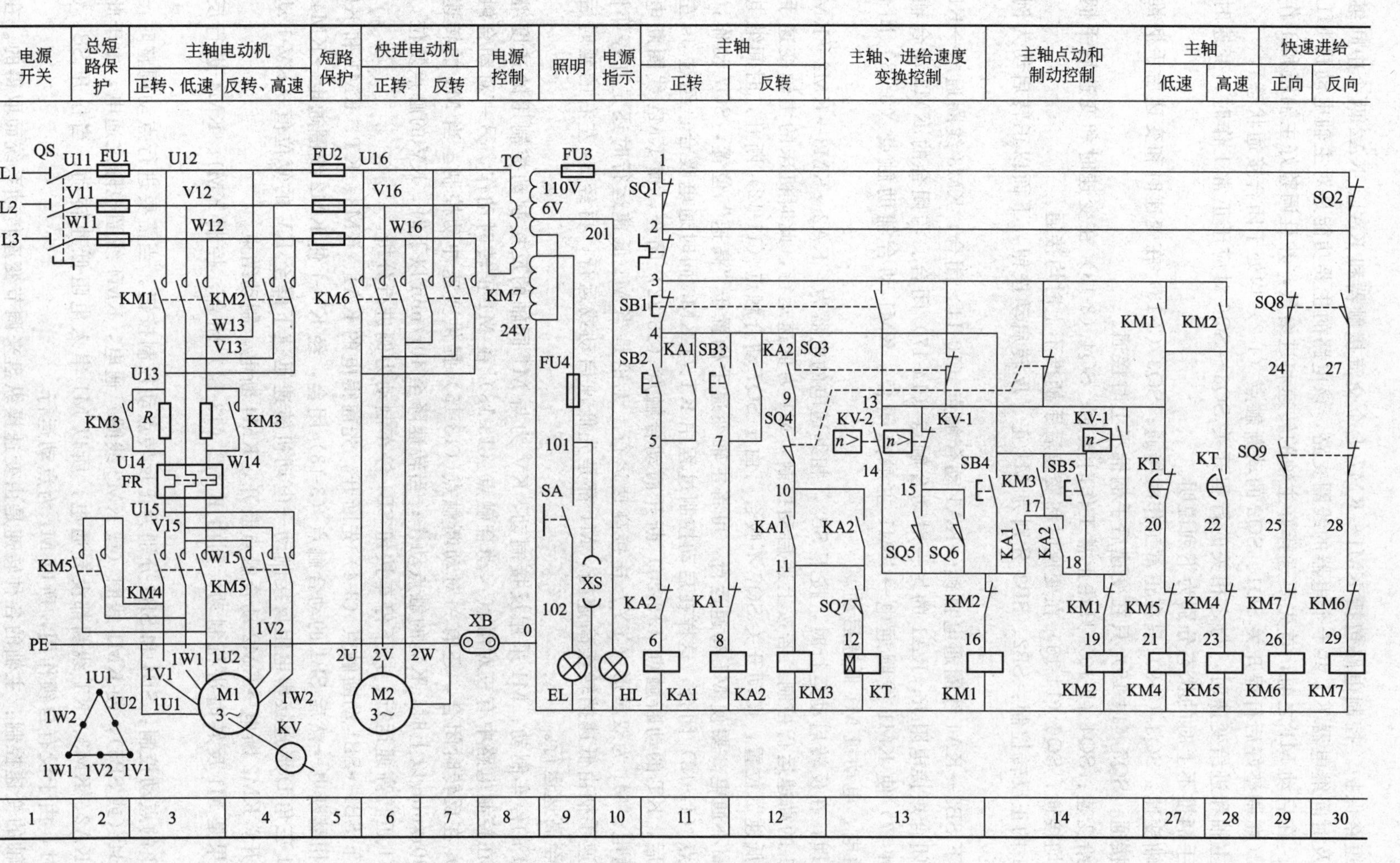

图5-12　T68型卧式镗床的电气控制系统原理图

次侧的短路保护。控制电路包括KM1～KM7七个交流接触器和KA1、KA2两个中间继电器，以及时间继电器KT共十个电器的线圈支路，该电路的主要功能是对主轴电动机M1进行控制。在启动M1之前，首先要选择好主轴的转速和进给量，并且调整好主轴箱和工作台的位置（在调整好后行程开关SQ1、SQ2的动断触点（1-2）均处于闭合接通状态）。

在主轴和进给变速时，与之相关的行程开关SQ3～SQ6对应于正常工作时、变速时和变速后手柄推不上时的状态分别为下列说明。

主轴变速：SQ3（4-9）只在正常工作时接通；SQ3（3-13）在变速时和变速后手柄推不上时均接通；SQ5（14-15）只在变速后手柄推不上时接通。

进给变速：SQ4（9-10）只在正常工作时接通；SQ4（3-13）在变速时和变速后手柄推不上时均接通；SQ6（14-15）在变速时和变速后手柄推不上时均接通。

M1的正反转控制：SB2、SB3分别为M1正、反转启动按钮，下面以正转启动为例进行说明。

按下SB2→KA1线圈通电自锁→KA1动合触点（10-11）闭合，KM3线圈通电→KM3主触点闭合短接电阻R；KA1的另一对动合触点（14-17）闭合。与闭合的KM3动合辅助触点（4-17）使KM1线圈通电→KM1主触点闭合；KM1动合辅助触点（3-13）闭合，KM4通电，电动机M1低速启动。

同理，在反转启动运行时，按下SB3，相继通电的电器为：KA2→KM3→KM2→KM4。

M1的高速运行控制：若按上述启动控制，M1为低速运行，此时机床的主轴变速手柄置于“低速”位置，微动开关SQ7不吸合，由于SQ7动合触点（11-12）断开，时间继电器KT线圈不通电。要使M1高速运行，可将主轴变速手柄置于“高速”位置，SQ7动作，其动合触点（11-12）闭合，这样在启动控制过程中KT与KM3同时通电吸合；经过3s左右的延时后，KT的动断触点（13-20）断开而动合触点（13-22）闭合，使KM4线圈断电而KM5通电。M1为双星形（YY）连接高速运行。无论是当M1低速运行时还是在停车时，若将变速手柄由低速挡转至高速挡，M1都是先低速启动或运行，再经3s左右的延时后自动转换至高速运行。

M1的停车制动：M1采用反接制动，KV为与M1同轴的反接制动控制用的速度继电器，它在控制电路中有三对触点：动合触点（13-18）在M1正转时动作，另一对动合触点（13-14）在反转时闭合，还有一对动断触点（13-15）提供变速冲动控制。当M1的转速达到约120r/min以上时，KV的触点动作；当转速降至40r/min以下时，KV的触点复位。下面以M1正转高速运行、按下停车按钮SB1停车制动为例进行分析。

按下SB1→SB1动断触点（3-4）先断开，先前得电的KA1、KM3、KT、KM1和KM5的线圈相继断电→然后SB1的动合触点（3-13）闭合，经KV-1使KM2线圈通电→KM4通电→M1三角D形连接串电阻反接制动→电动机转速迅速下降至KV的复位值→KV-1动合触点断开，KM2断电→KM2动合触点断开，KM4断电，制动结束。

如果是M1反转时进行制动，则由KV-2（13-14）闭合，控制KM1、KM4进行反接制动。

M1的点动控制：SB4和SB5分别为正反转点动控制按钮。当需要进行点动调整时，可按下SB4（或SB5），使KM1线圈（或KM2线圈）通电，KM4线圈也随之通电，由于此时KA1、KA2、KM3、KT线圈都没有通电，所以M1串入电阻低速转动；当松开SB4（或SB5）时，由于没有自锁作用，所以M1为点动运行。

主轴的变速控制：主轴的各种转速是由变速操纵盘来调节变速传动系统而取得的。在主轴运转时，如果要变速，可不必停车。只要将主轴变速操纵盘的操作手柄拉出至②的位置

（见图 5-13），与变速手柄有机械联系的行程开关 SQ3、SQ5 均复位，此后的控制过程如下（以正转低速运行为例）：

将变速手柄拉出→SQ3 复位→SQ3 动合触点断开→KM3 和 KT 都断电→KM1 断电→KM4 断电，M1 断电后由于惯性继续旋转。

SQ3 动断触点（3-13）后闭合，由于此时转速较高，故 KV-1 动合触点为闭合状态→KM2 线圈通电→KM4 通电，电动机 D 形连接进行制动，转速很快下降到 KV 的复位值→KV-1 动合触点断开，KM2、KM4 断电，断开 M1 的反向电源，制动结束。

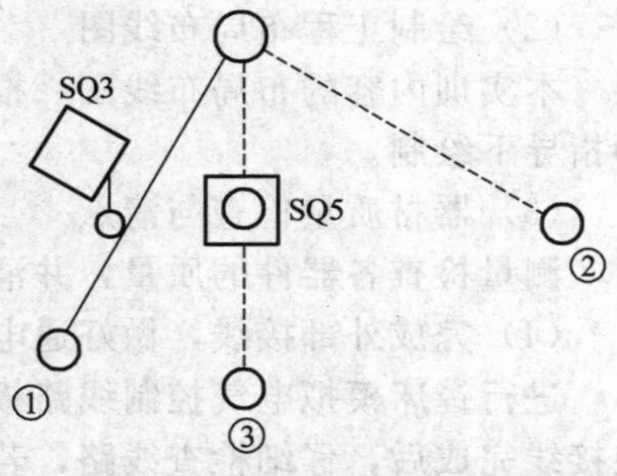

图 5-13　主轴变速手柄位置示意图

转动变速盘进行变速，变速后将手柄推回→SQ3 动作→SQ3 动断触点（3-13）断开；动合触点（4-9）闭合，KM1、KM3、KM4 重新通电，M1 重新启动。

由以上分析可知，如果变速前主电动机处于停转状态，那么变速后主电动机也处于停转状态。若变速前主电动机处于正向低速（D 形连接）状态运转，由于中间继电器仍然保持通电状态，变速后主电动机仍处于 D 形连接下运转。同样道理，如果变速前电动机处于高速（YY）正转状态，那么变速后，主电动机仍先连接成 D 形，再经 3s 左右的延时，才进入 YY 连接高速运转状态。

主轴的变速冲动：SQ5 为变速冲动行程开关，在不进行变速时，SQ5 的动合触点（14-15）是断开的；在变速时，如果齿轮未啮合好，变速手柄就合不上，即在图 5-13 中处于③的位置，则 SQ5 被压合→SQ5 的动合触点（14-15）闭合→KM1 由 13—15—14—16 支路通电→KM4 线圈支路也通电→M1 低速串电阻启动→当 M1 的转速升至 120r/min 时→KV 动作，其动断触点（13-15）断开→KM1、KM4 线圈支路断电→KV-1 动合触点闭合→KM2 通电→KM4 通电，M1 进行反接制动，转速下降→当 M1 的转速降至 KV 复位值时，KV 复位，其动合触点断开，M1 断开制动电源；动断触点（13-15）又闭合→KM1、KM4 线圈支路再次通电→M1 转速再次上升……这样使 M1 的转速在 KV 复位值和动作值之间反复升降，进行连续低速冲动，直至齿轮啮合好以后，方能将手柄推合至图 5-13 中①的位置，使 SQ3 被压合，而 SQ5 复位，变速冲动才告结束。

进给变速控制：与上述主轴变速控制的过程基本相同，只是在进给变速控制时，拉动的是进给变速手柄，动作的行程开关是 SQ4 和 SQ6。

快速移动电动机 M2 的控制：为缩短辅助时间，提高生产效率，由快速移动电动机 M2 经传动机构拖动镗头架和工作台作各种快速移动。运动部件及运动方向的预选由装在工作台前方的操作手柄进行，而控制则是由镗头架的快速操作手柄进行。当扳动快速操作手柄时，将压合行程开关 SQ8 或 SQ9，接触器 KM6 或 KM7 通电，实现 M2 快速正转或快速反转。电动机带动相应的传动机构拖动预选的运动部件快速移动。将快速移动手柄扳回原位时，行程开关 SQ5 或 SQ6 不再受压，KM6 或 KM7 断电，电动机 M2 停转，快速移动结束。

联锁保护：为了防止工作台及主轴箱与主轴同时进给，将行程开关 SQ1 和 SQ2 的动断触点并联接在控制电路（1-2）中。当工作台及主轴箱进给手柄在进给位置时，SQ1 的触点断开；而当主轴的进给手柄在进给位置时，SQ2 的触点断开。如果两个手柄都处在进给位置，则 SQ1、SQ2 的触点都断开，机床不能工作。

③ 照明电路和指示灯电路分析　由变压器 TC 提供 24V 安全电压供给照明灯 EL，EL 的一端接地，SA 为灯开关，由 FU4 提供照明电路的短路保护。XS 为 24V 电源插座。HL 为 6V 的电源指示灯。

（2）绘制工程布局布线图

本实训内容的布局布线图，根据实训场地和镗床模拟电气控制线路板设备情况在指导教师指导下绘制。

（3）器材质量检查与清点

测量检查各器件的质量，并清点数量。

（4）完成外部接线，做好通电前的检查工作

进行镗床模拟电气控制线路板的外部接线，完成三相电源、电动机与线路板的连接。安装接线完成后，仔细检查线路，若发现问题，应及时解决与处理。

（5）通电操作，检查电路能否正常工作

通电操作，根据镗床模拟电气控制线路的功能进行逐项检查，检查电路能否正常工作，并做好各项记录。

（6）故障检查与处理

在通电操作后，若发现问题，认真进行故障原因分析，做好检查与处理。若没有故障，可由指导教师设置几个故障，让学生练习分析和检查排除故障，并总结和归纳故障分析和检查排除的方法与步骤。

4. 清理现场和整理器材

训练完成后，清理现场，整理好所用器材、工具，按照要求放置到规定位置。

【任务评价与考核】

考核要点如下。

① 检查是否能够正确分析电路的原理，说明典型元件的作用特点，按照要求正确绘制器材明细表、元件布局布线图。

② 检查针对每个故障现象进行调查研究的情况，分析可能的故障原因是否正确，是否时刻注意遵守安全操作规定，操作是否规范。

③ 检查与验收是否合格，通电测试是否达到实训项目目标，是否会采取正确的方法进行故障检修。

④ 成绩考核。

根据以上考核要点对学生进行逐项成绩评定，参见表5-10，给出该项任务的综合实训成绩。

表 5-10　实训成绩评分表

子任务内容	分值/分	考核要点及评分标准	扣分/分	得分/分
分析电路的原理，说明典型元件的作用特点	20	不能正确分析电路的原理，扣10分		
		不能说明典型元件的作用特点，每个扣5分		
		不能正确绘制布局接线图，扣10分		
每个故障现象进行调查研究，分析可能的故障原因	30	未按正确操作顺序进行操作，扣10分		
		不能正确分析故障原因，每个扣5分		
		损坏器件者，每个扣15分		
检查验收与故障检修	30	未按正确的操作要领操作，每处扣5分		
		验收不合格，每错一次扣15分		
		检修方法不正确，扣10分		
安全、规范操作	10	每违规一次扣2分		
整理器材、工具	10	未将器材、工具等放到规定位置，扣5分		
合计				

【相关知识】

一、卧式镗床的作用

镗床也是用于孔加工的机床，与钻床比较，镗床主要用于加工精确的孔和各孔间的距离要求较精确的零件，如一些箱体零件（机床主轴箱、变速箱等）。镗床的加工形式主要是用镗刀镗削在工件上已铸出或已粗钻的孔，除此之外，大部分镗床还可以进行铣削、钻孔、扩孔、铰孔等加工。镗床的主要类型有卧式镗床、坐标镗床、金刚镗床和专用镗床等，其中以卧式镗床应用最广。

以 T68 型卧式镗床为例来说明。卧式镗床的主要结构如图 5-14 所示，前立柱固定安装在床身的右端，在它的垂直导轨上装有可上下移动的主轴箱。主轴箱中装有主轴部件、主运动和进给运动的变速传动机构和操纵机构等。在主轴箱的后部固定着后尾筒，里面装有镗轴的轴向进给机构。后立柱固定在床身的左端，装在后立柱垂直导轨上的后支承架用于支承长镗杆的悬伸端［参见图 5-15(b)］，后支承架可沿垂直导轨与主轴箱同步升降，后立柱可沿床身的水平导轨左右移动，在不需要时也可以卸下。工件固定在工作台上，工作台部件装在床身的导轨上，由下滑座、上滑座和工作台三部分组成，下滑座可沿床身的水平导轨作纵向移动，上滑座可沿下滑座的导轨作横向移动，工作台则可在上滑座的环形导轨上绕垂直轴线转位，使工件在水平面内调整至一定的角度位置，以便能在一次安装中对互相平行或成一定角度的孔与平面进行加工。根据加工情况不同，刀具可以装在镗轴前端的锥孔中，或装在平旋盘与径向刀具溜板上。

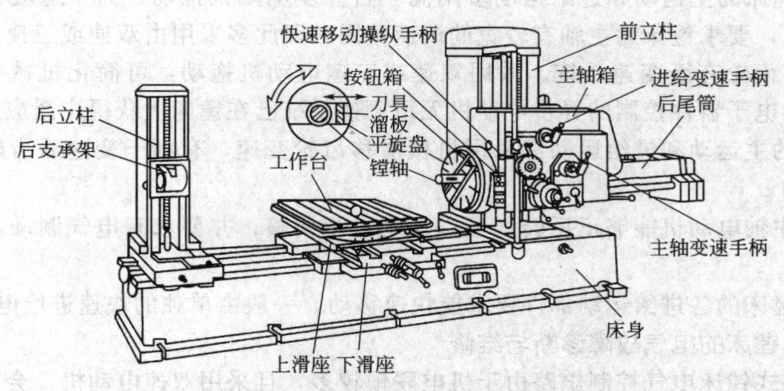

图 5-14　T68 型卧式镗床的结构示意图

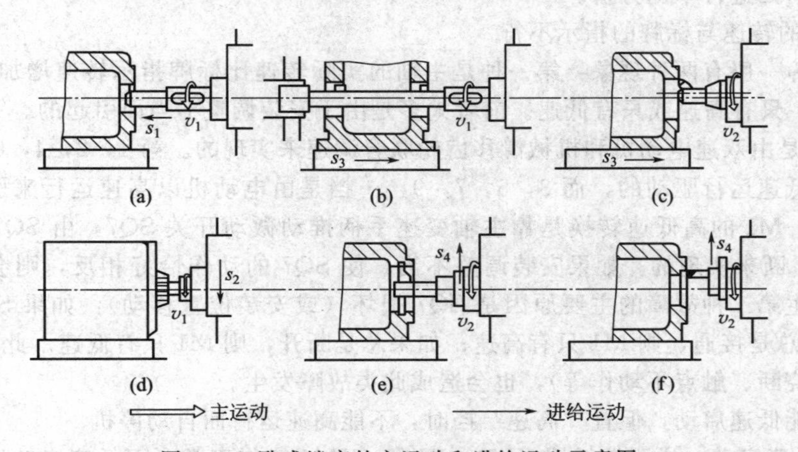

图 5-15　卧式镗床的主运动和进给运动示意图

T68 型卧式镗床型号的含义为：T 表示镗床；6 表示卧式；8 表示镗轴直径为 85mm。

二、卧式镗床的运动形式与控制要求

1. 卧式镗床的运动形式

卧式镗床加工时，镗轴旋转完成主运动，并且可以沿其轴线移动作轴向进给运动；平旋盘只能随镗轴旋转作主运动；装在平旋盘导轨上的径向刀具溜板除了随平旋盘一起旋转外，还可以沿着导轨移动作径向进给运动。

卧式镗床的典型加工方法如图 5-15 所示，图（a）为用装在镗轴上的悬伸刀杆镗孔，由镗轴的轴向移动进行纵向进给；图（b）为利用后支承架支承的长刀杆镗削同一轴线上的前后两孔；图（c）为用装在平旋盘上的悬伸刀杆镗削较大直径的孔，两者均由工作台的移动进行纵向进给；图（d）为用装在镗轴上的端铣刀铣削平面，由主轴箱完成垂直进给运动；图（e）、（f）为用装在平旋盘刀具溜板上的车刀车削内沟槽和端面，均由刀具溜板移动进行径向进给。

因此，卧式镗床的运动形式是：主运动为镗轴和平旋盘的旋转运动，进给运动包括镗轴的轴向进给运动、平旋盘上刀具溜板的径向进给运动、主轴箱的垂直进给运动以及工作台的纵向和横向进给运动。辅助运动包括主轴箱和工作台等的进给运动上的快速调位移动、后立柱的纵向调位移动、后支承架与主轴箱的垂直调位移动以及工作台的转位运动。

2. 卧式镗床的电力拖动形式和控制要求

卧式镗床对电力拖动和控制的要求如下。

① 卧式镗床的主运动和进给运动多用同一台异步电动机拖动。为了适应各种形式和各种工件的加工，要求镗床的主轴有较宽的调速范围，因此多采用由双速或三速笼型异步电动机拖动的滑移齿轮有级变速系统。采用双速或三速电动机拖动，可简化机械变速机构。目前，采用电力电子器件控制的异步电动机无级调速系统已在镗床上获得广泛应用。

② 镗床的主运动和进给运动都采用机械滑移齿轮变速，有利于变速后齿轮的啮合，要求有变速冲动。

③ 要求主轴电动机能够正反转；可以点动进行调整；并要求有电气制动，通常采用反接制动。

④ 卧式镗床的各进给运动部件要求能快速移动，一般由单独的快速进给电动机拖动。

三、卧式镗床的电气故障诊断与维修

T68 型卧式镗床电气控制电路由于机电联锁较多，且采用双速电动机，会有一些比较特殊的故障，下面进行举例分析。

1. 主轴的转速与标牌的指示不符

这种故障一般有两种现象：第一种是主轴的实际转速比标牌指示转速增加或减少一倍，第二种是 M1 只有高速或只有低速。前者大多是由于安装调整不当而引起的。T68 型镗床有 18 种转速，是由双速电动机和机械滑移齿轮联合调速来实现的。第 1，2，4，6，8，…挡是由电动机以低速运行驱动的，而 3，5，7，9，…挡是由电动机以高速运行来驱动的。由以上分析可知，M1 的高低速转换是靠主轴变速手柄推动微动开关 SQ7，由 SQ7 的动合触点（11-12）通、断来实现的。如果安装调整不当，使 SQ7 的动作恰好相反，则会发生第一种故障。而产生第二种故障的主要原因是 SQ7 损坏（或安装位置移动）：如果 SQ7 的动合触点（11-12）总是接通，则 M1 只有高速；如果总是断开，则 M1 只有低速。此外，KT 的损坏（如线圈烧断、触点不动作等），也会造成此类故障发生。

2. M1 能低速启动，但置“高速”挡时，不能高速运行而自动停机

M1 能低速启动，说明接触器 KM3、KM1、KM4 工作正常；而低速启动后不能换成高

速运行且自动停机，又说明时间继电器KT是工作的，其动断触点（13-20）能切断KM4线圈支路，而动合触点（13-22）不能接通KM5线圈支路。因此，应重点检查KT的动合触点（13-22）；此外，还应检查KM4的互锁动断触点（22-23）。按此思路，接下去还应检查KM5有无故障。

3. M1不能进行正反转点动、制动及变速冲动控制

其原因往往是上述各种控制功能的公共电路部分出现故障，如果伴随着不能低速运行，则故障可能出在控制电路13—20—21—0支路中有断开点。否则，故障可能出在主电路的制动电阻及引线上有断开点。如果主电路仅断开一相电源，电动机还会伴有断相运行时发出的"嗡嗡"声。

四、检修操作工艺举例说明

要充分了解机床的各种工作状态以及操作手柄的作用，并仔细地观察机床的操作过程；要熟悉机床的电气元件的安装位置、布线情况以及操作手柄在不同位置时各个相关行程开关的工作状态。

1. 快进电动机不能启动

首先分析和判断故障处是在公共的电源部分，还是M2的主电路部分或者是M2的控制电路部分。用万用表检查公共的电源部分是否正常，是否缺相，若正常，再检查M2的控制电路部分，逐个检查KM6、KM7线圈回路的各个电器元件是否正常，特别是检查相关的熔断器、行程开关的触点以及KM6、KM7线圈是否损坏等。最后检查主电路部分，可以从接触器KM6、KM7的主触点到快进电动机的定子侧，从主电路到控制电路进行检查。还应该注意检查接触器KM6、KM7的主触点有无被熔化，有无接触不良。

2. 主轴电动机不能反转

主轴电动机正转正常，说明公共的电源部分和控制电路的公共部分也都正常，此时应重点检查接触器KM2线圈回路中的各个电气元件是否损坏，KM2线圈本身是否已经损坏。排除了控制电路的故障后，最后再重点检查主轴电动机主电路中KM2的主触点是否有接触不良、KM2的接线端子部分是否有接触不良等。

【能力拓展】

1. 能力拓展项目

① T68型卧式镗床主轴不能正反转点动的检修，确定检修操作工艺流程，并编制器材明细表，编写检修报告。

② T68型卧式镗床M1能低速启动，但置"高速"挡时，不能高速运行而自动停机的检修，确定检修操作工艺流程，并编制器材明细表，编写检修报告。

③ 组织学生讨论和总结T68型卧式镗床电气控制线路的检修方案，确定操作工艺流程，编写检修总结报告。

2. 拓展训练目标

通过能力拓展项目的训练，使学生能够进一步理解T68型卧式镗床电气控制线路的检修操作方法，提高镗床电气控制线路的检修能力。

附录

附录1　中级维修电工理论知识模拟试卷（一）

一、选择题（将正确答案的字母填入题内的括号中。每题1分，共60分）

1. 测量1Ω以下的电阻应选用（　　）。

（A）直流双臂电桥　（B）直流单臂电桥　（C）万用表欧姆挡　（D）随便

2. 晶闸管一旦导通，其门极对主电路将（　　）。

（A）还有控制作用　（B）无控制作用

（C）有时有控制作用　（D）不能确定

3. 晶闸管内部结构有（　　）个PN结。

（A）1个　（B）2个　（C）3个　（D）4个

4. 硅二极管的正向导通压降是（　　）。

（A）0.2V　（B）0.3V　（C）0.5V　（D）0.7V

5. 三极管放大的外部条件是（　　）。

（A）发射结正偏、集电结正偏　（B）发射结正偏、集电结反偏

（C）发射结反偏、集电结正偏　（D）发射结反偏、集电结反偏

6. 低频信号发生器的低频振荡信号由（　　）振荡器产生。

（A）LC　（B）电感三点式　（C）电容三点式　（D）RC

7. 用单臂直流电桥测量一只估算为12Ω的电阻，比率臂应选×（　　）。

（A）1　（B）0.1　（C）0.01　（D）0.001

8. 电桥所用的电池电压超过电桥说明书上要求的规定值时，将造成电桥的（　　）。

（A）灵敏度上升　（B）灵敏度下降　（C）桥臂电阻被烧坏　（D）检流计被击穿

9. 直流双臂电桥要尽量采用容量较大的蓄电池，一般电压为（　　）V。

（A）2～4　（B）6～9　（C）9～12　（D）12～24

10. 对于长期不使用的示波器，至少（　　）个月通电一次。

（A）三　（B）五　（C）六　（D）十

11. 从工作原理来看，中、小型电力变压器的主要组成部分是（　　）。

（A）油箱和油枕　（B）油箱和散热器　（C）铁芯和绕组　（D）外壳和保护装置

12. 直流永磁式测速发电机（　　）。

（A）不需另加励磁电源　（B）需加励磁电源

（C）需加交流励磁电压　（D）需加直流励磁电压

13. 交流测速发电机的输出电压与（　　）成正比。

（A）励磁电压频率　（B）励磁电压幅值　（C）输出绕组负载　（D）转速

14. 交磁电机扩大机是一种用于自动控制系统中的（　　）元件。

(A) 固定式放大　(B) 旋转式放大　(C) 电子式放大　(D) 电流放大

15. 交流电动机耐压试验的试验电压应为（　）。

(A) 直流电　(B) 工频交流电　(C) 高频交流电　(D) 脉冲电流

16. 一额定电压为380V，功率在1～3kW以内的电动机在耐压试验中绝缘被击穿，其原因可能是（　）。

(A) 试验电压为1500V　(B) 试验电压为工频

(C) 电机线圈组间接线时接错　(D) 电机轴承磨损

17. 晶体管时间继电器按构成原理分为（　）两类。

(A) 电磁式和电动式　(B) 整流式和感应式

(C) 阻容式和数字式　(D) 磁电式和电磁式

18. 晶体管时间继电器比气囊式时间继电器精度（　）。

(A) 差　(B) 低

(C) 高　(D) 因使用场所不同而异

19. 高压10kV隔离开关交流耐压试验的方法是（　）。

(A) 先做隔离开关的基本预防性试验，后做交流耐压试验

(B) 做交流耐压试验取额定电压值就可，不必考虑过电压的影响

(C) 做交流耐压试验前应先用500V摇表测绝缘电阻合格后，方可进行

(D) 交流耐压试验时，升压至试验电压后，持续时间5min

20. 对高压隔离开关进行交流耐压试验，在选择标准试验电压时应为38kV，其加压方法在1/3试验电压前可以稍快，其后升压应按每秒（　）%试验电压均匀升压。

(A) 5　(B) 10　(C) 3　(D) 8

21. RW3-10型户外高压熔断器作为小容量变压器的前级保护安装在室外，要求熔丝管底端对地面距离以（　）m为宜。

(A) 3　(B) 3.5　(C) 4　(D) 4.5

22. 乙类推挽功率放大器，易产生的失真是（　）。

(A) 饱和失真　(B) 截止失真　(C) 交越失真　(D) 线性失真

23. LC振荡器中，为容易起振而引入的反馈属于（　）。

(A) 负反馈　(B) 正反馈　(C) 电压反馈　(D) 电流反馈

24. 晶体管触发电路与单结晶体管触发电路相比，其输出的触发功率（　）。

(A) 较大　(B) 较小　(C) 一样　(D) 最小

25. 三相全波可控整流电路的变压器次级中心抽头，将次级电压分为（　）两部分。

(A) 大小相等，相位相反　(B) 大小相等，相位相同

(C) 大小不等，相位相反　(D) 大小不等，相位相同

26. 三相半波可控整流电路，若变压器次级电压为u_2，且$0<\alpha<30°$，则输出平均电压为（　）。

(A) $1.17u_2\cos\alpha$　(B) $0.9u_2\cos\alpha$　(C) $0.45u_2\cos\alpha$　(D) $1.17u_2$

27. 焊接时接头根部未完全熔透的现象叫（　）。

(A) 气孔　(B) 未熔合　(C) 焊接裂纹　(D) 未焊透

28. 护目镜片的颜色及深浅应按（　）的大小来进行选择。

(A) 焊接电流　(B) 接触电阻　(C) 绝缘电阻　(D) 光通量

29. 零件测绘时，对于零件上的工艺结构，如倒角圆等，（　）。

(A) 可以省略　(B) 不可省略　(C) 不标注　(D) 不应画在图上

30. 改变直流电动机的电源电压进行调速，当电源电压降低，其转速（　　）。

（A）升高　　（B）降低　　（C）不变　　（D）变化不确定

31. 同步电动机采用能耗制动时，要将运行中的同步电动机定子绕组电源（　　）。

（A）短路　　（B）断开　　（C）串联　　（D）并联

32. 转子绕组串电阻启动适用于（　　）。

（A）笼型异步电动机　　（B）绕线式异步电动机

（C）串励直流电动机　　（D）并励直流电动机

33. 三相绕线转子异步电动机的调速控制可采用（　　）的方法。

（A）改变电源频率　　（B）改变定子绕组磁极对数

（C）转子回路串联频敏变阻器　　（D）转子回路串联可调电阻

34. 串励直流电动机启动时，不能（　　）启动。

（A）串电阻　　（B）降低电枢电压　（C）空载　　（D）有载

35. 对于普通磨床的液压泵电动机和砂轮升降电动机的正反转控制采用（　　）。

（A）点动　　（B）点动互锁　　（C）自锁　　（D）互锁

36. 为克服起重机再生发电制动没有低速段的缺点，采用了（　　）方法来实现。

（A）反接制动　　（B）能耗制动　　（C）电磁抱闸　　（D）单相制动

37. 采用比例调节器调速，避免了信号（　　）输入的缺点。

（A）串联　　（B）并联　　（C）混联　　（D）电压并联电流串联

38. 按实物测绘机床电气设备控制线路图时，应先绘制（　　）。

（A）电气原理图　（B）框图　　（C）接线图草图　（D）位置图

39. T610 型卧式镗床主轴进给方式有快速进给、工作进给、点动进给、微调进给几种。进给速度的变换是靠（　　）来实现的。

（A）改变进给装置的机械传动机构　　（B）液压装置改变油路油压

（C）电动机变速　　（D）离合器变速

40. 在遥测系统中，需要通过（　　）把非电量的变化转变为电信号。

（A）电阻器　　（B）电容器　　（C）传感器　　（D）晶体

41. 万用表欧姆挡的红表笔与（　　）相连。

（A）内部电池的正极　　（B）内部电池的负极

（C）表头的正极　　（D）黑表笔

42. 电压表的内阻应该选择得（　　）。

（A）大些　　（B）小些　　（C）适中　　（D）大小均可

43. 电流表要与被测电路（　　）。

（A）断开　　（B）并联　　（C）串联　　（D）混联

44. 阻值为 6Ω 的电阻与容抗为 8Ω 的电容串联后接在交流电路中，功率因数为（　　）。

（A）0.6　　（B）0.8　　（C）0.5　　（D）0.3

45. 在星形连接的三相对称电路中，相电流与线电流的相位关系是（　　）。

（A）相电流超前线电流 30°　　（B）相电流滞后线电流 30°

（C）相电流与线电流同相　　（D）相电流滞后线电流 60°

46. 在三相四线制中性点接地供电系统中，线电压指的是（　　）的电压。

（A）相线之间　　（B）零线对地间　　（C）相线对零线间　（D）相线对地间

47. 欲精确测量中等电阻的阻值，应选用（　　）。

（A）万用表　　（B）单臂电桥　　（C）双臂电桥　　（D）兆欧表

48. 直流双臂电桥可以精确测量（　　）的电阻。

(A) 1Ω以下　(B) 10Ω以上　(C) 100Ω以上　(D) 100kΩ以上

49. 当变压器带纯阻性负载运行时，其外特性曲线（　　）。

(A) 上升很快　(B) 稍有上升　(C) 下降很快　(D) 稍有下降

50. 检修电气设备电气故障的同时，还应检查（　　）。

(A) 是否存在机械、液压部分故障　(B) 指示电路是否存在故障

(C) 照明电路是否存在故障　(D) 机械联锁装置和开关装置是否存在故障

51. 推挽功率放大电路在正常工作过程中，晶体管工作在（　　）状态。

(A) 放大　(B) 饱和　(C) 截止　(D) 放大或截止

52. 直流放大器克服零点漂移的措施是采用（　　）。

(A) 分压式电流负反馈放大电路　(B) 差动放大电路

(C) 滤波电路　(D) 振荡电路

53. 用于稳压的二极管型号是（　　）。

(A) 2AP9　(B) 2CWl4C　(C) 2CZ52B　(D) 2CK84A

54. "有0出1，全1出0"表示的是（　　）电路。

(A) 或门　(B) 与门　(C) 非门　(D) 与非门

55. 普通晶闸管管芯由（　　）层杂质半导体组成。

(A) 1　(B) 2　(C) 3　(D) 4

56. 晶闸管具有（　　）性。

(A) 单向导电　(B) 可控单向导电　(C) 电流放大　(D) 负阻效应

57. 若将半波可控整流电路中的晶闸管反接，则该电路将（　　）。

(A) 短路　(B) 和原电路一样正常工作

(C) 开路　(D) 仍然整流，但输出电压极性相反

58. 单相全波可控整流电路，若控制角变大，则输出平均电压（　　）。

(A) 不变　(B) 变小　(C) 变大　(D) 为零

59. 部件的装配略图可作为拆卸零件后（　　）的依据。

(A) 画零件图　(B) 重新装配成部件

(C) 画总装图　(D) 安装零件

60. 用电压测量法检查低压电气设备时，把万用表扳到交流电压（　　）V挡位上。

(A) 10　(B) 50　(C) 100　(D) 500

二、判断题（正确的填"√"，错误的填"×"，共20分）

（　）1. 二极管的重要特性是单向导电性。

（　）2. 测量检流计内阻时，必须采用准确度较高的电桥去测量。

（　）3. 放大器的输入电阻是从放大器输入端看进去的等效电阻，是个直流电阻。

（　）4. 当单相桥式全波整流电路中任一只整流二极管短路时，输出电压值将下降一半，电路将变成半波整流。

（　）5. 用硅稳压二极管组成稳压电路时，稳压二极管应加反偏压，且与负载电阻串联连接。

（　）6. PNP型三极管工作于放大状态时，$U_E>U_B>U_C$。

（　）7. BG-5型晶体管功率方向继电器为零序方向时，可用于接地保护。

（　）8. 双基二极管内部有2个PN结。

（　）9. 甲类单管功率放大器的Q点最高是造成其电路效率低的最主要原因。

（ ）10. 直流放大器能放大直流信号，但不能放大交流信号。

（ ）11. 数字集成电路比由分立元件组成的数字电路具有可靠性高和微型化的优点。

（ ）12. 正弦交流电的最大值也是瞬时值。

（ ）13. 高电位用“1”表示，低电位用“0”表示，称为正逻辑体制。

（ ）14. 晶闸管加正向电压，触发电流越大，越容易导通。

（ ）15. 固定偏置放大器中，Q 点过高易产生截止失真。

（ ）16. 单相半波可控整流电路，无论输入电压极性如何改变，其输出电压极性不会改变。

（ ）17. 焊丝使用前必须除去表面的油、锈等污物。

（ ）18. 电压放大器是大信号放大器，而功率放大器是小信号放大器。

（ ）19. 生产过程的组织是车间生产管理的基本内容。

（ ）20. 常用电气设备的维修应包括日常维护保养和故障检修两个方面。

三、简答题（每题 3 分，共 6 分）

1. 触发器应具备哪些基本功能？

2. 晶闸管两端并接阻容吸收电路可起哪些保护作用？

四、计算题（5＋4＝9 分）

1. 如图所示，已知 $E_1=9\text{V}$，$E_2=4.5\text{V}$，$R_1=R_2=1\Omega$，$R_3=4\Omega$，求通过 R_1 和 R_2 的电流。

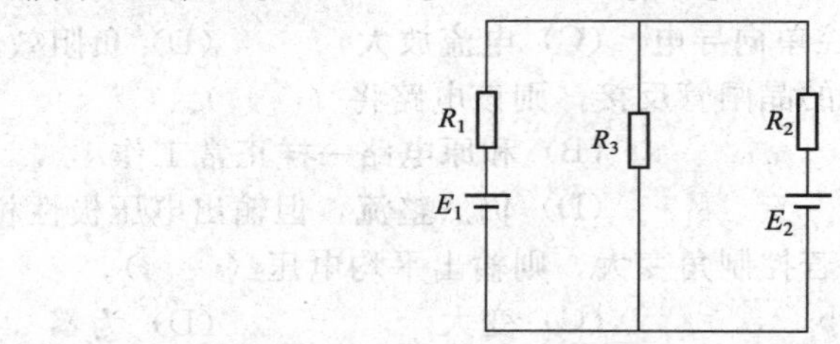

2. 有一三相半控桥式整流电路，接在次级电压为 200V 的三相变压器上，求其输出电压平均值的调节范围。

五、作图题（5 分）

画出由四个二极管组成的单相桥式整流电路图。

附录 2　中级维修电工理论知识模拟试卷（二）

一、选择题（将正确的答案的字母填入题内的括号中。每题 1 分，共 60 分）

1. 正弦交流电 $e=E_m\sin(\omega t+\phi)$ 式中的“ϕ”表示正弦交流电的（ ）。

（A）周期　（B）相位　（C）初相位　（D）机械角

2. 变压器负载运行时，若所带负载的性质为感性，则变压器副边电流的相位（ ）副边感应电动势的相位。

（A）超前于　（B）同相于　（C）滞后于　（D）超前或同相于

3. 若要调大带电抗器的交流电焊机的焊接电流，可将电抗器的（ ）。

（A）铁芯空气隙调大　（B）铁芯空气隙调小

（C）线圈向内调　（D）线圈向外调

4. 现阶段所谓的经济型数控系统，大多是指（ ）系统。

（A）开环数控　（B）闭环数控　（C）可编程控制　（D）前馈控制

5. 三相对称负载星形连接的电路中，线电流是相电流的（　）倍。

(A) $\sqrt{3}$　　(B) 3　　(C) $\sqrt{2}$　　(D) 1

6. 三相电源绕组星形连接时，线电压与相电压的关系是（　）。

(A) 线电压$=\sqrt{2}$相电压　　(B) 线电压滞后与之对应的相电压 30°

(C) 线电压＝相电压　　(D) 线电压超前与之对应的相电压 30°

7. 示波器荧光屏上出现一个完整、稳定正弦波的前提是待测波形频率（　）扫描锯齿波电压频率。

(A) 低于　　(B) 等于　　(C) 高于　　(D) 不等于

8. 示波管的光点太亮时，应调节（　）。

(A) 聚焦旋钮　(B) 辉度旋钮　(C) Y 轴增幅旋钮　(D) X 轴增幅旋钮

9. 电桥电池电压不足时，将造成电桥的（　）。

(A) 灵敏度下降　　(B) 灵敏度上升

(C) 准确度下降　　(D) 准确度上升

10. 三相对称负载接成三角形时，若某相的线电流为 1A，则三相线电流的矢量和为（　）A。

(A) 3　　(B) $\sqrt{3}$　　(C) $\sqrt{2}$　　(D) 0

11. 变压器负载运行时，原边电源电压的相位超前于铁芯中主磁通的相位，且略大于（　）。

(A) 180°　　(B) 90°　　(C) 60°　　(D) 30°

12. 变压器负载运行时的外特性是指当原边电压和负载的功率因数一定时，副边端电压与（　）的关系。

(A) 时间　　(B) 主磁通　　(C) 负载电流　　(D) 变压比

13. 三相变压器并联运行时，要求并联运行的三相变压器的连接组别（　）。

(A) 必须相同，否则不能并联运行

(B) 不可相同，否则不能并联运行

(C) 组标号的差值不超过 1 即可

(D) 只要组标号相等，Y、y 连接和 Y、d 连接的变压器也可并联运行

14. 为了适应电焊工艺的要求，交流电焊变压器的铁芯应（　）。

(A) 有较大且可调的空气隙　　(B) 有很小且不变的空气隙

(C) 有很小且可调的空气隙　　(D) 没有空气隙

15. 直流弧焊发电机的串励和他励绕组应接成（　）。

(A) 积复励　　(B) 差复励　　(C) 平复励　　(D) 过复励

16. 他励加串励式弧焊发电机焊接电流的细调是靠（　）来实现的。

(A) 改变他励绕组的匝数　　(B) 调节他励绕组回路中串联电阻的大小

(C) 改变串励绕组的匝数　　(D) 调节串励绕组回路中串联电阻的大小

17. 整流式电焊机是由（　）构成的。

(A) 原动机和去磁式直流发电机　(B) 原动机和去磁式交流发电机

(C) 四只二极管　　(D) 整流装置和调节装置

18. 整流式直流电焊机是通过（　）来调节焊接电流的大小。

(A) 改变他励绕组的匝数　　(B) 改变并励绕组的匝数

(C) 整流装置　　(D) 调节装置

19. 整流式直流电焊机焊接电流调节失灵，故障原因可能是（　　）。

（A）变压器初级线圈匝间短路　（B）饱和电抗器控制绕组极性接反

（C）稳压器谐振线圈短路　（D）稳压器补偿线圈匝数不恰当

20. 中、小型电力变压器控制盘上的仪表，指示着变压器的运行情况和电压质量，因此必须经常监察，在正常运行时应每（　　）h抄表一次。

（A）0.5　（B）1　（C）2　（D）4

21. 进行变压器耐压试验时，试验电压升到要求数值后，应保持（　　）s，无放电或击穿现象为试验合格。

（A）30　（B）60　（C）90　（D）120

22. 直流电动机的某一个电枢绕组在旋转一周的过程中，通过其中的电流是（　　）。

（A）直流电流　（B）交流电流　（C）脉冲电流　（D）互相抵消正好为零

23. 直流并励电动机的机械特性曲线是（　　）。

（A）双曲线　（B）抛物线　（C）一条直线　（D）圆弧线

24. 直流电动机出现振动现象，其原因可能是（　　）。

（A）电枢平衡未校好　（B）负载短路

（C）电机绝缘老化　（D）长期过载

25. 目前较为理想的测速元件是（　　）测速发电机。

（A）空心杯转子（B）交流同步　（C）永磁式　（D）电磁式

26. 交流电的角频率 ω 等于（　　）。

（A）$2\pi f$　（B）$2\pi t$　（C）πf　（D）πt

27. 交流电动机做耐压试验时，对额定电压为380V，功率在1～3kW以内的电动机，试验电压取（　　）V。

（A）500　（B）1000　（C）1500　（D）2000

28. 晶体管时间继电器按电压鉴别线路的不同可分为（　　）类。

（A）5　（B）4　（C）3　（D）2

29. 晶体管时间继电器与气囊式时间继电器相比，其延时范围（　　）。

（A）小　（B）大　（C）相等　（D）因使用场合不同而不同

30. 晶体管无触点开关的应用范围比普通位置开关更（　　）。

（A）窄　（B）广　（C）接近　（D）小

31. 高压负荷开关交流耐压试验的目的是可以（　　）。

（A）准确测出开关绝缘电阻值　（B）准确检验负荷开关操作部分的灵活性

（C）更有效地切断短路故障电流（D）准确检验负荷开关的绝缘强度

32. FN4-10型真空负荷开关是三相户内高压电气设备，在出厂做交流耐压试验时，应选用交流耐压试验标准电压（　　）kV。

（A）42　（B）20　（C）15　（D）10

33. 对额定电流200A的10kV GN1-10/200型户内隔离开关，在进行交流耐压试验时在升压过程中支柱绝缘子有闪烁出现，造成跳闸击穿，其击穿原因是（　　）。

（A）绝缘拉杆受潮　（B）支持绝缘子破损

（C）动静触头脏污　（D）周围环境湿度增加

34. CJ0-20型交流接触器，采用的灭弧装置是（　　）。

（A）半封闭绝缘栅片陶土灭弧罩（B）半封闭式金属栅片陶土灭弧罩

（C）磁吹式灭弧装置　（D）窄缝灭弧装置

35. CJ20 系列交流接触器是全国统一设计的新型接触器，容量从 6.3A 至 25A 的采用（　　）灭弧罩的形式。

（A）纵缝灭弧室（B）栅片式　（C）陶土　（D）不带

36. 对检修后的电磁式继电器的衔铁与铁芯闭合位置要正，其歪斜度要求（　　），吸合后不应有杂音、抖动。

（A）不得超过 1mm　（B）不得歪斜

（C）不得超过 2mm　（D）不得超过 5mm

37. 异步电动机不希望空载或轻载的主要原因是（　　）。

（A）功率因数低　（B）定子电流较大

（C）转速太高有危险　（D）转子电流较大

38. 改变三相异步电动机的旋转磁场方向就可以使电动机（　　）。

（A）停速　（B）减速　（C）反转　（D）降压启动

39. 直流电动机回馈制动时，电动机处于（　　）。

（A）电动状态　（B）发电状态　（C）空载状态　（D）短路状态

40. 直流电动机改变电源电压调速时，调节的转速（　　）铭牌转速。

（A）大于　（B）小于　（C）等于　（D）大于或等于

41. 同步电动机采用能耗制动时，将运行中的同步电动机定子绕组（　　），并保留转子励磁绕组的直流励磁。

（A）电源短路　（B）电源断开　（C）开路　（D）串联

42. 在 M7120 型磨床控制电路中，为防止砂轮升降电动机的正、反转线路同时接通，故需进行（　　）控制。

（A）点动　（B）自锁　（C）联锁　（D）顺序

43. C5225 车床的工作台电动机制动原理为（　　）。

（A）反接制动　（B）能耗制动　（C）电磁离合器　（D）电磁抱闸

44. T610 型卧式镗床主轴停车时的制动原理为（　　）。

（A）反接制动　（B）能耗制动　（C）电磁离合器　（D）电磁抱闸

45. 若交磁扩大机的控制回路其他电阻较小时，可将几个控制绕组（　　）使用。

（A）串联　（B）并联　（C）混联　（D）短接

46. 交磁扩大机的（　　）自动调速系统需要一台测速发电机。

（A）转速负反馈　（B）电压负反馈

（C）电流正反馈　（D）电流截止负反馈

47. 按实物测绘机床电气设备控制线路的接线图时，同一电器的各元件要画在（　　）处。

（A）1　（B）2　（C）3　（D）多

48. 在桥式起重机线路中，每台电动机的制动电磁铁都是在（　　）时制动。

（A）电压升高　（B）电压降低　（C）通电　（D）断电

49. M7475B 磨床电磁吸盘退磁时，YH 中电流的频率等于（　　）。

（A）交流电源频率　（B）多谐振荡器的振荡频率

（C）交流电源频率的两倍　（D）零

50. 串联型稳压电源由（　　）大部分组成。

（A）2　（B）3　（C）4　（D）5

51. 三极管的开关特性是（　　）。

（A）截止相当于开关接通　（B）放大相当于开关接通

(C) 饱和相当于开关接通　(D) 截止相当于开关断开，饱和相当于开关接通

52. 晶闸管导通必须具备的条件是（　　）。

(A) 阳极与阴极间加正向电压　(B) 门极与阴极间加正向电压

(C) 阳极与阴极加正压，门极加适当正压

(D) 阳极与阴极加反压，门极加适当正压

53. 晶体管触发电路适用于（　　）的晶闸管设备中。

(A) 输出电压线性好　(B) 控制电压线性好

(C) 输出电压和电流线性较好　(D) 触发功率小

54. 三相半波可控整流电路，若负载平均电流为36A，则每个晶闸管实际通过的平均电流为（　　）。

(A) 12A　(B) 9A　(C) 6A　(D) 3A

55. 焊缝表面缺陷的检查，可用表面探伤的方法来进行，常用的表面探伤法有（　　）种。

(A) 2　(B) 3　(C) 4　(D) 5

56. 部件的装配略图是（　　）的依据。

(A) 画零件图　(B) 画装配图　(C) 画总装图　(D) 画设备安装图

57. 使用两根绳起吊一个重物，当起吊绳与吊钩垂线的夹角为（　　）时，起吊绳受力是所吊重物的重量。

(A) 0°　(B) 30°　(C) 45°　(D) 60°

58. 检修后的电气设备，其绝缘电阻要合格，在经（　　）后方能满足电路的要求。

(A) 检测直流电阻　(B) 加大截面积

(C) 通电试验　(D) 断电试验

59. 工厂企业供电系统的日负荷波动较大时，将影响供电设备效率，而使线路的功率损耗增加。所以应调整（　　），以达到节约用电的目的。

(A) 线路负荷　(B) 设备负荷

(C) 线路电压　(D) 设备电压

60. 采用降低供用电设备的无功功率，可提高（　　）。

(A) 电压　(B) 电阻　(C) 功率因数　(D) 总功率

二、判断题（正确的填“√”，错误的填“×”，共20分）

（　）1. 低频信号发生器是由振荡器、功率放大器、直流稳压电源及电压表等部分组成的。

（　）2. 同步电动机一般采用异步启动法。

（　）3. 三相电力变压器并联运行可提高供电的可靠性。

（　）4. 变压器耐压试验的目的是检查绕组对地绝缘及和另一绕组间的绝缘。

（　）5. 交流测速发电机的主要特点是其输出电压与转速成正比。

（　）6. 测速发电机分为交流和直流两大类。

（　）7. 直流测速发电机的结构与直流伺服电动机基本相同，原理与直流发电机相似。

（　）8. 直流伺服电动机不论是他励式还是永磁式，其转速都是由信号电压控制的。

（　）9. 高压熔断器和低压熔断器的熔体，只要熔体额定电流一样，二者可以互用。

（　）10. 能耗制动的制动力矩与通入定子绕组中的直流电流成正比，因此电流越大越好。

（　）11. 直流双臂电桥在使用过程中，动作要迅速，以免烧坏检流计。

（　）12. 单向可控整流电路中，二极管承受的最大反向电压出现在晶闸管导通时。

（ ）13. X62W铣床电气线路中采用了完备的电气联锁措施，主轴启动后才允许工作台作进给运动和快速移动。

（ ）14. 直流发电机-直流电动机自动调速系统必须用启动变阻器来限制启动电流。

（ ）15. 在X62W万能铣床电气线路中采用了两地控制方式，控制按钮按串联规律连接。

（ ）16. Z37摇臂钻床零压继电器可起到失压保护的作用。

（ ）17. 晶闸管的通态平均电流大于200A，外部均为平板式。

（ ）18. T610卧式镗床的主电机M1的短路保护是用熔断器实现的。

（ ）19. 火焊钳在使用时，应防止摔碰，严禁将焊钳浸入水中冷却。

（ ）20. 常用电气设备电气故障产生的原因主要是自然故障。

三、简答题（每题3分，共6分）

1. 简述法拉第电磁感应定律，并说明其数学表达式中负号的意义。

2. 在普通示波器中，触发扫描与一般扫描有什么不同？

四、计算题（5＋4＝9分）

1. 如图所示，已知 $E_1=7V$，$E_2=6.2V$，$R_1=R_2=0.2\Omega$，$R_3=3.2\Omega$，试用戴维南定理，求 R_3 上的电流。

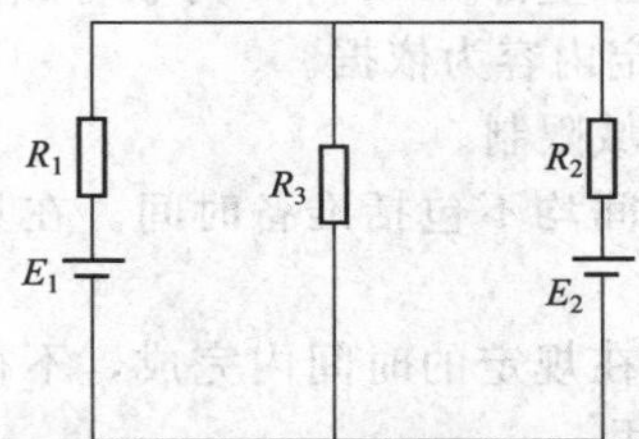

2. 在如图所示的电路中，根据图中所给的参数，求放大器：①输入电阻；②空载时电压放大倍数；③带负载时的电压放大倍数。

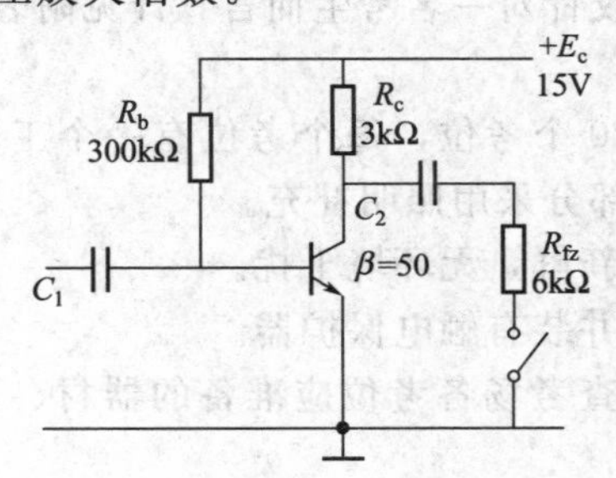

五、设计题（5分）

试设计一个运算电路，要求运算关系为 $U_0=U_{i1}-U_{i2}$，且 U_{i1}、U_{i2} 值大于0。

附录3 中级维修电工技能模拟试卷（一）

A 中级维修电工技能模拟考试说明

1. 本试卷适用于使用电工工具和仪器、仪表，对设备电气部分（含机电一体化）进行安装、调试、维修的人员的考前测试，本试卷所考核的内容无地域限制。

2. 本试卷整体试题（项目）共有4题。其中安装、调试操作技能1题，故障分析、修复及设备检修技能1题，工具、仪器、仪表的使用与维护技能1题，安全文明生产1题。

3. 本试卷整体考核时间共计265分钟。

4. 其他主要特点说明。

(1) 本试卷试题的考核要求、评分标准、配分、扣分、得分和现场记录均以表格的形式表示，各项试题配分累计为100分。

(2) 技能考试中的笔试部分主要是绘图和在故障排除试题中用笔在图纸上标出故障的范围。

(3) 技能试卷中工具、设备的使用与维护第2小题和安全文明生产试题，贯穿于整个技能考试中。

(4) 技能试卷中各项技能考试时间均不包括准备时间，准备通知书中的考试时间也是如此。在具体的考试中，各鉴定单位一定要把每一试题的考试准备时间考虑进去。

(5) 技能试卷每一道试题必须在规定的时间内完成，不得延时；在某一试题考试中节余的时间不能在另一试题考试中使用。

B 中级维修电工技能模拟考试准备通知单

一、试卷说明

1. 本试卷命题以可行性、技术性、通用性为原则编制。

2. 本试卷以原劳动部和机械工业部1996年6月联合颁发的《中华人民共和国维修电工职业技能鉴定规范》中级工的鉴定内容为依据。

3. 本试卷所考核的内容无地域限制。

4. 本试卷中各项技能考试时间均不包括准备时间。在具体的考试中，应该把每一试题考试准备的时间考虑进去。

5. 本试卷中每一道试题必须在规定的时间内完成，不得延时，在某一试题考试中节余的时间不能在另一试题考试中使用。

二、工具、材料和设备的准备

工具、材料和设备的准备仅针对一名考生而言（详见附表）。

三、考场准备

1. 考场面积60m^2、设有20个考位，每个考位有一个工作台，每个工作台的右上角贴有考号，考场采光良好，不足部分采用照明补充。

2. 考场应干净整洁、空气新鲜，无环境干扰。

3. 考场内应设有三相电源并装有触电保护器。

4. 考前由考务管理人员检查考场各考位应准备的器材、工具是否齐全，所贴考号是否有遗漏。

四、其他

本试卷总的考试时间为265min（不包括准备时间）。

中级维修电工技能模拟考试工具、材料和设备准备通知单（附表）

序号	名称	型号与规格	单位	数量	备注
1	劳动保护用品	工作服、绝缘鞋、安全帽等	套	1	
2	三相四线电源	～3×380V/220V、20A	处	1	
3	单相交流电源	～220V和36V、5A	处	各1	
4	电工通用工具	验电笔、钢丝钳、螺丝刀(包括十字口螺丝刀)、电工刀、尖嘴钳、活扳手等	套	1	
5	万用表	自定	块	1	

续表

序号	名称	型号与规格	单位	数量	备注
6	兆欧表	500V	块	1	
7	钳形电流表	5～50A	块	1	
8	三相电动机	Y-112M-4,4kW、380V、△接法或自定	台	1	
9	木板	500mm×450mm×20mm	块	1	
10	组合开关	HZ10-25/3	个	1	
11	交流接触器	CJ10-10 线圈电压 380V 或 CJ10-20 线圈电压 380V	只	4	
12	热继电器	JR16-20/D 整定电流 10～16A	只	1	
13	时间继电器	JS7-4A 线圈电压 380V	只	1	
14	整流二极管	2CZ30,15A、600V	只	4	
15	变压器	BK-300,380/36V、300V·A	只	1	
16	熔断器及熔芯	RL1-60/20	套	3	
17	熔断器及熔芯	RL1-15/4	套	2	
18	三联按钮	LA10-3H 或 LA4-3H	个	1	
19	接线端子排	JX2-1015,500V(10A、15 节)	条	1	
20	木螺钉	ϕ3mm×20mm、ϕ3mm×15mm	个	30	
21	平垫圈	ϕ4mm	个	30	
22	圆珠笔	自定	支	1	
23	塑料软铜线	BVR-2.5mm^2 颜色自定	m	20	
24	塑料软铜线	BVR-1.5mm^2 颜色自定	m	20	
25	塑料软铜线	BVR-0.75mm^2 颜色自定	m	1	
26	别径压端子	UT2.5-4mm、UT1-4mm	个	20	
27	行线槽	TC3025,长 34cm,两边打 3.5mm 孔	条	5	
28	异型塑料管	3.5mm^2	m	0.2	
29	双臂电桥	QJ44 型或自定	台	1	
30	电阻	0.5Ω、0.25W	个	1	
31	黑胶布	自定	卷	1	
32	透明胶布	自定	卷	1	
33	模拟电气线路板	技能试卷第 1 题考生所配的线路板	个	1	

C 中级维修电工技能模拟试卷与评分标准

序号	试题及考核要求	评分标准	配分
1	一、试题 安装和调试通电延时带直流能耗制动的 Y-△启动的控制电路 原理如附录图 1 KT 整定时间(3±1)s	元件安装:1. 元件布置不整齐、不匀称、不合理,每只扣 1 分 2. 元件安装不牢固、安装元件时漏装螺钉,每只扣 1 分 3. 损坏元件每只扣 2 分	5
		布线:1. 电机运行正常,如不按电气原理图接线,扣 1 分 2. 布线不进行线槽,不美观,主电路、控制电路每根扣 0.5 分 3. 接点松动、露铜过长、反圈、压绝缘层、标记线号不清楚、遗漏或误标,引出端无别径压端子每处扣 0.5 分 4. 损伤导线绝缘或线芯,每根扣 0.5 分	15
		通电试验:1. 时间继电器及热继电器整定值错误各扣 2 分 2. 主、控电路配错熔体,每个扣 1 分 3. 一次试车不成功扣 5 分;二次试车不成功扣 10 分;三次试车不成功扣 15 分;乱线敷设,扣 5 分	20

续表

<table>
<tr><th>序号</th><th>试题及考核要求</th><th>评分标准</th><th>配分</th></tr>
<tr><td>1</td><td colspan="3">二、考核要求
1. 按图纸的要求进行正确熟练的安装；元件在配线板上布置要合理，安装要准确紧固，配线要求紧固、美观，导线要进行线槽。正确使用工具和仪表
2. 按钮盒不固定在板上，电源和电机配线、按钮接线要接到端子排上，进出线槽的导线要有端子标号，引出端要用别径压端子
3. 安全文明操作
4. 满分 40 分，考试时间 210min</td></tr>
<tr><td rowspan="10">2</td><td rowspan="9">一、试题
由监考教师在考生所配的线路板上接上电动机，设隐蔽故障三处，其中主回路一处，控制回路两处。考生向监考教师询问故障现象时，故障现象可以告诉考生，考生要单独排除故障</td><td>1. 排除故障前不进行调查研究扣 1 分</td><td>1</td></tr>
<tr><td>2. 错标或标不出故障范围，每个故障点扣 2 分</td><td>6</td></tr>
<tr><td>3. 不能标出最小的故障范围，每个故障点扣 1 分</td><td>3</td></tr>
<tr><td>4. 实际排除故障中思路不清楚，每个故障点扣 2 分</td><td>6</td></tr>
<tr><td>5. 每少查出一处故障点扣 2 分</td><td>6</td></tr>
<tr><td>6. 每少排除一处故障点扣 3 分</td><td>9</td></tr>
<tr><td>7. 排除故障方法不正确，每处扣 3 分</td><td>9</td></tr>
<tr><td>8. 扩大故障范围或产生的新故障后不能自行修复，每个扣 10 分；已经修复，每个扣 5 分</td><td></td></tr>
<tr><td>9. 损坏电动机扣 10 分</td><td></td></tr>
<tr><td colspan="3">二、考核要求
1. 从设故障开始，监考教师不得进行提示
2. 根据故障现象，在电气控制线路上分析故障可能的原因，确定故障发生的范围
3. 进行检修时，监考教师要进行监护，注意安全
4. 排除故障过程中如果扩大故障，在规定时间内可以继续排除故障
5. 正确使用工具和仪表
6. 安全文明操作
7. 满分 40 分，考试时间 45min</td></tr>
<tr><td rowspan="3">3</td><td rowspan="2">一、试题
工具、设备的使用与维护
1. 试题：用双臂电桥测试准确电阻值
2. 在各项技能考试中，工具、设备（仪器、仪表等）的使用与维护要正确无误</td><td>1. 估计阻值选用电桥正确给 1 分
2. 准确使用电桥得 3 分，测试中违反操作规程不得分
3. 读数准确得 1 分</td><td>5</td></tr>
<tr><td>1. 在各项技能考试中，工具、设备的使用与维护不熟练不正确，每次扣 1 分，扣完 5 分为止
2. 考试中损坏工具和设备扣 5 分</td><td>5</td></tr>
<tr><td colspan="3">二、考核要求
1. 工具、设备的使用与维护要正确无误，不得损坏工具和设备
2. 安全文明操作
3. 满分 10 分，考试时间 10min</td></tr>
<tr><td rowspan="2">4</td><td>一、试题
安全文明生产</td><td>1. 在以上各项考试中，违反安全文明生产考核要求的任何一项扣 2 分，扣完为止；考生在不同的技能试题中，违反安全文明生产考核要求同一项内容的，要累计扣分
2. 当监考教师发现考生有重大事故隐患时，要立即予以制止，并每次扣考生安全文明生产总分 5 分</td><td>10</td></tr>
<tr><td colspan="3">二、考核要求
1. 安全文明生产：(1)劳动保护用品穿戴整齐；(2)电工工具佩带齐全；(3)遵守操作规程；(4)尊重监考教师，讲文明礼貌；(5)考试结束要清理现场
2. 当监考教师发现考生有重大事故隐患时，要立即予以制止
3. 考生故意违反安全文明生产或发生重大事故，取消其考试资格
4. 监考教师要在备注栏中注明考生违纪情况</td></tr>
</table>

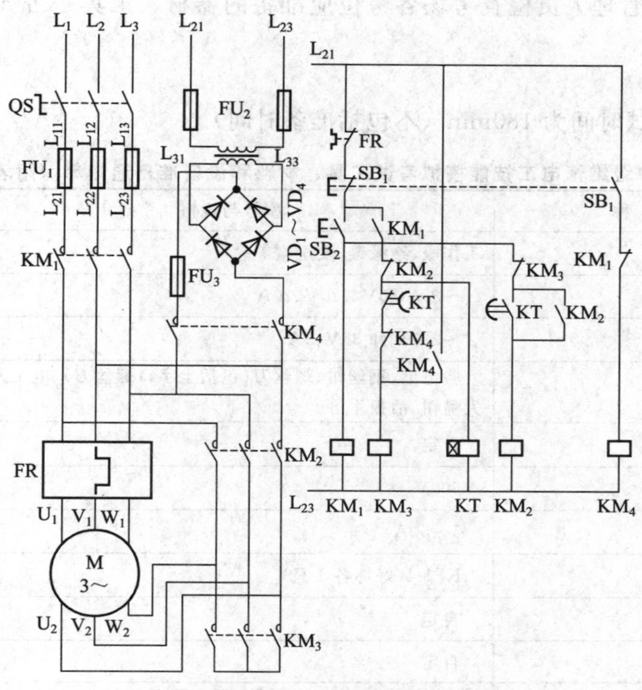

附录图 1　电气控制原理

附录 4　中级维修电工技能模拟试卷（二）

A　中级维修电工技能模拟考试说明（略）

B　中级维修电工技能模拟考试准备通知单

一、试卷说明

1. 本试卷命题以可行性、技术性、通用性为原则编制。

2. 本试卷以原劳动部和机械工业部 1996 年 6 月联合颁发的《中华人民共和国维修电工职业技能鉴定规范》中级工的鉴定内容为依据。

3. 本试卷所考核的内容无地域限制。

4. 本试卷中各项技能考试时间均不包括准备时间。在具体的考试中，应该把每一试题考试准备的时间考虑进去。

5. 本试卷中每一道试题必须在规定的时间内完成，不得延时，在某一试题考试中节余的时间不能在另一试题考试中使用。

二、工具、材料和设备的准备

工具、材料和设备的准备仅针对一名考生而言（详见附表）。

三、考场准备

1. 考场面积 $60m^2$、设有 20 个考位，每个考位有一个工作台，每个工作台的右上角贴有考号，考场采光良好，不足部分采用照明补充。

2. 考场应干净整洁、空气新鲜，无环境干扰。

3. 考场内应设有三相电源并装有触电保护器。

4. 考前由考务管理人员检查考场各考位应准备的器材、工具是否齐全，所贴考号是否有遗漏。

四、其他

本试卷总的考试时间为180min（不包括准备时间）。

中级维修电工技能模拟考试工具、材料和设备准备通知单（附表）

序号	名　称	型号与规格	单位	数量
1	劳动保护用品	工作服、绝缘鞋、安全帽等	套	1
2	三相四线电源	～3×380V/220V、20A	处	1
3	单相交流电源	～220V和36V、5A	处	各1
4	电工通用工具	验电笔、钢丝钳、螺丝刀(包括十字口螺丝刀)、电工刀、尖嘴钳、活扳手等	套	1
5	万用表	自定	块	1
6	兆欧表	500V	块	1
7	钳形电流表	5～50A	块	1
8	晶闸管	KP1-4(好坏各1只)	只	2
9	黑胶布	自定	卷	1
10	透明胶布	自定	卷	1
11	机床	Z35摇臂钻床、Z37钻床、X62W万能铣床、M1432万能外圆磨床、M7475B型磨床、T68镗床、T610镗床、5～20t桥式起重机	台	1
12	机床故障排除所用材料	按机床型号自定	套	1
13	二极管 VD_1、VD_2、VD_3、VD_4	2CP12	只	4
14	二极管 V_5、V_6	2CW21V	只	2
15	二极管 VD_{10}、VD_{11}、VD_{12}	2CP12	只	3
16	二极管 VD_{14}、VD_{16}	2CZ11D	只	2
17	晶闸管 VT_{13}、VT_{15}	KP1-4	只	2
18	单结晶体管 V_7	BT33	只	1
19	三极管 V_8	3CG5C	只	1
20	三极管 V_9	3DG6	只	1
21	电阻 R_1	1.2kΩ、0.25W	只	1
22	电阻 R_2	91Ω、0.25W	只	1
23	电阻 R_3	360Ω、0.25W	只	1
24	电阻 R_4、R_5	1kΩ、0.25W	只	2
25	电阻 R_6、R_7	5.1kΩ、0.25W	只	2
26	电阻 R_8	1kΩ、0.25W	只	1
27	可调电位器 R_p	6.8kΩ、0.25W	只	1
28	涤纶电容 C_1	0.22μF/25V	只	1
29	电解电容 C_2	200μF/25V	只	1
30	电源变压器 T	220/50V	只	1

续表

序号	名　　称	型号与规格	单位	数量
31	灯泡和灯头	220/60W	套	1
32	单股镀锌铜线(连接元器件用)	AV-0.1mm^2	m	1
33	多股细铜线(连接元器件用)	AVR-0.1mm^2	m	1
34	万能印刷线路板(或铆丁板)	2mm×70mm×100mm(或 2mm×150mm×200mm)	块	1
35	电烙铁、烙铁架、焊料与焊剂	自定	套	1

C　中级维修电工技能模拟试卷与评分标准

<table>
<tr><th>序号</th><th>试题及考核要求</th><th>评分标准</th><th>配分</th></tr>
<tr><td rowspan="3">1</td><td rowspan="2">一、试题
安装和调试如附录图 2 所示的晶闸管调光电路</td><td>按图焊接
1. 布局不合理扣 1 分
2. 焊点粗糙、拉尖、有焊接残渣,每处扣 1 分
3. 元件虚焊、气孔、漏焊、松动、损坏元件,每处扣 1 分
4. 引线过长、焊剂不擦干净扣 1 分
5. 元器件的标称值不直观、安装高度不合要求扣 1 分
6. 工具、仪表使用不正确,每次扣 1 分
7. 焊接时损坏元件每只扣 2 分</td><td>20</td></tr>
<tr><td>调试
1. 在规定时间内,不能正确连接仪器与仪表,不能正确进行调试前的准备工作扣 3 分
2. 通电调试一次不成功扣 5 分;二次不成功扣 10 分;三次不成功扣 15 分
3. 调试过程中损坏元件每只扣 2 分</td><td>20</td></tr>
<tr><td colspan="3">二、考核要求
1. 装接前要先检查元器件好坏,核对元件数量和规格,如在调试中发现元器件损坏,则按损坏元器件扣分
2. 在规定时间内,按图纸的要求进行正确熟练安装,正确连接仪器与仪表,能正确进行调试
3. 正确使用工具和仪表,装接质量要可靠,装接技术要符合工艺要求
4. 安全文明操作
5. 满分 40 分,考试时间 120min</td></tr>
<tr><td rowspan="10">2</td><td rowspan="9">一、试题
在 Z35 摇臂钻床、Z37 钻床、X62W 万能铣床、M1432 万能外圆磨床、M7475B 磨床、T68 及 T610 镗床、5～20t 桥式起重机中任选一种,在其电气线路上,设隐蔽故障三处,其中主回路一处,控制回路两处。考生向监考教师询问故障现象时,故障现象可以告诉考生,考生要单独排除故障</td><td>1. 排除故障前不进行调查研究扣 1 分</td><td>1</td></tr>
<tr><td>2. 错标或标不出故障范围,每个故障点扣 2 分</td><td>6</td></tr>
<tr><td>3. 不能标出最小的故障范围,每个故障点扣 1 分</td><td>3</td></tr>
<tr><td>4. 实际排除故障中思路不清楚,每个故障点扣 2 分</td><td>6</td></tr>
<tr><td>5. 每少查出一处故障点扣 2 分</td><td>6</td></tr>
<tr><td>6. 每少排除一处故障点扣 3 分</td><td>9</td></tr>
<tr><td>7. 排除故障方法不正确,每处扣 3 分</td><td>9</td></tr>
<tr><td>8. 扩大故障范围或产生的新故障后不能自行修复,每个扣 10 分;已经修复,每个扣 5 分</td><td></td></tr>
<tr><td>9. 损坏电动机扣 10 分</td><td></td></tr>
<tr><td colspan="3">二、考核要求
1. 从设故障开始,监考教师不得进行提示
2. 根据故障现象,在电气控制线路上分析故障可能的原因,确定故障发生的范围
3. 进行检修时,监考教师要进行监护,注意安全
4. 排除故障过程中如果扩大故障,在规定时间内可以继续排除故障
5. 正确使用工具和仪表
6. 安全文明操作
7. 满分 40 分,考试时间 50min</td></tr>
</table>

续表

序号	试题及考核要求	评分标准	配分
3	一、试题 工具、设备的使用与维护 1. 试题：晶闸管好坏各一只，用万用表选出好的并判别其极性	1. 万用表选择挡位、量程不适当扣1分 2. 选不出好晶闸管扣1分 3. 管脚的极性判别不正确扣2分 4. 损坏晶闸管扣1分	5
	2. 在各项技能考试中，工具、设备（仪器、仪表等）的使用与维护要正确无误	1. 在各项技能考试中，工具、设备的使用与维护不熟练不正确，每次扣1分，扣完5分为止 2. 考试中损坏工具和设备扣5分	5
	二、考核要求 1. 工具、设备的使用与维护要正确无误，不得损坏工具和设备 2. 安全文明操作 3. 满分10分，考试时间10min		
4	一、试题 安全文明生产	1. 在以上各项考试中，违反安全文明生产考核要求的任何一项扣2分，扣完为止；考生在不同的技能试题中，违反安全文明生产考核要求同一项内容的，要累计扣分 2. 当监考教师发现考生有重大事故隐患时，要立即予以制止，并每次扣考生安全文明生产总分5分	10
	二、考核要求 1. 安全文明生产：(1)劳动保护用品穿戴整齐；(2)电工工具佩带齐全；(3)遵守操作规程；(4)尊重监考教师，讲文明礼貌；(5)考试结束要清理现场 2. 当监考教师发现考生有重大事故隐患时，要立即予以制止 3. 考生故意违反安全文明生产或发生重大事故，取消其考试资格 4. 监考教师要在备注栏中注明考生违纪情况		

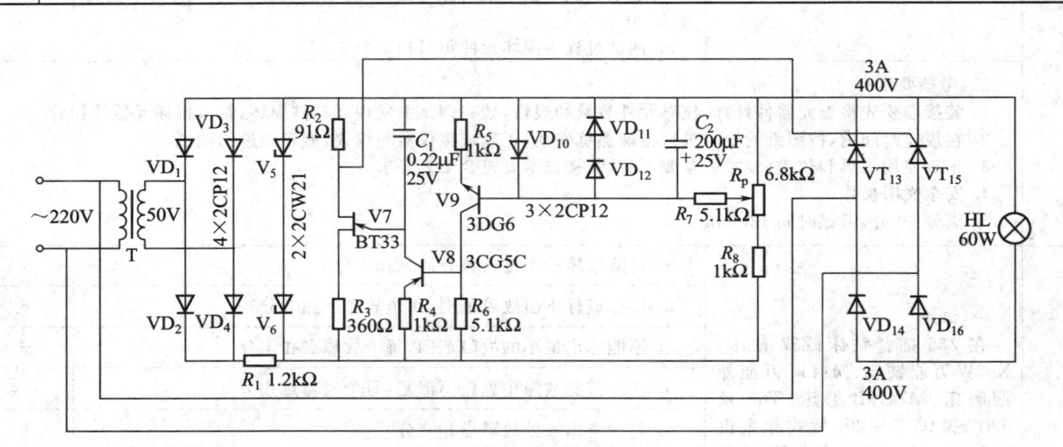

附录图2 晶闸管调光电路

附录5 高级维修电工理论知识模拟试卷（一）

一、选择题（将正确的答案的字母填入题内的括号中。每题1分，共40分）

1. 在 RL 串联电路中，已知电源电压为 U，若 $R=X_L$，则电路中的无功功率为（　）。

(A) U^2/X_L　(B) $U^2/(\sqrt{2}X_L)$　(C) $U^2/(2X_L)$　(D) 不确定

2. 晶闸管一旦导通，其门极对主电路将（　）。

(A) 还有控制作用　(B) 无控制作用　(C) 有时有控制作用　(D) 不确定

3. 晶闸管内部结构有（　）个PN结。

(A) 1个　(B) 2个　(C) 3个　(D) 4个

4. 硅二极管的正向导通压降是（ ）。

(A) 0.2V (B) 0.3V (C) 0.5V (D) 0.7V

5. 三极管放大的外部条件是（ ）。

(A) J_E 正偏、J_C 正偏 (B) J_E 正偏、J_C 反偏

(C) J_E 反偏、J_C 正偏 (D) J_E 正偏

6. 普通晶闸管由中间 P 层引出的电极是（ ）。

(A) 阳极 (B) 门极 (C) 阴极 (D) 无法确定

7. 稳压二极管的工作机理是利用其（ ）。

(A) 单向导电性 (B) 反向截止性 (C) 反向击穿性 (D) 正向导通性

8. 下列逻辑运算正确的是（ ）。

(A) 1+1=2 (B) 1+1=0 (C) 1+A=A (D) 1+A=1

9. 与非门逻辑功能是（ ）。

(A) 有 0 出 0，全 1 出 1 (B) 有 0 出 1，全 1 出 0

(C) 有 1 出 0，全 0 出 1 (D) 有 1 出 1，全 0 出 0

10. 下列滤波电路中，外特性硬的是（ ）。

(A) 电感滤波 (B) 电容滤波 (C) 复式滤波 (D) 不确定

11. 线圈产生感应电动势的大小正比于通过线圈的（ ）。

(A) 磁通量的变化量 (B) 磁通量的大小

(C) 磁链的大小 (D) 磁通量的变化率

12. 复杂直流电路处于过渡过程中时，基尔霍夫定律（ ）。

(A) 不成立 (B) 只有电流定律成立 (C) 仍然成立 (D) 不一定

13. 在线性电路中，元件上的（ ）不能用叠加原理计算。

(A) 电流 (B) 功率 (C) 电压 (D) 电阻

14. 在匀强磁场中，线圈平面与磁力线夹角呈（ ）时，通电线圈承受的电磁转矩最小。

(A) 0° (B) 90° (C) 45° (D) 60°

15. 已知理想变压器的原边绕组匝数为 200 匝，副边绕组匝数为 50 匝，则接在副边绕组上的 2kΩ 电阻等效到原边后，其阻值为（ ）。

(A) 16kΩ (B) 4kΩ (C) 32kΩ (D) 2kΩ

16. 在纯电容电路中，已知电压的最大值为 U_M，电流的最大值为 I_M，则电路的无功功率为（ ）。

(A) $U_M I_M/2$ (B) $U_M I_M$ (C) U_M^2/I_M (D) $U_M I_M^2$

17. 由 LC 组成的并联电路，当外加电源的频率为电路谐振频率时，电路呈（ ）。

(A) 纯阻性 (B) 感性 (C) 容性 (D) 不一定

18. RLC 串联电路发生串联谐振的条件是（ ）。

(A) $\omega L=\omega C$ (B) $\omega L=1/(\omega C)$ (C) $L=C$ (D) $L=1/C$

19. 热继电器在通过额定电流时不动作，如果过载时能脱扣，但不能再扣，反复调整仍然这样，则说明（ ）。

(A) 热元件发热量太小 (B) 双金属片安装方向反了

(C) 热元件发热量太大 (D) 还没有调整好

20. 降低电源电压后，三相异步电动机的临界转差率将（ ）。

(A) 增大 (B) 减小 (C) 不变 (D) 不确定

21. 三相六拍通电方式的步进电动机，若转子齿数为40，则步距角为（　　）。

（A）3°　（B）1°　（C）0.5°　（D）1.5°

22. 降低电源电压后，拖动恒定转矩的三相异步电动机的临界转差率将（　　）。

（A）增大　（B）减小　（C）不变　（D）先大后小

23. 对于积分调节器，当输出量为稳态值时，其输入量必然（　　）。

（A）小于零　（B）为零　（C）大于零　（D）不为零

24. 在数控机床的位置显示装置中，应用最普遍的是（　　）。

（A）磁栅数显　（B）光栅数显　（C）感应同步数显　（D）感应异步数显

25. 当PC的电源掉电时，PC的软计数器（　　）。

（A）开始计数　（B）复位　（C）无信息　（D）保持掉电前的计数

26. 磁极周围存在着一种特殊物质，这种物质具有力和能的特性，该物质叫（　　）。

（A）磁性　（B）磁场　（C）磁力　（D）磁体

27. 在铁磁物质组成的磁路中，磁阻是非线性的原因是（　　）是非线性的。

（A）磁导率　（B）磁通　（C）电流　（D）磁场强度

28. 感应炉涡流是（　　）。

（A）装料中的感应电势　（B）流于线圈中的电流

（C）装料中的感应电流　（D）线圈中的漏电流

29. JSS-4A型晶体三极管测试仪是测量中小功率晶体三极管在低频状态下的 h 参数和（　　）的常用仪器。

（A）击穿电压　（B）耗散功率　（C）饱和电流　（D）频率特性

30. SR-8型双踪示波器中的“DC-⊥-AC”是被测信号馈至示波器输入端耦合方式的选择开关，当此开关置于“⊥”挡时，表示（　　）。

（A）输入端接地　（B）仪表应垂直放置

（C）输入端能通直流　（D）输入端能通交流

31. 双踪示波器的示波管中装有（　　）偏转系统。

（A）一个电子枪和一套　（B）一个电子枪和两套

（C）两个电子枪和一套　（D）两个电子枪和两套

32. 在正弦波振荡器中，反馈电压与原输入电压之间的相位差是（　　）。

（A）0°　（B）90°　（C）180°　（D）270°

33. 在硅稳压管稳压电路中，限流电阻 R 的作用是（　　）。

（A）既限流又降压　（B）既限流又调压

（C）既降压又调压　（D）既调压又调流

34. 电力晶体管GTR内部电流是由（　　）形成的。

（A）电子　（B）空穴　（C）电子和空穴　（D）有电子但无空穴

35. 以电力晶体管组成的斩波器适用于（　　）容量的场合。

（A）特大　（B）大　（C）中　（D）小

36. 在大容量三相逆变器中，开关元件一般不采用（　　）。

（A）晶闸管　（B）绝缘栅双极晶体管　（C）可关断晶闸管　（D）电力晶体管

37. 三相异步电动机转子绕组绕制和嵌线时，较大容量的绕线式转子绕组采用（　　）。

（A）扁铝线　（B）裸铜条　（C）铝线　（D）圆铜线

38. 由于直流电机需要换向，致使直流电机只能做成（　　）式。

(A) 电枢旋转　(B) 磁极旋转　(C) 罩极　(D) 隐极

39. 修理接地故障时，一般只要把击穿烧坏处的污物清除干净，用虫胶干漆和云母材料填补烧坏处，再用（　）mm 厚的可塑云母板覆盖 1～2 层。

(A) 0.1　(B) 0.2　(C) 0.25　(D) 0.5

40. 三相异步换向器电动机转速调到同步转速以上的最高转速时，则该电机电刷机构将使换向器两个转盘间的相对位置发生变化，并使同相电刷间的张角变为（　）电角度。

(A) −180°　(B) 180°　(C) −180°～+180°　(D) 0°

二、判断题（将判断结果填入括号中。正确的填"√"，错误的填"×"。每题 1 分，共 25 分）

（　）1. 当 RLC 串联电路发生谐振时，电路中的电流达到最大值。

（　）2. 带有电容滤波电路的单相桥式整流电路，其输出电压平均值与所带负载大小无关。

（　）3. 当晶体三极管的发射极正偏时，三极管一定工作于放大区。

（　）4. 当单相桥式全波整流电路中任一只整流二极管断路时，输出电压值将下降一半，电路将变成半波整流。

（　）5. 用硅稳压二极管组成稳压电路时，稳压二极管应加反偏压，且与负载电阻串联连接。

（　）6. NPN 型三极管工作于放大状态时，$U_E > U_B > U_C$。

（　）7. 画低频放大电路的交流通路时，电容可看作短路，直流电源可看作接地。

（　）8. 双基二极管内部有 1 个 PN 结。

（　）9. 三极管是电流控制型半导体器件，而场效应管是电压控制型半导体器件。

（　）10. 放大电路引入负反馈能消除非线性失真。

（　）11. 数字集成电路比由分立元件组成的数字电路具有可靠性高和微型化的优点。

（　）12. 若交流测速发电机的转向改变，则其输出电压的相位将发生 180°的改变。

（　）13. 集成运算放大器工作时，其反向输入端和同向输入端电位差绝对为 0。

（　）14. 晶闸管加正向电压，触发电流越大，越容易导通。

（　）15. 固定偏置放大器中，Q 点过低易产生截止失真。

（　）16. TTL 与非门的输入端可接任意电阻，而不影响其输出电平。

（　）17. 译码器、全加器、计数器和寄存器都是组合逻辑电路。

（　）18. 电压放大器是大信号放大器，而功率放大器是小信号放大器。

（　）19. 生产过程的组织是车间生产管理的基本内容。

（　）20. 常用电气设备的维修应包括日常维护保养和故障检修两个方面。

（　）21. 交-交变频是把工频交流电整流为直流电，然后再由直流电逆变为所需频率的交流电。

（　）22. 梯形图必须符合从左到右、从上到下的顺序执行原则。

（　）23. 数控加工程序是由若干程序段组成的，程序段由若干个指令代码组成，而指令代码又是由字母和数字组成的。

（　）24. 交流伺服电动机在控制绕组电流作用下转动起来，如果控制绕组突然断路，则转子不会自行停转。

（　）25. 数控装置是数控机床的控制核心，它根据输入的程序和数据完成数值计算、逻辑判断、输入输出控制、轨迹插补等功能。

三、简答题（每题3分，共9分）

1. 可编程控制器的顺序扫描可分为哪几个阶段执行？

2. 晶闸管两端并接阻容吸收电路可起哪些保护作用？

3. 实现有源逆变的条件是什么？

四、计算题（8+8=16分）

1. 直流发电机的感应电势为230V，电枢电流为45A，转速为900r/min，求该发电机产生的电磁功率及电磁转矩。

2. 下图所示为一个固定偏置的单管放大电路，已知集电极电源为12V，基极总的上偏置电阻为400kΩ，集电极电阻为3kΩ，三极管的电流放大系数为50。试用估算法求解：

① 静态工作点（基极电流、集电极电流和集电极电压）；

② 若把集电极电流调到2mA，则上偏置电阻应选多大？

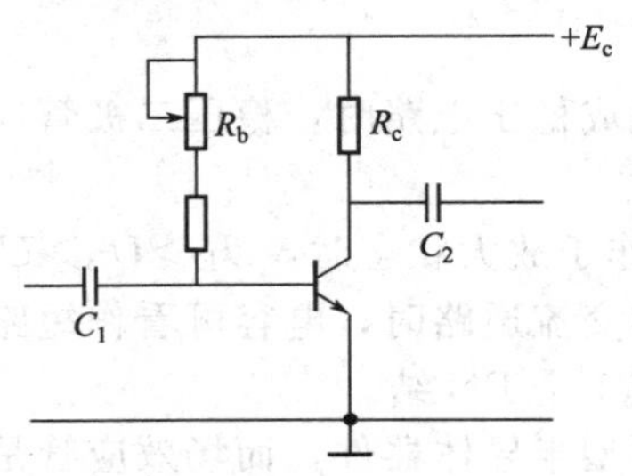

五、作图题（10分）

某车间要求电动机作正反转循环运行，电动机的一个运行周期为：正转→反转→正转，并要求有启、停控制。如用PC来实现电动机的控制，请设计梯形图程序。

附录6　高级维修电工理论知识模拟试卷（二）

一、选择题（将正确的答案的字母填入题内的括号中。每题1分，共40分）

1. 现代数控机床的数控系统是由机床控制程序、数控装置、可编程控制器、主轴控制系统及进给控制系统等组成，其核心部分是（　　）。

(A) 进给控制系统　(B) 可编程控制器　(C) 数控装置　(D) 主轴控制系统

2. 早期自动生产流水线中矩阵式顺序控制器的程序编排可通过（　　）矩阵来完成程序的存储及逻辑运算判断。

(A) 二极管　(B) 三极管　(C) 场效应管　(D) 单结晶体管

3. 交流双速电梯停车前的运动速度大约是额定速度的（　　）左右。

(A) 1/2　(B) 1/3　(C) 1/4　(D) 1/8

4. 当PLC交流电梯额定速度大于0.63m/s时，安全钳应选用（　　）式。

(A) 渐进　(B) 抛物线　(C) 瞬时　(D) 椭圆

5. 世界上发明的第一台电子数字计算机是（　　）。

(A) ENIAC　(B) EDVAC　(C) EDSAC　(D) UNIVAC

6. 一个完整的计算机系统包括（　　）。

(A) 计算机及其外围设备 (B) 主机、键盘及显示器
(C) 软件系统和硬件系统 (D) 模拟电路部分和数字电路部分

7. PLC可编程控制器，整个工作过程分五个阶段，当PLC通电运行时，第四个阶段应为（　　）。

(A) 与编程器通信 (B) 执行用户程序 (C) 读入现场信号 (D) 自诊断

8. 在梯形图编程中，常开触头与母线连接指令的助记符应为（　　）。

(A) LDI (B) LD (C) OR (D) ORI

9. 单相半桥逆变器（电压型）的输出电压为（　　）。

(A) 正弦波 (B) 矩形波 (C) 锯齿波 (D) 尖顶波

10. 逆变器根据对无功能量的处理方法不同，分为（　　）。

(A) 电压型和电阻型 (B) 电流型和功率型
(C) 电压型和电流型 (D) 电压型和功率型

11. 缩短基本时间的措施有（　　）。

(A) 采用新技术、新设备、新工艺 (B) 缩短辅助时间
(C) 减少准备时间 (D) 减少休息时间

12. 缩短辅助时间的措施有（　　）。

(A) 缩短作业时间 (B) 提高操作者技术水平
(C) 减少休息时间 (D) 减少准备时间

13. 内燃机中的曲柄滑块机构，应该是以（　　）为主动件。

(A) 滑块 (B) 曲柄 (C) 内燃机 (D) 连杆

14. 在蜗杆传动中，蜗杆的齿轮不变情况下，蜗杆传动比越大，则头数（　　）。

(A) 少 (B) 大 (C) 不变 (D) 更大

15. 改变轮系中相互啮合的齿轮数目可以改变（　　）的转动方向。

(A) 主动轮 (B) 从动轮 (C) 主动轴 (D) 电动机转轴

16. 7000表示（　　）轴承。

(A) 推力球 (B) 圆锥滚子 (C) 圆柱滚子 (D) 调心滚子

17. 当机床设备的轴承圆周运动速度较高时，应采用润滑油润滑。（　　）不是润滑油的润滑方式。

(A) 浸油润滑 (B) 滴油润滑 (C) 喷雾润滑 (D) 润滑脂

18. 液压泵的吸油高度一般应大于（　　）mm。

(A) 50 (B) 500 (C) 30 (D) 300

19. 直流电动机的换向极极性与顺着电枢转向的下一个主极极性（　　）。

(A) 相同 (B) 相反 (C) 串联 (D) 并联

20. 直流并励电动机采用能耗制动时，切断电枢电源，同时电枢与电阻接通，并（　　），产生的电磁转矩方向与电枢转动方向相反，使电动机迅速制动。

(A) 增大励磁电流 (B) 减小励磁电流
(C) 保持励磁电流不变 (D) 使励磁电流为零

21. 线绕式异步电动机，采用转子串联电阻进行调速时，串联的电阻越大，则转速（　　）。

(A) 不随电阻变化 (B) 越高 (C) 越低 (D) 测速后才可确定

22. 测速发电机有两套绕组，其输出绕组与（　　）相接。

(A) 电压信号 (B) 短路导线 (C) 高阻抗仪表 (D) 低阻抗仪表

23. 旋转变压器的主要用途是（　　）。

(A) 输出电力传送电能　(B) 变压变流

(C) 调节电机转速

(D) 作自动控制系统中的随动系统和解算装置

24. 控制式自整角机按其用途分为（　　）种。

(A) 3　(B) 2　(C) 4　(D) 5

25. 滑差电动机的机械特性是（　）。

(A) 绝对硬特性　(B) 硬特性

(C) 稍有下降的机械特性　(D) 软机械特性

26. 交流异步电动机在变频调速过程中，应尽可能使气隙磁通（　　）。

(A) 大些　(B) 小些

(C) 由小到大变化　(D) 恒定

27. 直流电动机的转速与电枢电源电压（　　）。

(A) 成正比　(B) 成反比　(C) 平方成正比　(D) 平方成反比

28. 三相交流换向器电动机的缺点之一是工作电压不能太高，一般额定电压（　　）。

(A) 小于 250V　(B) 大于 250V　(C) 小于 500V　(D) 大于 500V

29. 无换向器电动机基本电路中，当电动机工作在再生制动状态时，逆变电路部分工作在（　　）状态。

(A) 逆变　(B) 放大　(C) 斩波　(D) 整流

30. 变频调速中的变频电源是（　　）之间的接口。

(A) 市电电源　(B) 交流电机

(C) 市电电源与交流电机　(D) 市电电源与交流电源

31. 转速负反馈调速系统对检测反馈元件和给定电压造成的转速降（　　）补偿能力。

(A) 没有　(B) 有

(C) 对前者有补偿能力，对后者无　(D) 对前者无补偿能力，对后者有

32. 电压负反馈自动调速系统，调速范围 D 一般应为（　　）。

(A) $D<10$　(B) $D>10$　(C) $10<D<20$　(D) $20<D<30$

33. 在负载增加时，电流正反馈引起的转速补偿其实是转速上升，而非转速量应为（　　）。

(A) 上升　(B) 下降

(C) 上升一段时间然后下降　(D) 下降一段时间然后上升

34. 电流截止负反馈的截止方法不仅可以用电压比较法，而且也可以在反馈回路中对接一个（　　）来实现。

(A) 晶闸管　(B) 三极管　(C) 单结晶体管　(D) 稳压管

35. 无静差调速系统中，积分环节的作用使输出量（　　）上升，直到输入信号消失。

(A) 曲线　(B) 抛物线　(C) 双曲线　(D) 直线

36. 带有速度、电流双闭环调速系统，在启动时调节作用主要靠（　　）调节器产生。

(A) 电流　(B) 速度　(C) 负反馈电压　(D) 电流、速度两个

37. 当感应同步器定尺线圈与滑尺线圈的轴线重合时，定尺线圈读出的信号应为（　　）。

(A) 最大值　(B) 最大值/2　(C) 最小值　(D) 零

38. 感应同步器在安装时必须保持两尺平行，两平面间的间隙约为 0.25mm，倾斜度小于（　　）。

(A) 20°　(B) 30°　(C) 40°　(D) 10°

39. 变频调速所用的 VVVF 型变频器，具有（　　）功能。

（A）调压　　　　（B）调频　　　　（C）调压与调频　（D）调功率

40. 无换向器电动机的基本电路中，直流电源由（　　）提供。

（A）三相整流电路　　　　　　　　（B）单相整流电路

（C）三相可控整流桥　　　　　　　（D）单相全桥整流电路

二、判断题（将判断结果填入括号中。正确的填"√"，错误的填"×"。每题 1 分，共 20 分）

（　）1. 使用示波器时，应将被测信号接入"Y 轴输入"端钮。

（　）2. 因为感生电流的磁通总是阻碍原磁通的变化，所以感生磁通永远与原磁通方向相反。

（　）3. 在集成运算放大器中，为减小零点漂移都采用差动式放大电路，并利用非线性元件进行温度补偿。

（　）4. 在三相半控桥式整流电路带电感性负载时，控制角或移相角的移相范围为 60°。

（　）5. 电力场效应管是理想的电流控制器件。

（　）6. 在斩波器中，采用电力场效应管后可降低对滤波元器件的要求，减少了斩波器的体积和重量。

（　）7. 与门的逻辑功能可概括为"有 0 出 0，有 1 出 1"。

（　）8. 直流力矩电动机一般做成电磁的少极磁场。

（　）9. 绝缘栅双极晶体管内部为四层结构。

（　）10. 变压器绕组的直流电阻试验，当分接开关置于不同分接位置时，测得的直流电阻若相差很大，则可能是分接开关接触不良或触点有污垢。

（　）11. 并励电动机机械特性为硬特性，主要用于负载转矩在大范围内变化的场合。

（　）12. 直流伺服电动机有他励式和永磁式两种，其转速由信号电压控制。

（　）13. 交磁电机扩大机有多个控制绕组，其匝数、额定电流各有不同，因此额定安匝数也不相同。

（　）14. 三相低频发电机是一种交流换向器的电机，它具有与直流电机相似的电枢和隐极式定子。

（　）15. 感应同步器主要参数有动态范围、精度及分辨率，其中精度应为 0.1μm。

（　）16. 数控机床在进行曲线加工时，ΔL_i 直线斜率不断变化，而且两个速度分量比 $\Delta VY_i/\Delta VX_i$ 也不断变化。

（　）17. 在交流电梯进行关门过程中，有人触及安全板时，电梯仍然继续关门。

（　）18. 微机的应用使仪表向数字化、智能化的方向发展。

（　）19. 为简化二进制数才引进十六进制数，其实机器并不能直接识别十六进制数。

（　）20. 小带轮的包角越大，传递的拉力就越大。

三、简答题（每题 4 分，共 12 分）

1. 对晶体管图示仪中集电极扫描电压的要求是什么？

2. 触发器应具备哪些基本功能？

3. 电力晶体管有何特点？

四、计算题（10＋8＝18 分）

1. 一台直流电机 $2p=2$，单叠绕组，$N=780$，作发电机运行，设 $n=885\text{r/min}$，$\Phi=$

0.02Wb，$I_a=40A$。求：①发电机的电动势 E_a；②产生的电磁转矩 T。

2. 如图所示，已知 $E_1=18V$，$E_2=9V$，$R_1=R_2=1\Omega$，$R_3=4\Omega$，求通过 R_1 和 R_2 的电流。

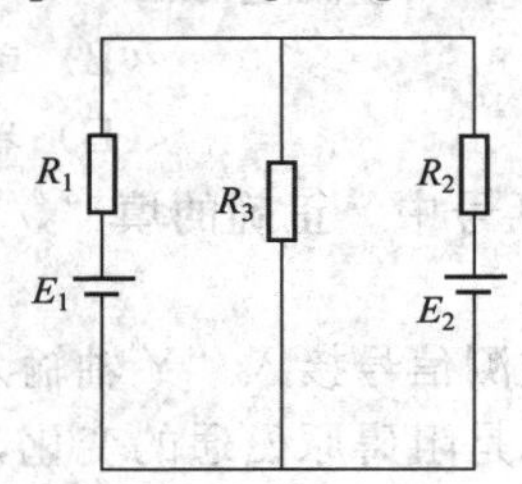

五、作图题（10 分）

作出由二极管等元器件组成的桥式全波整流滤波电路。

附录 7　高级维修电工技能模拟试卷（一）

A　高级维修电工技能模拟考试说明

1. 本试卷组卷目的是用于高级维修电工国家职业技能鉴定考前测试。本试卷适用于使用电工工具和仪器、仪表，对设备电气部分（含机电一体化）进行安装、调试、维修的人员，本试卷所考核的内容无地域限制。

2. 本试卷整体试题（项目）共有 4 题。其中安装、改装、调试、试验技能 1 题，分析故障、检修及编写检修工艺技能 1 题，工具、仪器、仪表的使用与维护技能 1 题，安全文明生产 1 题。

3. 本试卷整体考核时间共计 280min。

4. 其他主要特点说明。

(1) 本试卷试题的考核要求、评分标准、配分、扣分、得分和现场记录均以表格的形式表示，各项试题配分累计为 100 分。

(2) 技能考试中的笔试部分主要是绘图和在故障排除试题中用笔在图纸上标出故障的范围。

(3) 技能试卷中工具、设备的使用与维护第 2 小题和安全文明生产试题，贯穿于整个技能考试中。

(4) 技能试卷中各项技能考试时间均不包括准备时间，准备通知书中的考试时间也是如此。在具体的考试中，各鉴定单位一定要把每一试题的考试准备时间考虑进去。

(5) 技能试卷每一道试题必须在规定的时间内完成，不得延时；在某一试题考试中节余的时间不能在另一试题考试中使用。

B　高级维修电工技能模拟考试准备通知单

一、试卷说明

1. 本试卷命题以可行性、技术性、通用性为原则编制。

2. 本试卷以原劳动部和机械工业部 1996 年 6 月联合颁发的《中华人民共和国维修电工职业技能鉴定规范》高级工的鉴定内容为依据。

3. 本试卷所考核的内容无地域限制。

4. 本试卷中各项技能考试时间均不包括准备时间。在具体的考试中，应该把每一试题考试准备的时间考虑进去。

5. 本试卷中每一道试题必须在规定的时间内完成，不得延时，在某一试题考试中节余的时间不能在另一试题考试中使用。

二、工具、材料和设备的准备

工具、材料和设备的准备仅针对一名考生而言（详见附表）。

三、考场准备

1. 考场面积 $60m^2$、设有 20 个考位，每个考位有一个工作台，每个工作台的右上角贴有考号，考场采光良好，不足部分采用照明补充。

2. 考场应干净整洁、空气新鲜，无环境干扰。

3. 考场内应设有三相电源并装有触电保护器。

4. 考前由考务管理人员检查考场各考位应准备的器材、工具是否齐全，所贴考号是否有遗漏。

四、其他

本试卷总的考试时间为 280min（不包括准备时间）。

中级维修电工技能模拟考试工具、材料和设备准备通知单（附表）

序号	名　称	型号与规格	单位	数量
1	劳动保护用品	工作服、绝缘鞋、安全帽等	套	1
2	三相四线电源	～3×380V/220V、20A	处	1
3	单相交流电源	～220V 和 36V、5A	处	各 1
4	电工通用工具	验电笔、钢丝钳、螺丝刀(包括十字口螺丝刀)、电工刀、尖嘴钳、活扳手等	套	1
5	万用表	自定	块	1
6	兆欧表	500V	块	1
7	钳形电流表	5～50A	块	1
8	双踪示波器	SR8 或自定	台	1
9	黑胶布	自定	卷	1
10	透明胶布	自定	卷	1
11	设备或模拟电气线路板	PLC 电梯系统或 VVVF 电梯系统设备(任选一种)	台	1
12	机床故障排除所用材料	按设备型号自定	套	1
13	熔断器及熔芯配套	RL1-15/4,4A	套	2
14	电源变压器 T	220V/(50V、6.3V)	只	1
15	二极管 VD_1、VD_3	2CZ10A/500V	只	2
16	二极管 VD_6～VD_9	2CZ10A/500V	只	4
17	二极管 VD_{10}～VD_{13}	2CP12	只	4
18	二极管 VD_{19}～VD_{21}	2CP12	只	3
19	二极管 V_{14}，V_{15}	2CW21	只	2
20	晶闸管 VT_2、VT_4	3CT-3～5A/500V	只	2
21	电容器 C_1	4μF/600V	只	1
22	电容器 C_2、C_3	1μF/400V	只	2
23	电容器 C_4	2μF/630V	只	1
24	电容器 C_5	50μF/50V	只	1
25	电容器 C_6	0.22μF/25V	只	1
26	电容器 C_7	200μF/25V	只	1
27	可调电位器 RP_1	10kΩ、2W	只	1
28	可调电位器 RP_2	1.2kΩ、3W	只	1
29	可调电位器 RP_3	5.6kΩ、3W	只	1

续表

序号	名　称	型号与规格	单位	数量
30	单结晶体管 V_{16}	BT33	只	1
31	三极管 V_{17}	3CG5C	只	1
32	三极管 V_{18}	3DG6	只	1
33	电阻 $R_1 \sim R_4$	50Ω、30W	只	4
34	电阻 R_5	51kΩ、2W	只	1
35	电阻 R_6	8.2kΩ、1W	只	1
36	电阻 R_7	51kΩ、2W	只	1
37	电阻 R_8	91Ω、1W	只	1
38	电阻 R_9	360Ω、1W	只	1
39	电阻 R_{10}、R_{11}	1kΩ、0.5W	只	2
40	电阻 $R_{12} \sim R_{14}$	5.1kΩ、0.5W	只	3
41	电阻 R_{15}	6.1kΩ、0.5W	只	1
42	电阻 R_{16}	1kΩ、0.5W	只	1
43	直流电机	根据系统自定	台	1
44	单股镀锌铜线(连接元器件用)	AV-0.1mm²	m	1
45	多股细铜线(连接元器件用)	AVR-0.1mm²	m	1
46	万能印刷线路板(或铆丁板)	2mm×70mm×100mm(或 2mm×150mm×200mm)	块	1
47	电烙铁、烙铁架、焊料与焊剂	自定	套	1
48	直流电动机	自定或模拟负载	台	1

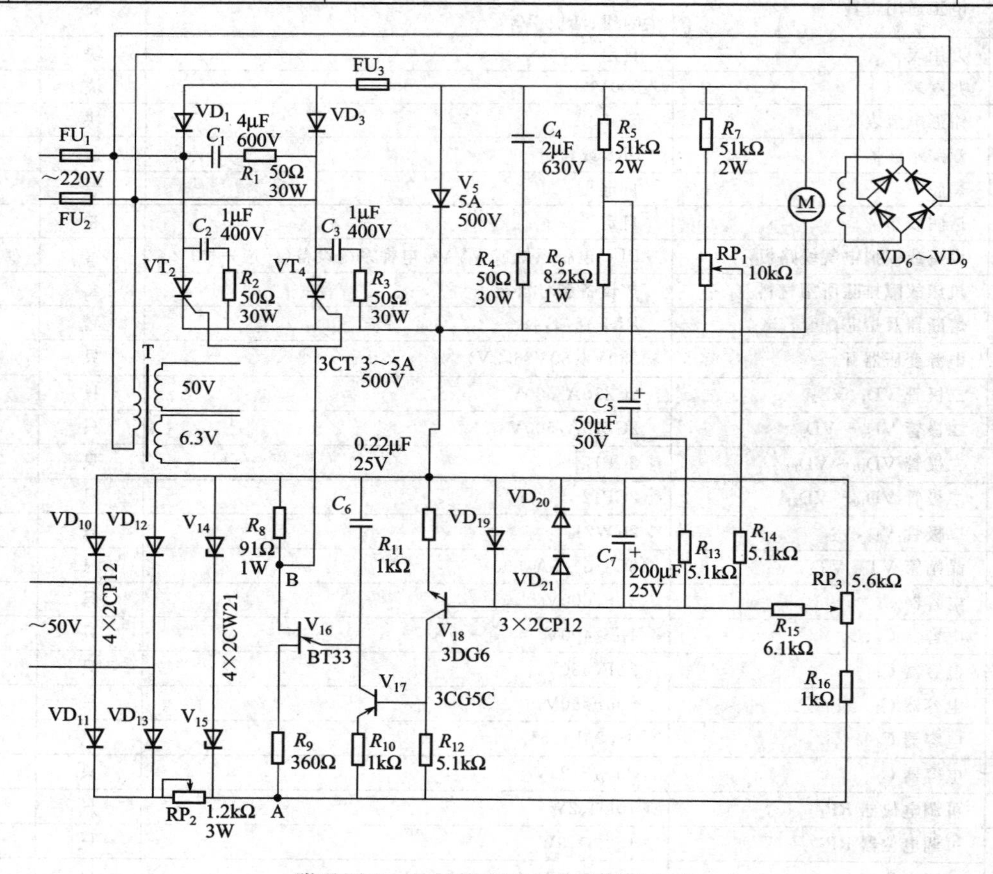

附录图 3　晶闸管直流电动机调速电路

C 高级维修电工技能模拟试卷与评分标准

<table>
<tr><th>序号</th><th>试题及考核要求</th><th>评分标准</th><th>配分</th></tr>
<tr><td rowspan="3">1</td><td rowspan="2">一、试题
安装和调试如附录图3所示晶闸管直流电动机调速电路</td><td>按图焊接
1. 布局不合理扣1分
2. 焊点粗糙、拉尖、有焊接残渣，每处扣1分
3. 元件虚焊、气孔、漏焊、松动、损坏元件，每处扣1分
4. 引线过长、焊剂不擦干净扣1分
5. 元器件的标称值不直观、安装高度不合要求扣1分
6. 工具、仪表使用不正确，每次扣1分
7. 焊接时损坏元件每只扣2分</td><td>20</td></tr>
<tr><td>调试
1. 在规定时间内，不能正确连接仪器与仪表，不能正确进行调试前的准备工作扣3分
2. 通电调试一次不成功扣5分；二次不成功扣10分；三次不成功扣15分
3. 调试过程中损坏元件每只扣2分</td><td>20</td></tr>
<tr><td colspan="3">二、考核要求
1. 装接前要先检查元器件好坏，核对元件数量和规格，如在调试中发现元器件损坏，则按损坏元器件扣分
2. 在规定时间内，按图纸的要求进行正确熟练地安装，正确连接仪器与仪表，能正确进行调试
3. 正确使用工具和仪表，装接质量要可靠，装接技术要符合工艺要求
4. 安全文明操作
5. 满分40分，考试时间210min</td></tr>
<tr><td rowspan="10">2</td><td rowspan="9">一、试题
在PLC可编程电梯系统或VVVF电梯系统设备中任选一种，在其电气线路的控制线路上，设隐蔽故障两处。考生向监考教师询问故障现象时，故障现象可以告诉考生，考生要单独排除故障</td><td>1. 排除故障前不进行调查研究扣2分</td><td>2</td></tr>
<tr><td>2. 错标或标不出故障范围，每个故障点扣3分</td><td>6</td></tr>
<tr><td>3. 不能标出最小的故障范围，每个故障点扣2分</td><td>4</td></tr>
<tr><td>4. 实际排除故障中思路不清楚，每个故障点扣3分</td><td>6</td></tr>
<tr><td>5. 每少查出一处故障点扣3分</td><td>6</td></tr>
<tr><td>6. 每少排除一处故障点扣4分</td><td>8</td></tr>
<tr><td>7. 排除故障方法不正确，每处扣4分</td><td>8</td></tr>
<tr><td>8. 扩大故障范围或产生新故障后不能自行修复，每个扣10分；已经修复，每个扣5分</td><td></td></tr>
<tr><td>9. 损坏电动机扣10分</td><td></td></tr>
<tr><td colspan="3">二、考核要求
1. 从设故障开始，监考教师不得进行提示
2. 根据故障现象，在电气控制线路上分析故障可能的原因，确定故障发生的范围
3. 进行检修时，监考教师要进行监护，注意安全
4. 排除故障过程中如果扩大故障，在规定时间内可以继续排除故障
5. 正确使用工具和仪表
6. 安全文明操作
7. 满分40分，考试时间60min</td></tr>
<tr><td rowspan="3">3</td><td rowspan="2">一、试题
工具、设备的使用与维护
1. 在所焊接的电子线路上，用双踪示波器测试电路中A、B两点的输出电压，并绘出波形，读出极值
2. 在各项技能考试中，工具、设备（仪器、仪表等）的使用与维护要正确无误</td><td>1. 开机准备工作不熟练，扣1分
2. 测量过程中，操作步骤每错一次扣1分
3. 读数有较大误差或错误扣1分
4. 测量结果错误扣2分</td><td>5</td></tr>
<tr><td>1. 在各项技能考试中，工具、设备的使用与维护不熟练不正确，每次扣1分，扣完5分为止
2. 考试中损坏工具和设备扣5分</td><td>5</td></tr>
<tr><td colspan="3">二、考核要求
1. 工具、设备的使用与维护要正确无误，不得损坏工具和设备
2. 安全文明操作
3. 满分10分，考试时间10min</td></tr>
</table>

续表

序号	试题及考核要求	评分标准	配分
4	一、试题 安全文明生产	1. 在以上各项考试中，违反安全文明生产考核要求的任何一项扣2分，扣完为止；考生在不同的技能试题中，违反安全文明生产考核要求同一项内容的，要累计扣分 2. 当监考教师发现考生有重大事故隐患时，要立即予以制止，并每次扣考生安全文明生产总分5分	10
	二、考核要求 1. 安全文明生产：(1)劳动保护用品穿戴整齐；(2)电工工具佩带齐全；(3)遵守操作规程；(4)尊重监考教师，讲文明礼貌；(5)考试结束要清理现场 2. 当监考教师发现考生有重大事故隐患时，要立即予以制止 3. 考生故意违反安全文明生产或发生重大事故，取消其考试资格 4. 监考教师要在备注栏中注明考生违纪情况		

附录8　高级维修电工技能模拟试卷（二）

A　高级维修电工技能模拟考试说明（略）

B　高级维修电工技能模拟考试准备通知单

一、试卷说明

1. 本试卷命题以可行性、技术性、通用性为原则编制。

2. 本试卷以原劳动部和机械工业部1996年6月联合颁发的《中华人民共和国维修电工职业技能鉴定规范》高级工的鉴定内容为依据。

3. 本试卷所考核的内容无地域限制。

4. 本试卷中各项技能考试时间均不包括准备时间。在具体的考试中，各鉴定所（站）应该把每一试题考试准备的时间考虑进去。

5. 本试卷中每一道试题必须在规定的时间内完成，不得延时，在某一试题考试中节余的时间不能在另一试题考试中使用。

二、工具、材料和设备的准备

工具、材料和设备的准备仅针对一名考生而言（详见附表）。

三、考场准备

1. 考场面积$60m^2$、设有20个考位，每个考位有一个工作台，每个工作台的右上角贴有考号，考场采光良好，不足部分采用照明补充。

2. 考场应干净整洁、空气新鲜，无环境干扰。

3. 考场内应设有三相电源并装有触电保护器。

4. 考前由考务管理人员检查考场各考位应准备的器材、工具是否齐全。

四、其他

本试卷总的考试时间为310min（不包括准备时间）。

高级维修电工技能模拟考试工具、材料和设备准备通知单（附表）

序号	名　称	型号与规格	单位	数量
1	劳动保护用品	工作服、绝缘鞋、安全帽等	套	1
2	三相四线电源	～3×380V/220V、20A	处	1
3	单相交流电源	～220V和36V、5A	处	各1

续表

序号	名　称	型号与规格	单位	数量
4	电工通用工具	验电笔、钢丝钳、螺丝刀(包括十字口螺丝刀)、电工刀、尖嘴钳、活扳手等	套	1
5	万用表	自定	块	1
6	兆欧表	500V	块	1
7	钳形电流表	5～50A	块	1
8	双踪示波器	SR8 或自定	台	1
9	信号发生器	XFG-7 或自定	台	1
10	电阻箱	自定(0～500Ω)	台	1
11	电容箱	自定(0.01～0.10μF)	台	1
12	机床	龙门刨床	台	1
13	机床故障排除所用材料	按机床或设备型号自定	套	1
14	可编程控制器	FX2-48MR 或自定	台	1
15	便携式编程器	FX2-20P 或自定	台	1
16	塑料软铜线	BVR-0.3mm² 颜色自定	m	5
17	绘图工具	自定	套	1
18	三相电动机	Y-112M-4,4kW、380V、△接法或自定	台	1
19	木板	500mm×450mm×20mm	块	2
20	组合开关	HZ10-25/3	个	1
21	交流接触器	CJ10-10 线圈电压 380V	台	4
22	位置开关	LX19-111	只	6
23	热继电器	JR16-20/3D 整定电流 8.8A	只	2
24	熔断器及熔芯配套	RL1-60/20	套	3
25	熔断器及熔芯配套	RL1-15/4	套	2
26	三联按钮	LA10-3H 或 LA4-3H	个	3
27	万能转换开关	LW2-8/F4-8X-A	只	1
28	接线端子排	JX2-1015,500V(10A、15 节)	条	2
29	木螺钉	ϕ3mm×20mm、ϕ3mm×15mm	个	25
30	平垫圈	ϕ4mm	个	25
31	圆珠笔	自定	支	1
32	塑料软铜线	BVR-2.5mm² 颜色自定	m	20
33	塑料软铜线	BVR-1.5mm² 颜色自定	m	20
34	塑料软铜线	BVR-0.75mm² 颜色自定	m	1
35	别径压端子	UT2.5-4mm,U1-4mm	个	20
36	行线槽	TC3025,长 34cm,两边打 3.5mm 孔	条	10
37	异型塑料管	3mm²	m	0.2

C　高级维修电工技能模拟试卷与评分标准

<table>
<tr><th>序号</th><th>试题及考核要求</th><th>评分标准</th><th>配分</th></tr>
<tr><td rowspan="4">1</td><td rowspan="3">一、试题
PLC控制电镀生产线的设计、装接与调试。设计任务和要求如下。
1. 任务：电镀生产线采用专用行车，行车架装有可升降的吊钩；行车和吊钩各由一台电动机拖动；行车进退和吊钩升降由限位开关位控制；生产线定为三槽位；工作循环为工件放入镀槽→电镀5min后提起停放30s→放入回收液槽浸32min提起后停16s→放入清水槽清洗32s提起后停16s→行车返回原点。如附录图4所示。
2. 要求：(1)设置自动循环、点动、单周循环和步进四种工作方式；(2)有必要的电气保护和联锁；(3)设计主电路电气原理图</td><td>电路设计
1. 电气控制原理设计不全或设计有错，每处扣2分
2. 输入输出地址遗漏或搞错，每处扣1分
3. 梯形图表达不正确或画法不规范，每处扣2分
4. 指令有错，每条扣2分</td><td>15</td></tr>
<tr><td>安装与接线
1. 元件布置不整齐、不匀称、不合理，每只扣1分
2. 元件安装不牢固、安装元件时漏装木螺钉，每只扣1分
3. 损坏元件扣5分
4. 电机运行正常，如不按电气原理图接线，扣1分
5. 布线不进行线槽，不美观，主电路、控制电路每根扣0.5分
6. 接点松动、露铜过长、反圈、压绝缘层，标记线号不清楚、遗漏或误标，引出端无别径压端子每处扣0.5分
7. 损伤导线绝缘或线芯，每根扣0.5分
8. 不按PLC控制I/O(输入/输出)接线图接线每处扣2分</td><td>10</td></tr>
<tr><td>调试
1. 不会熟练操作PLC键盘输入指令扣2分
2. 不会用删除、插入、修改等命令每项扣2分
3. 一次试车不成功扣4分，二次试车不成功扣8分，三次试车不成功扣10分</td><td>15</td></tr>
<tr><td colspan="3">二、考核要求
1. 电路设计：根据任务，设计主电路电气原理图，列出PLC控制I/O口(输入/输出)元件地址分配表，根据加工工艺，设计梯形图及PLC控制I/O口(输入/输出)接线图，根据梯形图，列出指令表
2. 安装与接线：按PLC控制I/O口(输入/输出)接线图在模拟配线板正确安装，元件在配线板上布置要合理，安装要准确紧固，配线导线要紧固、美观，导线要进入线槽，导线要有端子标号，引出端要有冷压端子，按钮盒不固定在板上，电源和电机配线、按钮接线要接到端子排上
3. 程序输入及模拟调试：熟练操作PLC键盘，能正确地将所编程序输入PLC，按照被控设备的动作要求进行模拟调试，达到设计要求
4. 工具仪表使用正确
5. 安全文明操作
6. 满分40分，考试时间240min</td></tr>
<tr><td rowspan="10">2</td><td rowspan="9">一、试题
在龙门刨床的电气线路的控制回路上，设隐蔽故障两处，考生向监考教师询问故障现象时，故障现象可以告诉考生，考生要单独排除故障</td><td>1. 排除故障前不进行调查研究扣2分</td><td>2</td></tr>
<tr><td>2. 错标或标不出故障范围，每个故障点扣3分</td><td>6</td></tr>
<tr><td>3. 不能标出最小的故障范围，每个故障点扣1分</td><td>4</td></tr>
<tr><td>4. 实际排除故障中思路不清楚，每个故障点扣3分</td><td>6</td></tr>
<tr><td>5. 每少查出一处故障点扣3分</td><td>6</td></tr>
<tr><td>6. 每少排除一处故障点扣4分</td><td>8</td></tr>
<tr><td>7. 排除故障方法不正确，每处扣4分</td><td>8</td></tr>
<tr><td>8. 扩大故障范围或产生新故障后不能自行修复，每个扣10分；已经修复，每个扣5分</td><td rowspan="2"></td></tr>
<tr><td>9. 损坏电动机扣10分</td></tr>
<tr><td colspan="3">二、考核要求
1. 从设故障开始，监考教师不得进行提示
2. 根据故障现象，在电气控制线路上分析故障可能的原因，确定故障发生的范围
3. 进行检修时，监考教师要进行监护，注意安全
4. 排除故障过程中如果扩大故障，在规定时间内可以继续排除故障
5. 正确使用工具和仪表
6. 安全文明操作
7. 满分40分，考试时间60min</td></tr>
</table>

续表

<table>
<tr><th>序号</th><th>试题及考核要求</th><th>评分标准</th><th>配分</th></tr>
<tr><td rowspan="3">3</td><td rowspan="2">一、试题
工具、设备的使用与维护
1. 用双踪示波器测量正弦波相位差
2. 在各项技能考试中，工具、设备(仪器、仪表等)的使用与维护要正确无误</td><td>1. 开机准备工作不熟练，扣 1 分
2. 测量过程中，操作步骤每错一次扣 1 分
3. 读数有较大误差或错误扣 1 分
4. 测量结果错误扣 2 分</td><td>5</td></tr>
<tr><td>1. 在各项技能考试中，工具、设备的使用与维护不熟练不正确，每次扣 1 分，扣完 5 分为止
2. 考试中损坏工具和设备扣 5 分</td><td>5</td></tr>
<tr><td colspan="3">二、考核要求
1. 工具、设备的使用与维护要正确无误，不得损坏工具和设备
2. 安全文明操作
3. 满分 10 分，考试时间 10min</td></tr>
<tr><td rowspan="2">4</td><td>一、试题
安全文明生产</td><td>1. 在以上各项考试中，违反安全文明生产考核要求的任何一项扣 2 分，扣完为止；考生在不同的技能试题中，违反安全文明生产考核要求同一项内容的，要累计扣分
2. 当监考教师发现考生有重大事故隐患时，要立即予以制止，并每次扣考生安全文明生产总分 5 分</td><td>10</td></tr>
<tr><td colspan="3">二、考核要求
1. 安全文明生产：(1)劳动保护用品穿戴整齐；(2)电工工具佩带齐全；(3)遵守操作规程；(4)尊重监考教师，讲文明礼貌；(5)考试结束要清理现场
2. 当监考教师发现考生有重大事故隐患时，要立即予以制止
3. 考生故意违反安全文明生产或发生重大事故，取消其考试资格
4. 监考教师要在备注栏中注明考生违纪情况</td></tr>
</table>

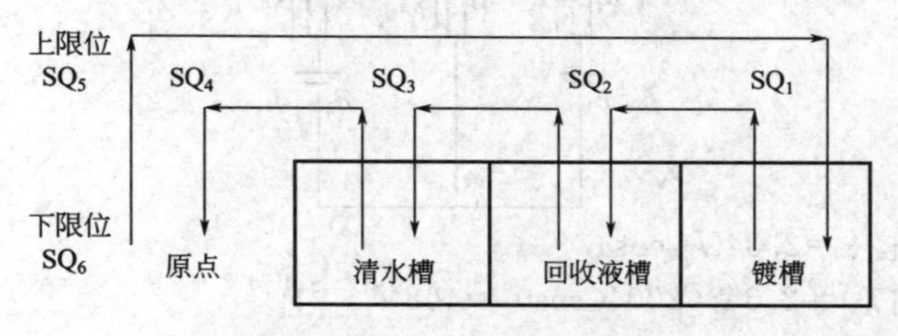

附录图 4　专用行车运动过程

附录 9　维修电工理论知识模拟试卷参考答案

A　中级维修电工理论知识模拟试卷（一）参考答案

一、选择题

1. (A)　2. (B)　3. (C)　4. (D)　5. (B)　6. (D)　7. (C)　8. (C)
9. (A)　10. (A)　11. (C)　12. (A)　13. (D)　14. (B)　15. (B)　16. (C)
17. (C)　18. (C)　19. (A)　20. (C)　21. (D)　22. (C)　23. (B)　24. (A)
25. (A)　26. (A)　27. (D)　28. (A)　29. (B)　30. (B)　31. (B)　32. (B)
33. (D)　34. (C)　35. (B)　36. (D)　37. (A)　38. (C)　39. (C)　40. (C)
41. (B)　42. (A)　43. (C)　44. (A)　45. (C)　46. (A)　47. (B)　48. (A)
49. (D)　50. (A)　51. (D)　52. (B)　53. (B)　54. (D)　55. (D)　56. (B)

57. (D) 58. (B) 59. (B) 60. (D)

二、判断题

1. (√) 2. (×) 3. (×) 4. (×) 5. (×) 6. (√) 7. (√)
8. (×) 9. (√) 10. (×) 11. (√) 12. (√) 13. (√) 14. (√)
15. (×) 16. (√) 17. (√) 18. (×) 19. (√) 20. (√)

三、简答题

1. 答 (1) 有两个稳定的工作状态“0”和“1”。 (1分)

(2) 在适当信号作用下，两种状态可以转换。触发器输出状态的变化，除了与输入端信号有关外，还与触发器的原状态有关。 (1分)

(3) 当触发信号消失后，触发器状态保持不变。触发器能把输入信号寄存下来，保持一位二进制信息，这就是触发器具有的记忆功能。 (1分)

2. 答 (1) 吸收尖峰过电压。 (1分)

(2) 限制加在晶闸管上的 du/dt 值。 (1分)

(3) 晶闸管串联时起到动态均压作用。 (1分)

四、计算题

1. 解 设回路电流方向如图所示 (图示1分)。

由 KVL 得下列方程式 (2分)

$$\begin{cases}(R_1+R_3)I_1+R_3I_2=E_1\\(R_2+R_3)I_2+R_3I_1=E_2\end{cases}$$

解方程式得 $I_1=3\text{A}$，$I_2=-1.5\text{A}$ (与实际方向相反) (2分)

R_1 I_1 R_3 I_1+I_2 R_2 I_2 E_1 E_2

2. 解 因为 $U_{\text{LAV}}=2.34U_{2\phi}\cos\alpha$ (1分)

当 $\alpha=0°$ 时，$U_{\text{LAV}}=2.34\times200\times\cos0°=468\text{V}$ (1分)

当 $\alpha=90°$ 时，$U'_{\text{LAV}}=2.34\times200\times\cos90°=0\text{V}$ (1分)

所以输出电压平均值的调节范围在 0～468V 之间 (1分)

五、作图题 (答案略)

B 中级维修电工理论知识模拟试卷 (二) 参考答案

一、选择题

1. (C) 2. (C) 3. (A) 4. (A) 5. (D) 6. (D) 7. (B) 8. (B)
9. (A) 10. (D) 11. (B) 12. (C) 13. (A) 14. (A) 15. (B) 16. (B)
17. (D) 18. (D) 19. (C) 20. (B) 21. (B) 22. (B) 23. (C) 24. (A)
25. (A) 26. (A) 27. (C) 28. (C) 29. (B) 30. (B) 31. (D) 32. (A)
33. (B) 34. (A) 35. (D) 36. (B) 37. (A) 38. (C) 39. (B) 40. (B)
41. (A) 42. (C) 43. (B) 44. (C) 45. (B) 46. (A) 47. (A) 48. (D)
49. (B) 50. (C) 51. (D) 52. (C) 53. (C) 54. (A) 55. (A) 56. (B)
57. (A) 58. (C) 59. (A) 60. (C)

二、判断题

1. (√) 2. (√) 3. (√) 4. (√) 5. (√) 6. (√) 7. (√)
8. (√) 9. (×) 10. (×) 11. (×) 12. (×) 13. (√) 14. (×)
15. (×) 16. (√) 17. (√) 18. (×) 19. (√) 20. (×)

三、简答题

1. 答 (1) 线圈中感应电动势的大小与穿越同一线圈的磁通变化率成正比。 (1分)

(2) $e=-\Delta\Phi/\Delta t$ 表达式中负号的意义是表示感应电动势的方向永远和磁通变化的趋势相反。 (2分)

2. 答 (1) 一般扫描就是一个锯齿波发生器，它不需要外界信号控制就能自激产生直线性变化的锯齿波。 (0.5分)

(2) 触发扫描不能自激产生直线性变化的锯齿波，它必须在外界信号的触发下才能产生锯齿波。 (0.5分)

(3) 外界信号触发一次，它产生一个锯齿波扫描电压，外界信号不断触发，它能产生一系列的扫描电压。利用触发扫描不但能观察周期性出现的脉冲，还能观察非周期性出现的脉冲，甚至能观察单次出现的脉冲。 (2分)

四、计算题

1. 解 当 R_3 开路时，开路电压和等效输入端电阻分别为

$$U_o=E_2+IR_2=6.2+(7-6.2)/(0.2+0.2)\times0.2=6.6\text{V}$$ (2分)

$$R_r=R_1R_2/(R_1+R_2)=0.1\Omega$$ (1分)

R_3 上的电流 $I_3=U_o/(R_r+R_3)=6.6/(0.1+3.2)=2\text{A}$ (2分)

2. 解 (1) $R_i\approx r_{be}=300+(1+\beta)26(\text{mV})/I_e(\text{mA})$ (0.5分)

$$I_b=(E_c-U_{be})/R_b\approx E_c/R_b=15\text{V}/300\text{k}\Omega=50\mu\text{A}$$ (0.5分)

$$I_c=\beta I_b=50\times50\mu\text{A}=2.5\text{mA}$$ (0.5分)

因为 $I_c\approx I_e$

$$R_i\approx r_{be}=300+(1+50)26(\text{mV})/2.5(\text{mA})=830\Omega$$ (0.5分)

(2) 不带负载时 $A_u=-\beta(R_c/r_{be})=-50(3\text{k}\Omega/0.83\text{k}\Omega)=-181$ (1分)

(3) 带负载时 $R'_{fz}=R_{fz}\times R_c/(R_{fz}+R_c)=6\times3/(6+3)=2\text{k}\Omega$ (0.5分)

$$A'_u=-\beta(R'_{fz}/r_{be})=-50(2\text{k}\Omega/0.83\text{k}\Omega)=-120$$ (0.5分)

五、设计题（答案略）

C 高级维修电工理论知识模拟试卷（一）参考答案

一、选择题

1. (C) 2. (B) 3. (C) 4. (D) 5. (B) 6. (B) 7. (C) 8. (D)
9. (B) 10. (A) 11. (G) 12. (C) 13. (B) 14. (B) 15. (C) 16. (A)
17. (A) 18. (B) 19. (B) 20. (C) 21. (D) 22. (C) 23. (B) 24. (C)
25. (D) 26. (B) 27. (A) 28. (C) 29. (C) 30. (A) 31. (A) 32. (A)
33. (B) 34. (C) 35. (C) 36. (B) 37. (B) 38. (A) 39. (C) 40. (A)

二、判断题

1. (√) 2. (×) 3. (×) 4. (√) 5. (×) 6. (×) 7. (√)
8. (√) 9. (√) 10. (×) 11. (√) 12. (√) 13. (×) 14. (√)
15. (×) 16. (×) 17. (√) 18. (×) 19. (√) 20. (√) 21. (×)
22. (√) 23. (√) 24. (×) 25. (√)

三、简答题

1. 答 (1) 读入输入信号，将按钮、开关的触头及传感器等的输入信号读入到存储器内，读入信号保持到下一次该信号再次读入为止； (1分)

(2) 根据读入信号的状态，解读用户程序逻辑，按用户逻辑得出正确的输出信号； (1分)

(3) 把逻辑解读的结果通过输出部件传送给现场受控元件，如电磁阀、电动机等的执行机构和信号装置。 (1分)

2. 答 (1) 吸收尖峰过电压； (1分)

(2) 限制加在晶闸管上的 du/dt 值； (1分)

(3) 晶闸管串联时起到动态均压作用。 (1分)

3. 答 实现有源逆变的条件如下。

(1) 变流电路直流侧必须外接与直流电流 I_d 同方向的直流电源 E_d，其值要略小于 U_d，才能提供逆变能量； (1分)

(2) 变流电路必须工作在 $\beta<90°$ 区域，使 $U_d<0$，才能把直流功率逆变为交流功率。

上述两个条件缺一不可，还需接平波电抗器。 (2分)

四、计算题

1. 解 (1) $P=E_a I_a=230\times45=10350\text{W}$ (4分)

(2) $T=P/(2\pi n/60)=10350/(2\times3.14\times900/60)=110\text{N}\cdot\text{m}$ (4分)

2. 解 (1) $I_b\approx E_c/R_b=12/400=30\mu\text{A}$ (2分)

$I_c=\beta I_b=50\times30=1.5\text{mA}$ (1分)

$U_{ce}=E_c-I_cR_c=12-1.5\times3=7.5\text{V}$ (1分)

(2) 若 $I_c=2\text{mA}$，则

$I_b=I_c/\beta=2/50=40\mu\text{A}$ (2分)

$R_b\approx E_c/I_b=12/40=300\text{k}\Omega$ (2分)

五、作图题 (答案略)

D 高级维修电工理论知识模拟试卷 (二) 参考答案

一、选择题

1. (C) 2. (A) 3. (C) 4. (A) 5. (A) 6. (C) 7. (B) 8. (B)
9. (B) 10. (C) 11. (A) 12. (B) 13. (A) 14. (A) 15. (B) 16. (B)
17. (D) 18. (B) 19. (B) 20. (C) 21. (C) 22. (C) 23. (D) 24. (A)
25. (D) 26. (D) 27. (A) 28. (C) 29. (D) 30. (C) 31. (A) 32. (A)
33. (B) 34. (D) 35. (D) 36. (A) 37. (A) 38. (D) 39. (C) 40. (C)

二、判断题

1. (×) 2. (×) 3. (√) 4. (×) 5. (×) 6. (√) 7. (×)
8. (×) 9. (√) 10. (√) 11. (×) 12. (√) 13. (×) 14. (√)
15. (√) 16. (√) 17. (×) 18. (√) 19. (√) 20. (×)

三、简答题

1. 答 对集电极扫描电压的要求有以下三条。

(1) 能够从小到大，再从大到小重复连续变化。 (1分)

(2) 扫描的重复频率要足够快，以免显示出来的曲线闪烁不定。 (1分)

(3) 扫描电压的最大值要根据不同晶体管的要求在几百伏范围内进行调节。 (2分)

2. 答 (1) 有两个稳定的工作状态“0”和“1”。 (1分)

（2）在适当信号作用下，两种状态可以转换。触发器输出状态的变化，除与输入端信号有关外，还与触发器原状态有关。（1分）

（3）当触发信号消失后，触发器状态保持不变。触发器能把输入信号寄存下来，保持一位二进制信息，这就是触发器具有的记忆功能。（2分）

3. 答 （1）电力晶体管有两个 PN 结，基本结构有 PNP 型和 NPN 型两种。电力晶体管具有线性放大特性，一般作为电流放大元件用，但在电力电子装置中，GTR 工作在开关状态。（2分）

（2）是一种典型自关断元件，可通过基极信号方便地进行导通与关断控制。不必具备专门的强迫换流电路，因此小型轻量化，高效率化。（1分）

（3）缺点是耐冲击浪涌电流能力差，易受二次击穿而损坏。（1分）

四、计算题

1. 解 （1）$E_a=(pN/60a)\Phi n=(1\times780/60\times1)\times0.02\times885=230.1\text{V}$ （4分）

（2）$T=(pN/2\pi a)\Phi I_a=(1\times780/2\pi\times1)\times0.02\times40=99.3\text{N}\cdot\text{m}$ （4分）

2. 解 设回路电流方向如图所示（图示2分）。

由 KVL 得下列方程式 （4分）

$$\begin{cases}(R_1+R_3)I_1+R_3I_2=E_1\\(R_2+R_3)I_2+R_3I_1=E_2\end{cases}$$

解方程式得 $I_1=6\text{A}$，$I_2=-3\text{A}$（与实际方向相反） （2分）

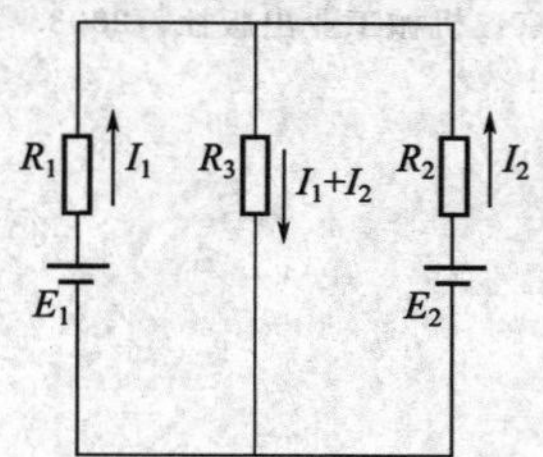

五、作图题（答案略）

参 考 文 献

[1] 徐建俊．电工考工实训教程．北京：清华大学出版社，2005.
[2] 王廷才．电子技术实训．北京：高等教育出版社，2003.
[3] 王锁庭．电子技术基础及实践．北京：化学工业出版社，2010.
[4] 王锁庭．实用电工技能训练．北京：石油工业出版社，1999.
[5] 晏明军．电工与电子技术项目化教程．北京：中国建材工业出版社，2012.
[6] 劳动和社会保障部．电工技能训练．北京：中国劳动社会保障出版社，2007.
[7] 劳动和社会保障部．维修电工技能训练．北京：中国劳动社会保障出版社，2007.
[8] 罗庚兴．中级维修电工实训教程．北京：北京师范大学出版社，2010.
[9] 赵旭升．电机与电气控制．北京：化学工业出版社，2009.
[10] 陈爱群．电工技能实训教程．北京：高等教育出版社，2003.
[11] 劳动和社会保障部．电气控制线路安装与检修．北京：中国劳动社会保障出版社，2010.
[12] 王锁庭．电机与电气控制案例教程．北京：化学工业出版社，2009.
[13] 李显全．维修电工．北京：中国劳动社会保障出版社，2002.
[14] 王廷才．电力电子技术．北京：高等教育出版社，2006.
[15] 杨宇．维修电工中级·应知．广州：广州科技出版社，2005.
[16] 沙占友．万用表测量技巧．北京：电子工业出版社，1992.
[17] 张运波．工厂电气控制技术．北京：高等教育出版社，2001.
[18] 曹天汉．模拟电子技术．北京：北京师范大学出版社，2005.
[19] 朱凤琴．数字电子技术．北京：北京师范大学出版社，2005.
[20] 谢云．现代电子技术实践课程指导．北京：机械工业出版社，2003.